2판

Engineering Numerical Analysis

공학수치해석

[C 및 MATLAB 응용]

권 오 붕 저

홍릉과학출판사

머리말

수치해석과 관련된 좋은 교재가 많이 출간되어 있는데도 불구하고, 새로운 교재를 집필하기까지 많은 생각을 하였다. 기존의 많은 교재가 수학적인 입장에서 저술하여 수학적인 정리의 증명 등이 너무 과다하고 공대에 다니는 학생이 배우기에는 문제점이 많다고 판단하였다. 또 너무 수치기법에만 치중하여 수치해석의 이론을 소홀히 하여 학생들이 수치해석의 기본원리를 제대로 이해하기 부족한 점이 있는 경우도 많았다. 그리고 일부의 책은 너무 분량이 많아 꼭 필요한 내용을 배우기에 산만하다고 생각하였다. 따라서 공학도에게 꼭 필요한 부분에 대해 어떻게 하면 기본원리를 제대로 설명하면서도 프로그래밍 실습을 잘 하게끔 할 수 있을까에 대하여 고민하였다. 수년간 수치해석을 강의하면서 느낀 생각과 경험을 바탕으로, 학생들이 원리를 쉽게 이해할 수 있도록 노력하였다.

그리고 사용 언어는 주로 C와 MATLAB을 대상으로 하였지만, 알고리듬과 가상코드는 프로그램 언어와는 무관하게 작성하여 예제를 통하여 프로그래밍 연습을 하도록 하였고 부록에서 C와 MATLAB에 대한 개요의 설명과 함께 기본적인 프로그래밍 연습을 하도록 하였다. 예제 및 부록에 나오는 프로그램은 학생들에게 제공한다.

그리고 각 장의 끝에 있는 연습문제와 프로그램 실습문제를 통하여 프로그래밍 실습을 할 수 있도록 하였으며, 이에 대한 파일은 교육적인 목적에서 학생들에게는 제공하지 않고 강의를 담당하는 교수에게만 제공한다. 연습문제와 실습문제는 꼭 해야 하는 문제만 다루었다.

강의를 담당하는 교수에게는 강의를 효과적으로 할 수 있게 강의자료와 예제에 나타나는 프로그램을 포함하여 프로그래밍 실습문제의 프로그램 파일들도 제공한다. 또한 연습문제에 대한 상세한 해답집도 제공한다. 이와 관련된 자료는 출판사를 통하여 구할 수 있다.

좋은 교재가 많은데도 불구하고 또 하나의 책을 저술하게 된 데에 대해 부끄러운 마음과 함께, 조금이라도 학생들에게 도움이 되었으면 하는 바람으로 이 책을 저술하였다. 그리고 이제 공학수치해석 1판에서 부족한 점을 수정 보완하고, 수치해석과 관련된 MATLAB의 내장함수의 사용법을 보완하여 공학수치해석 2판을 출간하게 되었다.

끝으로 이 책을 출판하는데 지원을 아끼지 않은 홍릉과학출판사 여러분께 감사드리고, 또한 항상 힘이 되어준 저의 가족에게도 감사한 마음을 전한다. 이 책이 수치해석을 배우는 학생들에게 조금이라고 도움이 되기를 진심으로 기원하는 바이다.

2013. 3.

권오붕

보충자료

❖ 보충자료 - 학생

강의를 듣는 학생 및 일반 독자에게 C와 MATLAB으로 된 **예제의 소스파일**을 제공한다. 제공하는 파일은 다음 사이트에서 다운받을 수 있다(도서출판 홍릉 웹사이트에서 공학수치해석으로 검색).

http://www.hongpub.co.kr/shop/item.php?it_id=20140108183602

다운받은 후 압축을 푸는데 필요한 암호는 1234이다. 학생 및 일반 독자에게는 다음의 연습문제 상세해답, 프로그램 실습문제의 소스코드 등 교수용 강의자료는 제공하지 않는다.

❖ 보충자료 - 교수

강의를 담당하는 교수 및 강사에게는 C와 MATLAB으로 된 **예제의 소스파일**, **연습문제 상세해답**, **프로그램 실습문제의 소스코드** 및 **강의자료**를 제공한다. 이와 관련된 자료는 출판사를 통하여 구할 수 있다.

차례

CHAPTER 1 | 오차 및 기본개념 / 1

1.1 유효숫자 ···· 1
1.2 오차 및 근사값 ···· 2
1.3 반올림오차 ···· 3
1.4 절단오차 ···· 3
1.5 진법 ···· 5
1.6 컴퓨터에서 수의 표시 ···· 8
1.7 알고리듬 및 가상코드의 사용 ···· 12
연습문제 ···· 20
프로그래밍 실습문제 ···· 21

CHAPTER 2 | 연립방정식과 행렬 / 23

2.1 행렬의 개요 ···· 23
2.2 행렬의 계산 ···· 26
2.3 행렬의 종류 ···· 33
2.4 연립방정식과 행렬 ···· 43
2.5 Cramer 법칙 ···· 44
2.6 역행렬 ···· 47
2.7 놂 ···· 50
연습문제 ···· 54
프로그래밍 실습문제 ···· 56

CHAPTER 3 | 비선형 방정식의 해법 / 59

3.1 이분법 ···· 60

3.2 가상위치법 ··· 70
3.3 고정점 반복법(법) ··· 73
3.4 할선법(정할법) ··· 76
3.5 Newton-Raphson법 ··· 78
연습문제 ··· 83
프로그래밍 실습문제 ··· 84

CHAPTER 4 | 연립방정식의 해-직접법 / 89

4.1 Gauss 소거법 ··· 89
4.2 LU 분해법 ··· 102
4.2.1 Crout LU 분해법 ··· 103
4.2.2 Doolittle LU 분해법 ··· 113
4.2.3 Cholesky LU 분해법 ··· 113
4.2.4 LU 분해법을 이용한 역행렬 구하기 ··· 115
4.3 Thomas법 ··· 117
연습문제 ··· 125
프로그래밍 실습문제 ··· 127

CHAPTER 5 | 연립방정식의 해-반복법 / 131

5.1 Jacobi법 ··· 131
5.2 Gauss-Seidel법 ··· 144
5.3 SOR법 ··· 147
연습문제 ··· 153
프로그래밍 실습문제 ··· 154

CHAPTER 6 | 보간법 / 157

6.1 Lagrange 보간 다항식 ··· 158
6.2 Newton의 보간 다항식 ··· 163
6.3 스플라인 ··· 170
6.3.1 2차 스플라인 ··· 171

6.3.2 자연 3차 스플라인 ··· 174
연습문제 ··· 185
프로그래밍 실습문제 ··· 186

CHAPTER 7 | 함수의 근사-Fourier 급수 / 189
7.1 홀함수, 짝함수 ··· 194
7.2 주기가 가 아닌 경우 ··· 198
7.3 일반 함수의 Fourier 근사 ··· 200
연습문제 ··· 204

CHAPTER 8 | 최소제곱법 / 205
8.1 1차식 ··· 206
8.2 비선형식 ··· 212
8.3 다항식 ··· 214
연습문제 ··· 217
프로그래밍 실습문제 ··· 218

CHAPTER 9 | 고유값 문제 / 221
9.1 고유값 및 고유벡터 ··· 221
9.2 거듭제곱법 ··· 228
9.3 역거듭제곱법 ··· 232
연습문제 ··· 236
프로그래밍 실습문제 ··· 237

CHAPTER 10 | 수치미분 / 239
10.1 1계 미분 ··· 240
10.2 2계 미분 ··· 244
10.3 Lagrange 보간공식을 이용한 차분식 구하기 ··· 247
연습문제 ··· 249

CHAPTER 11 | 수치적분 / 251

11.1 사다리꼴 공식 ········· 251
11.2 Simpson 1/3 공식 ········· 258
11.3 Simpson 3/8 공식 ········· 260
11.4 Romberg법 ········· 263
11.5 Gauss 적분법 ········· 272
연습문제 ········· 281
프로그래밍 실습문제 ········· 283

CHAPTER 12 | 상미분방정식의 수치해-초기값 문제 / 285

12.1 Euler법 ········· 286
12.2 수정 Euler법(Euler 예측-수정 방법) ········· 293
12.3 Runge-Kutta법 ········· 296
12.4 고계상미분방정식-초기값 문제 ········· 300
연습문제 ········· 305
프로그래밍 실습문제 ········· 306

CHAPTER 13 | 상미분방정식의 수치해-경계값 문제 / 309

13.1 사격법 ········· 310
13.2 유한차분법 ········· 313
연습문제 ········· 316
프로그래밍 실습문제 ········· 317

CHAPTER 14 | 편미분방정식의 수치해-타원형 / 319

연습문제 ········· 331
프로그래밍 실습문제 ········· 332

CHAPTER 15 | 편미분방정식의 수치해-포물형 / 335

15.1 단순양함수법 ········· 335
15.2 단순음함수법 ········· 339
15.3 Crank-Nicolson법 ········· 351
15.4 복합법 ········· 351
15.5 다차원 비정상 열전도 ········· 352
연습문제 ········· 361
프로그래밍 실습문제 ········· 363

| 부록 / 365

A. C의 개요 및 연습 ········· 365
A.1 실수와 정수의 차이 ········· 365
A.2 for의 사용 - 명령문의 반복 사용 ········· 368
A.3 if의 사용 ········· 370
A.4 배열의 사용 ········· 373
A.5 화면에서의 데이터 입력 ········· 375
A.6 함수 또는 서브루틴의 이용 ········· 376
A.7 입출력 파일의 사용 ········· 382
B. MATLAB의 개요 및 연습 ········· 385
B.1 변수 및 산술계산 ········· 385
B.2 수학함수(Mathematical functions) ········· 387
B.3 벡터(vector)와 행렬(matrix) ········· 388
B.4 스크립트 파일 ········· 394
B.5 for의 사용 - 명령문의 반복 사용 ········· 395
B.6 if의 사용 ········· 397
B.7 함수 파일 ········· 399
B.8 그래프 ········· 404
B.9 입출력 파일의 사용 ········· 410
B.10 수치해석 관련 명령어 ········· 414
B.11 기타 명령어 ········· 419

연습문제 정답 ········· 420

참고문헌 ········· 427

찾아보기 ········· 429

CHAPTER 01

오차 및 기본개념

1.1 유효숫자

실험이나 수치해석 등으로 어떠한 값을 얻었을 때, 이 값은 일반적으로 아주 정확한 값은 아니다. 예를 들어, 사람의 몸무게를 0.1kg 단위로 표시하는 디지털 저울로 측정하여 56.4kg을 읽었다고 했을 때, 이 값은 근사값에 해당되며, 참값은 56.35 kg보다 크거나 같고 56.45kg보다 작을 것이고, 유효숫자는 5, 6, 4의 3개로 3자리 유효숫자를 가진다. 소수점이하로 표시되는 수는 유효숫자를 이해하기가 쉽다. 0.1234라는 숫자는 유효숫자가 4자리이고 0.12340은 0도 유효숫자가 되어 5자리 유효숫자를 가진다. 그러나 123000은 유효숫자를 판단하기가 쉽지 않다. 1, 2, 3 다음의 0이 유효숫자인지 아닌지 알 수 없기 때문이다. 이런 경우 정규화(normalize)된 표기법을 사용하면 유효숫자를 알기 쉽다. 즉, 0.123×10^6은 3자리 유효숫자를 가지고, 0.12300×10^6은 5자리 유효숫자를 가진다는 것을 쉽게 알 수 있다.

55.4kg + 4.064kg의 값을 단순히 더하면 59.464kg이지만 처음의 55.4kg에서 유효숫자가 3자리이기 때문에 소수 둘째자리 이하는 의미가 없는 값이 되어 계산상으로는 59.464kg의 값을 얻을 수는 있지만, 유효숫자 개념을 도입하면, 4.064에서는 소수 셋째자리까지가 유효숫자이지만, 55.4에서는 소수 첫째자리까지가 의미 있는 유효숫자이므로, 이를 사용하여 계산한 답도 마찬가지로 소수 첫째자리까지가 의미 있는 유효숫자가 된다. 따라서 소수 둘째자리에서 반올림하여 59.5kg으로 표시하는 것이 보다 적절한 표시법이다. 물론 소수 둘째자리 이하를 버리면 59.4kg이 된다. 일반적으로 반올림하는 것이 버리는 것보다 오차가 줄어들게 된다. 이와 같이 두 수를 더하거나 뺄 때는 유효숫자를 맞추어 사용해야 한다.

❖

$$\begin{array}{r} 55.4 \\ +\ \ 4.064 \\ \hline 59.464 \end{array}$$

반올림 ⇒ 59.5

버 림 ⇒ 59.4

❖
$$\begin{array}{r} 2.45 \\ \times\ 4.2846 \\ \hline 10.49727 \end{array}$$
반올림 ⇒ 10.5
버 림 ⇒ 10.4

그리고 두 수를 곱하는 경우는 다음과 같다. 2.45×4.2846의 값을 계산기를 사용하여 구하면 10.49727이 되지만, 유효숫자의 자리수가 각각 3자리, 5자리인 위의 경우 곱하기는 유효숫자의 자리수가 작은 3자리에 맞추어 반올림하여 구한 10.5가 적절한 표시법이다. 위의 예에서 보듯이 일반적으로 버림을 하면 반올림하는 것보다 반올림오차는 커진다.

예제 1.1

유효숫자를 고려하여 다음을 계산하시오.

(1) 230.15 − 25.3

(2) $1.23 \times 10^5 + 2.345 \times 10^4$

(3) 10.4×0.020

풀이

(1) 230.15 − 25.3 = 204.85 = 204.9

(2) $1.23 \times 10^5 + 2.345 \times 10^4 = (1.23 + 0.2345) \times 10^5 = 1.4645 \times 10^5 = 1.46 \times 10^5$

(3) $10.4 \times 0.020 = 0.208 = 0.21$: 유효숫자가 두 자리이므로

실제 컴퓨터에서 계산할 때는 위와 같은 유효숫자를 이용한 계산방식이 사용된다. 물론 컴퓨터에서는 10진법이 사용되지 않고 보통 2진법을 사용하여 계산한다. 그리고 32비트를 사용하느냐 64비트를 사용하느냐에 따라 유효숫자의 자릿수도 달라지기는 하지만, 기본적인 계산 원리는 위와 같다.

1.2 오차 및 근사값

오차란 데이터를 처리하거나 계산할 때 기본적로 발생한다. 참값과 근사값의 차이를 오차라고 정의하고 상대적인 오차의 크기를 **상대오차**라고 한다.

$$\text{오차} : e = \text{참값} - \text{근사값} \tag{1.1}$$

$$\text{상대오차} : \varepsilon = \frac{\text{오차}}{\text{참값}} \tag{1.2}$$

그러나 실제로 참값을 모르는 경우가 많다. 이때는 참값 대신 근사값(추정치)을 사

용하여 오차를 추정하는 수밖에 없으며 이때의 오차를 근사오차라 하고 상대적인 근사오차의 크기를 근사상대오차라고 한다. 많은 경우 참값을 구하기 어렵기 때문에 굳이 근사라는 말을 붙이지 않고 오차 또는 상대오차라고 하기도 한다.

$$\text{(근사)오차 : } e_a = \text{현재 근사값} - \text{이전 근사값} \tag{1.3}$$

$$\text{(근사)상대오차 : } \varepsilon_a = \frac{\text{근사오차}}{\text{현재 근사값}} = \frac{\text{현재 근사값} - \text{이전 근사값}}{\text{현재 근사값}} \tag{1.4}$$

오차의 발생요인은 데이터를 읽을 때 발생하는 기본적인 데이터오차, 절단오차, 반올림오차, 기타 많은 요인이 있을 수 있으나, 수치해석과 관련하여 주로 문제되는 것은 반올림오차와 절단오차이다.

1.3 반올림오차

모든 수학적인 계산에서는 자릿수 등으로 인하여 필연적으로 오차를 포함하게 된다. 예를 들어 2/3를 계산할 때, 0.666666⋯과 같은 수가 나타날 때 몇 자리의 유효숫자를 사용하느냐에 따라 0.66667 또는 0.6666667 등과 같이 표시되며, 이때 생기는 오차가 **반올림오차**(round off error)이다. 컴퓨터를 이용하여 계산할 때 32비트를 사용하느냐 64비트를 사용하느냐에 따라 기본적으로 생기는 반올림오차는 약간의 차이가 있을 수 있다.

1.4 절단오차

절단오차(truncation error)는 말 그대로 항을 절단하여 생기는 오차를 의미한다. 수학적으로 정의되는 식 등에서 근사식을 사용할 때 생기는 오차이다. 예를 들어, 지수함수는 다음과 같은 Maclaurin 급수로 나타낼 수 있고 이를 이용하여 계산할 수 있다.

$$e^x = 1 + x + \frac{x^2}{2!} + \frac{x^3}{3!} + \frac{x^4}{4!} + \cdots$$

만약 e^2을 계산하고자 할 때 무한개의 항을 사용하여야 하나, 처음 4개의 항만을 사용한다면, 다섯 번째 항 이후를 절단한 것이기 때문에 오차가 발생하며 이를 절단오차라고 한다. 이와 같은 절단오차는 수치미분이나 미분방정식을 수치적으로 구할 때 자주 발생하는 문제이다.

예제 1.2

사람과 사과의 무게를 측정하여 50.5kg과 0.49kg을 얻었다 만약 참값이 각각 50.0kg과 0.50kg일 때, 각각의 경우에 대해 오차와 상대오차를 구하라.

풀이

사람의 경우,

오차 = 참값 − 근사값 = 50.0 − 50.5 = − 0.5kg
상대오차 = − 0.5 / 50 = − 0.01 = − 1%

사과의 경우,

오차 = 참값 − 근사값 = 0.50 − 0.49 = 0.01kg
상대오차 = 0.01/ 0.50 = 0.02 = 2%

보충설명

오차의 경우 사람보다 사과의 무게를 측정했을 때가 작지만 상대오차의 경우 사람의 무게를 측징하였을 때가 작다.

예제 1.3

$\cos x$는 다음과 같은 Maclaurin 급수로 나타낼 수 있다.

$$\cos x = 1 - \frac{x^2}{2!} + \frac{x^4}{4!} - \frac{x^6}{6!} + \frac{x^8}{8!} - \cdots$$

5항까지 사용하여 $\cos(0.5)$를 구하고 이것을 이용하여 그 때의 근사오차를 구하라.

풀이

4항 및 5항까지를 사용하면 다음의 값을 구할 수 있다.

$$\cos(0.5) = 1 - \frac{0.5^2}{2!} + \frac{0.5^4}{4!} - \frac{0.5^6}{6!} = 0.8775824653$$

$$\cos(0.5) = 1 - \frac{0.5^2}{2!} + \frac{0.5^4}{4!} - \frac{0.5^6}{6!} + \frac{0.5^8}{8!} = 0.8775825622$$

식 (1.3)을 이용하여 오차(근사오차)를 구하면

$$e_a = 0.8775825622 - 0.8775824653 = 9.69 \times 10^{-8}$$

이다.

1.5 진법

컴퓨터에서 계산할 때 여러 가지 오차가 발생할 수 있다. 이러한 오차를 이해하기 위해 먼저 컴퓨터에서 사용하는 수에 대한 이해가 필요하다. 우리에게 익숙한 수는 10진법을 사용하는 것이지만, 컴퓨터에서는 2진법 또는 16진법을 주로 사용하여 수를 표시한다. 따라서 먼저 10진법과 2진법을 이해하여야 할 것이다.

우리가 주로 사용하는 10진법에 대해 설명하자면, 0, 1, 2, 3, 4, 5, 6, 7, 8, 9의 10개의 숫자를 사용하여 수를 나타내는 것이다. 예를 들어 사과의 개수를 센다고 할 때 열 개의 사과가 있다고 하자. 아홉 개는 9개로 나타낼 수가 있다. 9개 보다 하나가 많은 열 개의 사과를 나타날 때, 기존의 숫자를 사용하여 10개로 표시하기로 약속한 것이다. 즉 10이라는 숫자 앞의 1이 의미하는 것은 10^1이 하나라는 의미이다. 따라서 10진법으로 1205는 다음과 같이 이루어져 있다.

$$1205 = 1 \times 10^3 + 2 \times 10^2 + 0 \times 10^1 + 5 \times 10^0$$

즉, 10진법은 열 개의 숫자를 사용하여 수를 나타내는 방법이다. 10진법으로 수를 나타낼 때 10개의 기호(즉, 숫자 0, 1, 2, 3, 4, 5, 6, 7, 8, 9)를 사용한다. 여기에 영의 개념이 도입되어 있다. 영의 개념이 도입되기 전의 10진법은 10이라는 별도의 숫자를 가진다. 예를 들어 로마숫자를 생각해보자. 로마숫자에서는 0없이 1부터 10까지의 숫자로 I, II, III, IV, V, VI, VII, VIII, IX, X이라는 10개의 기호를 사용한다. 로마숫자를 사용하여 33을 나타내려면 XXXIII이라고 나타낸다. 33이라 표기하는 것과는 차이가 크다. 10진법으로 수를 나타낼 때 10개의 기호(즉 숫자 0, 1, 2, 3, 4, 5, 6, 7, 8, 9)가 필요하듯이 2진법의 수를 나타낼 때는 2개의 기호(0, 1)가 필요하고, 16진법으로 수를 나타낼 때는 16개의 기호(0, 1, 2, 3, 4, 5, 6, 7, 8, 9, A, B, C, D, E, F)가 필요하다. 여기서 A, B, C, D, E, F는 각각 10진법으로 표시되는 수 10, 11, 12, 13, 14, 15를 나타내는 기호(즉, 숫자)이다. 2진법 수를 나타낼 때

❖ 같은 10진법이라도 I, II, III, IV, V, VI, VII, VIII, IX, X를 사용하는 것과 0, 1, 2, 3, 4, 5, 6, 7, 8, 9를 사용하는 것은 아주 큰 차이이다.

표 1.1 10진법, 2진법 및 16진법

10진법	2진법	16진법	10진법	2진법	16진법
0	0	0	11	1011	B
1	1	1	12	1100	C
2	10	2	13	1101	D
3	11	3	14	1110	E
4	100	4	15	1111	F
5	101	5	16	10000	10
6	110	6	17	10001	11
7	111	7	18	10010	12
8	1000	8	19	10011	13
9	1001	9	20	10100	14
10	1010	A	21	10111	15

$(1101)_2$, 16진법을 나타낼 때 $(18B)_{16}$처럼 아래첨자를 사용하여 표시한다. 편의상 10진법일 때는 생략하기로 한다.

표 1.1에 10진법과 2진법, 16진법에 대한 기본적인 수를 나타내고 있다. 10진법이 아닌 경우, 2진법으로 표시되는 수 $(1011)_2$는 다음과 같은 수를 나타내고 16진법으로 표시된 $(B2)_{16}$는 각각 다음과 같이 표시되는 수이다.

$$\begin{aligned}(1011)_2 &= 1\times 2^3 + 0\times 2^2 + 1\times 2^1 + 1\times 2^0 \\ &= 11 \qquad \Leftarrow \text{10진법 수}\end{aligned}$$

$$\begin{aligned}(\mathrm{B}2)_{16} &= \mathrm{B}\times 16^1 + 2\times 16^0 \\ &= 11\times 16^1 + 2\times 16^0 \\ &= 178 \qquad \Leftarrow \text{10진법 수}\end{aligned}$$

소수점이하의 숫자는 다음과 같이 나타낼 수 있다.

$$0.2756 = 2\times 10^{-1} + 7\times 10^{-2} + 5\times 10^{-3} + 6\times 10^{-4}$$

$$(0.1101)_2 = 1\times 2^{-1} + 1\times 2^{-2} + 0\times 2^{-3} + 1\times 2^{-4}$$

$$(0.1\mathrm{A})_{16} = 1\times 16^{-1} + \mathrm{A}\times 16^{-2} = 1\times 16^{-1} + 10\times 16^{-2} = 0.1015625$$

10진법을 2진법으로 바꾸기 위해서는 다음과 같이 2로 계속 나누어 몫이 0이 될 때까지 계산한 다음, 나머지를 역으로 쓰면 2진법 수가 된다. 121을 2진법으로 나타내기 위해서 다음과 같이 계산하면,

$$
\begin{array}{r|rl}
2 & 121 & \\ \hline
2 & 60 & \cdots 1 \\ \hline
2 & 30 & \cdots 0 \\ \hline
2 & 15 & \cdots 0 \\ \hline
2 & 7 & \cdots 1 \\ \hline
2 & 3 & \cdots 1 \\ \hline
2 & 1 & \cdots 1 \\ \hline
 & 0 & \cdots 1
\end{array}
\qquad \Rightarrow \quad (1111001)_2
$$

와 같고 아래에서부터 위쪽으로 나머지를 계속해서 쓰면 2진법으로 $(1111001)_2$이 된다. 16진법 수도 비슷하게 구할 수 있다.

소수점이하의 10진법 수를 2진법으로 바꾸기 위해서는 다음과 같이 2로 계속 곱하여 구한 수에서 1의 자릿수(0 또는 1)가 2진법에서의 소수이하 자리를 나타낸다. 이제 구한 수에서 1의 자릿수를 뺀 다음 계속 2를 곱하면 2진법에서의 소수 이하 자리를 구할 수 있다. 예를 들어, 0.67을 2진법으로 나타내기 위해 다음과 같이 계산하면,

$$
\begin{array}{rl}
0.67 & \\
\times\ 2 & \\ \hline
\underline{1}.34 & \Rightarrow 1 \\
0.34 & \\
\times\ 2 & \\ \hline
\underline{0}.68 & \Rightarrow 0 \\
\times\ 2 & \\ \hline
\underline{1}.36 & \Rightarrow 1 \\
0.36 & \\
\times\ 2 & \\ \hline
\underline{0}.72 & \Rightarrow 0 \\
\times\ 2 & \\ \hline
\underline{1}.44 & \Rightarrow 1 \\
\vdots &
\end{array}
$$

와 같이 2를 곱한 수에서 밑줄 친 부분을 계속 빼면서 2를 곱해 가면 오른쪽에 표시된 수를 위에서부터 적으면 된다. 즉, $(0.10101\ldots)_2$ 가 된다.

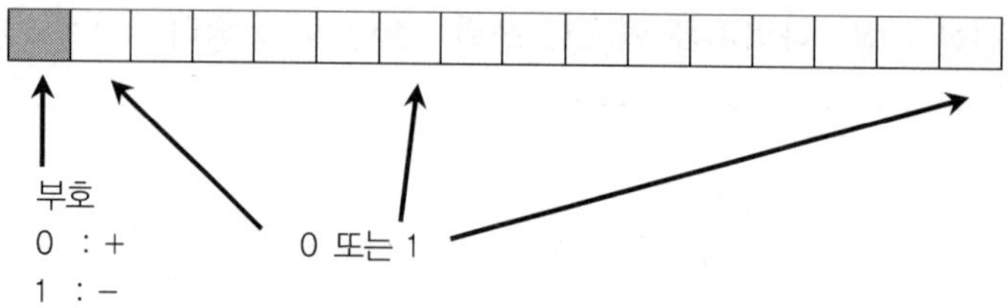

그림 1.1 정수의 저장방법

1.6 컴퓨터에서 수의 표시

컴퓨터에서 수를 나타낼 때는 두 가지 방식이 사용된다. 정수 및 실수 표기 방식이며, 수를 저장하는 방식이 다르다.

먼저 **정수**(integer)의 표시는 **소수점이 사용되지 않는 표시 방법이다.** 컴퓨터에 따라 기본적으로 저장하는 방식이 약간 다를 수도 있으나, 기본적으로 2진법을 사용하고, 16비트(bit)에 저장할 때를 설명하고자 한다. 그림 1.1에서 보여주고 있듯이 처음 비트에는 0, 1의 숫자로 +, - 부호가 정해진다. 나머지 15비트에 수를 저장한다. 15비트에 2진법으로 수를 저장하기 때문에 정수로 저장할 수 있는 수에는 한계가 있다.

❖ MATLAB에서는 정수형을 사용하지 않는다.

쉽게 이해하기 위해 4비트에 정수를 저장하는 원시적인 컴퓨터가 있다고 상상하자. 처음 1비트에는 역시 부호를, 나머지 3비트에 0 또는 1의 수를 저장한다고 하면, 이 가상 컴퓨터에서 나타낼 수 있는 정수는 그림 1.2와 같다.

그림 1.2의 왼쪽 제일 아래에 위치한 수를 보면 0111인데, 제일 처음 비트의 수가 0이므로 +를 그리고 나머지 111은 2진법 수이므로 $2^3 - 1 = 7$을 나타내므로 가장 큰 수는 $+7$이 된다. 그리고 위 그림의 오른쪽 제일 아래에 위치한 수는 1111으로서 처음 비트의 수가 1이므로 -를 나타내고 나머지 수는 역시 111로서 2진법 수이므로 $2^3 - 1 = 7$을 나타내므로 -7이 된다. 따라서 가장 큰 수가 7인 것과 마찬가지로 가장 작은 정수가 -7인 것처럼 보이지만 그렇지가 않다. 그림의 왼쪽 제일 위에 위치한 수가 0000으로서 0을 나타내기 때문에, 오른쪽 제일 위의 수인 1000은 -0으로서 실제적으로 0이기 때문에 0을 나타내는 0000과 중복되어 0 대신에 -7보다 1 작은 -8, 즉 -2^3으로 인식하게 되어 있다. 다시 정리하면, 4비트로 정수를 나타낼 때, 처음 비트는 부호를 나타내고 나머지 3비트에서 수를 나타내므로 컴퓨터에

비트	값	비트	값
0 0 0 0	0	1 0 0 0	$-8 \Leftarrow -2^3$
0 0 0 1	1	1 0 0 1	-1
0 0 1 0	2	1 0 1 0	-2
0 0 1 1	3	1 0 1 1	-3
0 1 0 0	4	1 1 0 0	-4
0 1 0 1	5	1 1 0 1	-5
0 1 1 0	6	1 1 1 0	-6
0 1 1 1	$7 \Leftarrow 2^3-1$	1 1 1 1	$-7 \Leftarrow -(2^3-1)$

그림 1.2 정수의 예

서 나타낼 수 있는 정수는 -8, -7, ..., 0, 1, 2, ..., 7로서 $-2^3 \sim (2^3-1)$의 정수를 나타낼 수 있다. 따라서 이제 16비트에 정수를 저장한다고 하면, 1비트는 부호를 나타내는데 사용되고 나머지 15비트에 수를 저장하므로, 이때 나타낼 수 있는 정수는 $-2^{15} \sim (2^{15}-1)$이 된다. 즉,

$$-2^{15} \leq \text{정수} \leq 2^{15}-1$$

또는

$$-32768 \leq \text{정수} \leq 32767$$

이다. 물론 정수를 나타낼 때 32비트를 사용한다면 나타낼 수 있는 정수의 범위는 $-2^{31} \sim (2^{31}-1)$이 된다. 위에서 음수를 컴퓨터에 나타내는 법은 학생들의 이해를 돕기 위한 예이고 컴퓨터 종류에 따라 다른 방식으로 음수를 저장할 수도 있다.

❖ floating point ⇒ 부동소수점 또는 유동소수점

소수점을 포함하는 방식인 **실수**(real number, float)를 컴퓨터에 저장할 때는 **부동소수점**(浮動小數點 ; floating point) 방식으로 저장한다. 컴퓨터에서는 2진법 또는 16진법을 사용하지만, 쉽게 이해하기 위해 10진법으로 먼저 설명한다. 다음과 같은 수 56.5, 0.00345, 1.23×10^5, 2.15×10^{-4} 등은 모두 실수형태의 수이다. 이제 이 수들을 정규화된(normalized) 과학적 표기법(scientific notation)을 사용하면 다

음과 같이 나타낼 수 있다.

$$56.5 \Rightarrow 0.565 \times 10^2$$

$$0.00345 \Rightarrow 0.345 \times 10^{-2}$$

$$1.23 \times 10^5 \Rightarrow 0.123 \times 10^6$$

$$2.15 \times 10^{-4} \Rightarrow 0.215 \times 10^{-3}$$

이 정규화된 과학적 표기법이 바로 10진법을 사용할 때의 정규화된 부동소수점 표현방법이다. 위에서 보듯이 0을 제외한 모든 수는

$$\pm r \times 10^n$$

으로 나타낼 수 있다. 여기서 r은 정규화된 **가수**(mantissa)를 나타내고 n은 **지수**(exponent)이다. 정규화된 가수 r은 다음 범위 내의 수이다(실수가 0이 아닐 때).

$$\frac{1}{10} \leq r < 1$$

즉, 정규화된 가수를 표시할 때 소수 첫째자리에는 10진법에서 사용되는 0에서 9까지의 숫자 중 0을 제외한 나머지 숫자가 나타나도록 표기하는 법이다.

이제 2진법을 사용하는 컴퓨터에 저장된 실수를 정규화된 부동소수점 표현방법으로 나타내면 다음과 같이 나타낼 수 있다. 0을 제외한 모든 수는

$$\pm \mathrm{q} \times 2^{\mathrm{n}}$$

으로 나타낼 수 있다. 여기서 q는 정규화된 가수를 나타내고 n은 지수이다. 정규화된 가수 q는 다음 범위 내의 수이다(실수가 0이 아닐 때).

$$\frac{1}{2} \leq q < 1$$

따라서 10진법과 비교하여 보면 정규화된 가수 q를 표시할 때 소수 첫째자리에는 2진법에서 사용되는 0과 1의 숫자 중 0을 제외한 나머지 숫자, 즉 1이 반드시 표시되어야 한다는 것(물론 실수 0이 아닌 경우)을 쉽게 알 수 있다.

이 실수를 기억 장소에 저장하는 방법은 컴퓨터에 따라 다르고 또한 사용하는 프로

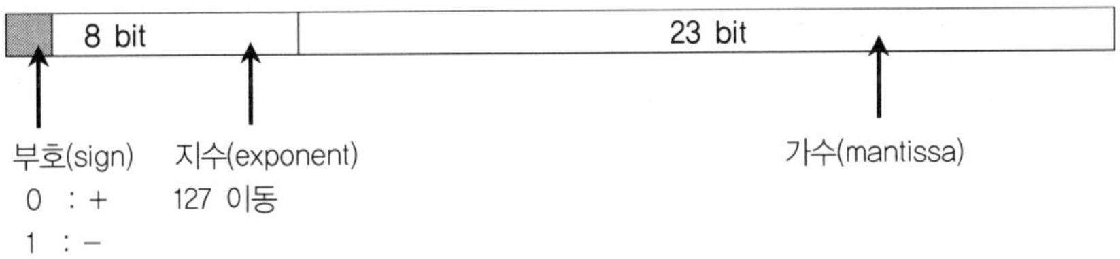

그림 1.3 실수의 저장방법

그램 언어(FORTRAN, C, MATLAB) 등에 따라 다를 수 있다. 실수를 32비트에 저장하는 경우가 가장 일반적이다. 또한 32비트를 사용할 때, 대표적인 저장방법 중 하나는 그림 1.3과 같이 부호를 나타내는데 1비트를, 지수를 나타내는데 8비트를, 가수를 나타내는데 23비트를 사용하는 방식이다. 물론 이 방식이 유일한 것은 아니고 지수를 나타내는데 7비트를, 가수를 나타내는데 24비트를 사용하는 방식도 있다.

먼저 지수에 대해 살펴보면, 지수를 저장하는 8비트에 올 수 있는 가장 작은 지수는 $(00000000)_2 = 0$이고 가장 큰 지수는 $(11111111)_2 = 2^8 - 1 = 255$이다. 따라서 지수는 0에서 255사이의 값을 가진다. 그러나 지수에서 -값을 나타내기 위하여 127만큼 이동(shifted 또는 biased)시킨다. 위의 지수에서 127을 뺀 수가 실제 지수에 해당한다. 즉, $(00000000)_2$은 -127에 해당되고, $(11111111)_2$은 128에 해당된다. 따라서 지수는 -127에서 128사이의 값을 가진다.

그리고 가수는 23비트에 저장되지만 정규화된 가수의 소수 첫째자리는 2진법에서 항상 1이기 때문에 저장할 필요가 없어 이를 숨겨진 비트(hidden bit)라고 한다. 따라서 2진법으로 소수 둘째자리부터 저장하면 실제로는 24비트를 사용하는 효과가 있다. 위의 방식으로 실수를 32비트에 저장할 때 가장 작은 가수는 $(0.10000\cdots0)_2$이고 가장 작은 지수는 -127이므로 실수 r의 크기(절대값) 중 가장 작은 값은 다음과 같다.

$$r_{\min} = (0.10000\cdots0)_2 \times 2^{-127}$$

$(0.10000\cdots0)_2$는 2^{-1}이므로

$$r_{\min} = 2^{-1} \times 2^{-127} = 2^{-128} \simeq 2.94 \times 10^{-39}$$

이다. 따라서 0과 2.94×10^{-39}사이의 수는 나타낼 수 없다.

가장 큰 가수는 $(0.1111\cdots1)_2$이고 가장 큰 지수는 128이므로 실수 r의 크기(절대값) 중 가장 큰 값은 다음과 같다.

$$r_{\max} = (0.1111\cdots1)_2 \times 2^{128}$$

$(0.1111\cdots1)_2 \simeq 1$이므로

$$r_{\max} \simeq 1 \times 2^{128} = 2^{128} = 3.40 \times 10^{38}$$

이다. 따라서 절대값이 3.40×10^{38}보다 큰 수를 나타낼 수 없고 컴퓨터에서 이런 수가 계산에서 나타나면 오버플로(overflow)가 되어 에러(error)가 생긴다. 컴퓨터에서 최소값인 2.94×10^{-39}보다 작은 수가 나타날 때는 언더플로(underflow)가 되어 이 수를 0으로 취급하게 되며 에러가 생기지는 않는다.

1.7 알고리듬 및 가상코드의 사용

프로그램을 하기 위해서는 필요한 컴퓨터 언어를 사용해야 한다. 이때 프로그래밍을 하기 위해서 필요한 것이 **알고리듬**(algorithm)이다. 알고리듬을 프로그래밍하기 적합하게 나타낸 것이 가상코드인데, 사용하는 언어에 따라 가상코드의 표현은 약간 달라질 수 있다. 본 교재에서는 일반적으로 사용할 수 있는 **가상코드**(pseudo-code)를 사용하고자 한다. 가장 기본적인 조건문 및 반복문(loop) 등에 대한 가상코드와 실제의 프로그래밍 언어를 표 1.2에 비교하였다. 반복문에 대해 설명하면 가상코드에서

```
For i=1,9,2
    k=i *5
End For i
```

은 i가 1부터 9까지 2씩 증가하면서 실행문(k=i * 5)을 실행하는 것을 의미한다. 이것을 각각의 언어로 나타내면 표 1.2와 같다.

물론 이외에 If-Else If-Else-End If 등과 같이 여러 가지 형태가 있을 수 있으나 기본적으로 위의 가상코드만 이해한다면, 다른 별도의 설명없이 쉽게 이해할 수 있을 것이라 판단된다.

표 1.2 기본적인 가상코드와 프로그래밍 언어의 비교

	가상코드	C, C++	FORTRAN	MATLAB

조건문
(if문)
	If x 〉 0
	a=x
	b=−x
	Else
	a=−x
	b=x
	End If
		if (x 〉 0)
		{ a=x;
		b=−x;
		}
		else
		{ a=−x;
		b=x;
		}
			IF (x〉0.)
			THEN
			a=x
			b=−x
			ELSE
			a=−x
			b=x
			END IF
				if x 〉 0
				a=x;
				b=−x;
				else
				a=−x;
				b=x;
				end

반복문
(loop)
	For i=1,9,2
	k=i * 5
	End For i
		for(i=1; i〈=9;
		i=i+2)
		{ k=i * 5;
		}
			DO 10 i =1,9,2
			k=i * 5
			10 CONTINUE
				for i=1:2:9
				k=i * 5;
				end

실수와 정수	float a integer i	float a; int i;	REAL a INTEGER i	모두 실수형으로 저장(행렬형태)
Array 표기법	x_i, a_{ij}	x[i], a[i][j]	x(i), a(i,j)	x(i), a(i,j)

예제 1.4 ⇨ **Ex1_4.c, Ex1_4.m, Ex1_4a.m**

1부터 n까지의 합과 평균을 구하는 프로그래밍을 C 또는 MATLAB으로 작성하라. 합을 구하는 가상코드는 다음과 같다.

가상코드

```
define n, s, avg, i
n=100
s=0.
For i=1, n, 1
  s=s+i
End For i
avg=s/n
Output "n까지의 합=,  average= ", n, s, avg
```

풀이

C로 작성한 것이 Ex1_4.c이다.

프로그램을 실행하면 다음과 같이 화면에 출력한다.

100까지의 합 = 5050.0000   Average = 50.500000

MATLAB으로 작성한 것이 Ex1_4.m이고 프로그램을 실행하면 다음과 같다.

```
>> Ex1_4
   100까지의 합 = 5050.000000    Average = 50.500000
```

MATLAB에서는 Ex1_4a.m과 같이 벡터를 이용하여 실행하여도 동일한 결과를 얻을 수 있다. MATLAB에서 m-file을 사용할 수도 있지만 다음과 같이 명령창(command window)의 명령줄(command line; >>가 표시된 줄)에서 직접 실행할 수도 있으며 직접 실행하면 다음과 같이 합을 계산한다.

```
>> n=100;
>> s=sum(1:n)
s =
        5050
>> avg=s/n
avg =
   50.5000
```

♦ 보충설명

위의 예에서 보듯이 가상코드가 주어지면 원하는 언어로 프로그래밍하는 것은 비교적 쉬운 일이다. 수치해석의 실습과정에서는 이와 같이 가상코드를 원하는 컴퓨터 언어로 프로그래밍하는 훈련을 하는 것이지만, 이론을 바탕으로 알고리듬 또는 가상코드를 직접 작성할 수 있으면 더 좋을 것이다. 왜냐하면 나중에 실제로 현장업무 중에 또는 대학원에서 연구 중에 문제를 해결하고자 할 때, 일반적으로 알고리듬이 주어지는 것이 아니고 여러분들이 알고리듬까지 생각해서 프로그래밍을 짜야 되는 경우가 많기 때문이다.

Ex1_4.c

```
float avg, s;
int i, n;
n=100;
s=0.;
For(i=1; i<=100; i=i+1)
{   s=s+i;
}
avg=s/n;
printf("\n %d까지의 합  = %f    Average = %f" , n, s, avg);
```

Ex1_4.m

```
n=100;
s=0;
for i=1:n
   s=s+i;
end;
avg=s/n;
fprintf(' %d까지의 합  = %f    Average = %f' , n, s, avg);
```

Ex1_4a.m

```
n=100;
i=1:n;
s=sum(i);
avg=s/n;
fprintf(' %d까지의 합  = %f    Average = %f', n, s, avg);
```

예제 1.5 실수형과 정수형의 비교 ⇨ Ex1_5.c

a=10., b=20.이 주어지고, c=a/b, d=b * c를 실수형으로 계산하여 출력하고, ai=10, bi=20이 주어지고, ci=ai/bi, di=bi * ci를 정수형으로 계산하여 출력하는 프로그램을 C로 작성하여 결과를 비교하라.

풀이

프로그램은 Ex1_5.c이고 다음에 나타내고 있다. 실행하면 다음과 같이 출력한다.

```
10.000000,   20.000000,  0.500000,  10.000000
10,  20,  0,  0
```

보충설명

위의 예에서 C 또는 FORTRAN 등의 컴퓨터 언어를 사용하여 프로그래밍할 때, 계산하는 경우에는 반드시 실수형으로 해야 한다. 정수형으로 계산하는 경우는 오차가 발생하여 우리가 원하지 않는 답을 출력한다. 위의 예에서 a/b=10./20.=0.5로 계산하지만 정수형으로 ai/bi=10/20=0으로 출력한다.

Ex1_5.c

```
#include <stdio.h>
#include <math.h>
/ 예제 1.5    실수와 정수의 차이 */
    void main ()
    {
        float a, b, c,d;
        int ai, bi, ci,di;
        a=10.0;
        b=20.0;
        c= a/b;
        d= c*b;
        ai=10;
        bi=20;
        ci=ai/bi;
        di=ci*bi;
        printf("\n %f,  %f,  %f,  %f ", a,b,c,d);
        printf("\n %d,  %d,  %d,  %d ", ai,bi,ci,di);
    }
```

예제 1.6 ⇨ **Ex1_6.c**

Function의 연습을 위하여 다음과 같은 함수를 function으로 저장하라.

$$f_1(x) = 1 - e^{-x^2},\ f_2(x) = \ln x^2$$

그리고 main 프로그램에서 함수를 불러 $x = 2, 3$일 때, $f_1(x)$와 $f_2(x)$를 각각 출력하도록 C로 작성하라.

풀이

프로그램은 Ex1_6.c이고, 각각 $f_1(x)$와 $f_2(x)$를 함수로서 정의하고 있다. 그리고 메인에서 함수를 불러 사용하고 있다. 프로그램을 실행하면 다음과 같이 출력한다.

```
x    f1(x)   f2(x)  ;   2.000000    0.981684   1.386294
x    f1(x)   f2(x)  ;   3.000000    0.999877   2.197225
```

♦ 보충설명

Ex1_6.c처럼 함수를 정의하지 않고 define을 사용하여 다음과 같이 프로그램의 제일 앞부분에서 정의할 수도 있다.

```
    #define f1(x)  (1.0-exp(-x*x))
    #define f2(x)  (log(x*x))
```

그러나 define을 사용하여 함수를 정의할 때는 함수가 간단한 경우이고, 함수를 정의하는 것이 복잡하거나, 함수 내에서 다른 실행문들이 있는 경우, 즉 subroutine 역할을 하는 경우는 프로그램에서처럼 함수를 정의하는 것이 일반적이다.

Ex1_6.c

```
#include <stdio.h>
#include <math.h>
/* Ex1_6 */
/* Function의 이용 main 앞에서 정의 */
double f1(double x)    /* x and f1 : 실수형 */
{
    double y;
    y=1.0-exp(-x*x);
return(y);          /* y를 f1의 함수값으로 되돌려 줌  */
}
double f2(double x)
{
    double y;
    y=log(x*x);
return(y);         /* y를 f2의 함수값으로 되돌려 줌  */
}

void    main ()
/* return 하는 값이 없을 때 void 선언한다(main도 일종의  함수이다)  */
{
double x, y1, y2;
    x=2.;
    y1=f1(x);
    y2=f2(x);
    printf("\n x    f1(x)   f2(x)  ;   %f    %f   %f" , x, y1, y2);
    x=3.;
    y1=f1(x);
    y2=f2(x);
    printf("\n x    f1(x)   f2(x)  ;   %f    %f   %f" , x, y1, y2);
}
```

예제 1.7 ⇨ Ex1_7.m

Function의 연습을 위하여 다음과 같은 함수를 function으로 저장하라.

$$f_1(x) = 1 - e^{-x^2}, \quad f_2(x) = \ln x^2$$

그리고 main 프로그램에서 함수를 불러 $x = 2,\, 3$일 때, $f_1(x)$와 $f_2(x)$를 각각 출력하도록 MATLAB으로 작성하라.

풀이

프로그램은 Ex1_7.m이고 다음에 나타내고 있다. 함수는 f1.m과 f2.m 파일에서 정의한다. 프로그램을 실행하면 다음과 같다.

```
>> Ex1_7
x    f1(x)   f2(x)  ;   2.000000    0.981684   1.386294
x    f1(x)   f2(x)  ;   3.000000    0.999877   2.197225
```

♦ 보충설명

f1.m과 f2.m 처럼 함수를 따로 정의하지 않고 부록의 B4.m의 inline이나 익명함수를 사용하여 프로그램의 제일 앞부분에 정의하여 사용할 수 있으며, 이렇게 작성한 프로그램이 Ex1_7a.m이고 이를 실행하면 동일한 결과를 얻을 수 있다.

그러나 위와 같이 함수를 정의할 때는 함수가 간단한 경우이고, 함수를 정의하는 것이 복잡하거나, 함수 내에서 다른 실행문들이 있는 경우, 즉 subroutine 역할을 하는 경우는 f1.m과 f2.m처럼 따로 함수를 정의하는 것이 일반적이다.

Ex1_7.m

```
x=2;
y1=f1(x);
y2=f2(x);
fprintf('\n x    f1(x)   f2(x)  ;   %f    %f   %f' , x, y1, y2);
x=3;
y1=f1(x);
y2=f2(x);
fprintf('\n x    f1(x)   f2(x)  ;   %f    %f   %f' , x, y1, y2);
```

f1.m

```
function f1=f1(x)
f1=1 - exp(-x*x);
```

f2.m

```
function f2=f2(x)
f2=log(x*x);
```

Ex1_7a.m

```
f1=inline ( '1-exp(-x*x)' );
f2 = @(x) log(x*x);
x=2;
   y1=f1(x);
   y2=f2(x);
   fprintf(' x    f1(x)   f2(x)  ;   %f    %f   %f' , x, y1, y2);
   x=3;
   y1=f1(x);
   y2=f2(x);
   fprintf('\n x    f1(x)   f2(x)  ;   %f    %f   %f' , x, y1, y2);
```

연습문제

1.1 유효숫자를 고려하여 다음을 계산하라.

(1) 120.4 − 20.26

(2) 50.2 × 0.02012

(3) 50.2 ÷ 2.50

1.2 사과의 무게를 측정하여 10.5g을 얻었다 만약 참값이 10.0g일 때, 오차와 상대오차를 구하라.

1.3 $\sin x$는 다음과 같은 Maclaurin 급수로 나타낼 수 있다.

$$\sin x = x - \frac{x^3}{3!} + \frac{x^5}{5!} - \frac{x^7}{7!} + \frac{x^9}{9!} - \cdots$$

4항 및 5항까지 사용하여 $\sin(0.5)$를 구하고 이것을 이용하여 그때의 근사오차를 구하라.

1.4 다음을 10진법으로 표시하라.

(1) $(10110)_2$

(2) $(B1A)_{16}$

(3) $(0.1011)_2$

(4) $(0.1B)_{16}$

1.5 다음의 10진법 수를 2진법과 16진법으로 표시하라.

(1) 123

(2) 0.202

프로그래밍 실습문제

※ 프로그래밍 실습문제의 번호 옆에 프로그램 이름을 나타내었다. 교육의 목적으로, 이들 프로그램은 학생들에게는 제공하지 않고, 강의를 담당하는 교수에게만 제공한다.

C1.1 ⇨ C1_1.c

다음을 구하는 프로그램을 C로 작성하라.

$$S_1 = \sum_{i=1}^{n} i^2, \quad S_2 = \sum_{i=1}^{n} r^i$$

$n = 10$, $r = 2$일 때, 결과를 출력하라.

C1.2 ⇨ C1_2.c

구구단의 n단을 출력하는 프로그램을 C로 작성하라. 화면에서 n=5를 입력하면 다음과 같이 출력하도록 하라.

5단
5 × 1 = 5
5 × 2 = 10
5 × 3 = 15
⋮
5 × 9 = 45

C1.3 ⇨ C1_3.c

다음을 구하는 function 또는 subroutine을 C로 작성하라.

$$S = \sum_{i=1}^{n} (-1)^i \frac{a^i}{i!}$$

Main 프로그램에서 위 function을 불러 $n = 10$이고,
a=2, 3, 4, 5일 때 결과를 출력하라.

M1.1 ⇨ M1_1.m

다음을 구하는 프로그램을 MATLAB으로 작성하라.

$$S_1 = \sum_{i=1}^{n} i^2, \quad S_2 = \sum_{i=1}^{n} r^i$$

$n = 10$, $r = 2$일 때, 결과를 출력하라.

M1.2 ⇨ M1_2.m

구구단의 n단을 출력하는 프로그램을 MATLAB으로 작성하라. 화면에서 n=5를 입력하면 다음과 같이 출력하도록 하라.

5단

5 × 1 = 5

5 × 2 = 10

5 × 3 = 15

⋮

5 × 9 = 45

M1.3 ⇨ M1_3.m

다음을 구하는 function 또는 subroutine을 MATLAB으로 작성하라.

$$S = \sum_{i=1}^{n} (-1)^i \frac{a^i}{i!}$$

Main 프로그램에서 위 function을 불러 $n = 10$이고,
$a = 2$, 3, 4, 5일 때 결과를 출력하라.

CHAPTER 02

연립방정식과 행렬

많은 공학 문제를 풀다보면 연립방정식의 해를 구하는 문제에 이르게 된다. 연립방정식은 뒤에서 상세하게 설명하겠지만, 다음과 같이 행렬을 이용하여 나타낼 수가 있다. 먼저, 행렬에 관한 개요를 설명한다.

2.1 행렬의 개요

행렬(matrix)은 행(row)과 열(column)로 이루어져 있으며 일반적으로 다음과 같이 표시한다.

$$\boldsymbol{A} = \begin{bmatrix} a_{11} & a_{12} & . & . & . & a_{1n} \\ a_{21} & a_{22} & . & . & . & a_{2n} \\ . & . & . & . & . & . \\ . & . & a_{ij} & . & . & . \\ . & . & . & . & . & . \\ a_{m1} & a_{m2} & . & . & . & a_{mn} \end{bmatrix}, \quad \boldsymbol{B} = \begin{bmatrix} 1 & 2 & 3 \\ 4 & 5 & 6 \end{bmatrix} \tag{2.1}$$

위 행렬 중 $\boldsymbol{A}$는 m개의 행과 n개의 열을 가지는 $m \times n$ 행렬이다. $\boldsymbol{B}$는 2개의 행과 3개의 열을 가지는 2×3 행렬이다. 행렬의 요소(element)를 나타낼 때 아래 첨자를 사용하며, 첫 번째 첨자는 행을 두 번째 첨자는 열을 나타낸다. 따라서 b_{21}은 행렬 $\boldsymbol{B}$의 2행과 1열의 위치에 있는 4를 나타내고, a_{ij}는 행렬 $\boldsymbol{A}$에서 i행과 j열에 있는 요소를 의미하고, 요소는 모두 스칼라(scalar)이다. C에서는 이를 $a[i][j]$로 나타내고 FORTRAN과 MATLAB에서는 $a(i,j)$로 나타낸다. 행렬을 요소로 나타낼 때, 다음과 같이 표기하기로 한다.

❖
행렬의 요소 : a_{ij}
⇒
C : $a[i][j]$
FORTRAN : $a(i,j)$
MATLAB : $a(i,j)$

$$\boldsymbol{A} = [a_{ij}]$$

또는, 행렬의 크기까지를 나타내기 위해

$$\boldsymbol{A} = [a_{ij}]_{m \times n}$$

으로 표기하기도 한다.

행 또는 열이 하나인 행렬을 **벡터**(vector)라고 한다. 행으로만 이루어진 벡터를 **행벡터**(row vector)라 하고, 열로만 이루어진 벡터를 **열벡터**(column vector)라고 한다. 다음에서 $\boldsymbol{x}$는 3×1 열벡터, $\boldsymbol{y}$는 1×4 행벡터이다.

$$\boldsymbol{x} = \begin{bmatrix} 1 \\ 2 \\ 3 \end{bmatrix}, \quad \boldsymbol{y} = [1 \ 2 \ 3 \ 4]$$

벡터 $\boldsymbol{x}$의 i번째 요소를 x_i로 표시하고 C에서는 이를 $x[i]$로 나타내고 FORTRAN과 MATLAB에서는 $x(i)$로 나타낸다. 열벡터를 요소로 나타내면

$$\boldsymbol{x} = [x_i]_{m \times 1}$$

로 나타내기로 한다. 행벡터를 요소로 나타낼 때는

$$\boldsymbol{y} = [y_j]_{1 \times n}$$

❖
벡터의 요소 : x_i
⇒
C : $x[i]$
FORTRAN : $x(i)$
MATLAB : $x(i)$

과 같이 나타내기도 한다. 일반적으로 1차원 배열(array)을 사용할 때 C와 FORTRAN에서는 행벡터와 열벡터를 구분하지 않고 $x[i]$, $x(i)$로 표기하여 단순히 1차원 배열로 사용하지만, MATLAB에서는 명확하게 행벡터와 열벡터를 구분한다. 다만, MATLAB에서도 i번째 요소를 나타낼 때는 행벡터와 열벡터 모두 $x(i)$로 나타낸다. C와 FORTRAN에서 행벡터와 열벡터를 구분하기 위해서는 2차원 배열을 사용하여 구분할 수 있다. 즉, C와 FORTRAN에서 행벡터는 예를 들어 $x[1][j]$, $x(1, j)$로 표시하고, 열벡터는 $x[i][1]$, $x(i, 1)$ 등으로 2차원 배열을 이용하여 구분할 수도 있다.

행렬이나 벡터를 나타낼 때 C에서는 기본적으로 0에서부터 시작하고, MATLAB에서는 1부터 시작한다. 즉, C에서는 배열이 시작되는 애초(default)값이 0으로 되어 있어 $a[0][0]$부터 시작하나 MATLAB에서는 배열이 시작되는 애초값이 1이어서

$a(1,1)$부터 시작한다. FORTRAN에서도 배열이 시작되는 애초값이 1이어서 일반적으로는 $a(1,1)$부터 시작하지만 지정하기에 따라 $a(0,0)$부터 시작할 수 있다. 그러나 MATLAB에서는 $a(0,0)$를 지정할 수 없다. 따라서 일반 알고리듬에서 x_0나 a_{00}가 나타날 때 MATLAB으로 프로그래밍할 때는 주의가 필요하다. 또한 일반적으로 행렬이 a_{11}부터 시작하는 경우가 많은데 C에서는 $a(0,0)$부터 시작하므로 C에서도 행렬을 프로그래밍할 때는 역시 주의가 필요하다.

열벡터의 특별한 경우인 **단위벡터**(unit vector)는 다음과 같다.

$$\boldsymbol{e}_{(1)}=\begin{bmatrix}1\\0\\0\\\vdots\\0\end{bmatrix},\ \boldsymbol{e}_{(2)}=\begin{bmatrix}0\\1\\0\\\vdots\\0\end{bmatrix},\ \cdots,\ \boldsymbol{e}_{(n)}=\begin{bmatrix}0\\0\\0\\\vdots\\1\end{bmatrix}$$

그러면, 어떠한 벡터라도 다음과 같이 기본 단위벡터들의 조합으로 표시할 수 있다.

$$\boldsymbol{c}=\begin{bmatrix}c_1\\c_2\\c_3\\\vdots\\c_n\end{bmatrix}=c_1\begin{bmatrix}1\\0\\0\\\vdots\\0\end{bmatrix}+c_2\begin{bmatrix}0\\1\\0\\\vdots\\0\end{bmatrix}+c_3\begin{bmatrix}0\\0\\1\\\vdots\\0\end{bmatrix}+\cdots+c_n\begin{bmatrix}0\\0\\0\\\vdots\\1\end{bmatrix}$$

즉,

$$\boldsymbol{c}=c_1\boldsymbol{e}_{(1)}+c_2\boldsymbol{e}_{(2)}+c_3\boldsymbol{e}_{(3)}+\cdots+c_n\boldsymbol{e}_{(n)}=\sum_{i=1}^{n}c_i\boldsymbol{e}_{(i)}$$

로 표시할 수 있다. 3차원 Euclidean 공간에서는 보통 $\boldsymbol{e}_{(1)}=\boldsymbol{i}$, $\boldsymbol{e}_{(2)}=\boldsymbol{j}$, $\boldsymbol{e}_{(3)}=\boldsymbol{k}$로 나타낸다. 따라서

$$\boldsymbol{i}=\begin{bmatrix}1\\0\\0\end{bmatrix},\ \boldsymbol{j}=\begin{bmatrix}0\\1\\0\end{bmatrix},\ \boldsymbol{k}=\begin{bmatrix}0\\0\\1\end{bmatrix}$$

로 나타낼 수 있다. **벡터의 내적**(inner product)은 다음과 같이 정의되며 스칼라(scalar)가 된다.

$$\boldsymbol{a}\cdot\boldsymbol{b}=\sum_{i=1}^{n}a_ib_i$$

행렬은 행벡터 또는 열벡터의 조합으로 나타낼 수 있다. 즉,

$$\boldsymbol{A}=\begin{bmatrix} [a_{11}\ a_{12}\ .\ .\ .\ a_{1n}] \\ [a_{21}\ a_{22}\ .\ .\ .\ a_{2n}] \\ [\ .\ .\ .\ .\ .\ .\ .\ ] \\ [\ .\ .\ a_{ij}\ .\ .\ .\ ] \\ [\ .\ .\ .\ .\ .\ .\ .\ ] \\ [a_{n1}\ a_{n2}\ .\ .\ .\ a_{nn}] \end{bmatrix}=\begin{bmatrix} \boldsymbol{a}_{(1)} \\ \boldsymbol{a}_{(2)} \\ \boldsymbol{a}_{(3)} \\ \vdots \\ \boldsymbol{a}_{(n)} \end{bmatrix}$$

이고, $\boldsymbol{a}_{(1)}$, $\boldsymbol{a}_{(2)}$, $\boldsymbol{a}_{(3)}$, $\cdots$, $\boldsymbol{a}_{(n)}$은 각각 1, 2, 3, $\cdots$, n번째의 행벡터이다. 또한

$$\boldsymbol{A}=\begin{bmatrix} \begin{bmatrix} a_{11} \\ a_{21} \\ a_{31} \\ \vdots \\ a_{n1} \end{bmatrix} \begin{bmatrix} a_{12} \\ a_{22} \\ a_{32} \\ \vdots \\ a_{n2} \end{bmatrix} \begin{bmatrix} a_{13} \\ a_{23} \\ a_{33} \\ \vdots \\ a_{n3} \end{bmatrix} \cdots \begin{bmatrix} a_{1n} \\ a_{2n} \\ a_{3n} \\ \vdots \\ a_{nn} \end{bmatrix} \end{bmatrix}=\begin{bmatrix} \boldsymbol{a}_{(1)}\ \boldsymbol{a}_{(2)}\ \boldsymbol{a}_{(3)}\ \cdots\ \boldsymbol{a}_{(n)} \end{bmatrix}$$

로 나타낼 수도 있고, 여기서 $\boldsymbol{a}_{(1)}$, $\boldsymbol{a}_{(2)}$, $\boldsymbol{a}_{(3)}$, $\cdots$, $\boldsymbol{a}_{(n)}$은 각각 1, 2, 3, $\cdots$, n번째의 열벡터이다.

2.2 행렬의 계산

행렬을 더하고 빼기 위해서는 두 행렬이 서로 같은 수의 행과 열을 가져야 한다. 덧셈 및 뺄셈은 각 행렬의 같은 위치의 요소를 서로 더하고 빼면 된다. 즉,

$$\boldsymbol{A} \pm \boldsymbol{B} = \boldsymbol{C} \tag{2.2}$$

일 때 각 행렬의 원소를 a_{ij}, b_{ij} 및 c_{ij}라고 하면,

$$a_{ij} \pm b_{ij} = c_{ij} \tag{2.3}$$

이다. 모든 원소에 대해 위와 같이 계산하면 된다. 예를 들어,

$$\boldsymbol{A}=\begin{bmatrix} 1\ 2 \\ 1\ 3 \\ 2\ 3 \end{bmatrix},\ \boldsymbol{B}=\begin{bmatrix} 2\ 1 \\ 3\ 1 \\ 2\ 3 \end{bmatrix}$$

인 경우 두 행렬 모두 3×2 행렬이며, 따라서 행렬 $\boldsymbol{C}=\boldsymbol{A}+\boldsymbol{B}$ 도 3×2 행렬이고 다음과 같이 구해진다.

$$C = A + B = \begin{bmatrix} 3 & 3 \\ 4 & 4 \\ 4 & 6 \end{bmatrix}$$

행렬의 곱은 다음과 같이 구해진다. 행렬 $\boldsymbol{A}$와 $\boldsymbol{B}$의 크기가 각각 $m \times n$, $n \times l$일 때, $\boldsymbol{AB} = \boldsymbol{C}$ 인 경우 행렬 $\boldsymbol{C}$는 $m \times l$ 행렬이 되고, 원소 c_{ij}는 다음과 같이 구해진다. 행렬을 곱하려면 반드시 행렬 $\boldsymbol{A}$의 열의 수와 행렬 $\boldsymbol{B}$의 행의 수가 같아야 한다(즉, 위에서 n이 같아야 한다).

$$c_{ij} = \sum_{k=1}^{n} a_{ik} b_{kj} \tag{2.4}$$

예를 들어,

$$\boldsymbol{A} = \begin{bmatrix} 1 & 2 & 3 \\ 4 & 5 & 6 \end{bmatrix}, \quad \boldsymbol{B} = \begin{bmatrix} 1 & 2 \\ 3 & 4 \\ 5 & 6 \end{bmatrix}$$

인 경우, 행렬 $\boldsymbol{A}$와 $\boldsymbol{B}$는 각각 2×3, 3×2 행렬이고 행렬 $\boldsymbol{C}$는 2×2 행렬이 된다. 행렬 $\boldsymbol{C}$의 원소 중 c_{21}은 다음과 같이 구해진다.

$$c_{21} = \sum_{k=1}^{3} a_{2k} b_{k1} = a_{21} b_{11} + a_{22} b_{21} + a_{23} b_{31} = 4 \times 1 + 5 \times 3 + 6 \times 5 = 49$$

이와 같은 방법으로 나머지 원소를 모두 구하면,

$$\boldsymbol{C} = \begin{bmatrix} 22 & 28 \\ 49 & 64 \end{bmatrix}$$

가 된다. 즉, 다음과 같다.

$$\underset{2 \times 3}{\begin{bmatrix} 1 & 2 & 3 \\ 4 & 5 & 6 \end{bmatrix}} \underset{3 \times 2}{\begin{bmatrix} 1 & 2 \\ 3 & 4 \\ 5 & 6 \end{bmatrix}} \underset{\Rightarrow}{=} \underset{2 \times 2}{\begin{bmatrix} 22 & 28 \\ 49 & 64 \end{bmatrix}}$$

주의해야 할 점은 행렬의 곱은 교환법칙이 성립하지 않는다는 것이다. 즉,

$$\boldsymbol{AB} \neq \boldsymbol{BA}$$

이다. 위의 예에서는 행렬 $\boldsymbol{B}$와 $\boldsymbol{A}$는 각각 3×2, 2×3 행렬이므로 $\boldsymbol{C} = \boldsymbol{BA}$는 다

음과 같은 3×3 행렬이 된다.

$$C = \begin{bmatrix} 1 & 2 \\ 3 & 4 \\ 5 & 6 \end{bmatrix} \begin{bmatrix} 1 & 2 & 3 \\ 4 & 5 & 6 \end{bmatrix} = \begin{bmatrix} 9 & 12 & 15 \\ 19 & 26 & 33 \\ 29 & 40 & 51 \end{bmatrix}$$

$$3\times 2 \quad 2\times 3 \Rightarrow \quad 3\times 3$$

행렬에 상수를 곱한 스칼라곱(scalar product)은 모든 원소에 상수를 곱한 것이다. 즉,

$$A = \begin{bmatrix} a_{11} & a_{12} & . & . & . & a_{1n} \\ a_{21} & a_{22} & . & . & . & a_{2n} \\ . & . & . & . & . & . \\ . & . & a_{ij} & . & . & . \\ . & . & . & . & . & . \\ a_{n1} & a_{n2} & . & . & . & a_{nn} \end{bmatrix} \quad \Rightarrow \quad cA = \begin{bmatrix} ca_{11} & ca_{12} & . & . & . & ca_{1n} \\ ca_{21} & ca_{22} & . & . & . & ca_{2n} \\ . & . & . & . & . & . \\ . & . & ca_{ij} & . & . & . \\ . & . & . & . & . & . \\ ca_{n1} & ca_{n2} & . & . & . & ca_{nn} \end{bmatrix}$$

가 성립한다. 이를 행렬의 원소로 나타내면 ca_{ij}로 표시된다.

예제 2.1

다음 두 행렬의 곱 $AB = C$를 구하라.

(1) $A = \begin{bmatrix} 1 & 2 & 2 \\ 2 & 1 & 3 \end{bmatrix}$, $B = \begin{bmatrix} 2 & 1 \\ 4 & 3 \\ 6 & 5 \end{bmatrix}$

(2) $A = \begin{bmatrix} 5 & 2 & 2 \\ 1 & 5 & 1 \\ 2 & -1 & 6 \end{bmatrix}$, $B = \begin{bmatrix} 0 \\ 2 \\ 1 \end{bmatrix}$

(3) $A = \begin{bmatrix} 1 & 2 \\ 3 & 4 \\ 5 & 6 \end{bmatrix}$, $B = \begin{bmatrix} 2 & 1 \\ 4 & 3 \\ 6 & 5 \end{bmatrix}$

풀이

(1) $c_{11} = \sum_{k=1}^{3} a_{1k}b_{k1} = a_{11}b_{11} + a_{12}b_{21} + a_{13}b_{31} = 1\times 2 + 2\times 4 + 2\times 6 = 22$

$c_{12} = \sum_{k=1}^{3} a_{1k}b_{k2} = a_{11}b_{12} + a_{12}b_{22} + a_{13}b_{32} = 1\times 1 + 2\times 3 + 2\times 5 = 17$

$c_{21} = \sum_{k=1}^{3} a_{2k}b_{k1} = a_{21}b_{11} + a_{22}b_{21} + a_{23}b_{31} = 2\times 2 + 1\times 4 + 3\times 6 = 26$

$$c_{22}=\sum_{k=1}^{3}a_{2k}b_{k2}=a_{21}b_{12}+a_{22}b_{22}+a_{23}b_{32}=2\times1+1\times3+3\times5=20$$

그러므로

$$C=\begin{bmatrix}22 & 17\\ 26 & 20\end{bmatrix}$$

(2) $c_{11}=\sum_{k=1}^{3}a_{1k}b_{k1}=a_{11}b_{11}+a_{12}b_{21}+a_{13}b_{31}=5\times0+2\times2+2\times1=6$

$$c_{21}=\sum_{k=1}^{3}a_{2k}b_{k1}=a_{21}b_{11}+a_{22}b_{21}+a_{23}b_{31}=1\times0+5\times2+1\times1=11$$

$$c_{31}=\sum_{k=1}^{3}a_{3k}b_{k1}=a_{31}b_{11}+a_{32}b_{21}+a_{33}b_{31}=2\times0-1\times2+6\times1=4$$

그러므로

$$C=\begin{bmatrix}6\\ 11\\ 4\end{bmatrix}$$

(3) 행렬을 곱하려면 반드시 행렬 $\boldsymbol{A}$의 열의 수와 행렬 $\boldsymbol{B}$의 행의 수가 같아야 하는데, 이 문제는 행렬 $\boldsymbol{A}$의 열의 수는 2이고 행렬 $\boldsymbol{B}$의 행의 수는 3으로 서로 다르기 때문에 행렬의 곱을 구할 수 없다.

행렬의 연산과 관련하여 다음의 관계가 성립한다.

$$\boldsymbol{A}+\boldsymbol{B}=\boldsymbol{B}+\boldsymbol{A}$$

$$\boldsymbol{A}\boldsymbol{B}\neq\boldsymbol{B}\boldsymbol{A}$$

$$(\boldsymbol{A}+\boldsymbol{B})+\boldsymbol{C}=\boldsymbol{A}+(\boldsymbol{B}+\boldsymbol{C})$$

$$(\boldsymbol{A}\boldsymbol{B})\boldsymbol{C}=\boldsymbol{A}(\boldsymbol{B}\boldsymbol{C})$$

$$(\boldsymbol{A}+\boldsymbol{B})\boldsymbol{C}=\boldsymbol{A}\boldsymbol{C}+\boldsymbol{B}\boldsymbol{C}$$

행렬의 곱에 대한 알고리듬은 다음과 같다.

행렬의 곱 알고리듬

1. 필요하면, 행렬 $\boldsymbol{A}=[a_{ij}]_{m\times n}$, $\boldsymbol{B}=[b_{ij}]_{n\times l}$ 와 $\boldsymbol{C}=[c_{ij}]_{m\times l}$ 를 정의한다.
2. m, n, l을 입력하고, 행렬 a_{ij}와 b_{ij}를 입력한다.

3. 다음을 계산한다.

$$c_{ij} = \sum_{k=1}^{n} a_{ik} b_{kj}, \ 1 \le i \le m, \ 1 \le j \le l$$

4. 행렬 A, B와 C를 출력한다.

예제 2.2 행렬의 곱 ⇨ MatMulti.c

두 행렬 $A = [a_{ij}]_{m \times n}$, $B = [b_{ij}]_{n \times l}$ 의 곱 $C = AB$, $C = [c_{ij}]_{m \times l}$ 를 구하는 프로그램을 C로 작성하고 행렬이 다음과 같을 때 실행하라.

(1) $A = \begin{bmatrix} 1 & 2 & 2 \\ 2 & 1 & 3 \end{bmatrix}$, $B = \begin{bmatrix} 2 & 1 \\ 4 & 3 \\ 6 & 5 \end{bmatrix}$

풀이

두 행렬을 곱하는 프로그램을 C로 작성한 것이 MatMulti.c이고, 프로그램을 실행하면 다음과 같다.

입력:

```
a(m x n)  m = , n=  2  3
 계수행렬 a(i,j)을 입력하시오
 a(1,j)  j=1,,,n =  1  2  2
 a(2,j)  j=1,,,n =  2  1  3
b(n x l)  n = , l=  3  2
 계수행렬 b(i,j)을 입력하시오
 b(1,j)  j=1,,,l =  2  1
 b(2,j)  j=1,,,l =  4  3
 b(3,j)  j=1,,,l =  6  5
```

출력:

```
행렬의 곱
   22.000000   17.000000
   26.000000   20.000000
```

보충설명

곱을 구하는 프로그램 MatMulti.c 중 실제로 곱을 구하는 부분은 굵게 표시한 서브루틴 Multi() 부분이다. Main 프로그램에서는 행렬을 입력하고 출력하는 부분으로 되어 있다. 그리고 변수를 전역변수로 정의한 점에 주목하라.

MatMulti.c

```
/**********************************************/
/****** Matrix 곱                       *******/
/**********************************************/
#include <stdio.h>
#include <math.h>
#define nd 20
double a[nd][nd], b[nd][nd], c[nd][nd];
int m, n, l, n2, i,j,k;
void Multi();
void main()
{
/* Data 입력 - 화면에서  */
    printf(" \n a(m x n)  m =  ,  n=   ");
    scanf(" %d   %d", &m, &n);
    printf(" 계수행렬 a(i,j)을 입력하시오 \n");
    for (i=1;i<=m;i=i+1)
    {
        printf(" a(%d,j)  j=1,,,n =  ", i);
        for (j=1;j<=n;j=j+1) scanf(" %lf", &a[i][j]);
    }
    printf(" \n b( n x l )  n =  ,  l=   ");
    scanf(" %d   %d", &n2, &l);
    if (n!=n2)
    {
        printf(" 행렬의 크기가 달라 곱을 할 수 없음 ");
        goto END;
    }
    printf(" 계수행렬 b(i,j)을 입력하시오 \n");
    for (i=1;i<=n;i=i+1)
    {
        printf(" b(%d,j)  j=1,,,l =  ", i);
        for (j=1;j<=l;j=j+1) scanf(" %lf", &b[i][j]);
    }
    Multi();
        printf("\n 행렬의 곱 ");
```

```
    for (i=1;i<=m;i=i+1)
    {
        printf("\n  ");
        for (j=1;j<=l;j=j+1) printf(" %f ", c[i][j]);
    }
END:;
}
void Multi()
{
    double sum;
    for (i=1;i<=m;i=i+1)
    {
        for (j=1;j<=l;j=j+1)
        {
            sum=0;
            for(k=1;k<=n;k=k+1) sum=sum+a[i][k]*b[k][j];
            c[i][j]=sum;
        }
    }
}
```

예제 2.3 행렬의 곱

예제 2.2를 MATLAB으로 실행하라.

풀이

MATLAB에서는 행렬의 곱을 구하는 프로그램을 별도로 작성할 필요없이 쉽게 계산할 수 있다. 다음과 같이 명령창에서 입력하면 된다.

```
>> A=[1 2 2; 2 1 3]
A =
     1   2   2
     2   1   3
>> B=[2 1; 4 3; 6 5]
B =
     2   1
     4   3
     6   5
>> C=A*B
```

```
C =
     22   17
     26   20
```

♦ 보충설명

A=[1 2 2; 2 1 3]로 입력하면 화면에 A의 내용을 보여준다.

A=[1 2 2; 2 1 3];로 ;를 첨가하여 입력하면 A의 내용을 보여주지 않는다. 위의 예에서 보듯이 웬만한 문제는 MATLAB, Mathematica, Maple 등의 소프트웨어를 사용하는 것이 훨씬 간편하고 편한 점이 있다. 그러나 대형 문제를 시뮬레이션할 때는 C나 FORTRAN 등의 프로그램 언어로써 작성하여 실행하는 것이 MATLAB, Mathematica, Maple 등의 소프트웨어를 사용하는 것보다 계산속도가 훨씬 빠르다. 그렇기 때문에 한 방법이 다른 방법에 비해 항상 좋다고 말하기는 어렵고 양쪽 다 사용할 능력을 키워 경우에 맞게 사용하는 것이 좋다.

2.3 행렬의 종류

▶ 정방행렬

행과 열의 크기가 같은 행렬을 **정방행렬**(square matrix)이라고 하며, 다음은 모두 정방행렬이다.

$$\begin{bmatrix} 5 & 2 & 2 \\ 1 & 5 & 1 \\ 2 & -1 & 6 \end{bmatrix}, \quad \begin{bmatrix} 8 & 2 & -1 & -3 \\ -2 & 6 & 1 & -2 \\ 1 & 1 & -4 & 1 \\ 2 & 2 & 1 & -5 \end{bmatrix}, \quad \begin{bmatrix} a_{11} & a_{12} & . & . & . & a_{1n} \\ a_{21} & a_{22} & . & . & . & a_{2n} \\ . & . & . & . & . & . \\ . & . & . & a_{ij} & . & . \\ . & . & . & . & . & . \\ a_{n1} & a_{n2} & . & . & . & a_{nn} \end{bmatrix}$$

▶ 대각행렬

오직 주대각(main diagonal) 요소만이 0이 아닌 값을 가지는 정방행렬을 **대각행렬**(diagonal matrix)이라 한다. 다음은 모두 대각행렬을 나타낸다.

$$\begin{bmatrix} 5 & 0 & 0 \\ 0 & 3 & 0 \\ 0 & 0 & 6 \end{bmatrix}, \quad \begin{bmatrix} 4 & 0 & 0 & 0 \\ 0 & 4 & 0 & 0 \\ 0 & 0 & 4 & 0 \\ 0 & 0 & 0 & 4 \end{bmatrix}, \quad \begin{bmatrix} 1 & 0 & 0 & 0 \\ 0 & 1 & 0 & 0 \\ 0 & 0 & 1 & 0 \\ 0 & 0 & 0 & 1 \end{bmatrix}, \quad \begin{bmatrix} d_1 & 0 & 0 & 0 \\ 0 & d_2 & 0 & 0 \\ \vdots & \vdots & \vdots & \vdots \\ 0 & 0 & 0 & d_n \end{bmatrix}$$

▶ 단위행렬

행렬의 대각선 요소가 모두 1이고 나머지 요소가 0일 때 이를 **단위행렬**(identity matrix)이라고 한다. 보통 단위행렬을 기호 $\boldsymbol{I}$로 표시하며 다음과 같다.

$$\boldsymbol{I}=\begin{bmatrix} 1 & 0 & 0 & \cdots & 0 & 0 \\ 0 & 1 & 0 & \cdots & 0 & 0 \\ 0 & 0 & 1 & \cdots & 0 & 0 \\ \vdots & \vdots & \vdots & \cdots & \vdots & 0 \\ 0 & 0 & 0 & \cdots & 0 & 1 \end{bmatrix}$$

행렬 $\boldsymbol{A}$에 단위행렬을 곱하면 원래의 행렬 $\boldsymbol{A}$와 같다. 즉,

$$\boldsymbol{AI}=\boldsymbol{IA}=\boldsymbol{A}$$

가 성립한다.

▶ 전치행렬

행렬 $\boldsymbol{A}$에서 행과 열을 바꾸어 놓은 것을 $\boldsymbol{A}$의 **전치행렬**(transpose matrix)이라 하며, $\boldsymbol{A}^T$로 나타낸다. 예를 들어,

$$\boldsymbol{A}=\begin{bmatrix} 5 & 2 \\ 1 & 4 \\ 2 & 3 \end{bmatrix}$$

일 때, A의 전치행렬은 다음과 같다.

$$\boldsymbol{A}^T=\begin{bmatrix} 5 & 1 & 2 \\ 2 & 4 & 3 \end{bmatrix}$$

일반적으로

$$\boldsymbol{A}=\begin{bmatrix} a_{11} & a_{12} & . & . & . & a_{1n} \\ a_{21} & a_{22} & . & . & . & a_{2n} \\ . & . & . & . & . & . \\ . & . & a_{ij} & . & . & . \\ . & . & . & . & . & . \\ a_{n1} & a_{n2} & . & . & . & a_{nn} \end{bmatrix}$$

일 때, $\boldsymbol{A}^T$는 다음과 같다.

$$\boldsymbol{A}^T = \begin{bmatrix} a_{11} & a_{21} & . & . & . & a_{n1} \\ a_{12} & a_{22} & . & . & . & a_{n2} \\ . & . & . & . & . & . \\ . & . & a_{ji} & . & . & . \\ . & . & . & . & . & . \\ a_{1n} & a_{2n} & . & . & . & a_{nn} \end{bmatrix}$$

전치행렬을 이용하여 열벡터를 행벡터로 표시할 수 있다. 예를 들어,

$$\boldsymbol{B} = \begin{bmatrix} 0 \\ 2 \\ 1 \\ 4 \end{bmatrix}$$

일 때, $\boldsymbol{B}^T$는 다음과 같이 표시된다.

$$\boldsymbol{B}^T = [0\ 2\ 1\ 4]$$

또는

$$\boldsymbol{B} = [0\ 2\ 1\ 4]^T$$

로 나타낼 수도 있다. 따라서 열벡터를 표시할 때, 행벡터의 전치행렬로 나타냄으로써 공간을 적게 차지할 수 있다.

전치행렬과 관련된 관계식은 다음과 같다.

$$(\boldsymbol{A}+\boldsymbol{B})^T = \boldsymbol{A}^T + \boldsymbol{B}^T$$

$$(\boldsymbol{A}\boldsymbol{B})^T = \boldsymbol{B}^T\boldsymbol{A}^T$$

$$(c\boldsymbol{A})^T = c\boldsymbol{A}^T$$

$$(\boldsymbol{A}^T)^T = \boldsymbol{A}$$

❖ 일반적으로 $(\boldsymbol{A}\boldsymbol{B})^T \neq \boldsymbol{A}^T\boldsymbol{B}^T$

▶ 대칭행렬, 교대행렬, 직교행렬

행렬 $\boldsymbol{A}$에서 행과 열을 바꾸더라도 원래의 행렬과 같을 때, 이 행렬은 **대칭행렬**(symmetric matrix)이다. 또는 $\boldsymbol{A}^T = \boldsymbol{A}$일 때 행렬 $\boldsymbol{A}$는 대칭행렬이다. 또한 $\boldsymbol{A}^T = -\boldsymbol{A}$일 때 행렬 $\boldsymbol{A}$는 **교대행렬**(skew-symmetric matrix) 또는 **반대칭행렬**(anti-symmetric matrix)이라고 한다. 예를 들어,

❖ $\boldsymbol{A}^T = \boldsymbol{A}$ ⇨ 대칭행렬

❖ $\boldsymbol{A}^T = -\boldsymbol{A}$ ⇨ 교대행렬

$$\boldsymbol{A}=\begin{bmatrix}5 & 2 & 1\\ 2 & 4 & 3\\ 1 & 3 & 6\end{bmatrix},\quad \boldsymbol{B}=\begin{bmatrix}0 & 2 & -1\\ -2 & 0 & 3\\ 1 & -3 & 0\end{bmatrix}$$

일 때, $\boldsymbol{A}$는 대칭행렬이고 $\boldsymbol{B}$는 교대행렬이다. 요소로 나타내면 $a_{ij}=a_{ji}$이면 대칭행렬이고 $a_{ij}=-a_{ji}$이면 교대행렬이다.

$\boldsymbol{A}^T=\boldsymbol{A}^{-1}$ 일 때 행렬 $\boldsymbol{A}$는 **직교행렬**(orthogonal matrix)이다.

▶ 트레이스

정방행렬 $\boldsymbol{A}$의 **트레이스**(trace)는 $tr(\boldsymbol{A})$로 표시하고, 주 대각선상의 요소들의 합으로 정의된다. 즉, $tr(\boldsymbol{A})$는 다음과 같이 정의된다.

$$tr(\boldsymbol{A})=\sum_{i=1}^{n}a_{ii}$$

따라서 행렬 $\boldsymbol{A}$가

$$\boldsymbol{A}=\begin{bmatrix}5 & 2 & 3\\ 1 & 4 & 1\\ 2 & -1 & 6\end{bmatrix}$$

일 때,

$$tr(\boldsymbol{A})=5+4+6=15$$

이다. 행렬이 위와 같을 때 전치행렬은 다음과 같다.

$$\boldsymbol{A}^T=\begin{bmatrix}5 & 1 & 2\\ 2 & 4 & -1\\ 3 & 1 & 6\end{bmatrix}$$

따라서

$$tr(\boldsymbol{A}^T)=5+4+6=15$$

이 되어

$$tr(\boldsymbol{A}^T)=tr(\boldsymbol{A})$$

가 성립한다.

행렬의 대각선 위의 모든 요소의 값이 0일 때 **하삼각행렬**(lower triangular matrix)이라 하고 대각선 아래 모든 요소의 값이 0일 때 **상삼각행렬**(upper triangular matrix)이라고 한다. 예를 들어, 다음의 행렬 $\boldsymbol{L}$은 하삼각행렬, $\boldsymbol{U}$는 상삼각행렬이다.

$$\boldsymbol{L}=\begin{bmatrix} 8 & 0 & 0 & 0 \\ -2 & 6 & 0 & 0 \\ 1 & 1 & -4 & 0 \\ 2 & 2 & 1 & -5 \end{bmatrix}$$

$$\boldsymbol{U}=\begin{bmatrix} 8 & 2 & -1 & -3 \\ 0 & 6 & 1 & -2 \\ 0 & 0 & -4 & 1 \\ 0 & 0 & 0 & -5 \end{bmatrix}$$

이와 같은 **삼각행렬**은 연립방정식을 푸는 과정에서 중요한 역할을 한다.

▶ 행렬식

정방행렬에서 **행렬식**(determinant)은 다음과 같이 나타낼 수 있다. 다음과 같은 2×2 행렬 $\boldsymbol{A}$를 고려하자.

$$\boldsymbol{A}=\begin{bmatrix} a_{11} & a_{12} \\ a_{21} & a_{22} \end{bmatrix}$$

이때 행렬식 $\det(\boldsymbol{A})$는 다음과 같이 정의된다.

$$\det(\boldsymbol{A})=\begin{vmatrix} a_{11} & a_{12} \\ a_{21} & a_{22} \end{vmatrix}=a_{11}a_{22}-a_{12}a_{21}$$

따라서 행렬 $\boldsymbol{A}$가

$$\boldsymbol{A}=\begin{bmatrix} 2 & 1 \\ 3 & 4 \end{bmatrix}$$

일 때,

$$\det(\boldsymbol{A})=(2)(4)-(1)(3)=5$$

이다. 이제 행렬이 다음과 같이 3×3 행렬일 때 행렬식을 구해보자.

$$\boldsymbol{A}=\begin{bmatrix}5 & 2 & 3\\1 & 4 & 1\\2 & 1 & 6\end{bmatrix}$$

행렬식은 다음과 같이 구할 수 있다.

$$\begin{aligned}\det(\boldsymbol{A}) &= \begin{vmatrix}5 & 2 & 3\\1 & 4 & 1\\2 & 1 & 6\end{vmatrix} = 5\begin{vmatrix}4 & 1\\1 & 6\end{vmatrix} - 2\begin{vmatrix}1 & 1\\2 & 6\end{vmatrix} + 3\begin{vmatrix}1 & 4\\2 & 1\end{vmatrix}\\ &= 5(4\times 6 - 1\times 1) - 2(1\times 6 - 1\times 2) + 3(1\times 1 - 4\times 2)\\ &= 5\times 23 - 2\times 4 + 3\times(-7) = 86\end{aligned}$$

행렬식을 계산하는데 사용된 부호는 요소의 행과 열의 합(즉, i+j)이 짝수이면 +이고, 홀수이면 -가 사용된다. 따라서 앞의 예에서 5와 3에는 +부호가, 2에는 -부호가 사용되었다. 계산에 사용된 2는 원래 행렬에서 1행 2열에 해당하는 요소이기 때문에 1 + 2 = 3은 홀수이기 때문에 -부호가 사용되었다.

일반적으로 행렬 A가

$$\boldsymbol{A}=\begin{bmatrix}a_{11} & a_{12} & a_{13} & . & . & a_{1n}\\ a_{21} & a_{22} & . & . & . & a_{2n}\\ a_{31} & a_{32} & . & . & . & a_{3n}\\ a_{41} & . & . & . & . & .\\ . & . & a_{ij} & . & . & .\\ . & . & . & . & . & .\\ a_{n1} & a_{n2} & . & . & . & a_{nn}\end{bmatrix}$$

처럼 $n\times n$ 행렬일 때, 행렬 $\boldsymbol{A}$의 행렬식은 다음과 같이 주어진다.

$$\begin{aligned}\det(\boldsymbol{A}) = (-1)^{i+1}a_{i1}M_{i1} + (-1)^{i+2}a_{i2}M_{i2} + \ldots + (-1)^{i+j}a_{ij}M_{ij} + \ldots\\ + (-1)^{i+n}a_{in}M_{in} \qquad\qquad i = 1, \text{ or } 2, \text{ or } 3, \ldots, \text{ or } n\end{aligned}$$

❖ M_{32}는 3행과 2열을 제외한 행렬식이다.

여기서 M_{ij}는 행렬 A의 i행과 j열을 제외한 $(n-1)\times(n-1)$의 행렬식을 나타내고, $\det(\boldsymbol{A})$에서 요소 a_{ij}에 대한 **소행렬식**(minor)이라고 하며 스칼라이다. 예를 들어 M_{32}는 다음과 같이 점선에 걸친 부분을 제외한 원소들로 이루어진 행렬식이다.

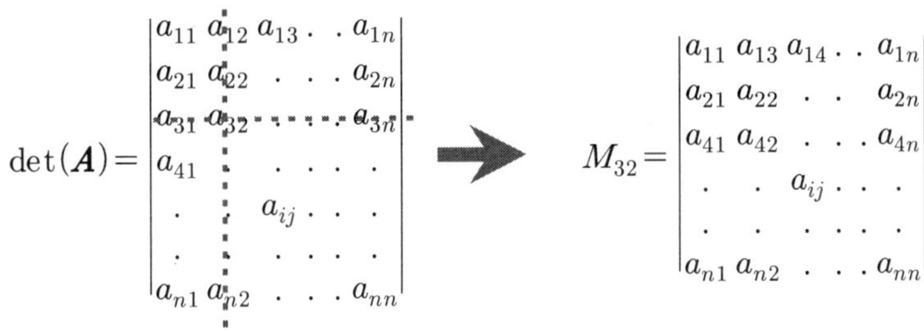

행렬 A의 행렬식은 다음과 같이도 나타낼 수 있다.

$$\det(\boldsymbol{A}) = (-1)^{1+j}a_{1j}M_{1j} + (-1)^{2+j}a_{2j}M_{2j} + \ldots + (-1)^{i+j}a_{ij}M_{ij} + \ldots$$
$$+ (-1)^{n+j}a_{nj}M_{nj} \qquad j = 1, \text{ or } 2, \text{ or } 3, \ldots, \text{ or } n$$

또는 다음과 같이 단순화된 표현식으로 나타낼 수 있다.

$$\det(\boldsymbol{A}) = \sum_{j=1}^{n}(-1)^{i+j}a_{ij}M_{ij}, \qquad i = 1, \text{ or } 2, \text{ or } 3, \ldots, \text{ or } n$$

$$\det(\boldsymbol{A}) = \sum_{i=1}^{n}(-1)^{i+j}a_{ij}M_{ij}, \qquad j = 1, \text{ or } 2, \text{ or } 3, \ldots, \text{ or } n$$

위 식에서 $(-1)^{i+j}M_{ij}$를 C_{ij}로 표기하고 **여인수**(cofactor)라고 하면

$$\det(\boldsymbol{A}) = \sum_{j=1}^{n}a_{ij}C_{ij}, \qquad i = 1, \text{ or } 2, \text{ or } 3, \ldots, \text{ or } n$$

$$\det(\boldsymbol{A}) = \sum_{i=1}^{n}a_{ij}C_{ij}, \qquad j = 1, \text{ or } 2, \text{ or } 3, \ldots, \text{ or } n$$

로도 나타낼 수 있다. 대각행렬인 경우는 행렬식을 쉽게 구할 수 있다. 다음과 같은 대각행렬 $\boldsymbol{D}$에 대해

$$\boldsymbol{D} = \begin{bmatrix} d_1 & 0 & 0 & 0 \\ 0 & d_2 & 0 & 0 \\ \vdots & \vdots & \vdots & \vdots \\ 0 & 0 & 0 & d_n \end{bmatrix}$$

행렬식은 다음과 같이 계산된다.

$$\det(\boldsymbol{D}) = d_1 \times d_2 \times \cdots \times d_n = \prod_{i=1}^{n} d_i$$

예제 2.4

다음 행렬의 행렬식을 구하라.

$$A=\begin{bmatrix} 1 & 0 & -1 & -2 \\ -2 & 4 & 1 & 0 \\ 1 & 1 & -4 & 1 \\ 0 & 3 & 0 & -2 \end{bmatrix}$$

풀이

$$\det(A)=\begin{vmatrix} 1 & 0 & -1 & -2 \\ -2 & 4 & 1 & 0 \\ 1 & 1 & -4 & 1 \\ 0 & 3 & 0 & -2 \end{vmatrix}$$
$$=a_{11}M_{11}-a_{12}M_{12}+a_{13}M_{13}-a_{14}M_{14}$$

로 나타낼 수 있고, 각 소행렬식은 다음과 같다.

$$M_{11}=\begin{vmatrix} 4 & 1 & 0 \\ 1 & -4 & 1 \\ 3 & 0 & -2 \end{vmatrix}, \quad M_{12}=\begin{vmatrix} -2 & 1 & 0 \\ 1 & -4 & 1 \\ 0 & 0 & -2 \end{vmatrix}$$

$$M_{13}=\begin{vmatrix} -2 & 4 & 0 \\ 1 & 1 & 1 \\ 0 & 3 & -2 \end{vmatrix}, \quad M_{14}=\begin{vmatrix} -2 & 4 & 1 \\ 1 & 1 & -4 \\ 0 & 3 & 0 \end{vmatrix}$$

따라서 행렬식은 다음과 같이 표시된다.

$$\det(A)=1\begin{vmatrix} 4 & 1 & 0 \\ 1 & -4 & 1 \\ 3 & 0 & -2 \end{vmatrix}-0\begin{vmatrix} -2 & 1 & 0 \\ 1 & -4 & 1 \\ 0 & 0 & -2 \end{vmatrix}-1\begin{vmatrix} -2 & 4 & 0 \\ 1 & 1 & 1 \\ 0 & 3 & -2 \end{vmatrix}+2\begin{vmatrix} -2 & 4 & 1 \\ 1 & 1 & -4 \\ 0 & 3 & 0 \end{vmatrix}$$

$$=1\times\left\{4\begin{vmatrix} -4 & 1 \\ 0 & -2 \end{vmatrix}-1\begin{vmatrix} 1 & 1 \\ 3 & -2 \end{vmatrix}+0\begin{vmatrix} 1 & -4 \\ 3 & 0 \end{vmatrix}\right\}$$
$$-1\times\left\{(-2)\begin{vmatrix} 1 & 1 \\ 3 & -2 \end{vmatrix}-4\begin{vmatrix} 1 & 1 \\ 0 & -2 \end{vmatrix}+0\begin{vmatrix} 1 & 1 \\ 0 & 3 \end{vmatrix}\right\}$$
$$+2\times\left\{(-2)\begin{vmatrix} 1 & -4 \\ 3 & 0 \end{vmatrix}-4\begin{vmatrix} 1 & -4 \\ 0 & 0 \end{vmatrix}+1\begin{vmatrix} 1 & 1 \\ 0 & 3 \end{vmatrix}\right\}$$
$$=(4)\{(-4)(-2)-(1)(0)\}-(1)\{(1)(-2)-(1)(3)\}+0$$
$$+(2)\{(1)(-2)-(1)(3)\}+(4)\{(1)(-2)-(1)(0)\}+0$$
$$-(4)\{(1)(0)-(-4)(3)\}-(8)\{(1)(0)-(-4)(0)\}$$
$$+(2)\{(1)(3)-(1)(0)\}$$
$$=(4)\{8-0\}-\{-2-3\}$$
$$+(2)\{(-2)-3\}+(4)\{-2-0\}$$
$$-(4)\{0+12\}-(8)\{0-0\}+(2)\{3-0\}$$
$$=-23$$

3×3 행렬의 행렬식을 구하는 것보다 4×4 행렬의 행렬식을 구할 때, 훨씬 더 많은 계산 횟수가 필요하다는 것을 알 수 있다. 따라서 일반적으로 아주 큰 행렬의 행렬식을 이와 같이 행렬식의 정의식대로 구하면 아주 많은 시간이 필요하다. 따라서 위와 같은 방법은 행렬이 작을 때 행렬식을 구할 때 주로 사용되는 방법이다. 행렬식을 구할 때 여러 가지 행과 열을 기준으로 구할 수 있으며 예를 들어, 두 번째 열을 기준으로 하여 다음과 같이도 구할 수 있다.

$$\begin{aligned}\det(\boldsymbol{A}) &= -a_{12}\boldsymbol{M}_{12} + a_{22}\boldsymbol{M}_{22} - a_{32}\boldsymbol{M}_{32} + a_{42}\boldsymbol{M}_{42} \\ &= -0\begin{vmatrix} -2 & 1 & 0 \\ 1 & -4 & 1 \\ 0 & 0 & -2 \end{vmatrix} + 4\begin{vmatrix} 1 & -1 & -2 \\ 1 & -4 & 1 \\ 0 & 0 & -2 \end{vmatrix} - 1\begin{vmatrix} 1 & -1 & -2 \\ -2 & 1 & 0 \\ 0 & 0 & -2 \end{vmatrix} + 3\begin{vmatrix} 1 & -1 & -2 \\ -2 & 1 & 0 \\ 1 & -4 & 1 \end{vmatrix}\end{aligned}$$

행렬이 삼각행렬(상삼각행렬 또는 하삼각행렬)인 경우 행렬식은 대각행렬일 때와 마찬가지로 주대각요소들의 곱으로 구할 수 있다. 예를 들어,

$$\boldsymbol{A} = \begin{bmatrix} 2 & 0 & 0 & 0 \\ -2 & 4 & 0 & 0 \\ 1 & 1 & -4 & 0 \\ 0 & 3 & 0 & -2 \end{bmatrix}$$

인 경우, 행렬식은 다음과 같이 계산된다.

$$\begin{aligned}\det(\boldsymbol{A}) &= a_{11}\boldsymbol{M}_{11} - a_{12}\boldsymbol{M}_{12} + a_{13}\boldsymbol{M}_{13} - a_{14}\boldsymbol{M}_{14} \\ &= 2\begin{vmatrix} 4 & 0 & 0 \\ 1 & -4 & 0 \\ 3 & 0 & -2 \end{vmatrix} - 0\times M_{12} + 0\times M_{13} + 0\times M_{14} \\ &= (2)(4)\begin{vmatrix} -4 & 0 \\ 0 & -2 \end{vmatrix} \equiv (2)(4)(-4)(-2) = 64\end{aligned}$$

위에서 크기가 4×4 하삼각행렬인 경우에 대해 예를 들어 계산하였지만, 일반적인 삼각행렬의 경우 행렬식은 대각행렬일 때와 같이 주대각요소의 곱으로 구해진다. 즉, 다음과 같은 행렬

$$\boldsymbol{A} = \begin{bmatrix} a_{11} & 0 & 0 & 0 \\ a_{21} & a_{22} & 0 & 0 \\ \vdots & \vdots & \vdots & \vdots \\ a_{n1} & a_{n2} & \cdots & a_{nn} \end{bmatrix}$$

에 대해 행렬식은

$$\det(\boldsymbol{A}) = a_{11} \times a_{22} \times \cdots \times a_{nn} = \prod_{i=1}^{n} a_{ii}$$

로 구해진다. 상삼각행렬에 대해서도 행렬식은 주대각요소의 곱으로 구해진다.

보충설명(MATLAB 내장함수 사용)

MATLAB은 행렬과 관련된 계산을 할 때 아주 편리하다. 부록 B.3에서 행렬과 관련된 여러 가지 내장함수의 사용 예를 볼 수 있다. 행렬식은 내장함수 **det**를 사용하여 다음과 같이 구할 수 있다.

```
>>A = [8  2  -1  -3;  -2  6  1  -2;  1  1  -4  1;  2  2 1 -5 ]
A =
      8    2    -1    -3
     -2    6     1    -2
      1    1    -4     1
      2    2     1    -5
>> D = det(A)
D =
     650
```

▶ 정칙행렬, 비정칙행렬, 직교행렬

❖ $\det(\boldsymbol{A}) \neq 0$일 때 $\Rightarrow \boldsymbol{A}$는 정칙행렬

❖ $\det(\boldsymbol{A}) = 0$일 때 $\Rightarrow \boldsymbol{A}$는 비정칙행렬 (특이행렬)

정방행렬 $\boldsymbol{A}$의 행렬식이 0이 아닐 때 행렬 $\boldsymbol{A}$를 **정칙행렬**(nonsingular matrix)이라 하고 정방행렬 $\boldsymbol{A}$의 행렬식이 0일 때 행렬 $\boldsymbol{A}$를 **비정칙행렬**(특이행렬; singular matrix)이라고 한다.

어떤 행렬에 그 행렬의 전치행렬을 곱할 때 단위행렬이 되는 경우, 이 행렬을 **직교행렬**(orthogonal matrix)이라 한다. 즉,

$$\boldsymbol{A}\boldsymbol{A}^T = \boldsymbol{A}^T\boldsymbol{A} = \boldsymbol{I}$$

의 관계가 성립할 때 행렬 $\boldsymbol{A}$는 직교행렬이다. 행렬 $\boldsymbol{A}$가 직교행렬이면 위의 식이 성립하므로, 명백하게 $\boldsymbol{A}^T = \boldsymbol{A}^{-1}$의 관계가 성립한다. 즉, 직교행렬의 전치행렬은 원래 행렬의 역행렬과 같다.

2.4 연립방정식과 행렬

다음과 같은 연립방정식을 고려하자.

$$5x + 2y + 2z = 6$$

$$x + 5y + z = 11$$

$$2x - y + 6z = 4$$

행렬 $\boldsymbol{A}$, $\boldsymbol{b}$와 $\boldsymbol{x}$를 다음과 같이 정의하자.

$$\boldsymbol{A} = \begin{bmatrix} 5 & 2 & 2 \\ 1 & 5 & 1 \\ 2 & -1 & 6 \end{bmatrix}, \quad \boldsymbol{x} = \begin{bmatrix} x \\ y \\ z \end{bmatrix}, \quad \boldsymbol{b} = \begin{bmatrix} 6 \\ 11 \\ 4 \end{bmatrix}$$

행렬 $\boldsymbol{A}$는 계수행렬(coefficient matrix)이고, 행렬 $\boldsymbol{x}$와 $\boldsymbol{b}$는 3×1 행렬이고, 열벡터이다.

행렬의 곱을 이용하면 $\boldsymbol{Ax}$는 다음과 같이 3×1 행렬이 되고,

$$\boldsymbol{Ax} = \begin{bmatrix} 5x + 2y + 2z \\ x + 5y + z \\ 2x - y + 6z \end{bmatrix}$$

이것이 $\boldsymbol{b}$와 같다고 하면, 원래의 연립방정식과 같은 결과를 얻을 수 있고, 연립방정식은 다음과 같이 표시할 수 있다.

$$\boldsymbol{Ax} = \boldsymbol{b}$$

$$\begin{bmatrix} 5 & 2 & 2 \\ 1 & 5 & 1 \\ 2 & -1 & 6 \end{bmatrix} \begin{bmatrix} x \\ y \\ z \end{bmatrix} = \begin{bmatrix} 6 \\ 11 \\ 4 \end{bmatrix}$$

일반적인 n개의 연립방정식은 다음과 같이 나타낼 수 있다.

$$a_{11}x_1 + a_{12}x_2 + \cdots + a_{1n}x_n = b_1$$

$$a_{21}x_1 + a_{22}x_2 + \cdots + a_{2n}x_n = b_2$$

$$\vdots$$

$$a_{n1}x_1 + a_{n2}x_2 + \cdots + a_{nn}x_n = b_n$$

행렬을 사용하면 다음과 같다.

$$\boldsymbol{A}\boldsymbol{x} = \boldsymbol{b}$$

$$\boldsymbol{A} = \begin{bmatrix} a_{11} & a_{12} & \cdot & \cdot & \cdot & a_{1n} \\ a_{21} & a_{22} & \cdot & \cdot & \cdot & a_{2n} \\ \cdot & \cdot & \cdot & \cdot & \cdot & \cdot \\ \cdot & \cdot & a_{ij} & \cdot & \cdot & \cdot \\ \cdot & \cdot & \cdot & \cdot & \cdot & \cdot \\ a_{n1} & a_{n2} & \cdot & \cdot & \cdot & a_{nn} \end{bmatrix}, \quad \boldsymbol{x} = \begin{bmatrix} x_1 \\ x_2 \\ \vdots \\ x_n \end{bmatrix}, \quad \boldsymbol{b} = \begin{bmatrix} b_1 \\ b_2 \\ \vdots \\ b_n \end{bmatrix}$$

2.5 Cramer 법칙

Cramer 법칙은 다음과 같이 두 가지 경우로 나누어 생각할 수 있다.

▶ 일반적인 n개의 연립방정식 해

$$a_{11}x_1 + a_{12}x_2 + \cdots + a_{1n}x_n = b_1$$

$$a_{21}x_1 + a_{22}x_2 + \cdots + a_{2n}x_n = b_2$$

$$\vdots$$

$$a_{n1}x_1 + a_{n2}x_2 + \cdots + a_{nn}x_n = b_n$$

계수행렬의 행렬식 $D \neq 0$인 경우에 해는 다음과 같다.

$$x_1 = \frac{D_1}{D}, \ x_2 = \frac{D_2}{D}, \ x_3 = \frac{D_3}{D}, \ \ldots, \ x_n = \frac{D_n}{D}$$

여기서 $D = \det(\boldsymbol{A})$이고 D_k는 계수행렬 $\boldsymbol{A}$에서 k번째 열을 열벡터 $\boldsymbol{b}$의 요소들로 대체한 행렬의 행렬식을 의미한다. 예를 들어

$$D_2 = \begin{vmatrix} a_{11} & b_1 & \cdot & \cdot & \cdot & a_{1n} \\ a_{21} & b_2 & \cdot & \cdot & \cdot & a_{2n} \\ \cdot & \cdot & \cdot & \cdot & \cdot & \cdot \\ \cdot & \cdot & a_{ij} & \cdot & \cdot & \cdot \\ \cdot & \cdot & \cdot & \cdot & \cdot & \cdot \\ a_{n1} & b_n & \cdot & \cdot & \cdot & a_{nn} \end{vmatrix}$$

이다. 2번째 열의 요소 a_{12}, a_{22}, ..., a_{n2}가 열벡터의 요소인 b_1, b_2, ..., b_n으로 대체되었음을 알 수 있다.

예제 2.5

다음 연립방정식의 해를 Cramer 법칙으로 구하라.

$$5x_1+2x_2+2x_3=6$$
$$x_1+5x_2+x_3=11$$
$$2x_1-x_2+6x_3=4$$

풀이

위의 연립방정식을 행렬로 나타내면 다음과 같다.

$$\boldsymbol{Ax}=\boldsymbol{b}$$

$$\boldsymbol{A}=\begin{bmatrix}5 & 2 & 2\\1 & 5 & 1\\2 & -1 & 6\end{bmatrix},\quad \boldsymbol{x}=\begin{bmatrix}x_1\\x_2\\x_3\end{bmatrix},\quad \boldsymbol{b}=\begin{bmatrix}6\\11\\4\end{bmatrix}$$

이 연립방정식의 해를 구하기 위해서는 먼저 행렬 $\boldsymbol{A}$의 행렬식을 구해야 한다.

$$D=\det(\boldsymbol{A})=\begin{vmatrix}5 & 2 & 2\\1 & 5 & 1\\2 & -1 & 6\end{vmatrix}=125$$

해는 다음과 같이 구한다.

$$x_1=\frac{D_1}{D}=\frac{\begin{vmatrix}6 & 2 & 2\\11 & 5 & 1\\4 & -1 & 6\end{vmatrix}}{125}=\frac{0}{125}=0$$

$$x_2=\frac{D_2}{D}=\frac{\begin{vmatrix}5 & 6 & 2\\1 & 11 & 1\\2 & 4 & 6\end{vmatrix}}{125}=\frac{250}{125}=2$$

$$x_3=\frac{D_3}{D}=\frac{\begin{vmatrix}5 & 2 & 6\\1 & 5 & 11\\2 & -1 & 4\end{vmatrix}}{125}=\frac{125}{125}=1$$

행렬식이 0이면 분모의 값이 0이 되므로 해를 구할 수 없다. 실제로 연립방정식 자체의 유일해가 없는 경우이다. 연립방정식의 수가 많아지면 Cramer 법칙으로 해를 구하는 것은 너무 많은 계산과정이 필요하기 때문에 실제 이 방법으로 해를 구하지는 않는다. 그러나 Cramer 법칙은 미분방정식이나 공학의 응용부분에서 이용될 수 있다. 4장과 5장에서 연립방정식의 해를 구하는 방법에 대해 설명할 것이다.

▶ 연립방정식의 우변 값들이 모두 0(homogeneous)인 경우의 해

$$a_{11}x_1 + a_{12}x_2 + \cdots + a_{1n}x_n = 0$$

$$a_{21}x_1 + a_{22}x_2 + \cdots + a_{2n}x_n = 0$$

$$\vdots$$

$$a_{n1}x_1 + a_{n2}x_2 + \cdots + a_{nn}x_n = 0$$

이때 $D \neq 0$인 경우에 해는 전부 0이 된다. 즉, $x_1 = 0$, $x_2 = 0, x_3 = 0$이고 이는 연립방정식을 풀지 않고도 처음부터 알 수 있는 무의미한 해(trivial solutions)이다. $D = 0$인 경우는 의미있는 해(non-trivial solutions)를 가진다. 예를 들어, 다음 경우를 생각해 보자.

$$5x_1 + 2x_2 + 2x_3 = 0$$

$$x_1 + 5x_2 + x_3 = 0$$

$$2x_1 - x_2 + 6x_3 = 0$$

이 경우 Cramer 법칙으로 해를 구하면, $D \neq 0$이므로

$$x_1 = \frac{D_1}{D} = \frac{0}{D} = 0$$

$$x_2 = \frac{D_2}{D} = \frac{0}{D} = 0$$

$$x_3 = \frac{D_3}{D} = \frac{0}{D} = 0$$

이어서, 해는 전부 0이 된다. 즉, $x_1 = 0$, $x_2 = 0$, $x_3 = 0$이고 이는 연립방정식을 풀지 않고도 처음부터 알 수 있는 무의미한 해이다. 만약 $D = 0$이라고 가정해보자. 이때는

$$x_1 = \frac{D_1}{D} = \frac{0}{0}$$

$$x_2 = \frac{D_2}{D} = \frac{0}{0}$$

$$x_3 = \frac{D_3}{D} = \frac{0}{0}$$

이어서 x가 0/0 형태로 표시되어 값을 가질 수 있다는 것을 의미한다. 즉, $D=0$ 이면 의미있는 해를 가질 수 있다.

2.6 역행렬

다음과 같은 관계가 있을 때, $\boldsymbol{B}$를 $\boldsymbol{A}$의 **역행렬**(inverse matrix)이라 정의하고, $\boldsymbol{A}^{-1}$로 표시한다.

$$\boldsymbol{AB} = \boldsymbol{BA} = \boldsymbol{I} \quad \Rightarrow \boldsymbol{B} = \boldsymbol{A}^{-1} \tag{2.5}$$

즉,

$$\boldsymbol{AA}^{-1} = \boldsymbol{A}^{-1}\boldsymbol{A} = \boldsymbol{I} \tag{2.6}$$

관계가 성립한다. 여기서 $\boldsymbol{I}$는 $n \times n$ 단위행렬이다. 행렬 $\boldsymbol{A}$가 $n \times n$ 행렬이면 역행렬 $\boldsymbol{A}^{-1}$도 $n \times n$ 행렬이다. $\boldsymbol{A}$가 정칙행렬일 때, 즉 $\det(\boldsymbol{A}) \neq 0$일 때 $\boldsymbol{A}$의 역행렬 $\boldsymbol{A}^{-1}$가 존재한다. $\det(\boldsymbol{A}) = 0$일 때 $\boldsymbol{A}$의 역행렬은 존재하지 않고 $\boldsymbol{A}$는 비정칙행렬이라고 한다. 역행렬이 존재할 때 행렬 $\boldsymbol{A} = [a_{ij}]$의 역행렬 $\boldsymbol{A}^{-1}$는 다음과 같이 구할 수 있다.

❖
$\det(\boldsymbol{A}) \neq 0$일 때
$\Rightarrow \boldsymbol{A}^{-1}$존재함

$\det(\boldsymbol{A}) = 0$일 때
$\Rightarrow \boldsymbol{A}^{-1}$존재하지 않음

$$\boldsymbol{A}^{-1} = \frac{1}{\det(\boldsymbol{A})}[C_{ij}]^T = \frac{1}{\det(\boldsymbol{A})}\begin{bmatrix} C_{11} & C_{21} & C_{31} & . & . & C_{n1} \\ C_{12} & C_{22} & . & . & . & C_{n2} \\ C_{13} & C_{23} & . & . & . & C_{n3} \\ C_{14} & . & . & . & . & . \\ . & . & . & C_{ji} & . & . \\ . & . & . & . & . & . \\ C_{1n} & C_{2n} & . & . & . & C_{nn} \end{bmatrix} \tag{2.7}$$

여기서 C_{ij}는 $\det(\boldsymbol{A})$에서 요소 a_{ij}에 대한 여인수(cofactor)이다.

예제 2.6

다음 행렬의 역행렬을 구하라.

(1) $A = \begin{bmatrix} 1 & 2 \\ 3 & 2 \end{bmatrix}$ (2) $B = \begin{bmatrix} 1 & 2 & 2 \\ 1 & 5 & 1 \\ 2 & 0 & 2 \end{bmatrix}$

풀이

(1) 먼저 행렬식을 구해야 한다.

$$\det(A) = \begin{vmatrix} 1 & 2 \\ 3 & 2 \end{vmatrix} = (1)(2) - (2)(3) = -4$$

따라서 역행렬은 다음과 같이 구할 수 있다. 이 경우

$$C_{11} = a_{22} = 2, \qquad C_{12} = -a_{21} = -3$$
$$C_{21} = -a_{12} = -2, \qquad C_{22} = a_{11} = 1$$

이므로

$$A^{-1} = \frac{1}{-4}\begin{bmatrix} 2 & -2 \\ -3 & 1 \end{bmatrix} = \begin{bmatrix} -0.5 & 0.5 \\ 0.75 & -0.25 \end{bmatrix}$$

(2)

$$\det(B) = \begin{vmatrix} 1 & 2 & 2 \\ 1 & 5 & 1 \\ 2 & 0 & 2 \end{vmatrix} = -10$$

$$C_{11} = \begin{vmatrix} 5 & 1 \\ 0 & 2 \end{vmatrix} = 10 \ , \quad C_{12} = -\begin{vmatrix} 1 & 1 \\ 2 & 2 \end{vmatrix} = 0 \ , \quad C_{13} = \begin{vmatrix} 1 & 5 \\ 2 & 0 \end{vmatrix} = -10$$

$$C_{21} = -\begin{vmatrix} 2 & 2 \\ 0 & 2 \end{vmatrix} = -4 \ , \quad C_{22} = \begin{vmatrix} 1 & 2 \\ 2 & 2 \end{vmatrix} = -2 \ , \quad C_{23} = -\begin{vmatrix} 1 & 2 \\ 2 & 0 \end{vmatrix} = 4$$

$$C_{31} = \begin{vmatrix} 2 & 2 \\ 5 & 1 \end{vmatrix} = -8 \ , \quad C_{32} = -\begin{vmatrix} 1 & 2 \\ 1 & 1 \end{vmatrix} = 1 \ , \quad C_{33} = \begin{vmatrix} 1 & 2 \\ 1 & 5 \end{vmatrix} = 3$$

따라서

$$B^{-1} = \frac{1}{-10}\begin{bmatrix} 10 & -4 & -8 \\ 0 & -2 & 1 \\ -10 & 4 & 3 \end{bmatrix} = \begin{bmatrix} -1 & 0.4 & 0.8 \\ 0 & 0.2 & -0.1 \\ 1 & -0.4 & -0.3 \end{bmatrix}$$

2×2 행렬의 역행렬을 구하는 것 보다 3×3 행렬을 구할 때 계산이 훨씬 많이 필요한 것을 알 수 있다. n이 증가할수록 계산 횟수는 기하급수적으로 증가한다. 따라서 n이 클 때는 이 방법으로 역행렬을 구하는 것은 적절한 방법이 아니다. n이 클 때 역행렬을 구하는 다른 방법을 4장에서 설명한다. 그리고 구한 역행렬을 원래의 행렬과 곱하면 단위행렬이 되는 것을 확인할 수 있다.

$$AA^{-1} = \begin{bmatrix} 1 & 2 \\ 3 & 2 \end{bmatrix} \begin{bmatrix} -0.5 & 0.5 \\ 0.75 & -0.25 \end{bmatrix} = \begin{bmatrix} 1 & 0 \\ 0 & 1 \end{bmatrix}$$

이 되고

$$BB^{-1} = \begin{bmatrix} 1 & 2 & 2 \\ 1 & 5 & 1 \\ 2 & 0 & 2 \end{bmatrix} \begin{bmatrix} -1 & 0.4 & 0.8 \\ 0 & 0.2 & -0.1 \\ 1 & -0.4 & -0.3 \end{bmatrix} = \begin{bmatrix} 1 & 0 & 0 \\ 0 & 1 & 0 \\ 0 & 0 & 1 \end{bmatrix}$$

이 됨을 확인할 수 있다.

또한 역행렬을 구하였다면 다음과 같은 연립방정식의 해는 쉽게 구할 수 있다.

$$\boldsymbol{Ax} = \boldsymbol{b}$$

위 식의 양변에 역행렬을 곱하면,

$$\boldsymbol{A}^{-1}\boldsymbol{Ax} = A^{-1}\boldsymbol{b} \quad \Rightarrow \quad x = A^{-1}\boldsymbol{b} \tag{2.8}$$

로부터 해를 쉽게 구할 수 있다.

보충설명(MATLAB 내장함수 사용)

MATLAB에서 역행렬을 구하는 내장함수는 **inv**이고 부록 B.3의 표 B.6에 나타내고 있으며, 이를 사용하여 역행렬을 쉽게 다음과 같이 구할 수 있다.

```
>> A=[ 1  2  2;  1  5  1;  2  0  2]
A =
     1     2     2
     1     5     1
     2     0     2
>> B=inv(A)
B =

   -1.0000    0.4000    0.8000
         0    0.2000   -0.1000
    1.0000   -0.4000   -0.3000
```

예제 2.6에서 구한 결과와 같다는 것을 알 수 있으며, 특히 행렬의 문제에서 MATLAB이 아주 유용하다는 것을 알 수 있다.

2.7 놂

3차원 직교좌표계에서 정의된 벡터 $\boldsymbol{a}$가

$$\boldsymbol{a} = a_x\vec{i} + a_y\vec{j} + a_z\vec{k} = \begin{bmatrix} a_x \\ a_y \\ a_z \end{bmatrix}$$

일 때, $\boldsymbol{a}$의 크기(magnitude) 또는 길이(length)는 다음과 같이 정의된다는 것을 이미 잘 알고 있다.

$$|\boldsymbol{a}| = \sqrt{a_x^2 + a_y^2 + a_z^2} = \sqrt{\boldsymbol{a} \cdot \boldsymbol{a}} \tag{2.9}$$

여기서 $\boldsymbol{a} \cdot \boldsymbol{a}$는 벡터의 내적을 의미하고 다음과 같이 정의된다.

$$\boldsymbol{a} \cdot \boldsymbol{a} = \boldsymbol{a}^T\boldsymbol{a} = a_x^2 + a_y^2 + a_z^2 \tag{2.10}$$

❖
norm
⇒ 놈(?)
⇒ 노름(?)
⇒ 놂(O)

이제 $\boldsymbol{a}$가 n차원에서 $[a_1\ a_2\ a_3\ \ldots a_n]^T$로 정의될 때, 벡터 $\boldsymbol{a}$의 크기를 정의할 때 **놂**(norm)을 사용한다. 책에 따라 norm을 "놈"이나 "노름"이라고 표기하기도 하지만 하나는 욕설 같고 하나는 도박 같기도 해서, 이 책에서는 "놂"이라고 표기하기로 한다. 물론 발음대로 표기해도 놂이라는 표기가 가장 적합해 보인다. 벡터의 놂은 $\| \boldsymbol{a} \|$ 라고 표시하며, 일반적으로 다음과 같이 정의한다.

$$\| \boldsymbol{a} \|_p = \left(\sum_{i=1}^{n} |a_i|^p \right)^{1/p} \tag{2.11}$$

이 중 다음 세 가지 형태의 놂이 많이 사용된다.

$$\| \boldsymbol{a} \|_1 = \sum_{i=1}^{n} |a_i| \ \text{: 벡터 1-놂} \tag{2.12}$$

$$\| \boldsymbol{a} \|_2 = \left(\sum_{i=1}^{n} a_i^2 \right)^{1/2} \ \text{: 벡터 2-놂, Euclidean 벡터 놂} \tag{2.13}$$

$$\| \boldsymbol{a} \|_\infty = \max_{i=1}^{n}(|a_i|) \ \text{: 벡터 } \infty\text{-놂, 무한 벡터 놂} \tag{2.14}$$

여기서 $\max_{i=1}^{n}(|a_i|)$는 $|a_1|, |a_2|, \ldots, |a_n|$ 중 최대값을 의미한다. 식 (2.9)에서

사용된 3차원 공간에서의 $|a|$는 $\| a \|_2$에 해당된다. 놈은 다음과 같은 특성을 가진다.

$$\| a \| > 0 \text{ if } a \neq 0 \tag{2.15}$$

$$\| \alpha a \| = |\alpha| \, \| a \| \tag{2.16}$$

$$\| a+b \| \leq \| a \| + \| b \| \tag{2.17}$$

$$\| ab \| \leq \| a \| \, \| b \| \tag{2.18}$$

예제 2.7

다음 벡터의 놈, $\| a \|_1$, $\| a \|_2$, $\| a \|_\infty$를 구하라.

$a = [1 \ \ -2 \ \ 3 \ \ 4 \ \ -5]^T$

풀이

$\| a \|_1 = \sum_{i=1}^{n} |a_i| = 1+2+3+4+5 = 15$

$\| a \|_2 = \left(\sum_{i=1}^{n} a_i^2 \right)^{1/2} = \sqrt{1+(-2)^2+3^2+4^2+(-5)^2} = 7.4162$

$\| a \|_\infty = \max_{i=1}^{n}(|a_i|) = |-5| = 5$

행렬에 대해서도 놈을 정의할 수 있으며, $n \times n$ 행렬 A에 대한 놈은 다음과 같이 정의된다.

$$\| A \|_1 = \max_{j=1}^{n} \left(\sum_{i=1}^{n} |a_{ij}| \right) \quad : \text{행렬 1-놈} \tag{2.19}$$

$$\| A \|_2 = [\Lambda(A^T A)]^{1/2} \quad : \text{행렬 2-놈, spectral 행렬 놈} \tag{2.20}$$

$$\| A \|_\infty = \max_{i=1}^{n} \left(\sum_{j=1}^{n} |a_{ij}| \right) \quad : \text{행렬 } \infty\text{-놈, 무한 행렬 놈} \tag{2.21}$$

$$\| A \|_F = \sqrt{\sum_{i=1}^{n} \sum_{j=1}^{n} a_{ij}^2} \quad : \text{Frobenius 놈} \tag{2.22}$$

여기서 행렬 2-놈을 정의할 때는 벡터 2-놈을 정의할 때와 약간 다르게 정의한다. $\Lambda(\boldsymbol{A}^T\boldsymbol{A})$는 $\boldsymbol{A}^T\boldsymbol{A}$ 행렬의 고유값의 절대값이 가장 큰 것을 의미한다. 행렬의 놈에 대해서도 벡터의 놈과 마찬가지로 다음의 특성을 가진다.

$$\|\boldsymbol{A}\| > 0 \text{ if } \boldsymbol{A} \neq 0$$

$$\|\alpha\boldsymbol{A}\| = |\alpha| \, \|\boldsymbol{A}\|$$

$$\|\boldsymbol{A}+\boldsymbol{B}\| \leq \|\boldsymbol{A}\| + \|\boldsymbol{B}\| \quad : \text{triangle inequality}$$

$$\|\boldsymbol{AB}\| \leq \|\boldsymbol{A}\| \, \|\boldsymbol{B}\|$$

놈은 정의하는 방식에 따라 몇 가지 다른 값을 가지는데 어떤 놈을 사용하는 것이 좋은가는 상황에 따라 달라진다.

예제 2.8

다음 행렬 $\boldsymbol{A}$의 놈, $\|A\|_1$, $\|A\|_\infty$, $\|A\|_F$를 구하라.

$$\boldsymbol{A} = \begin{bmatrix} 1 & -2 & 2 \\ 1 & 5 & 3 \\ 2 & 0 & 3 \end{bmatrix}$$

풀이

$$\|\boldsymbol{A}\|_1 = \max_{j=1}^{3}\left(\sum_{i=1}^{3}|a_{ij}|\right) = \max(1+1+2,\ 2+5+0,\ 2+3+3)$$
$$= \max(4, 7, 8) = 8$$

$$\|\boldsymbol{A}\|_\infty = \max_{i=1}^{3}\left(\sum_{j=1}^{3}|a_{ij}|\right) = \max(1+2+2,\ 1+5+3,\ 2+0+3)$$
$$= \max(5, 9, 5) = 9$$

$$\|\boldsymbol{A}\|_F = \sqrt{\sum_{i=1}^{3}\sum_{j=1}^{3}a_{ij}^2} = \sqrt{1+4+4+1+25+9+4+0+9} = 7.5498$$

보충설명(MATLAB 내장함수 사용)

MATLAB에서 앞에서 설명한 놂을 구하는 내장함수는 **norm**이고, 다음과 같은 형태를 가진다.

norm(A)=norm(A,2)= $\| \boldsymbol{A} \|_2$

norm(A,1)= $\| \boldsymbol{A} \|_1$

norm(A, inf)= $\| \boldsymbol{A} \|_\infty$

norm(A, 'fro') = $\| \boldsymbol{A} \|_F$

다음에 이를 사용하여 구한 예를 나타내고 있다.

```
>>A =[8  2  -1  -3;  -2  6  1  -2;  1  1  -4  1;  2  2  1  -5 ]
A =
      8    2    -1    -3
     -2    6     1    -2
      1    1    -4     1
      2    2     1    -5
>> n2=norm(A)
n2 =
   9.9493
>> n1=norm(A,1)
n1 =
   13
>> n3=norm(A, inf)
n3 =
   14
>> nF=norm(A,'fro')
nF =
  13.2665
```

연습문제

2.1 다음 두 행렬의 곱 $AB = C$를 구하라.

(1) $\boldsymbol{A} = \begin{bmatrix} 2 & 1 & 3 \\ 4 & 2 & 1 \end{bmatrix}$, $\boldsymbol{B} = \begin{bmatrix} 1 & 2 \\ 2 & 1 \\ 4 & 3 \end{bmatrix}$

(2) $\boldsymbol{A} = \begin{bmatrix} 1 & 2 & 3 \\ 1 & 5 & 2 \\ 0 & -1 & 4 \end{bmatrix}$, $\boldsymbol{B} = \begin{bmatrix} 2 \\ 0 \\ 1 \end{bmatrix}$

2.2 다음 두 행렬의 곱 $\boldsymbol{AB}$와 $\boldsymbol{BA}$를 구하여 서로 같지 않음을 확인하라.

$\boldsymbol{A} = \begin{bmatrix} 2 & 1 \\ 4 & 2 \end{bmatrix}$, $\boldsymbol{B} = \begin{bmatrix} 1 & 2 \\ 2 & 1 \end{bmatrix}$

2.3 다음 행렬의 행렬식을 구하라.

$$\boldsymbol{A} = \begin{bmatrix} 1 & 0 & -2 & -1 \\ -1 & -4 & 1 & 0 \\ 2 & 1 & -2 & 1 \\ 0 & 2 & 0 & -2 \end{bmatrix}$$

2.4 다음 연립방정식의 해를 Cramer 법칙으로 구하라.

$4x_1 + 2x_2 + x_3 = 3$

$x_1 + 4x_2 + 2x_3 = -1$

$2x_1 - x_2 + 4x_3 = 2$

2.5 다음 행렬의 역행렬을 Cramer 법칙으로 구하라.

(1) $\boldsymbol{A} = \begin{bmatrix} 1 & 2 \\ 2 & 1 \end{bmatrix}$

(2) $\boldsymbol{B} = \begin{bmatrix} 2 & 0 & -1 \\ 1 & 5 & 1 \\ 2 & 0 & 4 \end{bmatrix}$

2.6 연습문제 2.5의 역행렬을 이용하여 다음 방정식의 해를 구하라.

$$2x_1 - x_3 = 2$$
$$x_1 + 5x_2 + x_3 = 11$$
$$2x_1 + 4x_3 = 2$$

2.7 다음 행렬의 전치행렬을 각각 구하고 $(\boldsymbol{AB})^T$도 구해 $(\boldsymbol{AB})^T = \boldsymbol{B}^T\boldsymbol{A}^T$가 성립하는지 확인해보라.

$$\boldsymbol{A} = \begin{bmatrix} 2 & 1 & 3 \\ 4 & 2 & 1 \end{bmatrix}, \quad \boldsymbol{B} = \begin{bmatrix} 1 & 2 \\ 2 & 1 \\ 4 & 3 \end{bmatrix}$$

2.8 다음 벡터의 놂, $\| \boldsymbol{a} \|_1$, $\| \boldsymbol{a} \|_2$, $\| \boldsymbol{a} \|_\infty$을 구하라.

$$\boldsymbol{a} = [2 \ \ -1 \ \ 4 \ \ 4 \ \ -6]^T$$

2.9 다음 행렬의 놂, $\| A \|_1$, $\| A \|_\infty$, $\| A \|_F$을 구하라.

$$\boldsymbol{A} = \begin{bmatrix} 1 & -2 & 2 & 4 \\ 1 & 5 & 3 & 3 \\ 2 & 0 & 3 & 2 \end{bmatrix}$$

2.10 다음의 두 벡터에 대해 벡터 2-놂 $\| \boldsymbol{a} \|_2$, $\| \boldsymbol{b} \|_2$, $\| \boldsymbol{a}+\boldsymbol{b} \|_2$를 구하여 $\| \boldsymbol{a}+\boldsymbol{b} \|_2 \le \| \boldsymbol{a} \|_2 + \| \boldsymbol{b} \|_2$가 성립하는지 확인하라.

$$\boldsymbol{a} = [2 \ \ -1 \ \ -2 \ \ 4 \ \ -3]^T$$
$$\boldsymbol{b} = [1 \ \ -4 \ \ -2 \ \ 1 \ \ -2]^T$$

프로그래밍 실습문제

※ 프로그래밍 실습문제의 번호 옆에 프로그램 이름을 나타내었다. 교육의 목적으로, 이들 프로그램은 학생들에게는 제공하지 않고, 강의를 담당하는 교수에게만 제공한다.

C2.1 ⇨ NormVec.c

벡터 $a=[a_1, a_2, \cdots, a_n]$이 있을 때 벡터의 놈, $\| \boldsymbol{a} \|_1$, $\| \boldsymbol{a} \|_2$, $\| \boldsymbol{a} \|_\infty$을 구하는 프로그램을 C를 사용하여 작성하라. $a=[1,\ 2,\ 0,\ -1,\ 0,\ 2]$일 때 값을 구하여 출력하라.

C2.2 ⇨ Norm.c

행렬 $\boldsymbol{A}$가 $n \times n$행렬일 때, $\| A \|_1$, $\| A \|_\infty$, $\| A \|_F$를 구하는 프로그램을 C를 사용하여 작성하라. 행렬 $\boldsymbol{A}$가 다음과 같을 때 그 결과를 출력하라.

$$\boldsymbol{A} = \begin{bmatrix} 1 & -2 & 2 & 4 \\ 1 & 5 & 3 & 3 \\ 2 & 0 & 3 & 2 \end{bmatrix}$$

M2.1 ⇨ NormVec.m

벡터 $a=[a_1, a_2, \cdots, a_n]$ 이 있을 때 벡터의 놈, $\| \boldsymbol{a} \|_1$, $\| \boldsymbol{a} \|_2$, $\| \boldsymbol{a} \|_\infty$을 구하는 프로그램을 MATLAB 사용하여 작성하라. 내장 함수를 이용하지 마라. $a=[1,\ 2,\ 0,\ -1,\ 0,\ 2]$ 일 때 값을 구하여 출력하라.

M2.2 ⇨ NormMatrix.m

행렬 $\boldsymbol{A}$가 $n \times n$행렬일 때, $\| A \|_1$, $\| A \|_\infty$, $\| A \|_F$를 구하는 프로그램을 MATLAB 사용하여 작성하라. 내장 함수를 이용하지 마라. 행렬 $\boldsymbol{A}$가 다음과 같을 때 그 결과를 출력하라.

$$\boldsymbol{A} = \begin{bmatrix} 1 & -2 & 2 & 4 \\ 1 & 5 & 3 & 3 \\ 2 & 0 & 3 & 2 \end{bmatrix}$$

CHAPTER 03

비선형 방정식의 해법

방정식 $f(x)=ax^2+bx+c=0$의 근을 구하고자 할 때, 근의 공식을 사용하여 쉽게 구할 수 있다. 그러나 $f(x)=e^{-x}-x=0$과 같은 방정식의 근을 구하고자 할 때, 해석적으로는 구할 수가 없지만, 근을 구해야만 하는 경우가 있다. 이럴 때 여러분들은 어떻게 할 것인가? 수치해석이라는 과목을 배우지 않았을 경우 근을 구하지 못하거나, 공학의 기초과목 등에서 이러한 문제에 직면하여 약간의 경험이 있다면, 시행착오(trial and error)를 통하여 해를 구할 수 있을 것이다.

▶ 시행착오법

예를 들어 다음과 같은 비선형 방정식의 근을 구하는 경우를 생각해 보자.

$$f(x)=e^{-x}-x=0$$

이 방정식은 해석적으로 구하기 어렵다. 따라서 이와 같은 경우 먼저 해를 가정한다. $x=0.5$가 근이라고 가정해서 방정식에 대입해 본다.

$$x=0.5 \text{ 가정} \quad \Rightarrow \quad e^{-0.5}-0.5=0.1065>0$$

그러면 0이 아니고 0.1065라는 값을 가지게 되어 0.5는 근이 아니라는 것을 알 수 있다. 다음에 0.6을 근이라고 가정해본다.

$$x=0.6 \text{ 가정} \quad \Rightarrow \quad e^{-0.6}-0.6=-0.0512<0$$

이제 0.6일 때 계산해보면 -0.0512가 되어 역시 근이 아니라는 것을 알 수 있다. 그리고 0.5와 0.6 사이에 근이 있다는 것도 알 수 있고, 또한 0.6에 가깝다고 알 수 있다. 따라서 0.57을 가정해 본다.

$$x = 0.57 \ \text{가정} \ \Rightarrow \ e^{-0.57} - 0.57 = -0.00447$$

이때의 값은 -0.00447이 되어 근에 상당히 가깝다는 것을 알 수 있고, 계속하여 근을 구할 수 있다. 비선형 방정식의 해를 구하는 방법은 기본적으로는 이와 같이 시행착오법(trial and error method)을 이용하는 것이지만 보다 체계적으로 빠르게 근을 구하는 방법을 이 장에서 다룬다. 비선형 방정식의 근을 구하는 방법을 크게 나누어 보면 구간 사이에서 근을 구하는 **구간법**과 계속하여 반복 대입하는 **반복법**이 있다.

- **구간법** : 구간 내에서 근을 구하는 방법
  이분법, 가상위치법
- **반복법** : 초기 가정한 값으로부터 연속적으로 근을 찾아가는 방법
  고정점 반복법, 할선법(secant method), Newton-Raphson법

3.1 이분법

❖
$f(a)f(x_c) < 0$
$\Rightarrow b = x_c$

$f(a)f(x_c) > 0$
$\Rightarrow a = x_c$

비선형 방정식의 근을 구하는 가장 기초적인 방법으로 근이 있는 구간 $[a,b]$ 에서

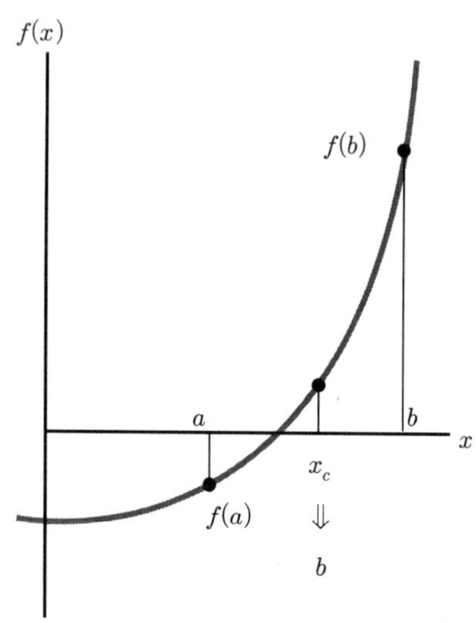

➲ 그림 3.1 이분법

구간을 반으로 줄여 가면서 근을 구하는 방식으로 **이분법(bisection method)**이라고 한다. x_c를 다음과 같이 중앙의 값으로 하여 방정식에 대입하여 근인지 판단한다.

$$x_c = \frac{a+b}{2} \tag{3.1}$$

운이 좋아 $f(x_c)=0$이면 x_c가 바로 근이 된다. 그렇지 않으면, 다음과 같이 근이 존재하는 새 구간을 정한다. 그림 3.1에 보여주고 있는 것처럼 $f(a)f(x_c)<0$이면 $b=x_c$ 그렇지 않으면 $a=x_c$로 두면 해는 새로운 구간 $[a, b]$에 있을 것이고, 구간은 원래보다 반으로 줄어진다. 다시 식 (3.1)을 이용하여 수정된 값을 반복 계산하여 수렴할 때까지 계속한다.

예제 3.1

$f(x)=x^3-x-1.344=0$의 근을 [1, 2] 구간에서 이분법으로 4회 반복 계산하여 구하라.

풀이

이 예제에서는 해가 있는 구간이 주어져 있으나, 일반적으로 방정식의 근을 구할 때 구간을 모르는 것이 보통이며, 처음에 해야 하는 일이 근이 존재하는 구간을 찾아야 한다. 다음과 같이 값을 대입해 보면,

x	$f(x)$
0	-1.344
1	-1.344
2	4.656
3	22.656

$f(1)f(2)<0$이기 때문에 근은 1과 2 사이에 있다는 것을 알 수 있다.

첫 번째 계산 : $x_c=\frac{a+b}{2}=\frac{1+2}{2}=1.5$ ⇨ $f(1)f(1.5)<0$

근은 1과 1.5사이 ⇨ $b=1.5$

두 번째 계산 : $x_c=\frac{1+1.5}{2}=1.25$ ⇨ $f(1)f(1.25)>0$

근은 1.25와 1.5사이 ⇒ $a=1.25$

세 번째 계산 : $x_c = \dfrac{1.25+1.5}{2} = 1.375$ ⇨ $f(1.25)f(1.375) > 0$

근은 1.375와 1.5사이 ⇨ $a = 1.375$가 된다.

네 번째 계산 : $x_c = \dfrac{1.375+1.5}{2} = 1.4375$ ⇨ $f(1.4375) = 0.188959$

보충설명

4회 반복 계산하면 1.4375를 얻을 수 있고, 그때의 함수값은 0.188959임을 알 수 있다. 위 방정식의 실제 근은 1.4이다. 따라서 4회 계산한 후의 오차 및 상대오차는 다음과 같다.

$$e = 1.4 - 1.4375 = -0.0375$$

$$\epsilon = \frac{-0.0375}{1.4} = -0.02679 = -2.679\%$$

실제의 경우 근을 모르는 경우가 대부분이다. 1장에서 언급하였듯이 참값 대신 네 번째 계산에서 얻을 수 있는 근사값인 1.4375를 사용하여 근사오차 및 근사상대오차를 다음과 같이 추정한다.

$$e_a = 1.4375 - 1.375 = 0.0625$$

$$\epsilon_a = \frac{0.0625}{1.4375} = -0.04348 = 4.38\%$$

더 정확한 값이 필요하다면 반복 계산을 더 하여야 할 것이다. 일반적으로 이와 같은 반복 계산을 하기 위해 컴퓨터를 사용하게 된다. 더욱 정확한 값을 예측할 수 있다면 참오차와 근사오차의 차이 또한 줄어 들 것이다.

이와 같은 계산을 컴퓨터를 이용하여 구하고자 할 때, 프로그래밍을 하여야 하며 이때 가장 핵심적인 것이 알고리듬이다. 알고리듬이 주어지면 여러분들은 프로그래밍할 수 있어야 한다. 알고리듬을 다시 플로차트(flow chart)로 나타내기도 하지만 프로그래밍에 어느 정도 익숙해지면 알고리듬을 이용하여 바로 프로그래밍을 한다. 또한 알고리듬을 아주 상세하게 나타낼 수도 있고, 간단하게 나타낼 수도 있다. 그리고 새로운 엔지니어링 문제에 직면하면 가장 먼저 해야 할 일이 알고리듬을 생각해내는 것이다. 따라서 알고리듬을 프로그래밍하는 일도 중요하지만, 알고리듬을 생각해내는 능력을 키우는 것도 중요하다. 다음은 이분법 기본 알고리듬을 보여주고 있다.

이분법 알고리듬

1. 구간 a, b를 입력하고 수렴조건 ϵ을 입력한다.
2. 구간 내에 근이 있는지 판단한다.
   $|f(a)| \le \epsilon$이면 "$x=a$가 근"이라고 프린트한 후 종료한다.
   $|f(b)| \le \epsilon$이면 "$x=b$가 근"이라고 프린트한 후 종료한다.
   $f(a)f(b) > 0$이면 이 구간에 근이 없다고 프린트한 후 종료한다.
   그렇지 않은 경우 다음 단계를 계속한다.
3. $x_c = \dfrac{a+b}{2}$
4. $|f(x_c)| \le \epsilon$이면, "x_c가 근"이라고 프린트하고 종료한다.
   그렇지 않으면 다음 단계를 계속한다.
5. $f(a)f(x_c) < 0$이면 $b = x_c$
   그렇지 않으면 $a = x_c$로 두고 단계 3을 반복한다.

일반적으로 수렴 판단의 기준으로는 다음 식 중의 한 가지를 사용할 수 있다.

$$\left|x_c^{new} - x_c^{old}\right| \le \epsilon \tag{3.2}$$

$$|f(x_c)| \le \epsilon \tag{3.3}$$

여기서 ϵ은 수렴기준이다. 위의 어느 것을 사용해도 무방하나, 원래 함수 $f(x)=0$을 만족시키는 것을 구하는 것이기 때문에 $\left|x_c^{new} - x_c^{old}\right| \le \epsilon$를 사용하는 것보다는 $|f(x_c)| \le \epsilon$을 사용하는 것이 보다 물리적으로 의미가 있는 수렴 판단기준이라고 하겠다. 또는 위 식들을 정규화한(normalize) 식을 사용하는 방법도 있으나 설명은 생략하기로 한다. 다음에 이분법 기본 알고리듬을 발전시켜 직접 프로그래밍할 수 있도록 이분법 가상코드(pseudocode)를 나타내고 있다.

이분법 가상코드

```
"함수 및 변수를 정의한다"
   "f(x) : 함수"
   "a, b : 구간값"
   "imax : 최대 반복횟수"
```

```
    "epsilon : 수렴 판단기준"
define : f(x)
float a, b, xc, fa, fb, fc, epsilon
integer imax, iter
Input : a, b, epsilon, imax

fa=f(a)
fb=f(b)
If  |fa| ≤ epsilon
    Output "root =" a    ⇒ Stop
End IF
If  |fb| ≤ epsilon
    Output "root =" b    ⇒ Stop
End IF
If fa*fb > 0
    Output "No root" ⇒ Stop
End If
"계산 시작"
For iter = 1, imax, 1
    xc =(a+b)/2
    fc = f(xc)
    If  |fc| ≤ epsilon
        Output "root ="xc  ⇒ Stop
    End IF

    If  fa * fc < 0
        b=xc
        fb=fc
    Else
        a=xc
        fa=fc
    End IF
End For iter
Output "수렴하지 않음"
```

위의 가상코드에서 imax는 최대 반복횟수이고 epsilon은 수렴 판단에 사용된 ϵ을 나타낸다. 프로그래밍할 때 수렴되지 않는 경우 프로그램이 마냥 돌아가므로 최대 반복횟수를 지정하여 중간에 프로그램을 멈추도록 프로그래밍하는 습관을 가져야 복잡하고 큰 프로그램을 돌릴 때 도움이 될 것이다. 아래의 예제에서 이와 같은 연습을 할 것이다.

예제 3.2 ⇨ Bisect.c

$f(x) = x^3 - x - 1.344 = 0$의 근을 일반적인 구간 [a, b]에서 이분법을 사용하여 구하는 프로그램을 C를 사용하여 작성하라.

(1) 수렴기준의 판단은 $|f(x_c)| \le \epsilon$로 하고, ϵ은 0.0001로 한다.

(2) 구간의 값은 화면에서 입력하도록 하라.

(3) 구간에 해가 존재하는지 검토하여 해가 존재하지 않으면 해가 없다고 출력하라.

(4) a 또는 b가 해인지 검토하여 해이면 바로 출력하라.

(5) a = 1, b = 2를 입력하여 실행하라.

풀이

이분법 가상코드를 사용하면 쉽게 프로그램을 작성할 수 있다. 이분법을 사용하여 해를 구하는 프로그램은 Bisect.c이고, Bisect.c를 실행시킨 결과는 다음과 같다.

```
xc f(xc) : 1.500000,  0.531000
xc f(xc) : 1.250000,  -0.640875
xc f(xc) : 1.375000,  -0.119391
xc f(xc) : 1.437500,  0.188959
xc f(xc) : 1.406250,  0.030664
xc f(xc) : 1.390625,  -0.045382
xc f(xc) : 1.398438,  -0.007615
xc f(xc) : 1.402344,  0.011461
xc f(xc) : 1.400391,  0.001907
xc f(xc) : 1.399414,  -0.002858
xc f(xc) : 1.399902,  -0.000477
xc f(xc) : 1.400146,  0.000715
xc f(xc) : 1.400024,  0.000119
xc f(xc) : 1.399963,  -0.000179
xc f(xc) : 1.399994,  -0.000030
근 xc = 1.399994
```

위 3차방정식의 실제 근은 1.40이고 비교적 수렴이 늦게 되는 것을 알 수 있다.

Bisect.c

```
/***********************************************/
/****     Bisection Method        ******/
/** f(x) : 함수  ******/
/** a, b : 구간값******/
/** imax : 최대 반복횟수  ******/
/** epsilon : 수렴 판단기준        ******/
/****************************** ****************/
#include <stdio.h>
#include <math.h>
/** 함수를 정의한다        ******/
#define funct(x) (x*x*x - x -1.344)
void    main()
{
double a, b, xc, fa, fb, fc, epsilon;
int imax, iter;
/* Data 입력 및 출력  */
epsilon = 0.0001;
imax = 1000;
printf("\n 좌측 경계값 : a = ");
scanf("%lf", &a);
printf("\n 우측 경계값 : b = ");
scanf("%lf", &b);
printf("\n  a, b, epsilon, imax :  %f %f %f %d", a, b, epsilon, imax);
/* Data 입력 및 출력 완료   */
printf("\n");
/* 해가 존재하는지 확인     */
fa=funct(a);
fb=funct(b);

if (fabs(fa) <= epsilon )
   {   printf("\n a가 근입니다 ");
   goto END;
   }
if (fabs(fb) <= epsilon )
   {        printf("\n b가 근입니다 ");
   goto END;
   }
if (fa*fb > 0.0)
```

```
    {
    printf("\n 이 범위에서 근이  없음 ");
    goto END;
    }
 /* 계산시작        */
 for (iter=1; iter<imax; ++iter)
    {
    xc = (a + b) / 2.0;
    fc = funct(xc);
    printf("\n  xc   f(xc) : %f,  %f", xc,  fc);
    if(  fabs(fc) <= epsilon )
        {printf("\n 근 xc = %f" , xc);
         goto END;
        }
        if( fa*fc < 0.0 )
            {  b = xc;
               fb = fc;
            }
        else
            {   a = xc;
                fa = fc;
            }
        }
        printf(" 수렴하지 않음");
 END:;
 }
```

예제 3.3 ⇨ Bisect.m

$f(x)=x^3-x-1.344=0$의 근을 일반적인 구간 [a, b]에서 이분법을 사용하여 구하는 프로그램을 MATLAB을 사용하여 작성하라.

(1) 수렴기준의 판단은 $|f(x_c)|\le \epsilon$로 하고, ϵ은 0.00001로 한다.

(2) 구간의 값은 화면에서 입력하도록 하라.

(3) 구간에 해가 존재하는지 검토하여 해가 존재하지 않으면 해가 없다고 출력하라.

(4) a 또는 b가 해인지 검토하여 해이면 바로 출력하라.

(5) a = 1, b = 2를 입력하여 실행하라.

풀이

이분법 가상코드를 사용하면 쉽게 프로그램을 작성할 수 있다. 이분법을 사용하여 해를 구하는 프로그램 Bisect.m을 작성하였다.
Bisec.m을 실행하면 다음과 같다.

```
>> Bisect
좌측 경계값 : a = 1
우측 경계값 : b = 2
  xc   f(xc) : 1.500000,  0.531000
  xc   f(xc) : 1.250000,  -0.640875
  xc   f(xc) : 1.375000,  -0.119391
  xc   f(xc) : 1.437500,  0.188959
  xc   f(xc) : 1.406250,  0.030664
  xc   f(xc) : 1.390625,  -0.045382
  xc   f(xc) : 1.398438,  -0.007615
  xc   f(xc) : 1.402344,  0.011461
  xc   f(xc) : 1.400391,  0.001907
  xc   f(xc) : 1.399414,  -0.002858
  xc   f(xc) : 1.399902,  -0.000477
  xc   f(xc) : 1.400146,  0.000715
  xc   f(xc) : 1.400024,  0.000119
  xc   f(xc) : 1.399963,  -0.000179
  xc   f(xc) : 1.399994,  -0.000030
 근 xc = 1.399994
```

♦ 보충설명

위 3차방정식의 실제 근은 1.4이고 비교적 수렴이 늦게 되는 것을 알 수 있다. 위의 프로그램은 프로그램(m-file) 내에서 근을 계산하고 출력하도록 되어 있다. 경우에 따라 해를 구하는 프로그램을 function으로 사용할 수도 있으며, 여러분들은 쉽게 변형하여 사용할 수 있어야 한다.

Bisect.m

```
%*******************************************%
%Bisection Method                     ******%
%*******************************************%
% 함수의 정의
```

```
funct = inline('x*x*x-x-1.344','x');
% Data 입력 및 출력
epsilon = 0.0001;
imax = 1000;
a = input('좌측 경계값 : a = ');
b = input('우측 경계값 : b = ');
% 해가 존재하는지 확인
    fa=funct(a);
    fb=funct(b);
    if abs(fa) <= epsilon
        fprintf(' a가 근입니다 ');
        return
    end
    if abs(fb) <= epsilon
            disp(' b가 근입니다 ');
            return
    end
    if fa*fb > 0.0
        fprintf(' 이 범위에서 근이  없음 ');
        return
    end
% 계산시작
    for iter=1:imax
        xc = (a + b) / 2.0;
        fc = funct(xc);
        fprintf('\n  xc   f(xc) : %f,  %f', xc,  fc);
        if  abs(fc) <= epsilon
             fprintf('\n 근 xc = %f' , xc);
             return
        end
        test = fa*fc;
        if test < 0.0
            b = xc;
            fb = fc;
        else
            a = xc;
            fa = fc;
        end
    end
    fprintf('수렴하지 않음');
```

3.2 가상위치법

구간 사이에서 새로운 값을 찾아갈 때 이분법은 비교적 수렴이 늦으므로 수렴을 빨리하기 위해 수정값 x_c를 중앙값으로 하지 않고 그림 3.2에서 보여주듯이 아래 식으로 계산하는 방법을 **가상위치법**(Regula Falsi Method or False Position Method)이라 한다.

$$x_c = b - \frac{f(b)(a-b)}{f(a)-f(b)} \tag{3.4}$$

운이 좋아 $f(x_c)=0$이면 x_c가 바로 해가 된다. $f(a)f(x_c)<0$이면 $b=x_c$, 그렇지 않으면 $a=x_c$로 두면 해는 새로운 구간 $[a,\ b]$에 있을 것이고, 이분법보다 훨씬 빨리 수렴할 것이다.

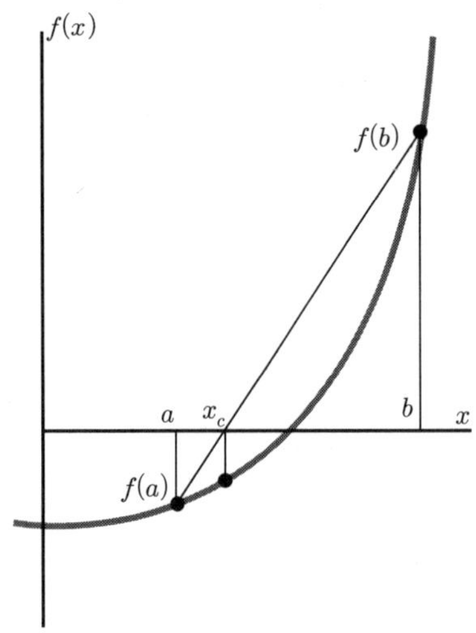

그림 3.2 가상위치법

예제 3.4

$f(x) = x^3 - x - 1.344 = 0$의 근을 [1, 2] 구간에서 가상위치법으로 4회 반복 계산하여 구하라.

풀이

식 (3.4)를 사용하여 새로운 값을 계산한다.

$$x_c = b - \frac{f(b)(a-b)}{f(a)-f(b)} = 2 - \frac{f(2)(1-2)}{f(1)-f(2)} = 1.224$$

$$\Rightarrow \quad f(1)f(1.224) > 0$$

이분법과 같은 방식으로 4회 반복 계산하면 다음과 같다.

xc f(xc) : 1.224000, −0.734233
xc f(xc) : 1.329703, −0.322641
xc f(xc) : 1.373142, −0.128058
xc f(xc) : 1.389921, −0.048759

보충설명

4회 반복 계산하면, 근으로 1.389921을 얻을 수 있고, 그때의 함수값은 −0.048759임을 알 수 있다. 위 방정식의 실제 근은 1.4이므로, 4회 계산한 후의 오차 및 상대오차는 다음과 같다.

$$e = 1.4 - 1.389921 = 0.010079$$

$$\epsilon = \frac{0.010079}{1.4} = 0.007199 = 0.72\%$$

이분법에 비해 빨리 해를 구할 수 있음을 알 수 있다.

다음에 가상위치법의 알고리듬을 나타내고 있다. 이분법 알고리듬에서 단계 3만 다음으로 대체하면 된다.

$$x_c = b - \frac{f(b)(a-b)}{f(a)-f(b)}$$

가상위치법 알고리듬

1. 수렴조건 ϵ을 입력하고, 초기값 a, b를 입력한다(가정한다).
2. 구간 내에 근이 있는지 판단한다.
   $|f(a)| \le \epsilon$이면 "$x=a$가 근"이라고 프린트한 후 종료한다.
   $|f(b)| \le \epsilon$이면 "$x=b$가 근"이라고 프린트한 후 종료한다.
   $f(a)f(b) > 0$이면 이 구간에 근이 없다고 프린트한 후 종료한다.
   그렇지 않은 경우 다음 단계를 계속한다.
3. $x_c = b - \dfrac{f(b)(a-b)}{f(a)-f(b)}$
4. $|f(x_c)| \le \epsilon$ 이면, "x_c가 근"이라고 프린트 하고 종료한다.
   그렇지 않으면 다음 단계를 계속한다.
5. $f(a)f(x_c) < 0$이면 $b = x_c$
   그렇지 않으면 $a = x_c$로 두고 단계 3을 반복한다.

다음은 가상위치법 가상코드를 나타내고 있으며 이를 사용하면 쉽게 프로그래밍 할 수 있다.

가상위치법 가상코드

```
"함수 및 변수를 정의한다"
    "f(x) : 함수"
    "a, b : 구간값"
    "imax : 최대 반복횟수"
    "epsilon : 수렴 판단기준"
define : f(x)
float a, b, xc, fa, fb, fc, epsilon
integer imax, iter
Input : a, b, epsilon, imax
fa=f(a)
fb=f(b)
If |fa| ≤ epsilon
    Output "root =" a  ⇒ Stop
End IF
If |fb| ≤ epsilon
    Output "root =" b  ⇒ Stop
```

```
End IF
If fa*fb > 0
   Output "No root” ⇒ Stop
End If
“계산 시작”
For iter = 1, imax, 1
   xc =b-( fb*(a-b) )/(fa-fb)
   fc=f(xc)
   If |fc| ≤ epsilon
          Output "root =” xc  ⇒ Stop
   End IF
   If  fa*fc < 0
       b=xc
       fb=fc
       Else
       a=xc
       fa=fc
   End IF
End For iter
Output "not converging”
```

3.3 고정점 반복법($x = g(x)$법)

지금까지 설명한 방법은 근이 있는 구간이 주어지고 구간을 줄여가면서 해를 구하는 방식이다. 이와는 달리 초기에 어떤 값을 가정하여 근을 구하는 시행착오법 중 하나가 고정점 반복법이다. 함수 $f(x)=0$을 $x=g(x)$ 형태로 변형하여 근을 구하는 방법을 **고정점 반복법(fixed point iteration)** 또는 $x=g(x)$법이라고 한다. 예를 들어, $f(x)=x^3-x-1.344=0$이라는 식을 $x=\sqrt[3]{x+1.344}$ 형태로 변형시킬 수 있다. 이 경우 $g(x)=\sqrt[3]{x+1.344}$이다. $x=g(x)$ 형태로 변형시킨 후 우변에 가정한 값을 대입하여 새로운 값을 구하는 방식이다. 초기값 x_0를 가정하여 이 식의 우변에 대입하면 $x_1=g(x_0)$를 계산하고, 이제 x_1를 이용하여 우변에 대입하여 새로운 값을 계산할 수 있으며, 반복적으로 대입하여 근을 찾아가는 방법이다. 따라서 일반적으로 반복식 형태로 표시하면

❖
$|g'(x)|<1$
⇒ 수렴

$|g'(x)|>1$
⇒ 발산

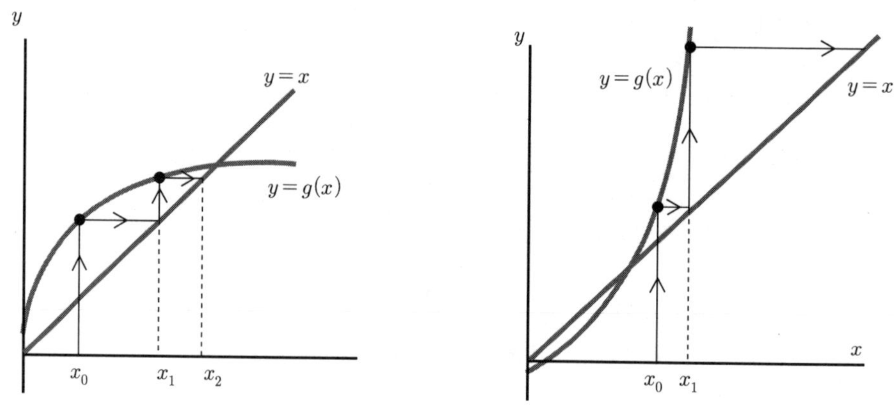

(a) 수렴 ($|g'(x)|<1$) (b) 발산 ($|g'(x)|>1$)

➲ **그림 3.3** 고정점 반복법($x=g(x)$ 법)

$$x_{i+1}=g(x_i)$$

와 같이 나타낼 수도 있다. 위의 근을 구하는 방법에 대해 그래프로 나타내면 그림 3.3(a)와 같다. 그림에서 보듯이 초기값 x_0를 가정한 다음 $y_0=g(x_0)$를 계산하여 그 값을 $x_1=y_0$라 두고 다시 이것으로부터 x_2를 계산하는 방식이다. 이런 과정이 그림에서 화살표로 표시되어 있다. 함수의 형태에 따라 수렴 또는 발산하게 된다. 이 때 그림에서 보듯이 수렴하기 위해서는 고려되는 구간에서 함수의 기울기의 절대값이 1보다 작아야 될 것이라는 것을 그림으로부터 생각해 낼 수 있다. 절대적인 기준은 없지만 적어도 초기값에서 함수의 기울기의 절대값이 1보다 작도록 함수를 변형하여야 한다.

예제 3.5

$f(x)=x^3-x-1.344=0$의 근을 초기값 2를 사용하여 고정점 반복법으로 4회 반복 계산하여 구하라.

풀이

이 문제를 고정점 반복법으로 구하기 위해서는 $f(x)=0$을 $x=g(x)$ 형태로 변형하여야 하는데 여러 가지로 할 수가 있다. 즉, $f(x)=x^3-x-1.344=0$을 다음과 같이 여러 가지로 변형할 수 있다.

$$x = x^3 - 1.344 \tag{1}$$

또는

$$x = \sqrt[3]{x + 1.344} \tag{2}$$

$$x = \frac{1.344}{x^2 - 1} \tag{3}$$

먼저 식 (1)을 사용하여 고정점 반복법을 계산하여 보자.

$$x = x^3 - 1.344 = 2^3 - 1.344 = 6.656$$

$$x = x^3 - 1.344 = 6.656^3 - 1.344 = 293.53$$

근을 구하지 못하고 발산함을 알 수 있다.
이제 식 (2)를 사용하여 고정점 반복법을 계산하여 보자.

$$x = \sqrt[3]{x + 1.344} = \sqrt[3]{2 + 1.344} = 1.495393$$

4회 반복 계산하면 다음과 같다.

x	$f(x)$
1.495393	0.079354
1.416039	0.013317
1.402722	0.002259
1.400463	0.000384

보충설명

4회 반복 계산하면 근으로 1.400463을 얻을 수 있고, 그때의 함수값은 0.000384임을 알 수 있다. 위 방정식의 실제 근은 1.4이므로, 4회 계산한 후 오차 및 상대오차는 다음과 같다.

$$e = 1.4 - 1.400463 = -0.000463$$

$$\epsilon = \frac{-0.000463}{1.4} = -0.000331 = -0.033\%$$

이 경우는 상당히 정확한 값을 빨리 구할 수 있음을 알 수 있다.

위의 예제에서 보듯이 함수를 운이 좋아 잘 변형하면 근을 빨리 구할 수 있고 어떤 경우는 근을 구할 수 없게 된다. 따라서 어떠한 경우에 수렴하는지 수렴하지 않는지에 대한 이해가 필요하다.

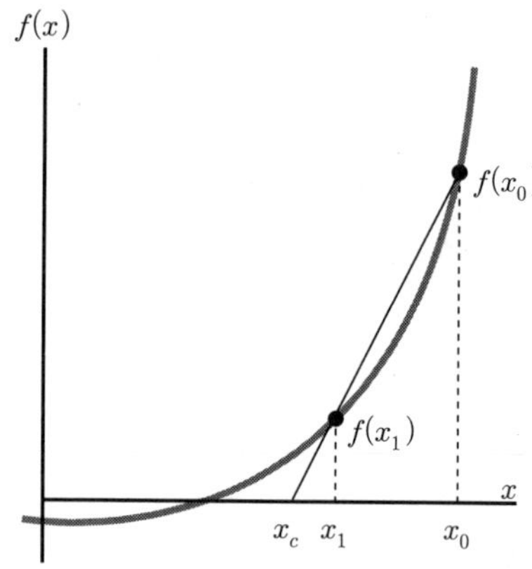

그림 3.4 할선법

3.4 할선법(정할법)

그림 3.4처럼 x_0, x_1을 가정한다. 이 구간에 해가 존재하지 않아도 된다. 그림 3.4처럼 두 개의 점 $(x_0, f(x_0))$, $(x_1, f(x_1))$을 잇는 선이 x축과 만나는 점으로부터 수정 값 x_c를 계산하는 방식이 **할선법(Secant Method)** 또는 **정할법**이다. 두 점을 잇는 직선으로부터 x축과 만나는 점을 구하는 것은 그리 어렵지 않고 다음과 같다.

$$x_c = x_1 - \frac{f(x_1)(x_0 - x_1)}{f(x_0) - f(x_1)} \tag{3.5}$$

이제 x_c가 구해지면 x_1을 x_0로 하고, x_c를 x_1으로 하여 다시 식 (3.5)를 이용하여 계속 수정된 값을 구하는 방식이다. 할선법 알고리듬은 다음과 같다.

할선법 알고리듬

1. 초기치 x_0, x_1을 가정하고 수렴조건 ϵ값을 입력한다.
2. $|f(x_0)| \le \epsilon$이면 "$x = x_0$가 근"이라고 프린트한 후 종료한다.
   $|f(x_1)| \le \epsilon$이면 "$x = x_1$가 근"이라고 프린트한 후 종료한다.
3. $x_c = x_1 - \dfrac{f(x_1)(x_0 - x_1)}{f(x_0) - f(x_1)}$
4. $|f(x_c)| \le \epsilon$이면, "x_c가 근"이라 프린트하고 종료한다.
   그렇지 않으면 $x_0 = x_1$, $x_1 = x_c$ ⇨ 단계 3을 반복한다.

예제 3.6

$f(x) = x^3 - x - 1.344 = 0$의 근을 $x_0 = 2$, $x_1 = 1.8$을 사용하여 할선법으로 4회 반복 계산하여 구하라.

풀이

식 (3.5)를 사용하여 새로운 값을 계산한다.

$$x_c = x_1 - \frac{f(x_1)(x_0 - x_1)}{f(x_0) - f(x_1)} = 1.8 - \frac{f(1.8)(2-1.8)}{f(2) - f(1.8)}$$

$$= 1.8 - \frac{(2.688)(0.2)}{4.656 - 2.688} = 1.526829$$

이제 이 값을 다시 $x_0 = 1.8$, $x_1 = 1.526829$이라고 두어 x_c를 구하고 계속 반복하여 계산하면 다음과 같다.

x	$f(x)$
1.526829	0.688527
1.432762	0.164421
1.403251	0.015911
1.40009	0.000438

할선법 가상코드는 다음과 같다.

할선법 가상코드

```
"함수 및 변수를 정의한다"
    "f(x) : 함수"
    "x0, x1 : 초기 가정값"
    "imax : 최대 반복횟수"
    "epsilon : 수렴 판단기준"
define : f(x)
float x0, x1, fx0, fx1, fxc, epsilon
integer imax, iter
Input : x0, x1, epsilon, imax
fx0=f(x0)
fx1=f(x1)
If  |fx0| ≤ epsilon
    Output "root =" x0   ⇒ Stop
```

```
End IF
If  |fx1| ≤ epsilon
    Output "root =" x1   ⇒ Stop
End IF
For iter = 1, imax, 1
    xc =x1-( fx1*(x0-x1) )/(fx0-fx1)
    fc=f(xc)
    If |fc| ≤ epsilon
        Output "root ="xc  ⇒ Stop
    End IF
    x0=x1
    x1=xc
    fx0=fx1
    fx1=fc
End For iter
Output "not converging"
```

3.5 Newton-Raphson법

❖
할선법은 두 개의 초기값이 필요하고 Newton-Raphson법은 하나의 초기값이 필요하다.

Newton-Raphson법은 비선형 방정식의 근을 구할 때 가장 많이 사용되고 있는 방법 중 하나이다. 할선법은 앞에서 언급하였듯이, 두 개의 초기값 x_0, x_1을 가정하여 두개의 점 $(x_0,\ f(x_0))$, $(x_1,\ f(x_1))$을 잇는 선이 x축과 만나는 점으로부터 그 다음 값을 계산하는 방식이다. 만약 두 값을 아주 가까이 선택한다면(즉, $x_1 \rightarrow x_0$), 초기값 x_0 하나만 필요하고, 직선은 한 점$(x_0,\ f(x_0))$에서의 접선이 된다. 이 접선이 x축과 만나는 점에서 x_1이 구해진다. 접선의 기울기는 그 점에서 미분값이고, 그림 3 .5(a)에서 보듯이 x_0에서의 접선은 다음과 같이 구할 수 있다.

$$f'(x_0) = \frac{f(x_0)}{x_0 - x_1}$$

따라서

$$x_1 = x_0 - \frac{f(x_0)}{f'(x_0)}$$

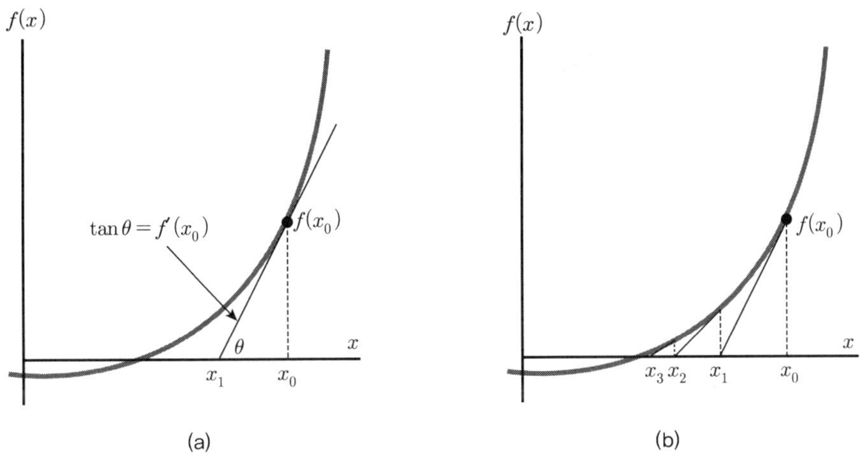

⊃ **그림 3.5** Newton–Raphson법

이를 계속 반복하면(그림 3.5(b)), 일반적인 표현식으로 다음과 같이 나타낼 수 있다.

$$x_{n+1} = x_n - \frac{f(x_n)}{f'(x_n)} \tag{3.6}$$

Newton–Raphson법 알고리듬

1. 초기치 x_0를 가정하고, 수렴조건 ϵ 값을 입력한다.
2. $|f(x_0)| \le \epsilon$이면, "x_0가 근"이라고 프린트하고 종료한다.
3. $|f'(x_0)| \le \epsilon$이면 초기값을 다른 것으로 입력하라고 프린트한 후 종료한다.
4. $x_0 = x_0 - \dfrac{f(x_0)}{f'(x_0)}$
5. $|f(x_0)| \le \epsilon$이면, "x_0가 근"이라고 프린트하고 종료한다.
   그렇지 않으면 단계 4를 다시 반복한다.

Newton–Raphson법의 알고리듬과 가상코드는 다음과 같다. 알고리듬에서 일반적으로 미분함수 $f'(x)$는 프로그래밍하기 전에 미리 구하여 입력하여야 한다.

Newton-Raphson법 가상코드

```
"함수 및 변수를 정의한다"
    "f(x) : 함수, df(x) : 함수 f(x)의 미분 함수"
    "x0 : 초기 가정값"
    "imax : 최대 반복횟수"
    "epsilon : 수렴 판단기준"
define : f(x), df(x)
float x0, fx, epsilon
integer imax, iter
Input : x0, epsilon, imax
fx=f(x0);
If  |fx| ≤ epsilon
    Output " x0가 근입니다 "    ⇒ Stop
End If
If  |df(x0)| ≤ epsilon
    Output " 미분값이 너무 작으니, 다른 초기값 x0를 가정하세요"    ⇒ Stop
End If
For iter=1, imax, 1
    x0=x0-fx/df(x0)
    fx=f(x0)
    Output x0, fx
    If  |fx| <= epsilon
        Output "root = ", x0    ⇒ Stop
    End If
End For
Output  "Not converging"
```

예제 3.7

$f(x) = x^3 - x - 1.344 = 0$의 근을 $x_0 = 2$를 사용하여 Newton-Raphson법으로 4회 반복 계산하여 구하라.

풀이

식 (3.6)을 사용하여 새로운 값을 계산하기 위해서는 미분을 먼저 구하여야 한다.

$$f'(x) = 3x^2 - 1$$

$$x_1 = x_0 - \frac{f(x_0)}{f'(x_0)} = 2 - \frac{f(2)}{f'(2)} = 2 - \frac{2^3 - 2 - 1.344}{3 \times 2^2 - 1} = 1.576727$$

⇨ $f(1.576727) = 0.999125$

이제 1.576727을 초기값이라 생각하고 다시 반복 계산하면 다음과 같다.

x	$f(x)$
1.576727	0.999125
1.422021	0.109510
1.400406	0.001983
1.400000	0

보충설명

Newton-Raphson법으로 4회 반복 계산하면, 근으로 1.4를 정확히 얻을 수 있고, 그때의 함수값은 0임을 알 수 있다. 앞의 다른 방법에 비해 상당히 빨리 수렴한다는 것을 알 수 있다. 그러나 다음에 설명하듯이 수렴하지 않는 경우가 존재한다.

위의 예제들에서 보듯이 여러 가지 방법 중 Newton-Raphson법이 가장 빨리 수렴함을 알 수 있다. **일반적으로 Newton-Raphson법이 가장 빨리 근을 구하는 방법이기는 하지만**, 고정점 반복법과 마찬가지로 경우에 따라 **수렴하지 못하는 경우가 있다**(그림 3.6). **수렴하기 위한 가장 좋은 방법은 근이 있는 부근에서 초기값을 가정**하는 것이다. 근이 있는 부근을 확인하는 것은 미리 함수값을 계산하여 그래프를 그려보는 것이 좋은 방법이다. 또한 수렴이 되지 않는 경우 프로그램이 무한히 돌아가지 않도록 프로그램에서 최대 반복 계산횟수를 지정하는 것이 중요하다. 이에 반해 이분법은 속도는 가장 느리지만 구간에 해가 있다면 항상 해를 구할 수 있다.

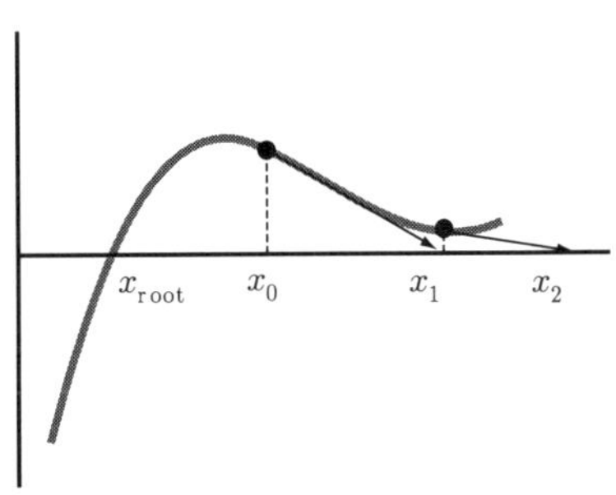

⊃ 그림 3.6 Newton-Raphson법 -발산하는 경우

보충설명(MATLAB 내장함수 사용)

MATLAB의 내장함수인 **fzero**를 이용하여 비선형방정식의 근을 구할 수 있다. 사용 형식은 여러 가지가 있을 수 있으나 대표적인 것은 다음과 같다.

```
x = fzero(fun,x0)
```

여기서 fun은 함수(M-file 함수, inline 함수 또는 익명함수)이다. x0는 스칼라일 수도 있고, 두 개의 요소(element)를 가지는 벡터일 수도 있다. x0가 스칼라(초기 가정값)이면 x0 부근의 근을 구하고 x0의 요소가 2개인 벡터(구간값)이면, 둘 사이의 근을 구한다. fzero는 앞에서 설명한 근을 구하는 구간법과 반복법을 적절히 혼합하여 사용한다. $f(x)=x^3-x-1.344=0$의 근을 구해보자.

```
>> f1=inline('x*x*x -x-1.344');
>> x = fzero(f1,1)
x =
   1.4000
```

위에서 함수를 다음과 같은 익명함수를 사용할 수도 있다.

```
>> f1= @(x) x*x*x -x-1.344;
```

또는 다음과 같이 x0가 벡터일 때도 계산이 가능하다.

```
>> x0=[1  2];
>> x = fzero(f1,x0)
x =
   1.4000
```

다항식의 근을 구할 때 **roots**를 사용하고 형식은 다음과 같다.

```
r = roots(p)
```

여기서 p는 다항식의 계수 p를 나타내는 행벡터이고 다항식의 내림차순으로 저장한다. 즉 $p=[p_1,\ p_2,\ p_3,\ \cdots,\ p_n]$일 때, $p_1x^{n-1}+p_2x^{n-2}+\cdots+p_{n-1}x+p_n=0$의 근을 구하여 열벡터 r에 저장한다. 다음의 예에서 확인할 수 있다. 다항식 $x^3-6x^2+11x-6=0$의 근을 다음과 같이 구할 수 있다.

```
>> p=[1   -6   11   -6]
p =
    1   -6    11    -6
>> r=roots(p)
r =
   3.0000
   2.0000
   1.0000
```

이밖의 여러 가지 내장함수에 대해 부록 B.10에서 설명하고 있으니 참조하기 바란다.

연습문제

3.1 $f(x) = e^{-x} - x = 0$의 근을 [0, 2] 구간에서 이분법으로 6회 반복 계산하여 구하라. 각 반복 계산단계에서 함수값을 계산하여 표시하라.

3.2 $f(x) = e^{-x} - x = 0$의 근을 [0, 2] 구간에서 가상위치법으로 6회 반복 계산하여 구하라. 각 반복 계산단계에서 함수값을 계산하여 표시하라.

3.3 $f(x) = e^{-x} - x = 0$의 근을 할선법으로 6회 반복 계산하여 구하라. 초기 가정값은 2와 1.8로 하라. 각 반복 계산단계에서 함수값을 계산하여 표시하라.

3.4 $f(x) = e^{-x} - x = 0$의 근을 Newton-Raphson법으로 6회 반복 계산하여 구하라. 초기 가정값은 0.3으로 하라. 각 반복 계산단계에서 함수값을 계산하여 표시하라.

프로그래밍 실습문제

※ 프로그래밍 실습문제의 번호 옆에 프로그램 이름을 나타내었다. 교육의 목적으로, 이들 프로그램은 학생들에게는 제공하지 않고, 강의를 담당하는 교수에게만 제공한다.

C3.1 ⇨ Falsi.c

$f(x)=e^{-2x}-0.5=0$의 근을 구간 [a, b]에서 가상위치법을 사용하여 구하는 프로그램을 C를 사용하여 작성하라.

(1) 반드시 function을 사용하라.

(2) 구간값(a, b)을 입력하라는 메시지를 화면에 출력하라. : 화면에서 입력하라.

(3) 구간 내에 해가 존재하는지 또는 구간에서 해가 있는지 판단해서 해가 없으면 해가 이 구간 내에 없다는 메시지를 출력하고 a 또는 b가 해이면 바로 이 해를 출력한다(화면에서의 입력값을 달리해서 test 해본다).

(4) 수렴기준의 판단은 $|f(x_c)| \leq \epsilon$로 하고, ϵ은 0.0001로 하고 프로그램에서 지정한다.

(5) 최대 반복횟수를 imax로 하고 imax = 1000으로 입력하라.

(6) a = 0, b = 1일 때 각 계산 단계별로 x_c와 $f(x_c)$를 출력하라.

(7) 최대 반복횟수 imax 동안 수렴하지 않으면 수렴하지 않는다고 출력하고 그때의 x_c와 $f(x_c)$근을 출력하라.

(8) 수렴하면 수렴하였다고 출력하고 그때의 x_c와 $f(x_c)$를 출력하라.

C3.2 ⇨ NewtonR.c

$f(x)=e^{-x}-x=0$의 근을 초기값 x_0을 가정하여 Newton-Raphson 법으로 구하는 프로그램을 C를 사용하여 작성하라.

(1) 반드시 function을 사용하라.

(2) 초기값(x_0)을 입력하라는 메시지를 화면에 출력하라. : 화면에서 입력하라.

(3) 수렴기준의 판단은 $|f(x_c)| \leq \epsilon$로 하고, ϵ은 0.0001로 하고 프로그램에서 지정한다.

(4) 최대 반복횟수를 imax로 하고 imax=1000으로 입력하라.

(5) $x_0 = 0$일 때 각 계산 단계별로 x_c와 $f(x_c)$를 출력하라.

(6) 최대 반복횟수 imax 동안 수렴하지 않으면 수렴하지 않는다고 출력하고 그때의 x_c와 $f(x_c)$근을 출력하라.

(7) 수렴하면 수렴하였다고 출력하고 그때의 x_c와 $f(x_c)$를 출력하라.

C3.3 ⇨ Waals.c

기체의 상태방정식 중에서 Van der Waals 상태식이 다음과 같다.

$$\left(p + \frac{a}{\overline{v}^2}\right)(\overline{v} - b) = \overline{R}T$$

여기서 각각의 기호 및 단위는 다음과 같다.

p : 압력, Pa

$\overline{v}$: 1kmol 당 체적, m^3/kmol

$\overline{R}$: 일반 기체상수, 8314J/(kmol·K)

T : 절대온도, K = 섭씨온도(t℃) + 273.15

a, b : 상수

p, $\overline{R}$, t℃, a, b가 주어졌을 때 $\overline{v}$를 Newton-Raphson법으로 구하는 프로그램을 C로 작성하라.

(1) 위 식을 $\overline{v}$에 대한 삼차 다항식으로 변형하라. 즉 $f(\overline{v}) = 0$의 형태로 변형하라.

(2) 반드시 function을 사용하라.

(3) 수렴기준의 판단은 $|f(x_c)| \leq \epsilon$로 하고, ϵ은 0.0001로 하고 프로그램에서 지정하라.

(4) 최대 반복횟수를 imax로 하고 imax = 1000으로 입력하라.

(5) p=5MPa, t=0℃, a=13600, b=0.039일 때 $\overline{v}$를 계산하라.

(6) 초기값을 $\overline{v}_0 = \dfrac{\overline{R}T}{p}$라 두고 각 계산 단계별로 $\overline{v}$와 $f(\overline{v})$를 출력하라.

(7) 수렴기준의 판단은 $|f(\bar{v})| \leq \epsilon$로 하고, ϵ은 0.0001로 한다.
(8) 최대 반복횟수 imax 동안 수렴하지 않으면 수렴하지 않는다고 출력하고 그때의 $\bar{v}$와 $f(\bar{v})$을 출력하라.
(9) 수렴하면 수렴하였다고 출력하고 그때의 $\bar{v}$와 $f(\bar{v})$를 출력하라.

M3.1 ⇨ Falsi.m

$f(x) = e^{-2x} - 0.5 = 0$의 근을 구간 [a, b]에서 가상위치법을 사용하여 구하는 프로그램을 MATLAB을 사용하여 작성하시오.
(1) 반드시 function을 사용하라.
(2) 구간값(a, b)을 입력하라는 메시지를 화면에 출력하라. : 화면에서 입력하라.
(3) 구간 내에 해가 존재하는지 또는 구간에서 해가 있는지 판단해서 해가 없으면 해가 이 구간 내에 없다는 메시지를 출력하고 a 또는 b가 해이면 바로 이 해를 출력한다(화면에서의 입력값을 달리해서 test 해본다).
(4) 수렴기준의 판단은 $|f(x_c)| \leq \epsilon$로 하고, ϵ은 0.0001로 하고 프로그램에서 지정한다.
(5) 최대 반복횟수를 imax로 하고 imax = 1000으로 입력하라.
(6) a = 0, b = 1일 때 각 계산 단계별로 x_c와 $f(x_c)$를 출력하라.
(7) 최대 반복횟수 imax 동안 수렴하지 않으면 수렴하지 않는다고 출력하고 그때의 x_c와 $f(x_c)$근을 출력하라.
(8) 수렴하면 수렴하였다고 출력하고 그때의 x_c와 $f(x_c)$를 출력하라.

M3.2 ⇨ NewtonR.m

$f(x) = e^{-x} - x = 0$의 근을 초기값 x_0을 가정하여 Newton-Raphson 법으로 구하는 프로그램을 MATLAB을 사용하여 작성하라.
(1) 반드시 function을 사용하라.
(2) 초기값(x_0)을 입력하라는 메시지를 화면에 출력하라. : 화면에서 입력하라.

(3) 수렴기준의 판단은 $|f(x_c)| \le \epsilon$로 하고, ϵ은 0.0001로 하고 프로그램에서 지정한다.

(4) 최대 반복횟수를 imax로 하고 imax=1000으로 입력하라.

(5) $x_0 = 0$일 때 각 계산 단계별로 x_c와 $f(x_c)$를 출력하라.

(6) 최대 반복횟수 imax 동안 수렴하지 않으면 수렴하지 않는다고 출력하고 그때의 x_c와 $f(x_c)$근을 출력하라.

(7) 수렴하면 수렴하였다고 출력하고 그때의 x_c와 $f(x_c)$를 출력하라.

M3.3 ⇨ Waals.m

기체의 상태방정식 중에서 Van der Waals 상태식이 다음과 같다.

$$\left(p + \frac{a}{v^2}\right)(\bar{v} - b) = \bar{R}T$$

여기서 각각의 기호 및 단위는 다음과 같다.

p : 압력, Pa

$\bar{v}$: 1kmol 당 체적, m^3/kmol

$\bar{R}$: 일반 기체상수, 8314J/(kmol·K)

T : 절대온도, K = 섭씨온도(t℃) + 273.15

a, b : 상수

p, $\bar{R}$, t℃, a, b가 주어졌을 때 $\bar{v}$를 Newton-Raphson법으로 구하는 프로그램을 MATLAB으로 작성하라.

(1) 위 식을 $\bar{v}$에 대한 삼차 다항식으로 변형하라. 즉 $f(\bar{v}) = 0$의 형태로 변형하라.

(2) 반드시 function을 사용하라.

(3) 수렴기준의 판단은 $|f(x_c)| \le \epsilon$로 하고, ϵ은 0.0001로 하고 프로그램에서 지정하라.

(4) 최대 반복횟수를 imax로 하고 imax = 1000으로 입력하라.

(5) p=5MPa, t=0℃, a=13600, b=0.039일 때 $\bar{v}$를 계산하라.

(6) 초기값을 $\bar{v}_0 = \dfrac{\bar{R}T}{p}$라 두고 각 계산 단계별로 $\bar{v}$와 $f(\bar{v})$를 출력하라.

(7) 수렴기준의 판단은 $|f(\bar{v})| \leq \epsilon$로 하고, ϵ은 0.0001로 한다.

(8) 최대 반복횟수 imax 동안 수렴하지 않으면 수렴하지 않는다고 출력하고 그때의 $\bar{v}$와 $f(\bar{v})$을 출력하라.

(9) 수렴하면 수렴하였다고 출력하고 그때의 $\bar{v}$와 $f(\bar{v})$를 출력하라.

CHAPTER 04

연립방정식의 해-직접법

연립방정식의 해법으로 직접법과 반복법을 사용할 수 있다. 직접법은 행렬을 이용하여 소거법 등을 사용하여 해를 직접적으로 구하는 방법이고, 반복법은 초기의 해를 가정하여 반복적인 계산을 통하여 해를 구하는 방법이다. 직접법과 반복법으로는 다음과 같은 방법들이 있다.

- **직접법** : 구간 내에서 근을 구하는 방법
  Gauss 소거법, Gauss-Jordan법, LU 분해법
- **반복법** : 초기 가정한 값으로부터 연속적으로 근을 찾아가는 방법
  Jacobi법, Gauss- Seidel법 및 SOR법

이 장에서는 먼저 직접법으로 해를 구하는 방법에 대해 설명한다.

4.1 Gauss 소거법

Gauss 소거법(Gauss elimination method)을 설명하기 위하여 다음과 같은 연립방정식을 생각해 보자.

$$5x_1 + 2x_2 + 2x_3 = 6 \tag{4.1}$$

$$x_1 + 5x_2 + x_3 = 11 \tag{4.2}$$

$$2x_1 - x_2 + 6x_3 = 4 \tag{4.3}$$

이 연립방정식의 해를 구하기 위해서는 먼저 식 (4.2)와 식 (4.3)에서 x_1을 소거한

식을 구하여야 한다.

식 (4.2)에서 x_1을 소거하기 위한 여러 방법이 있을 수 있으며, 식 (4.2) × 5–식 (4.1)을 사용해도 되고 또한 식 (4.2)–식 (4.1)/5를 사용하여도 된다. 식 (4.2)–식 (4.1)/5와 식 (4.3)–식 (4.1) × 2/5를 사용하면 위의 세 식은 다음과 같이 표시된다.

식 (4.1) ⇨ $$5x_1 + 2x_2 + 2x_3 = 6 \tag{4.1}$$

식 (4.2)–식 (4.1)/5 : $$4.6x_2 + 0.6x_3 = 9.8 \tag{4.4}$$

식 (4.3)–식 (4.1)×2/5 : $$-1.8x_2 + 5.2x_3 = 1.6 \tag{4.5}$$

이제 식 (4.5)에서 x_2를 소거하면

식 (4.1) ⇨ $$5x_1 + 2x_2 + 2x_3 = 6 \tag{4.1}$$

식 (4.4) ⇨ $$4.6x_2 + 0.6x_3 = 9.8 \tag{4.4}$$

식 (4.5)–식 (4.4)×(-1.8)/4.6 : $$5.43478x_3 = 5.43478 \tag{4.6}$$

따라서 위 식들을 이용하면 x_3부터 x_1까지 뒤에서 앞으로 순차적으로 대입하여 해를 구할 수 있다.

식 (4.6) ⇨ $$x_3 = \frac{5.43478}{5.43478} = 1.0 \tag{4.7}$$

식 (4.4) ⇨ $$x_2 = \frac{9.8 - 0.6x_3}{4.6} = \frac{9.8 - 0.6 \times 1}{4.6} = 2.0 \tag{4.8}$$

식 (4.1) ⇨ $$x_1 = \frac{6 - 2x_2 - 2x_3}{5} = \frac{6 - 2 \times 2 - 2 \times 1}{5} = 0 \tag{4.9}$$

이렇게 해를 구하는 법이 Gauss 소거법이지만 컴퓨터에서는 일반적으로 이렇게 구하지 않고 행렬을 이용하여 그 계수만으로 다음과 같이 계산한다.

1. 계수를 소거한다.

연립방정식	행렬	컴퓨터에서 계산방법
$5x_1+2x_2+2x_3=6$ $x_1+5x_2+x_3=11$ $2x_1-x_2+6x_3=4$	$\boldsymbol{A}=\begin{bmatrix}5 & 2 & 2\\1 & 5 & 1\\2 & -1 & 6\end{bmatrix}$ $\boldsymbol{b}=\begin{bmatrix}6\\11\\4\end{bmatrix}$	

⇓

연립방정식	행렬	컴퓨터에서 계산방법
$5x_1+2x_2+2x_3=6$ $4.6x_2+0.6x_3=9.8$ $-1.8x_2+5.2x_3=1.6$	$\boldsymbol{A}=\begin{bmatrix}5 & 2 & 2\\0 & 4.6 & 0.6\\0 & -1.8 & 5.2\end{bmatrix}$ $\boldsymbol{b}=\begin{bmatrix}6\\9.8\\1.6\end{bmatrix}$	1행 그대로 2행 : $a_{2j}=a_{2j}-\frac{a_{21}}{a_{11}}a_{1j}$, $b_2=b_2-\frac{a_{21}}{a_{11}}b_1$ 3행 : $a_{3j}=a_{3j}-\frac{a_{31}}{a_{11}}a_{1j}$, $b_3=b_3-\frac{a_{31}}{a_{11}}b_1$

⇓

연립방정식	행렬	컴퓨터에서 계산방법
$5x_1+2x_2+2x_3=6$ $4.6x_2+0.6x_3=9.8$ $5.43478x_3=5.43478$	$\boldsymbol{A}=\begin{bmatrix}5 & 2 & 2\\0 & 4.6 & 0.6\\0 & 0 & 5.43478\end{bmatrix}$ $\boldsymbol{b}=\begin{bmatrix}6\\9.8\\5.43478\end{bmatrix}$	1행 그대로 2행 그대로 3행 : $a_{3j}=a_{3j}-\frac{a_{32}}{a_{22}}a_{2j}$, $b_3=b_3-\frac{a_{32}}{a_{22}}b_2$

2. 역대입하여 해를 구한다.

연립방정식	행렬	컴퓨터에서 계산방법
$x_3=\frac{5.43478}{5.43478}=1.0$ $x_2=\frac{9.8-0.6x_3}{4.6}=2.0$ $x_1=\frac{6-2x_2-2x_3}{5}=0$	$\boldsymbol{x}=\begin{bmatrix}0\\2\\1\end{bmatrix}$	$x_3=\frac{b_3}{a_{33}}=1.0$ $x_2=\frac{b_2-a_{23}x_3}{a_{22}}=2.0$ $x_1=\frac{b_1-a_{12}x_2-a_{13}x_3}{a_{11}}=0$

프로그래밍할 때 행렬 $\boldsymbol{A}$와 $\boldsymbol{b}$를 따로 메모리에 저장하고 계산할 수도 있고, $\boldsymbol{b}$를 행렬 A에 포함시킨 다음 **확장행렬(첨가행렬; Augmented matrix)** $\boldsymbol{A}^+$를 사용하여 계산할 수도 있다.

$$\boldsymbol{A}^+ = \begin{bmatrix} 5 & 2 & 2 & 6 \\ 1 & 5 & 1 & 11 \\ 2 & -1 & 6 & 4 \end{bmatrix} \tag{4.10}$$

위 확장행렬에서는 다음과 같은 규칙이 성립한다.

1. 한 행에 상수를 곱하여도 같다.
2. 두 행을 서로 교환할 수 있다.
3. 한 행에 상수를 곱하여 다른 행에 상수를 곱하여 더하고 뺄 수 있다.

이렇게 해도 해는 동일하며, 실제 해를 구하는 과정에서 이와 같은 과정이 많이 사용된다. 다음의 연립방정식을 고려하자.

$$5x_1 + 2x_2 + 2x_3 = 6$$

$$x_1 + 5x_2 + x_3 = 11$$

$$2x_1 - x_2 + 6x_3 = 4$$

위의 연립방정식을 컴퓨터에서 계산하기 위해서는 위에서처럼 다음과 같은 두 개의 계수행렬 또는 확장행렬을 고려하여야 한다.

$$\boldsymbol{A} = \begin{bmatrix} 5 & 2 & 2 \\ 1 & 5 & 1 \\ 2 & -1 & 6 \end{bmatrix},\ \boldsymbol{b} = \begin{bmatrix} 6 \\ 11 \\ 4 \end{bmatrix},\ \boldsymbol{A}^+ = \begin{bmatrix} 5 & 2 & 2 & 6 \\ 1 & 5 & 1 & 11 \\ 2 & -1 & 6 & 4 \end{bmatrix}$$

먼저 위의 연립방정식 중 두 번째 식에 상수인 2를 곱해보자. 그러면 연립방정식은 다음과 같다.

$$5x_1 + 2x_2 + 2x_3 = 6$$

$$2x_1 + 10x_2 + 2x_3 = 22$$

$$2x_1 - x_2 + 6x_3 = 4$$

그러면 계수행렬 및 확장행렬은

$$\boldsymbol{A} = \begin{bmatrix} 5 & 2 & 2 \\ 2 & 10 & 2 \\ 2 & -1 & 6 \end{bmatrix}, \ \boldsymbol{b} = \begin{bmatrix} 6 \\ 22 \\ 4 \end{bmatrix}, \ \boldsymbol{A}^{+} = \begin{bmatrix} 5 & 2 & 2 & 6 \\ 2 & 10 & 2 & 22 \\ 2 & -1 & 6 & 4 \end{bmatrix}$$

가 되고 원래의 연립방정식과 새로운 연립방정식의 해는 같은 것이기 때문에, 두 확장행렬은 동일한 것이 된다. 마찬가지로 확장행렬에서 두 번째 및 세 번째 규칙도 확인해 볼 수 있다.

일반적인 n개의 연립방정식도 이와 같은 과정을 반복하여 해를 구할 수 있다. 순수 Gauss 소거법(Naive Gauss Elimination)의 알고리듬은 다음과 같고 예제 4.1과 예제 4.2에서 C와 MATLAB으로 프로그래밍하는 연습을 한다.

순수 Gauss 소거법(Naive Gauss Elimination) 알고리듬

1. 행렬의 크기 입력 및 계수를 입력한다.
2. 계수를 소거한다. ⇨ 새로운 계수를 계산한다.
3. 역순으로 대입하여 해를 구한다.

예제 4.1 순수 Gauss 소거법 ⇨ GaussN.c

n개의 연립방정식의 해를 순수 Gauss 소거법으로 구하는 서브루틴(또는 function)을 C로 작성하라. 연립방정식이 다음과 같을 때 해를 출력하라.

$$3x_1 - x_2 - 2x_3 + x_4 = -2$$
$$x_1 + 7x_2 - 3x_3 + 2x_4 = -7$$
$$3x_1 - 2x_2 + 5x_3 + 2x_4 = 11$$
$$2x_1 - 3x_2 + x_3 + 6x_4 = -2$$

풀이

순수한 Gauss 소거법으로 일반적인 n개의 연립방정식을 구하는 프로그램을 C로 작성한 것이 다음의 GaussN.c이다. 방정식의 개수 n과 계수행렬 $\boldsymbol{A}$와 $\boldsymbol{b}$는 전역변수로 지정하였으며, 이곳에서 이 값들을 지정하여 주면 일반적으로 해를 구할 수 있게 하였다. 물론 방정식 수가 많으면 출력하는 부분을 수정하여야 한다.
프로그램을 실행하면 다음과 같다.

입력 :

방정식 수 n = 4

```
    계수행렬 A(i,j)을 입력하시오
    A(1,j)   j=1,,,n = 3  -1  -2  1
    A(2,j)   j=1,,,n = 1   7  -3  2
    A(3,j)   j=1,,,n = 3  -2   5  2
    A(4,j)   j=1,,,n = 2  -3   1  6
    상수행렬 b(i)를  입력하시오
    b(i)     i=1,,,n = -2  -7  11  -2
출력 :
    계산결과 출력
    x(1)=  1.000000
    x(2)=  0.000000
    x(3)=  2.000000
    x(4)= -1.000000
```

◆ 보충설명

이 프로그램은 계수를 소거하는 과정과 역대입하는 부분을 서브루틴(subroutine)으로 작성하였다. 프로그램이 복잡할수록 이와 같이 서브루틴을 이용하여 모듈화하여 프로그래밍하는 습관을 가지는 것이 중요하다. 위의 프로그램은 피봇을 사용하지 않은 순수(naive) Gauss 소거법이다.

GaussN.c

```c
/**************************************************/
/******  Naive Gauss Elimination             *****/
/*        [A] [x] = [b]                     *******/
/*************************************************/
#include <stdio.h>
#include <math.h>
#define nd 20
   double x[nd], a[nd][nd], b[nd];
   int n, i, j, k;
void      eliminate();
void substitute();
/* main program  */
void    main()
{
/* Data 입력 - 화면에서  */
   printf(" \n 방정식 수 n =  ");
```

```
    scanf(" %d", &n);
    printf(" 계수행렬 A(i,j)을 입력하시오 \n");
    for (i=1;i<=n;i=i+1)
    {
        printf(" A(%d,j)  j=1,,,n =  ", i);
        for (j=1;j<=n;j=j+1) scanf(" %lf", &a[i][j]);
    }
    printf(" 상수행렬 b(i)를  입력하시오 \n");
          printf(" b(i)  i=1,,,n =  ");
    for (i=1;i<=n;i=i+1) scanf(" %lf", &b[i] );
/* data 출력 */
              printf("\n Input data 출력 ");
          for (i=1;i<=n;i=i+1)
          {
              printf("\n");
              for (j=1;j<=n;j=j+1)
              {       printf(" %10.5f", a[i][j]);
              }
          printf("%10.5f",b[i]);
          }
/* Data 입력 및 출력 완료  */
        printf("\n");
/* Elimination */
        eliminate();
/* Back Substitution */
        substitute();
/* 결과출력 - n이 클 때는 출력양식을 변경하여야 함  */
              printf("\n 계산결과 출력 ");
          for (i=1;i<=n;i=i+1)
          {
              printf("\n x(%d)= %10.6f", i,x[i]);
          }
        printf("\n ");
}
void      eliminate()
/* Subroutine Eliminate  */
{
    double factor;
    for (k=1;k<=n-1;k=k+1)
/* 필요하면 pivoting 과정 삽입 */
```

```
        {
            for (i=k+1;i<=n;i=i+1)
            {
                factor=a[i][k]/a[k][k];
                    for (j=k+1;j<=n;j=j+1)
                    {
                        a[i][j]=a[i][j]-factor*a[k][j];
                    }
                    b[i]=b[i]-factor*b[k];
            }
        }
    }
    void substitute()
    /* Subroutine Back Substitution */
    {
        double sum;
        x[n]=b[n]/a[n][n];
            for (i=n-1;i>=1;i=i-1)
            {
                sum=0.;
                for (j=i+1;j<=n;j=j+1)
                {
                    sum=sum+a[i][j]*x[j];
                }
                x[i]=(b[i]-sum)/a[i][i];
            }
    }
```

예제 4.2 순수 Gauss 소거법 ⇨ GaussN.m

n개의 연립방정식의 해를 순수 Gauss 소거법으로 구하는 서브루틴(또는 function)을 MATLAB으로 작성하라. 연립방정식이 다음과 같을 때 해를 출력하라.

$$3x_1 - x_2 - 2x_3 + x_4 = -2$$
$$x_1 + 7x_2 - 3x_3 + 2x_4 = -7$$
$$3x_1 - 2x_2 + 5x_3 + 2x_4 = 11$$
$$2x_1 - 3x_2 + x_3 + 6x_4 = -2$$

풀이

순수한 Gauss 소거법으로 일반적인 n개의 연립방정식을 구하는 프로그램을 MATLAB로 작성한 것이 다음의 GaussN.m이다. 계수행렬 $\boldsymbol{A}$와 $\boldsymbol{b}$는 function(또는 서브루틴)을 실행하기 전에 주어져야 한다. 프로그램을 실행하면 다음과 같다.

```
>> A=[3 -1 -2 1;1 7 -3 2;3 -2 5 2;2 -3 1 6]
A =
     3    -1    -2     1
     1     7    -3     2
     3    -2     5     2
     2    -3     1     6
>> b=[-2 ;  -7;  11 ; -2]
b =
    -2
    -7
    11
    -2
>> x=GaussN(A, b)
x =
    1.0000
    0.0000
    2.0000
   -1.0000
```

GaussN.m

```
%*************************************************/
%****** Naive Gauss Elimination            *****/
%*     [A] [x] = [b]                     *******/
%************************************************/
%입력 : A, b , A = 계수행렬, b = 상수벡터
%출력 : x,  x = 해벡터
function x=GaussN(A,b)
n=length(b);
x=zeros(n,1);
% Elimination
for k=1:n-1
% 필요하면 pivoting 과정 삽입
    for i=k+1:n
```

```
        factor=A(i,k)/A(k,k);
            A(i,k+1:n)=A(i,k+1:n)-factor*A(k,k+1:n);
        b(i)=b(i)-factor*b(k);
    end
end
% Back Substitution
    x(n)=b(n)/A(n,n);
    for i=n-1:-1:1
        x(i)=( b(i) - ( A(i,i+1:n)*x(i+1:n) ) )/A(i,i);
    end
```

예제 4.3 불량조건(Ill-conditioned)

다음 연립방정식을 순수 Gauss 소거법 프로그램 GaussN.c, 또는 GaussN.m을 이용하여 해를 구하여 실제 해와 비교하여 보라. 실제 해는 $x_1 = 0$, $x_2 = 1$, $x_3 = 2$, $x_4 = -1$이다.

$$0.0000001x_1 + 2x_2 + x_3 + x_4 = 3$$
$$x_1 + 0.0000001x_2 - x_3 - 2x_4 = 0.0000001$$
$$3x_1 + x_2 + 4x_3 + x_4 = 8$$
$$2x_1 + x_2 - 2x_3 - 4x_4 = 1$$

풀이

GaussN.c를 실행하면 다음과 같다.

입력 :

방정식 수 n = 4
계수행렬 A(i,j)을 입력하시오
A(1,j) j=1,,n = 0.0000001 2 1 1
A(2,j) j=1,,n = 1 0.0000001 –1 –2
A(3,j) j=1,,n = 3 1 4 1
A(4,j) j=1,,n = 2 1 –2 –4
상수행렬 b(i)를 입력하시오
b(i) i=1,,n = 3 0.0000001 8 1

출력:

계산결과 출력
x(1)= 0.005102
x(2)= 1.000000

```
    x(3)=  1.994898
    x(4)= -0.994898
```

GaussN.m을 이용하면 다음과 같다.

```
>> format long
>> A = [0.0000001   2          1          1
        1        0.0000001    -1         -2
        3        1             4          1
        2        1            -2         -4 ]
A =
0.00000010000000  2.00000000000000  1.00000000000000  1.00000000000000
1.00000000000000  0.00000010000000 -1.00000000000000 -2.00000000000000
3.00000000000000  1.00000000000000  4.00000000000000  1.00000000000000
2.00000000000000  1.00000000000000 -2.00000000000000 -4.00000000000000
>>  b=[3 ; 0.0000001; 8 ;1]
b =
   3.00000000000000
   0.00000010000000
   8.00000000000000
   1.00000000000000
>> GaussN(A, b)
ans =
   0.00510204323234
   1.00000000001099
   1.99489796088534
  -0.99489796141753
```

♦ 보충설명

위의 연립방정식을 순수 Gauss 소거법을 이용하여 문제를 풀면 $x_1 = 0.005102$, $x_2 = 1$, $x_3 = 1.994898$, $x_4 = -0.994898$로 오차가 발생한다. 이와 같이 계수 행렬의 대각요소의 크기가 아주 작거나 0인 경우, 연립방정식은 불량조건(ill-conditioned)이라고 한다. 이와 같이 연립방정식을 Gauss 소거법으로 풀면 오차가 크게 발생할 가능성이 있고, 또한 0으로 나누는 경우도 발생하므로 대책이 필요하다. 이와 같은 단점을 해결하기 위하여 다음에 설명하는 피봇(pivot)과정을 포함한 Gauss 소거법이 사용된다.

▶ 피봇의 필요성

예제 4.3에서 보듯이 순수 Gauss 소거법은 연립방정식이 불량조건인 경우 큰 오차를 포함하거나 0으로 나누는 경우는 계산을 멈출 수도 있다. 다음과 같은 연립방정식을 피봇과정을 포함하는 Gauss 소거법을 이용하여 풀어보자.

연립방정식		확장 계수행렬	
$10x_2+2x_3=14$	①	$\begin{bmatrix} 0 & 10 & 2 & 14 \\ 1 & 1 & 4 & 9 \\ 4 & -1 & 6 & 11 \end{bmatrix}$	④
$x_1+x_2+4x_3=9$	②		
$4x_1-x_2+6x_3=11$	③		

첫 단계에서 ② - ①/a_{11}을 실행하여야 하나, 위의 경우 $a_{11}=0$이므로 계산할 수가 없다. 따라서 연립방정식 중 x_1의 계수가 가장 큰 세 번째 식과 첫 번째 식을 바꾸면 다음과 같으며 순서만 바꾸어 나타냈을 뿐 원래의 연립방정식의 근을 구하는 것과 동일하다. 이 계수가 꼭 0이 아니더라도 아주 작은 값인 경우 이것으로 나눈 값을 계속 사용하게 되므로 누적되면 오차가 증가하게 되기 때문에 실제 피봇팅 과정에서는 계수가 0이냐에 상관없이 x_1 계수의 절대값이 가장 큰 식(위의 경우 세 번째 식)을 첫 번째 식과 서로 바꾸게 된다.

$4x_1-x_2+6x_3=11$	①′	$\begin{bmatrix} 4 & -1 & 6 & 11 \\ 1 & 1 & 4 & 9 \\ 0 & 10 & 2 & 14 \end{bmatrix}$	④′
$x_1+x_2+4x_3=9$	②		
$10x_2+2x_3=14$	③′		

첫 번째 피봇과정을 마친 단계에서의 연립방정식을 원래의 연립방정식과 비교하면 순서만 바뀌었지 동일한 연립방정식이라는 것을 알 수 있다. 오른쪽의 확장 계수행렬에서도 행이 바뀌었을 뿐 이것으로부터 해를 구하면 원래의 해와 동일한 것이 된다. 이제 두 번째 식(②)과 세 번째 식(③′)에서의 x_1을 소거하면 다음과 같다. 지금의 경우는 세 번째 식(③′)에서 x_1의 계수가 0이므로 ③″가 ③′과 동일하지만 일반적으로는 다르기 때문에 ③″로 표시하였다.

$4x_1-x_2+6x_3=11$	①′	$\begin{bmatrix} 4 & -1 & 6 & 11 \\ 0 & 1.25 & 2.5 & 6.25 \\ 0 & 10 & 2 & 14 \end{bmatrix}$	④″
②-①′$\times\frac{1}{4}$ $\Rightarrow 1.25x_2+2.5x_3=6.25$	②′		
③-①′$\times\frac{0}{4}$ $\Rightarrow 10x_2+2x_3=14$	③″		

다음은 두 번째 피봇과정으로 두 번째 식(②′)과 세 번째 식(③″)에서 x_2의 계수가 가장 큰 세 번째 식과 두 번째 식을 바꾸면 다음과 같다.

$4x_1 - x_2 + 6x_3 = 11$ ①′ $10x_2 + 2x_3 = 14$ ②″ $1.25x_2 + 2.5x_3 = 6.25$ ③‴	$\begin{bmatrix} 4 & -1 & 6 & 11 \\ 0 & 10 & 2 & 14 \\ 0 & 1.25 & 2.5 & 6.25 \end{bmatrix}$ ④‴

이제 셋째 식에서 x_2를 소거하면 다음과 같다.

$4x_1 - x_2 + 6x_3 = 11$ ①′ $10x_2 + 2x_3 = 14$ ②″ ③‴ − ②″ $\times \frac{1.25}{10} \Rightarrow 2.25x_3 = 4.5$ ③⁗	$\begin{bmatrix} 4 & -1 & 6 & 11 \\ 0 & 10 & 2 & 14 \\ 0 & 0 & 2.25 & 4.5 \end{bmatrix}$ ④⁗

이제 역으로 대입하여 해를 구할 수 있다. 위와 같은 피봇과정의 가상코드는 다음과 같다. 피봇과정을 포함한 Gauss 소거법 프로그램을 작성하는 것은 프로그래밍 실습문제로 남겨둔다. 가상코드 처음 줄(For k=1, n−1)과 마지막 줄(End For k)을 제외한 부분을 순수 Gauss 소거법의 표시한 부분에 삽입하여야 한다.

피봇 가상코드

```
For k=1, n-1
    ipivot = k
    pivot = |A(k,k)|
    For ii = k+1, n
        dummy=|A(ii,k)|
        If dummy > pivot
            pivot = dummy
            ipivot = ii
        End If
    End For ii
    If  ipivot≠k            "k행과 ipivot행을 서로 맞바꾼다."
        For jj = k, n
            dummy = A(ipivot, jj)
            A(ipivot, jj) = A(k, jj)
            A(k, jj) = dummy
            dummy2=b(ipivot)
            b(ipivot)=b(k)
            b(k)=dummy2
        End For jj
    End If
End For k
```

보충설명(MATLAB 내장함수 사용)

MATLAB에서 연립방정식의 해는 행렬연산의 **왼쪽 나누기**(left division)인 백슬래시 \를 사용하여 간단히 구할 수 있다. 예를 들어, x=A\b는 Ax=b의 해 x를 구한다. 예제 4.2와 같은 연립방정식은 다음처럼 구할 수 있다.

```
>> A=[3  -1  -2  1;1  7  -3  2;3  -2  5  2;2  -3  1  6]
A =
     3     -1   -2    1
     1      7   -3    2
     3     -2    5    2
     2     -3    1    6
>> b=[-2 ;  -7;  11 ; -2]
b =
      -2
      -7
      11
      -2
>> x=A\b
x =
       1.0000
       0.0000
       2.0000
      -1.0000
```

백슬래시 \는 사용 프로그램이나 서체에 따라 ₩로 표시되기도 한다. 왼쪽 나누기는 기본적으로 Gauss 소거법에 기초하여 해를 구하는 방식을 채택하고 있다. MATLAB에서 이렇게 쉽게 해를 구할 수도 있으나, 공학의 응용에서 사용하는 연립방정식의 수가 수십만 개 또는 수백만 개인 경우 위와 같이 계산하는 것은 사실상 불가능하고 다음 장에서 설명하는 반복법을 사용해야 한다.

4.2 LU 분해법

연립방정식에서의 계수행렬 A는 정방행렬이다. 정방행렬은 여러 가지 방법에 의해 하삼각행렬과 상삼각행렬의 곱으로 표시될 수 있다. 이것을 이용하여 연립방정식의 해를 구하고자 하는 것이다. 정방행렬을 하삼각행렬과 상삼각행렬의 곱으로 나타내는 방법으로는 Crout법, Doolittle법, Cholesky법 등이 있으며, 먼저 Crout법에 대해서 설명한다. Crout법에 대해서는 참고문헌(권오붕 등, 2003)의 방법을 참조하였다. **LU 분해법(LU factorization method)**을 사용하여 연립방정식을 푸는 과정은 다음의 단계들로 구성되어 있다.

- $\boldsymbol{LU}$분해하기
- $\boldsymbol{b}=\boldsymbol{L}\hat{\boldsymbol{b}}$가 되는 $\hat{\boldsymbol{b}}$ 구하기
- $\boldsymbol{Ux}=\hat{\boldsymbol{b}}$으로부터 후진 대입하여 해를 구하기

4.2.1 Crout LU 분해법

▶ *LU* 분해하기

먼저 주어진 계수 행렬 $\boldsymbol{A}$를 하삼각행렬 $\boldsymbol{L}$과 상삼각행렬 $\boldsymbol{U}$로 다음과 같이 나타내고자 한다.

$$\boldsymbol{A}=\boldsymbol{LU} \tag{4.11}$$

$$\boldsymbol{A}=\begin{bmatrix} a_{11} & a_{12} & . & . & . & a_{1n} \\ a_{21} & a_{22} & . & . & . & a_{2n} \\ . & . & . & . & . & . \\ . & . & a_{ij} & . & . & . \\ . & . & . & . & . & . \\ a_{n1} & a_{n2} & . & . & . & a_{nn} \end{bmatrix},$$

$$\boldsymbol{L}=\begin{bmatrix} l_{11} & 0 & 0 & 0 & \cdots & 0 \\ l_{21} & l_{22} & 0 & 0 & \cdots & 0 \\ l_{31} & l_{32} & l_{33} & 0 & \cdots & 0 \\ \vdots & \vdots & \vdots & \vdots & \vdots & \vdots \\ l_{n1} & l_{n2} & l_{n3} & l_{n4} & \cdots & l_{nn} \end{bmatrix}, \qquad \boldsymbol{U}=\begin{bmatrix} 1 & u_{12} & u_{13} & \cdots & u_{1n} \\ 0 & 1 & u_{23} & \cdots & u_{2n} \\ 0 & 0 & 1 & \cdots & u_{3n} \\ \vdots & \vdots & \vdots & \vdots & \vdots \\ 0 & 0 & 0 & \cdots & 1 \end{bmatrix} \tag{4.12}$$

위 행렬에서 미지수인 l_{ij}와 u_{ij}를 구하기 위해 먼저, 첫 번째 열을 비교하면

$$a_{11}=l_{11},\ a_{21}=l_{21},\ a_{31}=l_{31},\ \ldots,\ a_{n1}=l_{n1}$$

이 되어 하삼각행렬 L의 첫 번째 열을 구할 수 있다.

$$l_{i1}=a_{i1},\ i=1,2,\ldots,n \tag{4.13}$$

다음으로, 첫 번째 행을 비교하면

$$a_{12} = l_{11}u_{12}, \quad a_{13} = l_{11}u_{13}, \quad \ldots, \; a_{1n} = l_{11}u_{1n}$$

따라서

$$u_{12} = \frac{a_{12}}{l_{11}}, \; u_{13} = \frac{a_{13}}{l_{11}}, \; u_{14} = \frac{a_{14}}{l_{11}}, \; \ldots, \; u_{1n} = \frac{a_{1n}}{l_{11}} \tag{4.14}$$

와 같이 상삼각행렬 U의 첫 번째 행을 구할 수 있다. 이제 두 번째 열을 비교하면

$$a_{22} = l_{21}u_{12} + l_{22}, \quad a_{32} = l_{31}u_{12} + l_{32}, \; \ldots, \; a_{n2} = l_{n1}u_{12} + l_{n2} \tag{4.15}$$

가 되고, 따라서

$$l_{22} = a_{22} - l_{21}u_{12}, \quad l_{32} = a_{32} - l_{31}u_{12}, \; \ldots, \; l_{n2} = a_{n2} - l_{n1}u_{12} \tag{4.16}$$

가 되어 하삼각행렬 L의 두 번째 열을 구할 수 있다. 이와 같이 반복하면 일반적으로는 다음과 같은 결과를 얻을 수 있다.

$$l_{i1} = a_{i1}, \text{ for } i = 1, 2, \ldots, n \tag{4.17}$$

$$u_{1j} = \frac{a_{1j}}{l_{11}}, \; j = 2, \ldots, n \tag{4.18}$$

$$l_{ij} = a_{ij} - \sum_{k=1}^{j-1} l_{ik}u_{kj}, \; j \le i \le n, \; j = 2, 3, \cdots, n \tag{4.19}$$

$$u_{ij} = \frac{a_{ij} - \sum_{k=1}^{i-1} l_{ik}u_{kj}}{l_{ii}}, \; i+1 \le j \le n, \; i = 2, 3, \cdots, n \tag{4.20}$$

예제 4.4

다음 행렬을 LU 분해하라.

$$\boldsymbol{A} = \begin{bmatrix} 8 & 2 & -1 & -3 \\ -2 & 6 & 1 & -2 \\ 1 & 1 & -4 & 1 \\ 2 & 2 & 1 & -5 \end{bmatrix}$$

풀이

식 (4.13)에 의하면 $\boldsymbol{L}$의 첫 번째 열은 $\boldsymbol{A}$의 첫 번째 열과 같다.

$$l_{11}=a_{11}=8,\ l_{21}=a_{21}=-2,\ l_{31}=a_{31}=1,\ l_{41}=a_{41}=2$$

$\boldsymbol{U}$의 첫 번째 행을 식 (4.14)로 구한다.

$$u_{12}=\frac{a_{12}}{l_{11}}=\frac{2}{8}=0.25,\quad u_{13}=\frac{a_{13}}{l_{11}}=\frac{-1}{8}=-0.125,$$

$$u_{14}=\frac{a_{14}}{l_{11}}=\frac{-3}{8}=-0.375$$

$\boldsymbol{L}$의 두 번째 열을 식 (4.16)으로 구한다.

$$l_{22}=a_{22}-l_{21}u_{12}=6-(-2)(0.25)=6.5$$
$$l_{32}=a_{32}-l_{31}u_{12}=1-(1)(0.25)=0.75$$
$$l_{42}=a_{42}-l_{41}u_{12}=2-(2)(0.25)=1.5$$

이와 같이 반복하면 다음과 같이 $\boldsymbol{L}$과 $\boldsymbol{U}$를 구할 수 있다.

$$\boldsymbol{L}=\begin{bmatrix} 8 & 0 & 0 & 0 \\ -2 & 6.5 & 0 & 0 \\ 1 & 0.75 & -3.961538 & 0 \\ 2 & 1.5 & 1.076923 & -3.15534 \end{bmatrix},$$

$$\boldsymbol{U}=\begin{bmatrix} 1 & 0.25 & -0.125 & -0.375 \\ 0 & 1 & 0.115385 & -0.423077 \\ 0 & 0 & 1 & -0.427184 \\ 0 & 0 & 0 & 1 \end{bmatrix}$$

Crout–LU 분해법 알고리듬

1. 필요한 데이터를 정의하고 입력한다.
   n, a_{ij} 등을 입력한다.
2. l_{i1}와 u_{1j}를 순서대로 계산한다.

$$l_{i1}=a_{i1},\ \text{for } i=1, 2, \ldots, n \tag{4.17}$$

$$u_{1j}=\frac{a_{1j}}{l_{11}},\ j=2, \ldots, n \tag{4.18}$$

3. 다음 순서에 따라 l_{ij}와 u_{ji}를 번갈아 계산한다(for $j=2, n$)

$$l_{ij}=a_{ij}-\sum_{k=1}^{j-1} l_{ik}u_{kj},\ j\le i\le n \tag{4.19}$$

$$u_{ji}=\frac{a_{ji}-\sum_{k=1}^{j-1} l_{jk}u_{ki}}{l_{jj}},\ j+1\le i\le n \tag{4.20}$$

LU 분해하는 프로그램은 LUCrout.c와 LUCrout.m이며 다음과 같이 주어진다.

LUCrout.c

```
#include <stdio.h>
#include <math.h>
#define nd 20
/*
% LU 분해 - Crout법
% [A]  = [L][U]
% 입력 : A, b
% n : 행렬의 차수  */
    double A[nd][nd],b[nd], L[nd][nd], U[nd][nd];
    int n
    void LuCrout();
    void LuCrout_Sol();
void main()
{
/* Data 입력 - 화면에서  */
    printf(" \n 방정식 수 n =  ");
    scanf(" %d", &n);
    printf(" 계수행렬 A(i,j)을 입력하시오 \n");
    for (i=1;i<=n;i=i+1)
    {
        printf(" A(%d,j)  j=1,,,n =  ", i);
        for (j=1;j<=n;j=j+1) scanf(" %lf", &A[i][j]);
    }
    LuCrout();
    printf("\n [L] \n");
    for(i=1;i<=n;i++)
    {
        for(j=1;j<=n;j++) printf("%f ",L[i][j]);
        printf("\n");
    }
    printf("\n [U] \n");
    for(i=1;i<=n;i++)
    {
        for(j=1;j<=n;j++) printf("%f ",U[i][j]);
        printf("\n");
```

```
    }
}
void LuCrout()
{
    int i, j, k;
    double sum;
    for(i=1;i<=n;i++) L[i][1]=A[i][1];
    for(j=1;j<=n;j++) U[1][j]=A[1][j]/L[1][1];
    for(j=2;j<=n;j++)
    {
        for(i=j;i<=n;i++)
        {
            sum=0;
            for(k=1;k<=j-1;k++) sum=sum+L[i][k]*U[k][j];
            L[i][j]=A[i][j]-sum;
        }
        U[j][j]=1;
        for(i=j+1;i<=n;i++)
        {
            sum=0.0;
            for(k=1;k<=j-1;k++) sum=sum+L[j][k]*U[k][i];
            U[j][i]=(A[j][i]-sum)/L[j][j];
        }
    }
}
```

LUCrout.m

```
%*************************************************/
%****** LU 분해 - Crout법                      ***/
%*     [A] = [L][U]                        *******/
%*************************************************/
% 입력 : A
% 출력 : L, U
function [L, U]=LUCrout(A)
    [n,m]=size(A);
    L=zeros(n,n);
    U=zeros(n,n);
```

```
        L(1:n,1)=A(1:n,1);
        U(1,2:n)=A(1,2:n)/L(1,1);
        for i=1: n
            U(i,i)=1;
        end
    for j=2: n
        for i=j: n
            L(i,j)=A(i,j)-L(i,1:j-1)*U(1:j-1,j);
        end
        for i=j+1: n
            U(j,i)=(  A(j,i)- ( L(j,1:j-1)*U(1:j-1,i) )  ) / L(j,j);
        end
    end
```

예제 4.5 ⇨ **LUCrout.c**

LUCrout.c를 사용하여 다음 행렬 A를 L과 U로 분해하라.

$$A = \begin{bmatrix} 6 & 2 & -1 & 3 \\ -2 & 5 & 1 & -2 \\ 1 & 2 & -4 & 1 \\ 2 & 1 & 1 & -2 \end{bmatrix}$$

풀이

프로그램 LUCrout.c를 실행하면 다음과 같다.

입력 :

```
    행렬의 차수 n =  4
    계수행렬 A(i,j)을 입력하시오
    A(1,j)  j=1,,,n =  6   2   -1   3
    A(2,j)  j=1,,,n = -2   5    1  -2
    A(3,j)  j=1,,,n =  1   2   -4   1
    A(4,j)  j=1,,,n =  2   1    1  -2
```

출력 :

```
    [L]
         6.000000   0.000000   0.000000   0.000000
        -2.000000   5.666667   0.000000   0.000000
         1.000000   1.666667  -4.029412   0.000000
         2.000000   0.333333   1.294118  -2.686131
```

```
[U]
    1.000000  0.333333  -0.166667   0.500000
    0.000000  1.000000   0.117647  -0.176471
    0.000000  0.000000   1.000000  -0.197080
    0.000000  0.000000   0.000000   1.000000
```

보충설명

LUCrout.c는 실제로 LU 분해하는 서브루틴 LuCrout()와 main() 프로그램으로 구성되어 있다. 모두 전역변수를 사용하였다.

예제 4.6 ⇨ LUCrout.m

LUCrout.m을 사용하여 다음 행렬 $\boldsymbol{A}$를 $\boldsymbol{L}$과 $\boldsymbol{U}$로 분해하라.

$$\boldsymbol{A}=\begin{bmatrix} 6 & 2 & -1 & 3 \\ -2 & 5 & 1 & -2 \\ 1 & 2 & -4 & 1 \\ 2 & 1 & 1 & -2 \end{bmatrix}$$

풀이

프로그램 LUCrout.m을 실행하면 다음과 같다.

```
>> A=[6 2 -1 3;-2 5 1 -2;1 2 -4 1;2 1 1 -2]
A =
     6     2    -1     3
    -2     5     1    -2
     1     2    -4     1
     2     1     1    -2
>> [L,U]=LUCrout(A)
L =
    6.0000         0         0         0
   -2.0000    5.6667         0         0
    1.0000    1.6667   -4.0294         0
    2.0000    0.3333    1.2941   -2.6861
U =
         1    0.3333   -0.1667    0.5000
         0         1    0.1176   -0.1765
         0         0         1   -0.1971
         0         0         0         1
```

▶ $b=L\hat{b}$ 가 되는 $\hat{b}$ 구하기

이 단계에서는 앞에서 구한 하삼각행렬 $\boldsymbol{L}$을 이용하여

$$\boldsymbol{b}=\boldsymbol{L}\hat{\boldsymbol{b}} \tag{4.21}$$

가 되는 $\hat{b}$를 구하는 단계이다. 즉,

$$\begin{bmatrix} b_1 \\ b_2 \\ b_3 \\ \vdots \\ b_n \end{bmatrix} = \begin{bmatrix} l_{11} & 0 & 0 & 0 & \cdots & 0 \\ l_{21} & l_{22} & 0 & 0 & \cdots & 0 \\ l_{31} & l_{32} & l_{33} & 0 & \cdots & 0 \\ \vdots & \vdots & \vdots & \vdots & \vdots & \vdots \\ l_{n1} & l_{n2} & l_{n3} & l_{n4} & \cdots & l_{nn} \end{bmatrix} \begin{bmatrix} \hat{b}_1 \\ \hat{b}_2 \\ \hat{b}_3 \\ \vdots \\ \hat{b}_n \end{bmatrix} \tag{4.22}$$

의 관계식에서 $\hat{b}$의 원소인 $\hat{b}$를 구하는 단계이며 다음과 같이 구할 수 있다.

$$\hat{b}_1 = \frac{b_1}{l_{11}} \tag{4.23}$$

$$\hat{b}_i = \frac{b_i - \sum_{k=1}^{i-1} l_{ik}\hat{b}_k}{l_{ii}}, \quad i = 2,\ 3,\ \cdots,\ n \tag{4.24}$$

▶ $Ux=\hat{b}$ 으로부터 후진 대입하여 해를 구하기

위와 같이 하여 $\hat{b}$를 구하였다면, 이를 이용하여 원래의 방정식을 다음과 같이 변형할 수 있다.

$$\underset{\boldsymbol{A}=\boldsymbol{LU}}{\boldsymbol{Ax}=\boldsymbol{b}} \quad \Rightarrow \quad \underset{\boldsymbol{b}=\boldsymbol{L}\hat{\boldsymbol{b}}}{\boldsymbol{LUx}=\boldsymbol{b}} \quad \Rightarrow \quad \underset{\boldsymbol{L}\text{을 약분}}{\boldsymbol{LUx}=\boldsymbol{L}\hat{\boldsymbol{b}}} \quad \Rightarrow \quad \boldsymbol{Ux}=\hat{\boldsymbol{b}}$$

따라서 원래의 식 $\boldsymbol{Ax}=\boldsymbol{b}$는 $\boldsymbol{Ux}=\hat{\boldsymbol{b}}$로 변형된다. 다음과 같이 변형된다.

$$\begin{bmatrix} 1 & u_{12} & u_{13} & \cdots & u_{1n} \\ 0 & 1 & u_{23} & \cdots & u_{2n} \\ 0 & 0 & 1 & \cdots & u_{3n} \\ \vdots & \vdots & \vdots & \vdots & \vdots \\ 0 & 0 & 0 & \cdots & 1 \end{bmatrix} \begin{bmatrix} x_1 \\ x_2 \\ x_3 \\ \vdots \\ x_n \end{bmatrix} = \begin{bmatrix} \hat{b}_1 \\ \hat{b}_2 \\ \hat{b}_3 \\ \vdots \\ \hat{b}_n \end{bmatrix} \tag{4.25}$$

위 연립방정식의 계수행렬이 상삼각행렬이므로 후진 대입법을 사용하면 다음과 같이 쉽게 해를 구할 수 있다.

$$x_n = \hat{b}_n \tag{4.26}$$

$$x_i = \hat{b}_i - \sum_{k=i+1}^{n} u_{ik} x_k, \qquad i = n-1, \ldots, 2, 1 \tag{4.27}$$

예제 4.7

다음 연립방정식을 LU 분해법을 이용하여 해를 구하라.

$$8x_1 + 2x_2 - x_3 - 3x_4 = 15$$
$$-2x_1 + 6x_2 + x_3 - 2x_4 = 12$$
$$x_1 + x_2 - 4x_3 + x_4 = 2$$
$$2x_1 + 2x_2 + x_3 - 5x_4 = 11$$

풀이

계수행렬은 예제 4.4와 같고 또한 $\boldsymbol{L}$과 $\boldsymbol{U}$를 예제 4.4에서 구하였다.

$$\boldsymbol{L} = \begin{bmatrix} 8 & 0 & 0 & 0 \\ -2 & 6.5 & 0 & 0 \\ 1 & 0.75 & -3.961538 & 0 \\ 2 & 1.5 & 1.076923 & -3.15534 \end{bmatrix},$$

$$\boldsymbol{U} = \begin{bmatrix} 1 & 0.25 & -0.125 & -0.375 \\ 0 & 1 & 0.115385 & -0.423077 \\ 0 & 0 & 1 & -0.427184 \\ 0 & 0 & 0 & 1 \end{bmatrix}$$

이를 이용하여 $\boldsymbol{b} = \boldsymbol{L}\hat{\boldsymbol{b}}$를 만족하는 $\hat{\boldsymbol{b}}$를 식 (4.23)과 식 (4.24)에 의해 구한다.

$$\hat{b}_1 = \frac{b_1}{l_{11}} = \frac{15}{8} = 1.875$$

$$\hat{b}_2 = \frac{b_2 - \sum_{k=1}^{i-1} l_{2k}\hat{b}_k}{l_{22}} = \frac{12-(-2)(1.875)}{6.5} = 2.423077$$

$$\hat{b}_3 = \frac{b_3 - \sum_{k=1}^{i-1} l_{3k}\hat{b}_k}{l_{33}} = \frac{2-[(1)(1.875)+(0.75)(2.423077)]}{-3.961538} = 0.427184$$

$$\hat{b}_4 = \frac{b_4 - \sum_{k=1}^{i-1} l_{4k}\hat{b}_k}{l_{44}}$$
$$= \frac{11 - [(2)(1.875) + (1.5)(2.423077) + (1.076923)(0.427184)]}{-3.15534}$$
$$= -1.000000$$

이제 $\boldsymbol{Ux} = \hat{\boldsymbol{b}}$를 풀어 해를 구할 수 있다. 즉, 식 (4.26)과 식 (4.27)에 의해 해를 구한다.

$$x_4 = -1$$
$$x_3 = \hat{b}_3 - \sum_{k=4}^{4} u_{3k}x_k = 0.427184 - (-0.427184)(-1) = 0$$
$$x_2 = \hat{b}_2 - \sum_{k=3}^{4} u_{2k}x_k$$
$$= 2.423077 - (0.115385)(0) - (-0.423077)(-1) = 2$$
$$x_1 = \hat{b}_1 - \sum_{k=2}^{4} u_{1k}x_k$$
$$= 1.875 - (0.25)(2) - (-0.125)(0) - (-0.375)(-1) = 1$$

◆ 보충설명

위 방정식의 정확한 해는 $x_1 = 1.0,\ x_2 = 2.0,\ x_3 = 0.0,\ x_4 = -1.0$이다.

LUCrout를 이용하여 해를 구하는 가상코드

```
입력 : n, A(i,j), b(i)
출력 : x(i)
n, A(i,j) b(i), x(i,j), L(i,j), U(i,j), b2(i), sum, sum2, sum3, i, j, k
정의한다.
n : 방정식 개수
A(i,j) : 계수행렬
L과 U는 서브루틴 LUCrout를 이용하여 구하여야 한다.
b(i) : 상수행렬
b2(i) : 변환된 상수행렬
   b2(1)=b(1)/L(1,1)
   For i=2, n, 1
       sum2=0
       For k=1, i-1, 1
           sum2 = sum2 +L(i,k)*b2(k)
```

```
        End For k
        b2(i)=( b(i)-sum2 )/L(i,i)
    End For i
    x(n)=b2(n)
    For j=n-1, 1, -1
        sum3=0
        For k=j+1, n, 1
            sum3 = sum3 + U(j,k)*x(k)
        End For k
        x(j)=b2(j)-sum3
    End For j
```

4.2.2 Doolittle LU 분해법

Crout법에서는 상삼각행렬 $\boldsymbol{U}$의 대각요소를 1로 분해하는 방법인데 반하여 Doolittle법은 하삼각행렬 $\boldsymbol{L}$의 대각요소를 1로 만드는 법이다. 즉, 상삼각행렬 $\boldsymbol{U}$와 하삼각행렬 $\boldsymbol{L}$을 다음과 같이 분해하는 방법이다.

$$\boldsymbol{A}=\begin{bmatrix} a_{11} & a_{12} & . & . & . & a_{1n} \\ a_{21} & a_{22} & . & . & . & a_{2n} \\ . & . & . & . & . & . \\ . & . & a_{ij} & . & . & . \\ . & . & . & . & . & . \\ a_{n1} & a_{n2} & . & . & . & a_{nn} \end{bmatrix},$$

$$\boldsymbol{L}=\begin{bmatrix} 1 & 0 & 0 & 0 & \cdots & 0 \\ l_{21} & 1 & 0 & 0 & \cdots & 0 \\ l_{31} & l_{32} & 1 & 0 & \cdots & 0 \\ \vdots & \vdots & \vdots & \vdots & \vdots & \vdots \\ l_{n1} & l_{n2} & l_{n3} & l_{n4} & \cdots & 1 \end{bmatrix}, \quad \boldsymbol{U}=\begin{bmatrix} u_{11} & u_{12} & u_{13} & \cdots & u_{1n} \\ 0 & u_{22} & u_{23} & \cdots & u_{2n} \\ 0 & 0 & u_{33} & \cdots & u_{3n} \\ \vdots & \vdots & \vdots & \vdots & \vdots \\ 0 & 0 & 0 & \cdots & u_{nn} \end{bmatrix} \tag{4.28}$$

Doolittle법도 앞에서의 Crout법과 마찬가지로 순차적으로 상삼각행렬의 요소들과 하삼각행렬의 요소들을 구하는 방법이다. 여기서 상세한 설명은 생략한다.

4.2.3 Cholesky LU 분해법

행렬 $\boldsymbol{A}$가 대칭행렬이고 양의 정부호(positive definite)일 때 Cholesky법은 매우 유

용한 방법이다. 양의 정부호에 대한 정의는 수학책 등을 참고하기 바란다. Cholesky 법에서 상삼각행렬은 하삼각행렬의 전치행렬이다. 즉,

$$\boldsymbol{L}=\begin{bmatrix} d_1 & 0 & 0 & 0 & \cdots & 0 \\ l_{21} & d_2 & 0 & 0 & \cdots & 0 \\ l_{31} & l_{32} & d_3 & 0 & \cdots & 0 \\ \vdots & \vdots & \vdots & \vdots & \vdots & \vdots \\ l_{n1} & l_{n2} & l_{n3} & l_{n4} & \cdots & d_n \end{bmatrix}, \quad \boldsymbol{U}=\begin{bmatrix} d_1 & u_{12} & u_{13} & \cdots & u_{1n} \\ 0 & d_2 & u_{23} & \cdots & u_{2n} \\ 0 & 0 & d_3 & \cdots & u_{3n} \\ \vdots & \vdots & \vdots & \vdots & \vdots \\ 0 & 0 & 0 & \cdots & d_n \end{bmatrix}$$

이고, $u_{ij}=l_{ji}$이다.

보충설명(MATLAB 내장함수 사용)

MATLAB에서의 LU 분해하는 내장함수는 **lu**와 **chol**이 있으며, lu는 기본적으로 Doolittle법을 사용하는 것이고 chol은 Cholesky법을 사용한다. 여러 가지 사용 형식이 있으나 대표적인 것은 다음과 같은 형태이다.

```
[L, U] = lu(A)
U = chol(A)
L= chol(A, 'lower')
```

여기서 L과 U는 LU 분해한 하삼각행렬과 상삼각행렬을 각각 나타낸다. 예를 들어 다음과 같이 lu를 이용하여 LU 분해할 수 있다.

```
>> A=[6  2  -1  3;-2  5  1  -2;1  2  -4  1;2  1  1  -2]
A =
     6     2    -1     3
    -2     5     1    -2
     1     2    -4     1
     2     1     1    -2
>> [L, U]=lu(A)
L =
        1.0000         0         0         0
       -0.3333    1.0000         0         0
        0.1667    0.2941    1.0000         0
        0.3333    0.0588   -0.3212    1.0000
U =
        6.0000    2.0000   -1.0000    3.0000
             0    5.6667    0.6667   -1.0000
             0         0   -4.0294    0.7941
             0         0         0   -2.6861
```

4.2.4 LU 분해법을 이용한 역행렬 구하기

정방행렬 계수행렬 $\boldsymbol{A}$가 주어졌을 때 행렬이 정칙인 경우 역행렬이 존재한다. 역행렬은 다음과 같이 정의된다는 것을 이미 알고 있다.

$$\boldsymbol{A}\boldsymbol{A}^{-1} = \boldsymbol{I}$$

앞에서 역행렬을 Cramer 법칙에 의해 구할 수 있다는 것을 설명하였다. 그러나 행렬의 크기가 커질수록 계산 횟수는 기하급수적으로 증가하기 때문에 행렬의 크기가 아주 작은 경우를 제외하고는 역행렬을 Cramer 법칙으로 구하지 않는다. 행렬의 역행렬은 다음과 같이 LU 분해법을 이용하여 구할 수 있다. 예를 들어, 행렬 $\boldsymbol{A}$가 다음과 같은 행렬일 때를 생각해보자.

$$\boldsymbol{A} = \begin{bmatrix} 8 & 2 & -1 & -3 \\ -2 & 6 & 1 & -2 \\ 1 & 1 & -4 & 1 \\ 2 & 2 & 1 & -5 \end{bmatrix} \tag{4.29}$$

역행렬을 모르기 때문에 역행렬을 $\boldsymbol{X}$라고 하자. $\boldsymbol{X}$는 다음과 같이 표시할 수 있다.

$$\boldsymbol{X} = \begin{bmatrix} x_{11} & x_{12} & x_{13} & x_{14} \\ x_{21} & x_{22} & x_{23} & x_{24} \\ x_{31} & x_{32} & x_{33} & x_{34} \\ x_{41} & x_{42} & x_{43} & x_{44} \end{bmatrix} \tag{4.30}$$

역행렬을 구하기 위해서는 다음과 같은 식이 성립하여야 한다.

$$\begin{bmatrix} 8 & 2 & -1 & -3 \\ -2 & 6 & 1 & -2 \\ 1 & 1 & -4 & 1 \\ 2 & 2 & 1 & -5 \end{bmatrix} \begin{bmatrix} x_{11} & x_{12} & x_{13} & x_{14} \\ x_{21} & x_{22} & x_{23} & x_{24} \\ x_{31} & x_{32} & x_{33} & x_{34} \\ x_{41} & x_{42} & x_{43} & x_{44} \end{bmatrix} = \begin{bmatrix} 1 & 0 & 0 & 0 \\ 0 & 1 & 0 & 0 \\ 0 & 0 & 1 & 0 \\ 0 & 0 & 0 & 1 \end{bmatrix} \tag{4.31}$$

위 식에서 우변의 첫 번째 열만 고려하면 다음과 같이 된다.

$$\begin{bmatrix} 8 & 2 & -1 & -3 \\ -2 & 6 & 1 & -2 \\ 1 & 1 & -4 & 1 \\ 2 & 2 & 1 & -5 \end{bmatrix} \begin{bmatrix} x_{11} \\ x_{21} \\ x_{31} \\ x_{41} \end{bmatrix} = \begin{bmatrix} 1 \\ 0 \\ 0 \\ 0 \end{bmatrix} \tag{4.32}$$

따라서 위의 식을 풀면 역행렬 $\boldsymbol{X}$의 첫 번째 열을 구할 수 있다. 행렬 $\boldsymbol{A}$를 LU 분해하여 해를 구할 수 있으며 이 행렬의 LU 분해는 예제 4.4에서 구했으며 다음과 같다.

$$L=\begin{bmatrix} 8 & 0 & 0 & 0 \\ -2 & 6.5 & 0 & 0 \\ 1 & 0.75 & -3.961538 & 0 \\ 2 & 1.5 & 1.076923 & -3.15534 \end{bmatrix},$$

$$U=\begin{bmatrix} 1 & 0.25 & -0.125 & -0.375 \\ 0 & 1 & 0.115385 & -0.423077 \\ 0 & 0 & 1 & -0.427184 \\ 0 & 0 & 0 & 1 \end{bmatrix}$$

식 (4.32)의 해는 예제 4.7과 같은 방법으로 구할 수 있다. 먼저 $\boldsymbol{b}=\boldsymbol{L}\hat{\boldsymbol{b}}$가 되는 $\hat{\boldsymbol{b}}$를 구하면 다음과 같다.

$$\hat{\boldsymbol{b}}=\begin{bmatrix} 0.125 \\ 0.038462 \\ 0.038835 \\ 0.110769 \end{bmatrix}$$

다음으로 $\boldsymbol{Ux}=\hat{\boldsymbol{b}}$로부터 역대입하여 미지수를 구하면 다음과 같다.

$$\boldsymbol{x}=\begin{bmatrix} x_{11} \\ x_{21} \\ x_{31} \\ x_{41} \end{bmatrix}=\begin{bmatrix} 0.1585 \\ 0.0754 \\ 0.0862 \\ 0.1108 \end{bmatrix}$$

이제 역행렬의 두 번째 열을 고려하면,

$$\begin{bmatrix} 8 & 2 & -1 & -3 \\ -2 & 6 & 1 & -2 \\ 1 & 1 & -4 & 1 \\ 2 & 2 & 1 & -5 \end{bmatrix}\begin{bmatrix} x_{12} \\ x_{22} \\ x_{32} \\ x_{42} \end{bmatrix}=\begin{bmatrix} 0 \\ 1 \\ 0 \\ 0 \end{bmatrix}$$

와 같이 나타낼 수 있고, 계수행렬 $\boldsymbol{A}$가 앞에서와 동일하기 때문에 다시 LU 분해할 필요 없이 이전 단계에서 구한 $\boldsymbol{L}$과 $\boldsymbol{U}$를 그대로 사용하면 된다. 단지 오른쪽의 상수행렬만 변경하면 되기 때문에 쉽게 위 식의 해를 구할 수 있으며, 다음과 같다.

$$\boldsymbol{x}=\begin{bmatrix} x_{12} \\ x_{22} \\ x_{32} \\ x_{42} \end{bmatrix}=\begin{bmatrix} -0.0062 \\ 0.1815 \\ 0.0646 \\ 0.0831 \end{bmatrix}$$

나머지에 대해서도 계속하면 다음과 같이 역행렬 $\boldsymbol{X}$를 구할 수 있다.

$$\boldsymbol{A}^{-1}=\boldsymbol{X}=\begin{bmatrix} 0.1585 & -0.0062 & -0.0677 & -0.1062 \\ 0.0754 & 0.1815 & -0.0031 & -0.1185 \\ 0.0862 & 0.0646 & -0.2892 & -0.1354 \\ 0.1108 & 0.0831 & -0.0862 & -0.3169 \end{bmatrix}$$

보충설명(MATLAB 내장함수 사용)

MATLAB에서는 역행렬을 구하는 내부 함수 inv가 있기 때문에 이를 이용하면 다음과 같이 쉽게 구할 수도 있다.

```
>>A =[8  2  -1  -3; -2  6 1 -2;1 1 -4 1;2 2 1 -5 ]
A =
    8     2   -1    -3
   -2     6    1    -2
    1     1   -4     1
    2     2    1    -5
>> inv(A)
ans =
    0.1585   -0.0062   -0.0677   -0.1062
    0.0754    0.1815   -0.0031   -0.1185
    0.0862    0.0646   -0.2892   -0.1354
    0.1108    0.0831   -0.0862   -0.3169
```

4.3 Thomas법

공학문제에서 연립방정식을 풀어야 하는 경우 계수행렬이 띠 형태로 나타나는 경우가 많다. 그 중에서도 **삼중대각행렬(tri-diagonal matrix)**인 경우가 흔히 생긴다. 다음과 같은 연립방정식을 고려하자.

$$\begin{bmatrix} d_1 & r_1 & 0 & 0 & \cdots & 0 \\ l_2 & d_2 & r_2 & 0 & \cdots & 0 \\ 0 & l_3 & d_3 & r_3 & \cdots & 0 \\ \vdots & \vdots & \vdots & \vdots & \vdots & \vdots \\ 0 & 0 & \cdots & l_{n-1} & d_{n-1} & r_{n-1} \\ 0 & 0 & \cdots & 0 & l_n & d_n \end{bmatrix} \begin{bmatrix} x_1 \\ x_2 \\ x_3 \\ \vdots \\ x_{n-1} \\ x_n \end{bmatrix} = \begin{bmatrix} b_1 \\ b_2 \\ b_3 \\ \vdots \\ b_{n-1} \\ b_n \end{bmatrix}$$

계수행렬의 대각선 요소 d_i와 왼쪽 및 오른쪽에 이웃한 요소 l_i, r_i외는 전부 0이다. 이와 같은 삼중대각행렬은 Gauss 소거법을 변형한 Thomas법을 사용하면 쉽게 해를 구할 수 있다. **Thomas법**은 다음과 같다.

▶ 2행부터 n행까지 계수 d_i와 b_i를 다음과 같이 바꾼다.

$$d_i = d_i - \frac{l_i}{d_{i-1}} r_{i-1}, \quad i = 2, 3, \cdots, n \tag{4.33}$$

$$b_i = b_i - \frac{l_i}{d_{i-1}} b_{i-1}, \quad i = 2, 3, \cdots, n \tag{4.34}$$

그러면 원래의 연립방정식은 다음과 같이 변형된다. 이 과정은 실제로 계수 l_i를 소거하는 과정이다. 이 과정을 하고 나면 l_i는 전부 0으로 바뀌는데, 프로그램에서 굳이 계산할 필요는 없다.

$$\begin{bmatrix} d_1 & r_1 & 0 & 0 & \cdots & 0 \\ 0 & d_2 & r_2 & 0 & \cdots & 0 \\ 0 & 0 & d_3 & r_3 & \cdots & 0 \\ \vdots & \vdots & \vdots & \vdots & \vdots & \vdots \\ 0 & 0 & \cdots & 0 & d_{n-1} & r_{n-1} \\ 0 & 0 & \cdots & 0 & 0 & d_n \end{bmatrix} \begin{bmatrix} x_1 \\ x_2 \\ x_3 \\ \vdots \\ x_{n-1} \\ x_n \end{bmatrix} = \begin{bmatrix} b_1 \\ b_2 \\ b_3 \\ \vdots \\ b_{n-1} \\ b_n \end{bmatrix} \tag{4.35}$$

▶ 역대입하여 해를 구한다.

$$x_n = \frac{b_n}{d_n} \tag{4.36}$$

$$x_i = \frac{b_i - r_i x_{i+1}}{d_i}, \quad i = n-1, n-2, \cdots, 1 \tag{4.37}$$

위의 연립방정식을 풀 때 계수 행렬 전체를 고려하는 것이 아니고, 오로지 대각선 방향의 계수 d_i와 l_i, r_i 및 b_i만 컴퓨터에서 저장하고 이용될 뿐이다. Thomas법의 알고리듬은 다음과 같다.

Thomas법의 알고리듬

(1) 필요하면 다음을 정의하고 입력한다 : d_i, l_i, r_i, b_i, n

(2) 계수 d_i와 b_i를 다음과 같이 바꾼다.

$$d_i = d_i - \frac{l_i}{d_{i-1}} r_{i-1},\ i = 2,\ 3,\ \cdots,\ n \tag{4.33}$$

$$b_i = b_i - \frac{l_i}{d_{i-1}} b_{i-1},\ i = 2,\ 3,\ \cdots,\ n \tag{4.34}$$

(3) 역대입하여 해를 구한다.

$$x_n = \frac{b_n}{d_n} \tag{4.36}$$

$$x_i = \frac{b_i - r_i x_{i+1}}{d_i},\ i = n-1,\ n-2,\ \cdots,\ 1 \tag{4.37}$$

예제 4.8

다음과 같은 연립방정식의 해를 Thomas법을 사용하여 구하라.

$$4x_1 - 2x_2 = 4 \quad (1)$$

$$-x_1 + 2x_2 - x_3 = -2 \quad (2)$$

$$-3x_2 + 4x_3 - x_4 = 2 \quad (3)$$

$$-2x_3 + 4x_4 = 6 \quad (4)$$

풀이

식 (4.33)과 식 (4.34)을 이용하여 계수를 다시 계산한다. 먼저 둘째 식에서 다음과 같이 첫째 식을 이용하여 x_1을 소거한다.

$$(2) - (1) \times \frac{-1}{4} :$$

$$1.5x_2 - x_3 = -1 \quad (2)^*$$

이제 셋째 식에서 변경된 둘째 식을 이용하여 x_2를 소거한다.

$$(3) - (2)^* \times \frac{-3}{1.5} :$$

$$2x_3 - x_4 = 0 \quad (3)^*$$

마지막으로 넷째 식에서 변경된 셋째 식을 이용하여 x_3를 소거한다.

$$(4)-(3)^{*}\times\frac{-2}{2}\ :$$

$$3x_4=6 \qquad (4)^*$$

연립방정식은 이제 다음과 같이 나타낼 수 있다.

$$4x_1-2x_2=4 \qquad (1)$$

$$1.5x_2-x_3=-1 \qquad (2)^*$$

$$2x_3-x_4=0 \qquad (3)^*$$

$$3x_4=6 \qquad (4)^*$$

이제 식 (4.36)과 식 (4.37)을 이용하여 해를 구할 수 있다. 먼저 식 (4)*로부터,

$$x_4=\frac{6}{3}=2 \qquad \Leftarrow \quad x_n=\frac{b_n}{d_n}$$

를 쉽게 구할 수 있고 역으로 계속 대입하면,

$$x_3=\frac{0-(-1)(2)}{2}=1 \qquad \Leftarrow \quad x_3=\frac{b_3-a_3x_4}{d_3}$$

$$x_2=\frac{-1-(-1)(1)}{1.5}=0 \qquad \Leftarrow \quad x_2=\frac{b_2-a_2x_3}{d_2}$$

$$x_1=\frac{4-(-2)(0)}{4}=1 \qquad \Leftarrow \quad x_1=\frac{b_1-a_1x_2}{d_1}$$

♦ 보충설명

위의 과정을 행렬로 표시하면 원래의 방정식은 다음과 같고 계수행렬은 삼중대각행렬이다.

$$\begin{bmatrix} 4 & -2 & 0 & 0 \\ -1 & 2 & -1 & 0 \\ 0 & -3 & 4 & -1 \\ 0 & 0 & -2 & 4 \end{bmatrix}\begin{bmatrix} x_1 \\ x_2 \\ x_3 \\ x_4 \end{bmatrix}=\begin{bmatrix} 4 \\ -2 \\ 2 \\ 6 \end{bmatrix}$$

그리고 최종 행렬은 다음과 같이 표시되며, 2중의 띠 모양이 되어 위에서처럼 끝에서부터 역대입하면 쉽게 해를 구할 수 있다.

$$\begin{bmatrix} 4 & -2 & 0 & 0 \\ 0 & 1.5 & -1 & 0 \\ 0 & 0 & 2 & -1 \\ 0 & 0 & 0 & 3 \end{bmatrix}\begin{bmatrix} x_1 \\ x_2 \\ x_3 \\ x_4 \end{bmatrix}=\begin{bmatrix} 4 \\ -1 \\ 0 \\ 6 \end{bmatrix}$$

예제 4.9 ⇨ Tridia.c

삼중대각행렬로 표시되는 n개의 연립방정식을 Thomas법으로 구하는 서브루틴을 C로 작성하라. 다음과 같은 연립방정식의 해를 출력하도록 작성하라.

$$2x_1 - x_2 = 2$$

$$x_1 - 2x_2 + x_3 = 0$$

$$-2x_2 + 4x_3 - x_4 = -6$$

$$x_3 + 2x_4 - 2x_5 = 1$$

$$x_4 + 2x_5 = 4$$

풀이

Thomas법으로 구하는 프로그램은 Tridia.c이고, 프로그램을 실행하면 다음과 같다.

```
방정식 수 n : 5
계수행렬 l(i)  d(i)  r(i)를 입력하시오
l(1)   i=1,,,n : 0  1  -2  1  1
d(1)   i=1,,,n : 2  -2  4  2  2
r(1)   i=1,,,n : -1  1  -1  -2  0
상수행렬 b(i)를 입력하시오
b(1)   i=1,,,n : 2  0  -6  1  4
해는 다음과 같다.
 x(1)= 1.000000
 x(2)= 0.000000
 x(3)= -1.000000
 x(4)= 2.000000
 x(5)= 1.000000
```

Tridia.c

```
#include <stdio.h>
#include <math.h>
#define nd 20
int n;
double l[nd], d[nd], r[nd], x[nd], b[nd];
void Tridia();
void main()
```

```
{
    int i;
    printf(" 방정식 수 n : ");
    scanf("%d",&n);
    printf("계수행렬 l(i)  d(i)   r(i)를 입력하시오 \n");
    printf(" l(i)  i=1,...n : ");
    for(i=1;i<=n;i++)  scanf("%lf", &l[i]);
    printf(" d(i)  i=1,...n : ");
    for(i=1;i<=n;i++)  scanf("%lf", &d[i]);
    printf(" r(i)  i=1,...n : ");
    for(i=1;i<=n;i++)  scanf("%lf", &r[i]);
    printf("상수행렬 b(i)를  입력하시오 \n");
    printf(" b(i)  i=1,...n : ");
    for(i=1;i<=n;i++)  scanf("%lf", &b[i]);
    Tridia();
        printf("해는 다음과 같다. \n");
    for(i=1;i<=n;i++)
    {
        printf("x(%d)= %f ",i, x[i]);
        printf("\n");
    }
}
void Tridia()
{
    int i;
    double factor;
/************************************************/
/****** Tridiagonal   Thomas법        *****/
/*      [l d r] [x] = [b]             *******/
/************************************************/
/* 입력 : l, d, r, b : 계수행렬 */
/* d : 대각요소  */
/* l : 대각 왼쪽 요소   */
/* r : 대각 오른쪽 요소 */
/* b : 상수행렬         */
/*출력 : x,  x = 해벡터 */
/* Elimination */
    for (i=2; i<=n; ++i)
    {
```

```
        factor=l[i]/d[i-1];
        d[i]=d[i]-factor*r[i-1];
        b[i]=b[i]-factor*b[i-1];
    }
/* Back Substitution */
    x[n]=b[n]/d[n];
    for (i=n-1;i>=1;i=i-1)
    {
       x[i]=( b[i] - r[i]*x[i+1] ) /d[i];
    }
}
```

예제 4.10 ⇨ Tridia.m

삼중대각행렬로 표시되는 n개의 연립방정식을 Thomas법으로 구하는 function을 MATLAB으로 작성하라. 다음과 같은 연립방정식의 해를 출력하도록 작성하라.

$$2x_1 - x_2 = 2$$

$$x_1 - 2x_2 + x_3 = 0$$

$$-2x_2 + 4x_3 - x_4 = -6$$

$$x_3 + 2x_4 - 2x_5 = 1$$

$$x_4 + 2x_5 = 4$$

풀이

Thomas법으로 구하는 function은 Tridia.m이고, 프로그램을 실행하면 다음과 같다.

```
>> l = [0  1  -2  1  1];
>> d=  [2  -2  4  2  2];
>> r= [ -1  1  -1  -2  0];
>> b=[2  0  -6  1  4];
>> x=Tridia(l, d, r, b)
x =
     1
     0
    -1
     2
     1
```

Tridia.m

```
%**********************************************/
%입력 : l, d, r b : 계수행렬
% d : 대각요소
% l : 대각 왼쪽 요소
% r : 대각 오른쪽 요소
% b : 상수행렬
%출력 : x,  x = 해벡터
function x=Tridia(l, d, r, b)
n=length(d);
x=zeros(n,1);
% Elimination
for i=2:n
    factor=l(i)/d(i-1);
    d(i)=d(i)-factor*r(i-1);
    b(i)=b(i)-factor*b(i-1);
end
% Back Substitution
    x(n)=b(n)/d(n);
    for i=n-1:-1:1
        x(i)=( b(i) - r(i)*x(i+1) ) /d(i);
    end
```

연습문제

4.1 다음 연립방정식을 행렬 형태로 표시하라. 그리고 해를 순수 Gauss 소거법으로 구하라.

$$3x_1 - x_2 - 2x_3 = -1$$
$$x_1 + 7x_2 - 3x_3 = -5$$
$$3x_1 - 2x_2 + 5x_3 = 13$$

4.2 다음 연립방정식의 해를 피봇을 한 Gauss 소거법으로 구하라.

$$x_2 - 2x_3 = -5$$
$$2x_1 - 2x_2 + 5x_3 = 8$$
$$x_1 + 5x_2 - 3x_3 = -1$$

4.3 다음 행렬을 LU 분해하라(Crout법).

$$\begin{bmatrix} 3 & -1 & -2 \\ 1 & 7 & -3 \\ 3 & -2 & 5 \end{bmatrix}$$

4.4 다음 연립방정식을 LU 분해법(Crout법)을 사용하여 해를 구하라.

$$3x_1 - x_2 - 2x_3 = -1$$
$$x_1 + 7x_2 - 3x_3 = -5$$
$$3x_1 - 2x_2 + 5x_3 = 13$$

4.5 LU 분해법(Crout 분해법)을 사용하여 다음 행렬 $\boldsymbol{A}$의 역행렬을 구하라.

$$\boldsymbol{A} = \begin{bmatrix} 1 & 0.5 & -1 \\ 2 & 0.4 & 1 \\ 0 & 2 & 1 \end{bmatrix}$$

4.6 다음과 같은 연립방정식의 해를 Thomas법을 사용하여 구하라.

$$
\begin{aligned}
5x_1 - 3x_2 \quad\quad\quad\quad &= -3 \\
-2x_1 + 4x_2 - x_3 \quad\quad &= 5 \\
-2x_2 + 4x_3 - 2x_4 &= -10 \\
-3x_3 + 4x_4 &= 11
\end{aligned}
$$

프로그래밍 실습문제

※ 프로그래밍 실습문제의 번호 옆에 프로그램 이름을 나타내었다. 교육의 목적으로, 이들 프로그램은 학생들에게는 제공하지 않고, 강의를 담당하는 교수에게만 제공한다.

C4.1 ⇨ GaussP.c

다음 연립방정식을 순수 Gauss 소거법으로 풀면 오차가 발생한다는 것을 예제 4.3에서 보았다. 피봇과정을 포함한 Gauss 소거법을 C로 프로그래밍하여 실행하라.

$$0.00000001x_1 + 2x_2 + x_3 + x_4 = 3$$
$$x_1 + 0.00000001x_2 - x_3 - 2x_4 = 0.00000001$$
$$3x_1 + x_2 + 4x_3 + x_4 = 8$$
$$2x_1 + x_2 - 2x_3 - 4x_4 = 1$$

C4.2 ⇨ LUCrout_Sol.c

LUCrout.c을 function(또는 subroutine)으로 사용하여 n개의 연립방정식의 해를 구하는 프로그램을 C로 작성하라. 연립방정식이 다음과 같을 때 해를 출력하라.

$$8x_1 + 2x_2 - x_3 - 3x_4 = 15$$
$$-2x_1 + 6x_2 + x_3 - 2x_4 = 12$$
$$x_1 + x_2 - 4x_3 + x_4 = 2$$
$$2x_1 + 2x_2 + x_3 - 5x_4 = 11$$

C4.3 ⇨ InvLU.c

행렬 $\boldsymbol{A}$가 주어졌을 때, LU 분해법을 이용하여 역행렬을 구하는 프로그램을 C로 작성하라. 일반적인 $n \times n$ 행렬에 대해 프로그램하라.

LUCrout.c와 실습문제 C4.2에서 작성한 프로그램을 function(또는 subroutine)으로 사용하라. 그리고 행렬 $\boldsymbol{A}$가 다음과 같을 때 역행렬을 출력하라.

$$\boldsymbol{A}=\begin{bmatrix} 8 & 2 & -1 & -3 \\ -2 & 6 & 1 & -2 \\ 1 & 1 & -4 & 1 \\ 2 & 2 & 1 & -5 \end{bmatrix}$$

M4.1 ⇨ GaussP.m

다음 연립방정식을 순수 Gauss 소거법으로 풀면 오차가 발생한다는 것을 예제 4.3에서 보았다. 피봇과정을 포함한 Gauss 소거법을 MATLAB으로 프로그래밍하여 실행하라.

$$0.00000001x_1 + 2x_2 + x_3 + x_4 = 3$$
$$x_1 + 0.00000001x_2 - x_3 - 2x_4 = 0.00000001$$
$$3x_1 + x_2 + 4x_3 + x_4 = 8$$
$$2x_1 + x_2 - 2x_3 - 4x_4 = 1$$

M4.2 ⇨ LUCrout_Sol.m, M4_2.m

LUCrout.m을 function(또는 subroutine)으로 사용하여 n개의 연립방정식의 해를 구하는 프로그램을 MATLAB으로 작성하라. 연립방정식이 다음과 같을 때 해를 출력하라.

$$8x_1 + 2x_2 - x_3 - 3x_4 = 15$$
$$-2x_1 + 6x_2 + x_3 - 2x_4 = 12$$
$$x_1 + x_2 - 4x_3 + x_4 = 2$$
$$2x_1 + 2x_2 + x_3 - 5x_4 = 11$$

M4.3 ⇨ InvLU.m

행렬 $\boldsymbol{A}$가 주어졌을 때 LU 분해법을 이용하여 역행렬을 구하는 프로그램을 MATLAB으로 작성하라. 일반적인 $n \times n$ 행렬에 대해 프로그램하라. LUCrout.m과 실습문제 M4.2에서 작성한 프로그램을 function(또는 subroutine)으로 사용하라. 그리고 행렬 $\boldsymbol{A}$가 다음과 같을 때 역행렬을 출력하라.

$$\boldsymbol{A} = \begin{bmatrix} 8 & 2 & -1 & -3 \\ -2 & 6 & 1 & -2 \\ 1 & 1 & -4 & 1 \\ 2 & 2 & 1 & -5 \end{bmatrix}$$

CHAPTER 05

연립방정식의 해-반복법

직접법을 사용하여 연립방정식의 해를 구할 때, 방정식 수가 많아지면 계산시간이 급격히 늘어난다. 여러분들이 직접 연립방정식의 해를 구한다고 상상해보면 된다. 3개의 연립방정식은 비교적 쉽게 풀 수 있지만, 6개의 연립방정식을 풀려고 하면, 소요시간이 단순히 두 배가 되는 것이 아니라 기하급수적으로 늘어난다는 것을 알 수 있어, 아예 시도를 하지 않을 것이다. 실제 공학문제에서는 수십만 개에서 수백만 개의 연립방정식을 풀어야 하는 경우가 생기며, 이럴 때 직접법을 사용하면 계산 시간이 너무 길어진다. 이와 같은 경우에 주로 **반복법**이 사용된다.

5.1 Jacobi법

비선형 방정식의 해를 구할 때 사용한 $x = g(x)$를 연립방정식에 적용하는 방식이다. 주로 대각선 계수가 지배적인 연립방정식에 사용되며, 공학문제에서 구해진 식에서는 이러한 경우가 대부분이다. **Jacobi법**은 다음과 같다. 다음과 같은 연립방정식을 고려하자.

$$
\begin{aligned}
2x_1 - 0.8x_2 - 0.1x_3 &= 0.6 \\
-x_1 + 2x_2 - 0.9x_3 &= 0.2 \\
0.2x_1 - 2x_2 + 4x_3 &= 5.2
\end{aligned}
\tag{5.1}
$$

위의 연립방정식의 계수행렬은 대각선 지배행렬이며 뒤에서 이에 대해 설명할 것이다. 위의 방정식을 다음과 같이 변형하여도 동일한 연립방정식이 된다.

$$x_1 = \frac{1}{2}(0.6 + 0.8x_2 + 0.1x_3) \quad : \quad x_1 = 0.3 + 0.4x_2 + 0.05x_3$$

$$x_2 = \frac{1}{2}(0.2 + x_1 + 0.9x_3) \quad : \quad x_2 = 0.1 + 0.5x_1 + 0.45x_3 \tag{5.2}$$

$$x_3 = \frac{1}{4}(5.2 - 0.2x_1 + 2x_2) \quad : \quad x_3 = 1.3 - 0.05x_1 + 0.5x_2$$

반복 계산할 때 식 (5.2)를 다음과 같이 표현한다.

$$x_1^{new} = 0.3 + 0.4x_2^{old} + 0.05x_3^{old}$$

$$x_2^{new} = 0.1 + 0.5x_1^{old} + 0.45x_3^{old} \tag{5.3}$$

$$x_3^{new} = 1.3 - 0.05x_1^{old} + 0.5x_2^{old}$$

초기에 $x_1^{old} = 0$, $x_2^{old} = 0$, $x_3^{old} = 0$을 가정하여 위 식의 우변에 이 값들을 대입하여 좌변의 새로운 값을 계산하면 다음과 같다.

$$x_1^{new} = 0.3 + 0.4 \times 0 + 0.05 \times 0 = 0.3$$

$$x_2^{new} = 0.1 + 0.5 \times 0 + 0.45 \times 0 = 0.1$$

$$x_3^{new} = 1.3 - 0.05 \times 0 + 0.5 \times 0 = 1.3$$

이제 이 값들(0.3, 0.1, 1.3)을 x_1^{old}, x_2^{old}, x_3^{old}에 대입하여 동일한 방법으로 식 (5.3)을 이용하여 계산하면 다음과 같이 구할 수 있다.

$$x_1^{new} = 0.3 + 0.4 \times 0.1 + 0.05 \times 1.3 = 0.405$$

$$x_2^{new} = 0.1 + 0.5 \times 0.3 + 0.45 \times 1.3 = 0.835$$

$$x_3^{new} = 1.3 - 0.05 \times 0.3 + 0.5 \times 0.1 = 1.335$$

같은 방법으로 반복 계산하면 다음 표와 같은 결과를 얻을 수 있다.

i	x_1	x_2	x_3
0	0	0	0
1	0.3	0.1	1.3
2	0.405	0.835	1.335
3	0.70075	0.90325	1.69725
4	0.7461625	1.2141375	1.7165875
5	0.8714844	1.2455456	1.8697606
6	0.8917063	1.3771345	1.8791986
7	0.9448137	1.3914925	1.9439819
8	0.9537961	1.4471987	1.9485056
9	0.9763048	1.4537256	1.9759096
10	0.9802857	1.4773117	1.9780475
11	0.9898271	1.4802642	1.9896416
12	0.9915878	1.4902522	1.9906408
13	0.9956329	1.4915822	1.9955467
14	0.9964102	1.4958125	1.9960095
15	0.9981255	1.4964094	1.9980857

위 연립방정식의 해는 $x_1 = 1$, $x_2 = 1.5$, $x_3 = 2$이고 Jacobi법으로 반복 계산하면 점차 해에 수렴함을 알 수 있다.

일반적으로 위와 같은 반복법으로 해를 구할 때, 해의 수렴 판단기준으로 잔차를 사용한다. 식 (5.1)의 우변을 좌변으로 이동하면 다음과 같다.

$$
\begin{aligned}
2x_1 - 0.8x_2 - 0.1x_3 - 0.6 &= 0 \\
-x_1 + 2x_2 - 0.9x_3 - 0.2 &= 0 \\
0.2x_1 - 2x_2 + 4x_3 - 5.2 &= 0
\end{aligned}
\tag{5.4}
$$

잔차는 다음과 같다. 예를 들어 15번 반복 계산 후 0.9981255, 1.4964094, 1.9980857은 정확한 해가 아니기 때문에 연립방정식 (5.4)에 대입하면 정확하게 0이 되지 않고 잔여분이 생기게 된다. 이 잔여분의 절대값을 **잔차(residual)**라고 정의한다. 즉, 15번 반복 계산 후의 잔차는 다음과 같다.

$$
\begin{aligned}
\text{residual}_1 &= |2x_1 - 0.8x_2 - 0.1x_3 - 0.6| \\
&= |2(0.9981255) - 0.8(1.4964094) - 0.1(1.9980857) - 0.6| \\
&= 0.0006851
\end{aligned}
$$

$$
\begin{aligned}
\text{residual}_2 &= |-x_1 + 2x_2 - 0.9x_3 - 0.2\ | \\
&= |-(0.9981255) + 2(1.4964094) - 0.9(1.9980857) - 0.2| \\
&= 0.0035838
\end{aligned}
$$

$$
\begin{aligned}
\text{residual}_3 &= |0.2x_1 - 2x_2 + 4x_3 - 5.2| \\
&= |0.2(0.9981255) - 2(1.4964094) + 4(1.9980857) - 5.2| \\
&= 0.0008509
\end{aligned}
$$

평균 잔차를 이용하거나 최대 잔차를 이용하여 수렴 판단기준으로 사용한다.

식 (5.1) 또는 식 (5.4) 대신에 식 (5.2)를 사용하여 잔차를 구하는 것이 보다 일반적이다. 식 (5.2)의 우변을 좌변으로 이동하면 다음과 같다.

$$
\begin{aligned}
&x_1 - (0.3 + 0.4x_2 + 0.05x_3) = 0 \\
&x_2 - (0.1 + 0.5x_1 + 0.45x_3) = 0 \\
&x_3 - (1.3 - 0.05x_1 + 0.5x_2) = 0
\end{aligned}
\tag{5.5}
$$

앞에서와 마찬가지로 15번 반복 계산 후 0.9981255, 1.4964094, 1.9980857은 정확한 해가 아니기 때문에 연립방정식 (5.5)에 대입하면 정확하게 0이 되지 않고 잔여분이 생기게 된다. 이 잔여분의 절대값을 정규화된 잔차(normalized residual)라고 정의한다. 즉, 15번 반복 계산 후 정규화된 잔차는 다음과 같다.

$$
\begin{aligned}
\text{residual}_1 &= |x_1 - (0.3 + 0.4x_2 + 0.05x_3)| \\
&= |0.9981255 - [0.3 + 0.4(1.4964094) + 0.05(1.9980857)| \\
&= 0.0003425
\end{aligned}
$$

$$\text{residual}_2 = |x_2 - (0.1 + 0.5x_1 + 0.45x_3)| = 0.001792$$

$$\text{residual}_3 = |x_3 - (1.3 - 0.05x_1 + 0.5x_2)| = 0.000213$$

물론 이들 잔차에 $|x_i|$를 나눈 잔차를 정규화된 잔차라고 정의할 수도 있지만, 그렇게까지 할 필요는 없다. 매번 반복 계산할 때 잔차 계산을 할 수도 있지만 방정식 수가 아주 많은 경우 잔차를 계산하는데 시간이 소비되므로 매 10회, 매 100회 또는 적당한 반복횟수마다 잔차를 계산하여 수렴 판단을 할 수도 있다.

이 과정을 일반화하기 위해 다음과 같은 연립방정식을 고려한다.

	$\boldsymbol{Ax}=\boldsymbol{b}$
$a_{11}x_1+a_{12}x_2+\cdots+a_{1n}x_n=b_1$ $a_{21}x_1+a_{22}x_2+\cdots+a_{2n}x_n=b_2$ $\vdots$ $\vdots$ $a_{n1}x_1+a_{n2}x_2+\cdots+a_{nn}x_n=b_n$	$\boldsymbol{A}=\begin{bmatrix} a_{11} & a_{12} & . & . & . & a_{1n} \\ a_{21} & a_{22} & . & . & . & a_{2n} \\ . & . & . & . & . & . \\ . & . & a_{ij} & . & . & . \\ . & . & . & . & . & . \\ a_{n1} & a_{n2} & . & . & . & a_{nn} \end{bmatrix}$, $\boldsymbol{x}=\begin{bmatrix} x_1 \\ x_2 \\ \vdots \\ x_n \end{bmatrix}$, $\boldsymbol{b}=\begin{bmatrix} b_1 \\ b_2 \\ \vdots \\ b_n \end{bmatrix}$

먼저, Jacobi법을 사용하여 수렴하려면 대각선 지배행렬이어야 하고, 다음과 같을 때를 말한다.

$$|a_{ii}| \geq \sum_{\substack{j=1 \\ j \neq i}}^{n} |a_{ij}|, \ \text{for} \ i=1,n \tag{5.6}$$

앞의 예를 다시 살펴보면,

$$i=1; \quad 2 \geq 0.8+0.1$$

$$i=2; \quad 2 \geq 1+0.9$$

$$i=3; \quad 4 \geq 0.2+2$$

와 같이 수렴의 조건을 모두 만족하므로 수렴하게 된다. 실제 계산할 때는 다음과 같이 식을 변형하여 사용한다.

$$x_1^{new} = \frac{b_1}{a_{11}} - \left(\frac{a_{12}}{a_{11}} x_2^{old} + \frac{a_{13}}{a_{11}} x_3^{old} \cdots + \frac{a_{1n}}{a_{11}} x_n^{old} \right)$$
$$x_2^{new} = \frac{b_2}{a_{22}} - \left(\frac{a_{21}}{a_{22}} x_1^{old} + \frac{a_{23}}{a_{22}} x_3^{old} \cdots + \frac{a_{2n}}{a_{22}} x_n^{old} \right)$$
$$x_3^{new} = \frac{b_3}{a_{33}} - \left(\frac{a_{31}}{a_{33}} x_1^{old} + \frac{a_{32}}{a_{33}} x_2^{old} \cdots + \frac{a_{3n}}{a_{33}} x_n^{old} \right)$$
$$\vdots$$
$$x_n^{new} = \frac{b_n}{a_{nn}} - \left(\frac{a_{n1}}{a_{nn}} x_1^{old} + \frac{a_{n2}}{a_{nn}} x_2^{old} \cdots + \frac{a_{n,n-1}}{a_{nn}} x_{n-1}^{old} \right)$$

이 식들을 반복하여 사용하기 때문에 $\frac{b_1}{a_{11}}$, $\frac{a_{12}}{a_{11}}$, $\frac{a_{13}}{a_{11}}$ 등이 반복하여 계속 사용되므로 미리 한 번 계산하여 새로운 계수 $\hat{a}$, $\hat{b}$로 저장하는 것이 계산 시간을 줄이는 방법이다.

$x_1^{new} = \hat{b}_1 - \left(\hat{a}_{12} x_2^{old} + \hat{a}_{13} x_3^{old} \cdots + \hat{a}_{1n} x_n^{old} \right)$ $x_2^{new} = \hat{b}_2 - \left(\hat{a}_{21} x_1^{old} + \hat{a}_{23} x_3^{old} \cdots + \hat{a}_{2n} x_n^{old} \right)$ $x_3^{new} = \hat{b}_3 - \left(\hat{a}_{31} x_1^{old} + \hat{a}_{32} x_2^{old} \cdots + \hat{a}_{3n} x_n^{old} \right)$ $\vdots$ $x_n^{new} = \hat{b}_n - \left(\hat{a}_{n1} x_1^{old} + \cdots + \hat{a}_{n,n-1} x_{n-1}^{old} \right)$	$\hat{b}_i = \frac{b_i}{a_{ii}}$, for $i = 1, n$ (5.7) $\hat{a}_{ij} = \frac{a_{ij}}{a_{ii}}$, for $i = 1, n$ (5.8) for $j = 1, n, j \neq i$

이것을 일반식으로 나타내면 다음과 같다.

$$x_i^{new} = \hat{b}_i - \sum_{j=1}^{i-1} \hat{a}_{ij} x_j^{old} - \sum_{j=i+1}^{n} \hat{a}_{ij} x_j^{old}$$

위 식은 $j = i$인 경우가 빠져 프로그래밍할 때 if문을 사용하는 등의 불편함이 있다. 따라서 $\hat{a}_{11} = 0$, $\hat{a}_{22} = 0$, ..., $\hat{a}_{nn} = 0$으로 저장해 놓으면 위 식들은 단순하게 다음과 같이 표시되어 프로그램하기가 무척 수월해진다.

$$x_i^{new} = \hat{b}_i - \sum_{j=1}^{n} \hat{a}_{ij} x_j^{old} \quad \text{for } i = 1, n \tag{5.9}$$

따라서 Jacobi법은 다음의 알고리듬으로 나타낼 수 있고, 또한 가상코드도 나타내고 있다. 알고리듬 및 가상코드에 사용된 잔차는 정규화된 잔차를 나타내고 있다. 즉, 원래의 연립방정식을 a_{ii}로 나눈 연립방정식의 잔차를 나타낸다.

Jacobi법 알고리듬 : 대각선 지배행렬인 경우

1. 계수행렬을 입력하고 초기값을 가정한다.
2. 계수를 변환한다.

$$\hat{a}_{ij} = \frac{a_{ij}}{a_{ii}},\ \text{for } i=1,n,\ \text{for } j=1,n \tag{5.8}$$

$$\hat{b}_i = \frac{b_i}{a_{ii}},\ \hat{a}_{ii}=0,\ \text{for } i=1,n \tag{5.7}$$

3. 새로운 값을 계산한다.

$$x_i^{new} = \hat{b}_i - \sum_{j=1}^{n} \hat{a}_{ij} x_j^{old} \quad \text{for } i=1,n \tag{5.9}$$

4. 수렴 판단을 하여 수렴하면 프로그램 종료한다. 그렇지 않으면 계속 반복한다. 수렴 판단의 기준은 다음과 같다.

$$Res_i = \left| x_i^{new} - \left(\hat{b}_i - \sum_{j=1}^{n} \hat{a}_{ij} x_j^{new} \right) \right| \quad \text{for } i=1,n \tag{5.10}$$

평균 $Res \le \epsilon$이면 수렴

5. $x_i^{old} = x_i^{new}$ for $i=1,n$ ⇨ 단계 3을 반복한다.

식 (5.9)에서는 x_j^{old}가 사용되었으나, 식 (5.10)에서 Res_i를 계산할 때 x_j^{old}가 아니라 x_j^{new}임에 주의하라. 식 (5.10)에서 x_j^{old}를 사용하면 모든 Res_i는 0이 된다(왜 그런지 생각해 보라).

예제 5.1 ⇨ Jacobi.c

n개의 연립방정식 해를 Jacobi법으로 구하는 프로그램을 C로 작성하고, 연립방정식이 다음과 같을 때 해를 출력하라. 수렴 판단의 기준은 정규화된 잔차의 평균값으로 판단하라. 즉, 식 (5.10)을 사용하여 판단하고, $\epsilon = 0.00001$로 하라. 초기 가정값으로 $x = [1\ 1\ 1\ 1]^T$로 가정하라.

$$8x_1 - 4x_2 - 2x_3 + x_4 = 21$$

$$-5x_1 + 10x_2 - 4x_3 - x_4 = -9$$

$$x_1 + 5x_2 - 10x_3 + 4x_4 = -2$$
$$x_1 + 2x_2 + 5x_3 - 8x_4 = 10$$

풀이

일반적인 n개의 연립방정식을 구하는 프로그램은 Jacobi.c이고 실행하면 다음과 같다. 프로그램에서 x0는 x^{old}를 x는 x^{new}를 나타낸다.

```
방정식 수 n =  4
계수행렬 a(i,j)을 입력하시오
a(1,j)  j=1,,,n =   8  -4  -2   1
a(2,j)  j=1,,,n =  -5  10  -4  -1
a(3,j)  j=1,,,n =   1   5 -10   4
a(4,j)  j=1,,,n =   1   2   5  -8
상수행렬 b[i]를  입력하시오
b[i]  i=1,,,n =  21  -9   -2   10
가정값 x0[i]   입력하시오
x0[i]  i=1,,,n =  1  1  1  1
Input data 출력
   8.00000   -4.00000   -2.00000    1.00000   21.00000
  -5.00000   10.00000   -4.00000   -1.00000   -9.00000
   1.00000    5.00000  -10.00000    4.00000   -2.00000
   1.00000    2.00000    5.00000   -8.00000   10.00000
계산결과 출력
iter = 103,  평균 residual = 0.000010
x(1)=   3.999921
x(2)=   1.999887
x(3)=   1.999873
x(4)=   0.999872
```

보충설명

비교적 수렴 속도가 느려 103회 반복 계산하였음을 알 수 있다. 물론 ϵ의 값과 초기 가정값에 따라 많이 달라진다.

Jacobi.c

```
/************************************************/
/****** Jacobi법                         *****/
/*      [a] [x] = [b]                   *******/
/****************************** ****************/
#include <stdio.h>
#include <math.h>
#define nd 20
double x[nd], x0[nd], a[nd][nd], b[nd];
int imax=1000, n, iter;
double epsilon=0.00001, resavg;
void Jacobi();
/* main program  */
void main()
{
    int i, j;
/* Data 입력 - 화면에서 */
    printf(" \n 방정식 수 n =  ");
    scanf(" %d", &n);
    printf(" 계수행렬 a(i,j)을 입력하시오 \n");
    for (i=1;i<=n;i=i+1)
    {
        printf(" a(%d,j)  j=1,,,n =  ", i);
        for (j=1;j<=n;j=j+1) scanf(" %lf", &a[i][j]);
    }
    printf(" 상수행렬 b[i]를  입력하시오 \n");
            printf(" b[i]  i=1,,,n =  ");
    for (i=1;i<=n;i=i+1) scanf(" %lf", &b[i] );
    printf("  가정값 x0[i]   입력하시오 \n");
    printf(" x0[i]  i=1,,,n =  ");
    for (i=1;i<=n;i=i+1) scanf(" %lf", &x0[i] );
/* data 출력 */
    printf("\n Input data 출력 ");
    for (i=1;i<=n;i=i+1)
    {
        printf("\n");
        for (j=1;j<=n;j=j+1)
        {   printf(" %10.5f", a[i][j]);
        }
```

```
        printf("%10.5f",b[i]);
    }
/* Data 입력 및 출력 완료   */
    printf("\n");
    Jacobi();
/* 결과출력 - n이 클 때는 출력양식을 변경하여야 함  */
    printf("\n 계산결과 출력 ");
    printf("\n iter = %d,  평균 residual = %f ", iter, resavg);
    for (i=1;i<=n;i=i+1)
    {
        printf("\n x(%d)= %10.6f", i,x[i]);
    }
}

void Jacobi()
{
    double ahat[nd][nd], bhat[nd], res[nd];
    double sum, ressum;
    int i,j;
    for (i=1;i<=n;++i)
    {
        for (j=1;j<=n;++j)
        {
            ahat[i][j] = a[i][j]/a[i][i];
        }
        bhat[i] = b[i]/a[i][i];
        ahat[i][i]= 0.;
    }
/* 반복 대입하여 계산한다 */
    for (iter=1;iter<=imax;++iter)
    {
        for (i=1;i<=n;++i)
        {
            x[i]=bhat[i];
            for (j=1;j<=n;++j)
            {
                x[i]=x[i]-ahat[i][j]*x0[j];
            }
        }
/* 수렴 판단을 한다." */
```

```
            ressum=0;
            for (i=1;i<=n;++i)
            {
                sum=x[i]-bhat[i];
                for (j=1;j<=n;++j)
                {
                    sum = sum + ahat[i][j]*x[j];
                }
                res[i]= fabs(sum);
                ressum=ressum+res[i];
            }
            resavg=ressum/n;
            if (resavg < epsilon)
            {
                goto END;
            }
            for (i=1;i<=n;++i)
            {
                x0[i]=x[i];
            }
        }
        printf("\n 수렴하지 않는다 ");
        END:;
    }
```

예제 5.2 ⇨ **Jacobi.m**

n개의 연립방정식 해를 Jacobi법으로 구하는 프로그램을 MATLAB으로 작성하고, 연립방정식이 다음과 같을 때 해를 출력하라. 수렴 판단의 기준은 정규화된 잔차의 평균값으로 판단하라. 즉, 식 (5.10)을 사용하여 판단하고, $\epsilon = 0.00001$로 하라. 초기 가정값으로 $x = [1\ \ 1\ \ 1\ \ 1]^T$로 가정하라.

$$8x_1 - 4x_2 - 2x_3 + x_4 = 21$$
$$-5x_1 + 10x_2 - 4x_3 - x_4 = -9$$
$$x_1 + 5x_2 - 10x_3 + 4x_4 = -2$$
$$x_1 + 2x_2 + 5x_3 - 8x_4 = 10$$

풀이

일반적인 n개의 연립방정식을 구하는 MATLAB 프로그램은 Jacobi.m이고 실행하면 다음과 같다. 프로그램에서 x0는 x^{old}를 x는 x^{new}를 나타낸다.

```
>> A = [ 8  -4  -2  1; -5  10  -4  -1; 1  5  -10  4; 1  2  5  -8]
A =
    8   -4   -2    1
   -5   10   -4   -1
    1    5  -10    4
    1    2    5   -8
>> b =[ 21;  -9;  -2;  10]
b =
   21
   -9
   -2
   10
>> x0 =[1; 1;  1; 1]
x0 =
    1
    1
    1
    1
>> Jacobi(A,b,x0, 1000, 0.00001)
iter =
   103
resavg =
  9.7238e-006
x =
    3.9999
    1.9999
    1.9999
    0.9999
```

♦ 보충설명

비교적 수렴 속도가 느려 103회 반복 계산하였음을 알 수 있다. 물론 ϵ의 값과 초기 가정값에 따라 많이 달라진다.

Jacobi.m

```
function x=Jacobi(A, b, x0, imax, epsilon)
%입력 : A, b, imax, x0
%출력 : x
% A : 계수행렬,  b : 상수행렬
% x0 : 초기 가정값 - 책에서의 x_old
% x : 해 - 책에서의 x_new
% 계수를 변환한다.
n=length(b);
Ahat=A;
bhat=b;
x=x0;
for i =1: n
        Ahat(i,1 : n) = A(i,1 : n)/A(i,i);
        bhat(i) = b(i)/A(i,i);
        Ahat(i,i)= 0.;
    end
% 반복 대입하여 계산한다
for iter = 1 : imax
    for i =1 : n
        x(i)=bhat(i)-Ahat(i,1 : n)*x0(1 : n);
    end
% 수렴판단을 한다."
    ressum=0;
    for i =1 : n
        sum=   x(i) - ( bhat(i) - Ahat(i,1 : n)*x(1 : n) ) ;
        res(i)= abs(sum);
        ressum=ressum+res(i);
    end
    resavg=ressum/n;
    if (resavg < epsilon)
        iter
        resavg
        return
    end
        x0=x;
end
        iter
        resavg
% 수렴하지 않는다.
disp('수렴하지 않는다')
```

5.2 Gauss-Seidel법

Jacobi법에서 반복 계산할 때 새로 계산한 값을 사용하는 것이 아니라 이전 단계의 값을 사용한다. 수렴 속도를 빨리 하기 위하여 **Gauss-Seidel법**이 고안되었으며, 5.1절에서와 동일한 연립방정식을 풀 때, 다음과 같이 계산한다.

$$x_1^{new} = 0.3 + 0.4x_2^{old} + 0.05x_3^{old}$$

$$x_2^{new} = 0.1 + 0.5x_1^{new} + 0.45x_3^{old} \tag{5.11}$$

$$x_3^{new} = 1.3 - 0.05x_1^{new} + 0.5x_2^{new}$$

즉, 식 (5.3) 대신에 식 (5.11)을 사용하여 계산한다. 초기에 $x_1^{old} = 0$, $x_2^{old} = 0$, $x_3^{old} = 0$을 가정하여 위 식의 우변에 이 값들을 대입하여 좌변의 새로운 값을 계산하면 다음과 같다. 첫 번째 식에서 x_1^{new}를 계산하는 방식은 Jacobi법과 동일하다.

$$x_1^{new} = 0.3 + 0.4 \times 0 + 0.05 \times 0 = 0.3$$

그러나 x_2^{new}를 계산할 때 초기에 가정한 $x_1^{old} = 0$을 사용하는 것이 아니라 새로 계산된 $x_1^{new} = 0.3$을 사용한다.

$$x_2^{new} = 0.1 + 0.5 \times (0.3) + 0.45 \times 0 = 0.25$$

마찬가지로 x_3^{new}를 계산할 때 초기에 가정한 $x_2^{old} = 0$, $x_3^{old} = 0$을 사용하는 것이 아니라 새로운 값인 $x_1^{new} = 0.3$, $x_2^{new} = 0.25$를 사용한다.

$$x_3^{new} = 1.3 - 0.05 \times (0.3) + 0.5 \times 0.25 = 1.41$$

즉, 반복 대입할 때 항상 새로운 값이 존재한다면, 새로운 값을 사용하는 방식이다. 10회까지 반복하여 계산하면, 다음 표를 구할 수 있으며 Jacobi법에 비하여 빨리 수렴함을 알 수 있다.

i	x_1	x_2	x_3
0	0	0	0
1	0.3	0.25	1.41
2	0.4705	0.96975	1.76135
3	0.7759675	1.2805913	1.9014973
4	0.9073114	1.4093294	1.9592992
5	0.9616967	1.462533	1.9831817
6	0.9841723	1.4845179	1.9930503
7	0.9934597	1.4936025	1.9971283
8	0.9972974	1.4973564	1.9988133
9	0.9988832	1.4989076	1.9995096
10	0.9995385	1.4995486	1.9997974

이 과정을 n개의 연립방정식에 대해 일반적으로 표시하면 다음과 같다.

$$x_i^{new} = \hat{b}_i - \sum_{j=1}^{i-1} \hat{a}_{ij} x_j^{new} - \sum_{j=i+1}^{n} \hat{a}_{ij} x_j^{old} \tag{5.12}$$

여기서 새로운 계수는 Jacobi법과 동일하다. 프로그램에서 x^{new}와 x^{old}를 저장하지 않고 x의 값만을 저장하는 경우(수렴 판단의 기준을 residual을 이용하는 경우는 x^{new}와 x^{old}를 따로 저장할 필요가 없다), 프로그래밍할 때 위 식은 단순하게

$$x_i = \hat{b}_i - \sum_{j=1}^{i-1} \hat{a}_{ij} x_j - \sum_{j=i+1}^{n} \hat{a}_{ij} x_j \tag{5.13}$$

로 표시할 수 있다. 즉, 컴퓨터에서 x_i값을 계산할 때 x_1부터 x_{i-1}까지는 이미 새로 계산된 x_1^{new}부터 x_{i-1}^{new} 값들이 저장되어 있고, x_i부터 x_n까지는 아직 계산되지 않은 x_i^{old}부터 x_n^{old} 값들이 저장되어 있기 때문에 수학적으로 표시된 식 (5.12)를 프로그램에서는 식 (5.13)으로 나타내어야 한다.

Jacobi법에서와 마찬가지로 $\hat{a}_{11} = 0$, $\hat{a}_{22} = 0$, ..., $\hat{a}_{nn} = 0$으로 저장해 놓으면, 식 (5.13)은 단순하게 프로그래밍할 때는 다음의 식으로 표시할 수 있다.

$$x_i = \hat{b}_i - \sum_{j=1}^{n} \hat{a}_{ij} x_j \quad \text{for } i = 1,\ n \tag{5.14}$$

Gauss-Seidel법은 다음의 알고리듬으로 나타낼 수 있고, 또한 가상코드도 나타내고 있다. 알고리듬 및 가상코드에 사용된 잔차는 정규화된 잔차를 나타내고 있다. 즉, 원래의 연립방정식을 a_{ii}로 나눈 연립방정식의 잔차를 나타낸다. 뒤의 프로그래밍 실습부분에서 C 또는 MATLAB으로 Gauss-Seidel법을 프로그래밍하는 실습을 할 것이다.

Gauss-Seidel법 알고리듬 : 대각선 지배행렬인 경우

1. 계수행렬을 입력하고 초기값을 가정한다.
2. 계수를 변환한다.

$$\hat{a}_{ij} = \frac{a_{ij}}{a_{ii}}, \text{ for } i=1,n, \text{ for } j=1,n \tag{5.8}$$

$$\hat{b}_i = \frac{b_i}{a_{ii}}, \ \hat{a}_{ii}=0, \text{ for } i=1,n \tag{5.7}$$

3. 새로운 값을 계산한다.

$$x_i = \hat{b}_i - \sum_{j=1}^{n} \hat{a}_{ij} x_j \text{ for } i=1,n \tag{5.14}$$

4. 수렴 판단을 하여 수렴하면 프로그램 종료한다. 그렇지 않으면 계속 반복한다.
   수렴 판단의 기준은 다음과 같다.

$$Res_i = \left| x_i - \left(\hat{b}_i - \sum_{j=1}^{n} \hat{a}_{ij} x_j \right) \right| \quad \text{for } i=1,n \tag{5.10}$$

   평균 $Res \le \epsilon$이면 수렴
5. 단계 3을 반복한다.

Gauss-Seidel 가상코드 : 대각선 지배행렬이라 가정

```
입력 : A, b, imax, x
출력 : x
" A : 계수행렬,  b : 상수행렬"
" x : 초기 가정값 및 해"
"필요하면 변수를 정의한다."
"계수를 변환한다."
For i =1 to n
   For j = 1 to n
       Ahat(i,j) = A(i,j)/A(i,i)
```

```
    End For j
        bhat(i) = b(i)/A(i,i)
        Ahat(i,i)= 0.
End For i
" 반복 대입하여 계산한다 "
For iter = 1 to imax
    For i =1 to n
        x(i)=bhat(i)
        For j = 1 to n
            x(i)=x(i)-Ahat(i,j)*x(j)
        End For j
    End For i
" 수렴 판단을 한다."
    ressum=0
    For i =1 to n
        sum=x(i)-bhat(i)
        For j =1 to n
            sum=sum+Ahat(i,j)*x(j)
        End for j
        res(i)= |sum|
        ressum=ressum+res(i)
    End for i
    resavg=ressum/n
    If resavg < ϵ
        Stop
    End If
End for iter
"수렴하지 않는다고 출력"
```

5.3 SOR법

SOR법은 기본적으로 Gauss-Seidel법과 비슷하나 빠르게 수렴하기 위하여 고안된 방법이다. 5.1절에서와 동일한 연립방정식을 푼다고 할 때, Gauss-Seidel법에서는 다음과 같이 계산한다.

$$x_1^{new} = 0.3 + 0.4x_2^{old} + 0.05x_3^{old}$$

$$x_2^{new} = 0.1 + 0.5x_1^{new} + 0.45x_3^{old} \tag{5.15}$$

$$x_3^{new} = 1.3 - 0.05x_1^{new} + 0.5x_2^{new}$$

즉, Gauss-Seidel법에서 초기에 $x_1^{old} = 0$, $x_2^{old} = 0$, $x_3^{old} = 0$을 가정하여 첫 번째 식에서 x_1^{new}를 다음과 같이 계산하였다.

$$x_1^{new} = 0.3 + 0.4 \times 0 + 0.05 \times 0 = 0.3$$

그런데 SOR법에서는 이 값을 사용하지 않고, x_1^{new}를 이용하여 다음과 같이 개선된(revised) $x_1^{new,r}$을 계산한다.

$$x_1^{new,r} = x_1^{old} + \omega\,(x_1^{new} - x_1^{old})$$

예를 들어, $\omega = 1.2$를 사용한다고 하자. 그러면,

$$\begin{aligned} x_1^{new,r} &= x_1^{old} + 1.2\,(x_1^{new} - x_1^{old}) \\ &= 0 + 1.2\,(0.3 - 0) = 0.36 \end{aligned}$$

을 얻을 수 있다. Gauss-Seidel법에서는 $x_1^{new} = 0.3$를 사용하였으나, SOR법에서는 $x_1^{new,r} = 0.36$을 사용한다. 즉, Gauss-Seidel법에서 새로운 값과 이전 값과의 차이가

$$x_1^{new} - x_1^{old} = 0.3 - 0 = 0.3$$

인데, 그 차이인 0.3을 1.2배(즉, ω배)한 0.36을 x_1^{old}에 더하여 $x_1^{new,r}$을 계산한다. Gauss-Seidel법에서 새로 계산한 값과 이전 값의 차이인 $x_i^{new} - x_i^{old}$를 ω배하여 더해주는 것이다. 따라서 ω가 1보다 크면 그 차이보다 확대해서 더해 주는 것이 되어 상이완(over relaxation)이라고 하며, 1 보다 작으면 하이완(under relaxation)이라고 한다. ω를 **이완계수(relaxation factor)**라 한다.

이제 두 번째 식에서는 $x_1^{new,r} = 0.36$, $x_2^{old} = 0$, $x_3^{old} = 0$를 이용하여 새로운 x_2^{new}를 먼저 계산한다. Gauss-Seidel법이라면 x_2^{new}를 다음과 같이 계산한다. x_1^{new}보

다는 $x_1^{new,r}$이 새로운 값이므로 이것을 사용한다.

$$\begin{aligned} x_2^{new} &= 0.1 + 0.5x_1^{new,r} + 0.45x_3^{old} \\ &= 0.1 + 0.5 \times 0.36 - 0.45 \times 0 = 0.28 \end{aligned} \tag{5.16}$$

역시 앞에서와 마찬가지로 SOR법에서는 이 값을 사용하지 않고, x_2^{new}를 사용하여 다음과 같이 개선된 $x_2^{new,r}$을 계산한다.

$$\begin{aligned} x_2^{new,r} &= x_2^{old} + \omega\,(x_2^{new} - x_2^{old}) \\ &= 0 + 1.2(0.28 - 0) = 0.336 \end{aligned} \tag{5.17}$$

SOR법의 원리는 이와 같지만 실제 계산에서는 x_1^{new}와 x_2^{new}를 계산한 다음 $x_1^{new,r}$과 $x_2^{new,r}$ 등을 계산하지 않고, 다음과 같이 바로 계산한다. 예를 들어, 위에서는 $x_2^{new,r}$을 계산할 때 식 (5.16)에서 x_2^{new}를 계산한 후, 식 (5.17)에서 $x_2^{new,r}$을 계산하였다. 그러나 실제 계산할 때, 식 (5.17)를 약간 변형하면,

$$x_2^{new,r} = (1-\omega)x_2^{old} + \omega\, x_2^{new}$$

가 되고 위 식의 우변에 식 (5.16)을 대입한다. 그러면 위 식은

$$x_2^{new,r} = (1-\omega)x_2^{old} + \omega\,[0.1 + 0.5x_1^{new,r} + 0.45x_3^{old}]$$

로 표시되어 중간단계인 x_2^{new}를 계산하지 않고 바로 위 식에서 $x_2^{new,r}$을 계산할 수 있다. 이제 위와 같은 방법으로 $x_1^{new,r}$과 x_3^{old}를 사용하여 $x_2^{new,r}$을 다음 식으로 계산할 수 있다.

$$x_2^{new,r} = (1-\omega)x_2^{old} + \omega\,[0.1 + 0.5x_1^{new,r} + 0.45x_3^{old}] = 0.336$$

이고, 또한 $x_3^{new,r}$도 $x_1^{new,r}$과 $x_2^{new,r}$을 사용하여 다음 식으로 계산할 수 있다.

$$x_3^{new,r} = (1-\omega)x_3^{old} + \omega\,[1.3 - 0.05x_1^{new,r} + 0.5x_2^{new,r}] = 1.74$$

따라서 SOR법으로 1회 계산한 후의 값은 각각 0.36, 0.336, 1.74이다.

역시 10회까지 $\omega = 1.2$일 때 SOR법으로 반복하여 계산하면, 다음 표를 구할 수 있으며 Jacobi법이나 Gauss-Seidel법에 비하여 빨리 수렴함을 알 수 있다. 최적의 ω

는 연립방정식의 형태에 따라 다르다.

i (ω=1.2)	x_1	x_2	x_3
0	0	0	0
1	0.36	0.336	1.74
2	0.55368	1.324608	1.973544
3	1.0034885	1.5228852	2.018813
4	1.011416	1.5124316	2.0030114
5	1.0038646	1.5014586	2.000041
6	0.9999297	1.4996882	1.999809
7	0.999853	1.499871	1.9999696
8	0.9999656	1.4999888	2.0000014
9	1.0000016	1.5000039	2.000002
10	1.0000017	1.5000013	2.0000003

위의 예에서 보듯이 일반적으로 SOR법이 가장 빠르고 그 다음이 Gauss-Seidel법이고, Jacobi법은 수렴이 늦게 되는 것을 알 수 있다. 그럼에도 Jacobi법이 유용한 것은 컴퓨터의 발달에 따라 병렬연산(parallel processing)이 가능해졌기 때문이다. 즉, Gauss-Seidel법이나 SOR법에서는 앞에서 계산한 새로운 값을 항상 사용하기 때문에 순차적으로 계산하는 방식인데 반해, Jacobi법에서는 전부 이전의 값들을 사용하기 때문에 병렬연산을 할 때, 한꺼번에 또는 많은 데이터를 동시에 계산할 수 있는 방법이기 때문이다.

다시 위의 과정을 n개의 연립방정식에 대해 일반적으로 표시하면 다음과 같다. SOR법은 Gauss-Seidel법에서 새로 계산한 값 x_i^{new}를 사용하여 다음과 같이 $x_i^{new,r}$을 계산하는 방식이다.

$$x_i^{new,r} = x_i^{old} + \omega\left(x_i^{new} - x_i^{old}\right) \tag{5.18}$$

❖ SOR : Successive Over Relaxation

새로 계산한 값과 이전 값의 차이인 $x_i^{new} - x_i^{old}$를 ω배하여 더해주는 것이다. 따라서 ω가 1보다 크면 그 차이보다 확대해서 더해 주는 것이 되어 상이완이라고 하며, 1 보다 작으면 하이완이 되는 것이다. 일반적으로 빨리 수렴시키기 위해 상이완을 사용하고 안정되게 수렴시키기 위해 하이완을 사용한다. 보통 수렴을 빨리하기 위해 ω가 1보다 큰 값을 주로 사용하고, 연속하여 이 값을 사용하여 계산한다고 하여 이 방식을 보통 **SOR법(Successive Over Relaxation method)**이라고 한다.

식 (5.18)을 다음과 같이 변형할 수 있다.

$$x_i^{new,r} = (1-\omega)x_i^{old} + \omega x_i^{new} \tag{5.19}$$

앞에서 설명한 것과 같이 실제로는 x_i^{new}를 계산한 후, $x_i^{new,r}$을 계산하는 것이 아니라 위 식 우변의 x_i^{new}를 대입하여 하나의 식으로 나타내면, 다음과 같이 바로 $x_i^{new,r}$이 계산된다.

$$x_i^{new,r} = (1-\omega)x_i^{old} + \omega\left(\hat{b}_i - \sum_{j=1}^{i-1}\hat{a}_{ij}x_j^{new,r} - \sum_{j=i+1}^{n}\hat{a}_{ij}x_j^{old}\right) \tag{5.20}$$

위 식의 ω에 따라 다음과 같이 구별할 수 있다.

- $\omega > 1$: 상이완(over relaxation), 수렴이 빨리된다. 최적값은 경우에 따라 다르다.
- $\omega < 1$: 하이완(under relaxation), 수렴이 잘 안될 때 안정되게 수렴하고자 할 때 사용한다.
- $\omega = 1$: Gauss–Seidel

❖
$\omega > 1$
⇒ 상이완
$\omega < 1$
⇒ 하이완
$\omega = 1$
⇒ Gauss–Seidel법

프로그램에서 $x^{new,r}$과 x^{old}를 따로 저장하지 않고 x에 저장하는 경우 식 (5.20)과 같은 수학적인 표현식은 프로그래밍할 때 다음과 같이 나타낼 수 있다. 여러분들은 수학적으로 표현된 식 (5.20)을 프로그래밍할 때 $x^{new,r}$과 x^{old}를 따로 저장하지 않고 x에 저장하는 경우, 다음 식으로 나타낸다는 데 익숙해야 할 것이다.

프로그래밍 : $$x_i = (1-\omega)x_i + \omega\left(\hat{b}_i - \sum_{j=1}^{i-1}\hat{a}_{ij}x_j - \sum_{j=i+1}^{n}\hat{a}_{ij}x_j\right) \tag{5.21}$$

역시 앞에서와 마찬가지로 $\hat{a}_{11}=0$, $\hat{a}_{22}=0$, …, $\hat{a}_{nn}=0$으로 저장해 놓으면, 프로그래밍을 할 때 SOR법은 다음과 같이 단순하게 표시할 수 있다.

프로그래밍에서의 표현식 : $$x_i = (1-\omega)x_i + \omega\left(\hat{b}_i - \sum_{j=1}^{n}\hat{a}_{ij}x_j\right) \tag{5.22}$$

SOR법의 알고리듬은 Gauss-Seidel법 알고리듬의 단계 3에서의 식 (5.14)를 식 (5.22)로 대체하면 된다.

SOR법 알고리듬 : 대각선 지배행렬인 경우

Gauss-Seidel법 알고리듬의 단계 3만 다음으로 대체하면 된다.

3. 새로운 값을 계산한다.

$$x_i = (1-\omega)x_i + \omega\left(\hat{b}_i - \sum_{j=1}^{n}\hat{a}_{ij}x_j\right) \quad \text{for } i=1,\, n \tag{5.22}$$

연습문제

5.1 다음 연립방정식의 해를 대각지배행렬이 되도록 재배치한 후 Jacobi법으로 5회 반복 계산하라. 5회 반복 계산한 결과를 가지고 정규화된 잔차의 평균값을 계산하라. 어느 것이 빨리 수렴하는지 비교해 보라. 초기 가정값으로 $x=[1\ \ 1\ \ 1]^T$로 가정하라. 정확한 해는 $x=[1\ \ 2\ \ 4]^T$이다.

$$5x_1 - 10x_2 + 4x_3 = 1$$
$$x_1 - 8x_2 + 10x_3 = 25$$
$$10x_1 - 6x_2 + 2x_3 = 6$$

5.2 연습문제 5.1을 Gauss–Seidel법으로 다시 하라.

5.3 연습문제 5.1을 SOR법으로 다시 하라. ω=1.1, 1.2, 1.4일 때 계산하여 비교해 보라.

프로그래밍 실습문제

※ 프로그래밍 실습문제의 번호 옆에 프로그램 이름을 나타내었다. 교육의 목적으로, 이들 프로그램은 학생들에게는 제공하지 않고, 강의를 담당하는 교수에게만 제공한다.

C5.1 ⇨ GaussSeidel.c

n개의 연립방정식의 해를 Gauss-Seidel법으로 구하는 프로그램을 C로 작성하고, 연립방정식이 다음과 같을 때 해를 출력하라. 수렴 판단의 기준은 정규화된 잔차의 평균값으로 판단하라. $\epsilon = 0.00001$로 하라. 초기 가정값으로 $\boldsymbol{x} = [1\ 1\ 1\ 1]^T$로 가정하라.

$$
\begin{aligned}
8x_1 - 4x_2 - 2x_3 + x_4 &= 19 \\
-5x_1 + 10x_2 - 4x_3 - x_4 &= -9 \\
x_1 + 5x_2 - 10x_3 + 4x_4 &= -2 \\
x_1 + 2x_2 + 5x_3 - 8x_4 &= 10
\end{aligned}
$$

C5.2 ⇨ SOR.c

n개의 연립방정식의 해를 이완계수 ω를 사용한 SOR법으로 구하는 프로그램을 C로 작성하고, 연립방정식이 다음과 같을 때 해를 출력하라. 수렴 판단의 기준은 정규화된 잔차의 평균값으로 판단하라. $\epsilon = 0.00001$로 하라. 초기 가정값으로 $\boldsymbol{x} = [1\ 1\ 1\ 1]^T$로 가정하라. $\omega = 1.1,\ 1.2,\ 1.3,\ 1.4$일 때 각각 실행하여 비교하라.

$$
\begin{aligned}
8x_1 - 4x_2 - 2x_3 + x_4 &= 21 \\
-5x_1 + 10x_2 - 4x_3 - x_4 &= -9 \\
x_1 + 5x_2 - 10x_3 + 4x_4 &= -2 \\
x_1 + 2x_2 + 5x_3 - 8x_4 &= 10
\end{aligned}
$$

M5.1 ⇨ GaussSeidel.m

n개의 연립방정식의 해를 Gauss-Seidel법으로 구하는 프로그램을 MATLAB으로 작성하고, 연립방정식이 다음과 같을 때 해를 출력하라. 수렴 판단의 기준은 정규화된 잔차의 평균값으로 판단하라. $\epsilon = 0.00001$로 하라. 초기 가정값으로 $\boldsymbol{x} = [1 \ 1 \ 1 \ 1]^T$로 가정하라.

$$\begin{aligned} 8x_1 - 4x_2 - 2x_3 + x_4 &= 21 \\ -5x_1 + 10x_2 - 4x_3 - x_4 &= -9 \\ x_1 + 5x_2 - 10x_3 + 4x_4 &= -2 \\ x_1 + 2x_2 + 5x_3 - 8x_4 &= 10 \end{aligned}$$

M5.2 ⇨ SOR.m

n개의 연립방정식의 해를 이완계수 ω를 사용한 SOR법으로 구하는 프로그램을 MATLAB으로 작성하고, 연립방정식이 다음과 같을 때 해를 출력하라. 수렴 판단의 기준은 정규화된 잔차의 평균값으로 판단하라. $\epsilon = 0.00001$로 하라. 초기 가정값으로 $\boldsymbol{x} = [1 \ 1 \ 1 \ 1]^T$로 가정하라. $\omega =$ 1.1, 1.2, 1.3, 1.4일 때 각각 실행하여 비교하라.

$$\begin{aligned} 8x_1 - 4x_2 - 2x_3 + x_4 &= 21 \\ -5x_1 + 10x_2 - 4x_3 - x_4 &= -9 \\ x_1 + 5x_2 - 10x_3 + 4x_4 &= -2 \\ x_1 + 2x_2 + 5x_3 - 8x_4 &= 10 \end{aligned}$$

CHAPTER 06

보간법

어떤 데이터가 주어졌을 때, 데이터가 주어지지 않은 중간 구간에서의 값을 알고자 할 때, 두 가지 방식을 사용할 수 있다. 하나는 실험 데이터의 모든 점을 지나는 직선 또는 곡선을 구하는 방법이고 또 다른 방식은 주어진 실험 데이터를 잘 나타낼 수 있는 특정한 식을 구하는 방식이다. 전자를 **보간법(interpolation)**이라 하고, 후자를 **곡선 맞춤(curve fitting)**이라고 한다.

- **보간법** : 실험 데이터로부터 중간 값을 계산하는 법
  Lagrange 다항식, 분할차분, 스플라인에 의한 보간법
- **곡선 맞춤** : 실험 데이터로부터 근사식을 구하는 방법
  최소제곱법

이 장에서는 보간법에 대해 설명한다. 예를 들어, 주어진 네 개의 데이터가 다음과 같고, x가 2.5, 3.5일 때 y값을 구하고자 한다.

x	2	3	4	5
y	4.8	9.4	19.2	36.6

가장 단순한 방법을 사용하면, 주어진 네 점을 지나는 곡선의 방정식은

$$y = ax^3 + bx^2 + cx + d$$

과 같은 3차식이 될 것이다. 각각의 값들을 대입하여 다음의 연립방정식을 얻는다.

$$a(2)^3 + b(2)^2 + c(2) + d = 4.8$$

$$a(3)^3+b(3)^2+c(3)+d=9.4$$

$$a(4)^3+b(4)^2+c(4)+d=19.2$$

$$a(5)^3+b(5)^2+c(5)+d=36.6$$

이제 위의 연립방정식을 풀어 계수 a, b, c, d를 구하면 3차식을 구할 수 있다. 연립방정식을 풀면, $a=0.4$, $b=-1$, $c=2$, $d=1.6$을 구할 수 있다. 따라서 네 점 모두를 지나는 곡선의 함수는

$$y=0.4x^3-x^2+2x+1.6$$

이고, x가 2.5, 3.5일 때 y값은 각각 6.6 및 13.5를 얻을 수 있다. 그러나 위의 4개의 연립방정식을 푸는 것이 쉽지 않다는 것을 알 수 있고, 보다 많은 데이터가 주어진 경우 연립방정식을 풀기가 쉽지 않아 노력이 많이 든다. 따라서 보통 이렇게 단순한 방법으로 직접적으로 구하기보다는 다른 방식들을 사용한다.

6.1 Lagrange 보간 다항식

다음과 같은 4개의 점 모두를 지나는 곡선을 구하고자 한다.

x	x_0	x_1	x_2	x_3
y	y_0	y_1	y_2	y_3

네 점을 지나므로 곡선의 방정식은 3차식이 될 것이다. 위의 네 점을 지나는 Lagrange 3차 다항식은 다음과 같이 주어진다.

$$\begin{aligned}P_3(x)\equiv&\frac{(x-x_1)(x-x_2)(x-x_3)}{(x_0-x_1)(x_0-x_2)(x_0-x_3)}y_0+\frac{(x-x_0)(x-x_2)(x-x_3)}{(x_1-x_0)(x_1-x_2)(x_1-x_3)}y_1\\&+\frac{(x-x_0)(x-x_1)(x-x_3)}{(x_2-x_0)(x_2-x_1)(x_2-x_3)}y_2+\frac{(x-x_0)(x-x_1)(x-x_2)}{(x_3-x_0)(x_3-x_1)(x_3-x_2)}y_3\end{aligned}\tag{6.1}$$

위 함수에 네 점의 값을 대입하여 보면, $y=P_3(x)$는 네 점을 지난다는 것을 알 수 있다. 즉, x_0를 대입하면, 그 값은 다음과 같이 y_0가 된다.

$$y = \frac{(x_0-x_1)(x_0-x_2)(x_0-x_3)}{(x_0-x_1)(x_0-x_2)(x_0-x_3)}y_0 + \frac{(x_0-x_0)(x_0-x_2)(x_0-x_3)}{(x_1-x_0)(x_1-x_2)(x_1-x_3)}y_1$$
$$+\frac{(x_0-x_0)(x_0-x_1)(x_0-x_3)}{(x_2-x_0)(x_2-x_1)(x_2-x_3)}y_2 + \frac{(x_0-x_0)(x_0-x_1)(x_0-x_2)}{(x_3-x_0)(x_3-x_1)(x_3-x_2)}y_3$$
$$= \frac{1}{1}y_0 + 0\times y_1 + 0\times y_2 + 0\times y_3 = y_0$$

다른 세 점에 대해서도 대입하여 보면, $y=P_3(x)$는 이 세 점도 지난다는 것을 알 수 있다. 따라서 Lagrange 3차 다항식으로 나타낸 $y=P_3(x)$는 위의 네 점을 모두 지나고 3차식이므로 우리가 구하고자 하는 유일한 3차 곡선이 되는 것이다. 물론 위 식을 전개하여 $y=ax^3+bx^2+cx+d$ 형태로 만들어 계수를 구할 수도 있지만 그렇게 할 필요는 없다.

예제 6.1

다음에 주어진 네 개의 데이터를 사용해서 Lagrange 보간법을 이용하여 x가 2.5, 3.5일 때 y값을 구하라.

x	2	3	4	5
y	4.8	9.4	19.2	36.6

풀이

네 점을 지나는 3차식은 다음과 같이 구할 수 있다.

$$y=P_3(x) \equiv \frac{(x-3)(x-4)(x-5)}{(2-3)(2-4)(2-5)}(4.8)+\frac{(x-2)(x-4)(x-5)}{(3-2)(3-4)(3-5)}(9.4)$$
$$+\frac{(x-2)(x-3)(x-5)}{(4-2)(4-3)(4-5)}(19.2)+\frac{(x-2)(x-3)(x-4)}{(5-2)(5-3)(5-4)}(36.6) \quad (1)$$

또는

$$y=-0.8(x-3)(x-4)(x-5)+4.7(x-2)(x-4)(x-5)$$
$$-9.6(x-2)(x-3)(x-5)+6.1(x-2)(x-3)(x-4) \quad (2)$$

처럼 구할 수 있고, x에 2.5를 대입하면 6.6을 얻을 수 있고, 3.5를 대입하면 13.5를 얻을 수 있어 앞에서 구한 결과와 동일한 값을 얻을 수 있다. 식 (2)를 전개하면 앞에서 구한 것과 동일한 $y=0.4x^3-x^2+2x+1.6$ 형태로 변형할 수는 있지만, 특별한 이유가 없는 한 식 (1) 또는 식 (2)의 형태로 사용한다.

일반적으로 **Lagrange n차 다항식**은 다음과 같이 간략하게 표시할 수도 있다.

$$P_n(x) = L_0(x)y_0 + L_1(x)y_1 + \ldots + L_n(x)y_n \tag{6.2}$$

$$P_n(x) = \sum_{i=0}^{n} L_i(x)y_i \tag{6.3}$$

$$L_i(x) = \prod_{\substack{j=0 \\ j \neq i}}^{n} \frac{x - x_j}{x_i - x_j} \tag{6.4}$$

위의 식에서 Ⅱ는 계속적인 곱하기를 나타낸다. $n+1$개의 점을 지나는 곡선은 Lagrange n차 다항식으로 나타낼 수 있다. 즉, 그 곡선은 $y = P_n(x)$로 주어진다. 3점을 지나는 곡선은 $y = P_2(x)$이고 4점을 지나는 곡선은 $y = P_3(x)$ 등으로 표시할 수 있다.

예제 6.2 ⇨ **Lagrange.c**

데이터 $x_d(0) \sim x_d(n)$, $y_d(0) \sim y_d(n)$이 주어졌을 때, n차 Lagrange 보간식을 이용하여 x에서의 보간값 y를 출력하는 프로그램을 C로 작성하고, 다음에 주어진 5개의 데이터를 사용해서 Lagrange 보간법을 이용하여 x가 2.5, 3.5일 때 y값을 구하라.

x_d	2	3	4	5	6
y_d	4.8	9.4	19.2	36.6	58

풀이

C로 작성한 프로그램은 Lagrange.c이다. 프로그램을 실행하면 다음과 같다.

```
x = 2.500000   :  f(x) = 6.834375
x = 3.500000   :  f(x) = 13.359375
```

Lagrange.c

```
#include<stdio.h>
#include<math.h>
/* nd : 데이터 수 */
/* n = nd-1 : n차 다항식 */
# define nd 5
double xd[nd]={2, 3, 4, 5,  6};
double yd[nd]={4.8,  9.4, 19.2, 36.6,  58};
double Lagrange(double x);
void main()
{
    double x=2.5, y;
    y=Lagrange(x);
    printf("\n  x = %f   :  f(x) = %f", x, y);
    x=3.5;
    y=Lagrange(x);
    printf("\n  x = %f   :  f(x) = %f", x, y);
}
double Lagrange(double x)
{
    double p, sum;
    int n, i, j;
    n=nd-1;
    sum=0;
    for(i=0;i<=n;i++)
    {
        p=1;
        for(j=0;j<=n;j++)
        {
            if(i!=j)
            p=p*(x-xd[j])/(xd[i]-xd[j]);
        }
        sum=sum+p*yd[i];
    }
    return(sum);
}
```

예제 6.3 ⇨ Lagrange.m, Ex6_3.m

데이터 $x_d(1) \sim x_d(n_d)$, $y_d(1) \sim y_d(n_d)$가 주어졌을 때, $n = n_d - 1$차 Lagrange 보간식을 이용하여 x에서의 보간값 y를 출력하는 프로그램을 MATLAB으로 작성하고, 다음에 주어진 5개의 데이터를 사용해서 Lagrange 보간법을 이용하여 x가 2.5, 3.5일 때 y값을 구하라.

x_d	2	3	4	5	6
y_d	4.8	9.4	19.2	36.6	58

풀이

MATLAB으로 작성한 프로그램은 Lagrange.m이고, function으로 작성하였다. 메인프로그램은 Ex6_3.m이다. 프로그램을 실행하면 다음과 같다.

```
>>Ex6_3
x =
    2.5000
y =
    6.8344
x =
    3.5000
y =
   13.3594
```

Lagrange.m

```
function y=Lagrange(xd, yd, x)
% 입력 : xd(nd), yd(nd) : 주어진 데이터
% 출력 : y,  x에서의 보간값
% nd : 데이터 수
nd=length(xd);
% (xd(i), yd(i)), i = 1, ..., nd : 주어진 데이터
% y : x에서의 보간값
% n, xd(n) y(n), x, p, sum, i, j 등을 정의한다.
% n, xd(n) y(n), x 값을 입력한다. y=f(x) 출력한다.
    y=0;
    for i=1:nd
```

```
        p=1;
        for j=1:nd
            if (i~=j)
                p=p*(x-xd(j))/(xd(i)-xd(j));
            end
       end
        y=y+p*yd(i);
    end
```

Ex6_3.m

```
%예제 6.3
xd = [2  3  4  5  6];
yd = [4.8  9.4  19.2  36.6  58];
x=2.5
y=Lagrange(xd, yd, x)
x=3.5
y=Lagrange(xd, yd, x)
```

6.2 Newton의 보간 다항식

앞의 표와 같은 동일한 네 점을 지나는 곡선을 **Newton의 보간 다항식**을 이용하여 구해보자. 일반적인 Newton의 n차 다항식은 다음으로 주어진다.

$$\begin{aligned} P_n(x) &= a_0 + a_1(x-x_0) + a_2(x-x_0)(x-x_1) + \cdots \\ &\quad + a_n(x-x_0)(x-x_1)(x-x_2)\cdots(x-x_{n-1}) \\ &= a_0 + \sum_{i=1}^{n} a_i \left[\prod_{j=0}^{i-1} (x-x_j) \right] \end{aligned} \tag{6.5}$$

6.1절에서처럼 다음과 같은 4개의 점이 주어진 경우를 생각하자.

x	x_0	x_1	x_2	x_3
y	y_0	y_1	y_2	y_3

네 점이 주어진 경우 이와 관련된 Newton의 3차 다항식은 다음과 같이 주어진다.

$$P_3(x) = a_0 + a_1(x - x_0) + a_2(x - x_0)(x - x_1) + a_3(x - x_0)(x - x_1)(x - x_2)$$

위의 네 점을 지나는 곡선은 $y = P_3(x)$로 표현되고 다음과 같이 나타낼 수 있다.

$$y = a_0 + a_1(x - x_0) + a_2(x - x_0)(x - x_1) + a_3(x - x_0)(x - x_1)(x - x_2) \quad (6.6)$$

네 점을 대입하면 다음과 같다.

$$\begin{aligned} y_0 &= a_0 \\ y_1 &= a_0 + a_1(x_1 - x_0) \\ y_2 &= a_0 + a_1(x_2 - x_0) + a_2(x_2 - x_0)(x_2 - x_1) \\ y_3 &= a_0 + a_1(x_3 - x_0) + a_2(x_3 - x_0)(x_3 - x_1) \\ &\quad + a_3(x_3 - x_0)(x_3 - x_1)(x_3 - x_2) \end{aligned}$$

첫째 식에서

$$a_0 = y_0 \quad (6.7)$$

임을 알 수 있다. 두 번째 식에서

$$a_1 = \frac{y_1 - a_0}{x_1 - x_0} = \frac{y_1 - y_0}{x_1 - x_0} \quad (6.8)$$

를 구할 수 있고, 세 번째 식에서

$$a_2 = \frac{y_2 - a_0 - a_1(x_2 - x_0)}{(x_2 - x_0)(x_1 - x_0)}$$

이고, 앞에서 구한 식 (6.7)과 (6.8)을 대입하여 정리하면 다음과 같은 형태로 구할 수 있다.

$$a_2 = \frac{\dfrac{y_2 - y_1}{x_2 - x_1} - \dfrac{y_1 - y_0}{x_1 - x_0}}{x_2 - x_0} \quad (6.9)$$

이 정리 과정이 복잡할 뿐 아니라, a_3를 구하는 것은 더 복잡한 과정을 거쳐야 정리가 된다. 다음과 같은 분할차분법을 이용하면 쉽게 기계적으로 계수를 구할 수 있다. 다음과 같은 기호를 정의한다.

$$f[x_0] \equiv f(x_0) = y_0 \tag{6.10}$$

$$f[x_0,\, x_1] \equiv \frac{f(x_1) - f(x_0)}{x_1 - x_0} = \frac{y_1 - y_0}{x_1 - x_0}$$

$$f[x_i,\, x_{i+1}] \equiv \frac{f(x_{i+1}) - f(x_i)}{x_{i+1} - x_i} = \frac{y_{i+1} - y_i}{x_{i+1} - x_i}$$

$$f[x_i,\, x_{i+1},\, x_{i+2}] \equiv \frac{f[x_{i+1},\, x_{i+2}] - f[x_i,\, x_{i+1}]}{x_{i+2} - x_i}$$

$$f[x_i, x_{i+1}, \cdots, x_n] = \frac{f[x_{i+1}, x_{i+2}, \cdots, x_n] - f[x_i, x_{i+1}, \cdots, x_{n-1}]}{x_n - x_i} \tag{6.11}$$

이런 식으로 정의하면 계수는 다음과 같음을 알 수 있다.

$$a_0 = f[x_0] = y_0$$

$$a_1 = f[x_0, x_1] = \frac{f(x_1) - f(x_0)}{x_1 - x_0} = \frac{y_1 - y_0}{x_1 - x_0}$$

$$a_2 = f[x_0, x_1, x_2]$$

$$\vdots$$

$$a_n = f[x_0, x_1, \cdots, x_n]$$

위와 같은 방법으로 앞에서의 계수를 다시 구해보면 다음과 같다.

$$a_0 = f[x_0] = y_0$$

$$a_1 = f[x_0, x_1]$$

$$a_2 = f[x_0, x_1, x_2] \equiv \frac{f[x_1, x_2] - f[x_0, x_1]}{x_2 - x_0}$$

$$= \frac{\dfrac{f(x_2) - f(x_1)}{x_2 - x_1} - \dfrac{f(x_1) - f(x_0)}{x_1 - x_0}}{x_2 - x_0} = \frac{\dfrac{y_2 - y_1}{x_2 - x_1} - \dfrac{y_1 - y_0}{x_1 - x_0}}{x_2 - x_0}$$

따라서 앞에서 구한 식 (6.7), 식 (6.8)과 식 (6.9)와 같음을 알 수 있다. 일반적으로 n+1개의 점을 지나는 경우의 곡선 $y=f(x)$는 다음과 같이 주어진다.

$$y=f[x_0]+f[x_0,x_1](x-x_0)+f[x_0,x_1,x_2](x-x_0)(x-x_1)+\dots$$
$$+f[x_0,x_1,x_2,\dots,x_n](x-x_0)(x-x_1)\dots(x-x_{n-1}) \quad (6.12)$$

실제로 모든 계수를 구하기 위해서는 표 6.1과 같은 분할차분표를 작성하는 것이 편하다.

표 6.1 분할차분표 f

i	x	$y(j=0)$	$j=1$	$j=2$	$j=3$	$j=4$
0	x_0	$y_0=f[x_0]$ $=a_0$	$f[x_0,x_1]$ $=a_1$	$f[x_0,x_1,x_2]$ $=a_2$	$f[x_0,x_1,x_2,x_3]$ $=a_3$	$f[x_0,x_1,x_2,x_3,x_4]$ $=a_4$
1	x_1	$y_1=f[x_1]$	$f[x_1,x_2]$	$f[x_1,x_2,x_3]$	$f[x_1,x_2,x_3,x_4]$	
2	x_2	$y_2=f[x_2]$	$f[x_2,x_3]$	$f[x_2,x_3,x_4]$		
3	x_3	$y_3=f[x_3]$	$f[x_3,x_4]$			
4	x_4	$y_4=f[x_4]$				

또한 프로그래밍에서의 편리한 사용을 위해 표를 배열로 생각하여 각 원소를 F_{ij}로 표시하자. 그러면

$$F_{00}=f[x_0]=y_0$$

$$F_{10}=f[x_1]=y_1$$

$$F_{20}=f[x_2]=y_2$$

$$\vdots$$

$$F_{01}=f[x_0,x_1]$$

$$F_{11}=f[x_1,x_2]$$

$$F_{21}=f[x_2,x_3]$$

$$\vdots$$

$$F_{02} = f[x_0, x_1, x_2]$$

$$F_{03} = f[x_0, x_1, x_2, x_3]$$

$$\vdots$$

$$F_{ij} = f[x_i, x_{i+1}, \ldots, x_{i+j}]$$

등으로 표시될 것이고, 또한 식 (6.10)과 식 (6.11)로부터

$$F_{i0} = y_i \tag{6.13}$$

$$F_{ij} = \frac{F_{i+1,\,j-1} - F_{i,\,j-1}}{x_{i+j} - x_i} \tag{6.14}$$

로 나타낼 수 있다. 따라서 실제로 차분표를 작성하려면 식 (6.13)과 식 (6.14)를 사용하여 계산하면 된다. 이것을 표로 나타내면 표 6.2와 같고 표의 첫 번째 행 F_{0j}가 다항식의 계수가 되는 것이다. 따라서 표가 완성된다면 $n+1$개의 점을 지나는 곡선 $y = f(x)$는 식 (6.15)와 같이 구할 수 있고, F_{0j}는 분할차분표를 사용하여 구할 수 있다.

$$\begin{aligned} y = f(x) = F_{00} + F_{01}(x - x_0) + F_{02}(x - x_0)(x - x_1) + \ldots \\ + F_{0n}(x - x_0)(x - x_1)\ldots(x - x_{n-1}) \end{aligned} \tag{6.15}$$

표 6.2 분할차분표 F_{ij}

i	x	$y(j=0)$	$j=1$	$j=2$	$j=3$	$j=4$
0	x_0	$y_0 : F_{00} = a_0$	$F_{01} = a_1$	$F_{02} = a_2$	$F_{03} = a_3$	$F_{04} = a_4$
1	x_1	$y_1 : F_{10}$	F_{11}	F_{12}	F_{13}	
2	x_2	$y_2 : F_{20}$	F_{21}	F_{22}		
3	x_3	$y_3 : F_{30}$	F_{31}			
4	x_4	$y_4 : F_{40}$				

예제 6.4

예제 6.1에서 주어진 다음과 같은 네 개의 데이터가 있을 때, Newton의 분할차분법을 이용하여 x가 2.5, 3.5일 때 y값을 구하라.

x	2	3	4	5
y	4.8	9.4	19.2	36.6

풀이

표 6.1을 작성하면 다음과 같다.

$$F_{01}=\frac{F_{10}-F_{00}}{x_1-x_0}=\frac{9.4-4.8}{3-2}=4.6$$

$$F_{11}=\frac{F_{20}-F_{10}}{x_2-x_1}=\frac{19.2-9.4}{4-3}=9.8$$

$$F_{21}=\frac{F_{30}-F_{20}}{x_3-x_2}=\frac{36.6-19.2}{5-4}=17.4$$

$$F_{02}=\frac{F_{11}-F_{01}}{x_2-x_0}=\frac{9.8-4.6}{4-2}=2.6$$

$$F_{12}=\frac{F_{21}-F_{11}}{x_3-x_1}=\frac{17.4-9.8}{5-3}=3.8$$

$$F_{03}=\frac{F_{12}-F_{02}}{x_3-x_0}=\frac{3.8-2.6}{5-2}=0.4$$

		0	1	2	3
	x	y			
0	2	4.8	4.6	2.6	0.4
1	3	9.4	9.8	3.8	
2	4	19.2	17.4		
3	5	36.6			

따라서, 네 점을 지나는 곡선은

$$y=f(x)=4.8+4.6(x-2)+2.6(x-2)(x-3)+0.4(x-2)(x-3)(x-4)$$

이고, x에 2.5를 대입하면 6.6을 얻을 수 있고, 3.5를 대입하면 13.5를 얻을 수 있어 역시 앞에서 구한 결과와 동일한 값을 얻을 수 있다. 역시 위 식을 전개하면 앞에서 구한 것과 동일한 $y=0.4x^3-x^2+2x+1.6$ 형태로 변형할 수는 있지만, 특별한 이유가 없는 위 식의 형태로 사용한다.

Newton의 차분 방식이 Lagrange 다항식에 비해 좋은 점은 주어진 데이터의 수가 첨가되었을 경우이다. 즉 위에서 주어진 점이 네 개가 아니라 다음과 같이 하나 늘어난 다섯 개인 경우를 살펴보자.

x	2	3	4	5	6
y	4.8	9.4	19.2	36.6	58

Newton의 차분표를 작성하면 다음과 같고 음영으로 표시된 부분이 새로이 추가로 계산된 부분이다.

		0	1	2	3	4
	x	y				
0	2	4.8	4.6	2.6	0.4	−0.25
1	3	9.4	9.8	3.8	−0.6	
2	4	19.2	17.4	2		
3	5	36.6	21.4			
4	6	58				

이 경우 앞에서 구한 결과를 그대로 사용하여 $a_4 =-0.25$를 구할 수 있고 구한 함수는

$$y=f(x)=4.8+4.6(x-2)+2.6(x-2)(x-3)+0.4(x-2)(x-3)(x-4)$$
$$-0.25(x-2)(x-3)(x-4)(x-5)$$

가 되어 앞의 식과 비교하면, 단지 하나의 항이 더 추가되었을 뿐이다. 그러나 단순하게 4차 곡선을 구하거나 Lagrange 다항식을 이용하는 경우에 데이터가 4개 주어진 경우와 5개 주어진 경우는 아무런 연관성이 없이 별개의 문제가 되어 처음부터 계수를 완전히 다시 구하여야 한다.

Newton의 차분보간법의 가상코드는 다음과 같다. MATLAB으로 프로그래밍할 때는 $F(0,j)$나 $F(i,0)$가 정의되지 않기 때문에 1씩 증가해서 프로그래밍해야 한다. 즉, 가상코드에서 굵게 표시된 0 대신에 1을, 1 대신 2를 n 대신에 $n+1=nd$를 사용하여야 한다. 그리고 약간의 수정이 더 필요하며, MATLAB인 경우 가상코드의 오른쪽에 표시된 것을 사용하여야 한다.

Newton 차분보간법 가상코드(MATLAB은 굵게 표시된 부분 수정-오른쪽에 표시)

```
입력 : xd, yd, nd, x
출력 : y
xd(i), yd(i) : 주어진 데이터
x : 보간값을 구하고자 하는 x:
y : x에서의 보간값
nd : 데이터 수
n : n차 다항식, n=nd-1
F(i,j) : 차분표
필요하면, 변수를 정의한다.
  실수 : xd, yd, x, y, F, ytemp
  정수 : i, j                                              "MATLAB인 경우"
    For i=0 to n                                            For i=1 to nd
      F(i,0)=yd(i);                                         F(i,1)=yd(i);
    End For i
    For j=1 to n                                            For j=2 to nd
      For i=0 to n-j                                        For i=1 to nd-j+1
         F(i,j)=(F(i+1,j-1)-F(i,j-1))/(xd(i+j)-xd(i));      xd(i+j-1)
      End For i
    End For j
    y=F(0,0)                                                y=F(1,1)
    ytemp=1
    For j=1 to n                                            For j=2 to nd
      ytemp=ytemp*( x -xd (j-1) )
      y = y + F(0,j)*ytemp                                  y = y + F(1,j)*ytemp
    End For j
출력 : x, y
 "차분표 출력"
출력 ;  xd(i)), F(i,j)
```

6.3 스플라인

스플라인(spline)은 매끄러운(smooth) 곡선을 그리기 위해 제도하는 도구에서 유래하였다. 특히 급격하게 변하는 데이터를 나타내는 데 적합한 방법이다. 여러 개의 데이터를 연결할 때 기울기와 곡률도 연속이 되게 하면 매끄럽게 연결된다.

6.3.1 2차 스플라인

일반적으로 3차 스플라인이 많이 사용되지만 쉽게 이해하기 위해 2차 스플라인을 먼저 설명하고자 한다. 1차 스플라인은 데이터 점을 단순히 직선으로 연결하는 것이어서 기울기가 연속이지 않아 스플라인으로서의 의미가 별로 없다. 다음과 같은 4개의 데이터가 주어졌다고 하자. 물론 등간격이 아닐 수도 있다.

x	x_1	x_2	x_3	x_4
y	y_1	y_2	y_3	y_4

위의 4점을 지나는 2차 스플라인은 다음과 같이 구할 수 있다. 주어진 데이터가 4점이면 소구간은 3개이다. 따라서 3개의 소구간에서 다음과 같은 2차 다항식을 생각할 수 있다.

$$S(x) = \begin{cases} s_1(x) = A_1x^2 + B_1x + C_1, & x_1 \le x \le x_2 \\ s_2(x) = A_2x^2 + B_2x + C_2, & x_2 \le x \le x_3 \\ s_3(x) = A_3x^2 + B_3x + C_3, & x_3 \le x \le x_4 \end{cases} \tag{6.17}$$

$S(x)$는 전체 구간에서 정의된 함수이고 $s_i(x)$는 각각의 소구간에서 정의되는 함수이다. 소구간에서의 함수 $s_i(x)$의 계수들을 구할 때 계산을 줄이기 위하여 위와 같은 2차 다항식을 구하는 것이 아니라 다음과 같은 형태의 2차 다항식을 구하고자 한다.

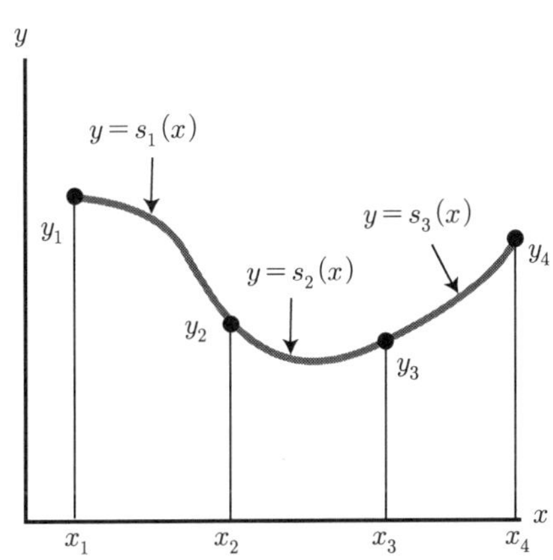

그림 6.1 네 점을 지나는 스플라인

$$S(x) = \begin{cases} s_1(x) = a_1(x-x_1)^2 + b_1(x-x_1) + c_1, & x_1 \le x \le x_2 \\ s_2(x) = a_2(x-x_2)^2 + b_2(x-x_2) + c_2, & x_2 \le x \le x_3 \\ s_3(x) = a_3(x-x_3)^2 + b_3(x-x_3) + c_3, & x_3 \le x \le x_4 \end{cases} \tag{6.18}$$

식 (6.18)로 구하여 전개하면 결국 식 (6.17)의 형태로 나타낼 수 있다. 먼저 각각의 2차 다항식은 구간의 양쪽 점들을 지나야 한다.

$$s_1(x_1) = y_1 \quad \Rightarrow \quad a_1(x_1-x_1)^2 + b_1(x_1-x_1) + c_1 = y_1$$
$$\Rightarrow \quad c_1 = y_1$$

$$s_1(x_2) = y_2 \quad \Rightarrow \quad a_1(x_2-x_1)^2 + b_1(x_2-x_1) + c_1 = y_2$$
$$\Rightarrow \quad a_1h_1^2 + b_1h_1 + c_1 = y_2$$

$$s_2(x_2) = y_2 \quad \Rightarrow \quad a_2(x_2-x_2)^2 + b_2(x_2-x_2) + c_2 = y_2$$
$$\Rightarrow \quad c_2 = y_2$$

$$s_2(x_3) = y_3 \quad \Rightarrow \quad a_2(x_3-x_2)^2 + b_2(x_3-x_2) + c_2 = y_3$$
$$\Rightarrow \quad a_2h_2^2 + b_2h_2 + c_2 = y_3$$

$$s_3(x_3) = y_3 \quad \Rightarrow \quad a_3(x_3-x_3)^2 + b_3(x_3-x_3) + c_3 = y_3$$
$$\Rightarrow \quad c_3 = y_3$$

$$s_3(x_4) = y_4 \quad \Rightarrow \quad a_3(x_4-x_3)^2 + b_3(x_4-x_3) + c_3 = y_4$$
$$\Rightarrow \quad a_3h_3^2 + b_3h_3 + c_3 = y_4$$

여기서,

$$h_i = x_{i+1} - x_i, \qquad 1 \le i \le n \tag{6.19}$$

이다. n은 소구간의 개수이며, 지금은 $n=3$이다. 2차 스플라인 함수를 구하기 위해서는 모두 $3 \times 3 = 9$개의 미지수(a_1, b_1, c_1, $\cdots$, a_3, b_3, c_3)가 있으나, 위에서 고려한 식이 모두 $3 \times 2 = 6$개이므로 3개의 식이 부족하다.

두 이웃하는 곡선이 만나는 점에서 기울기가 같으면 곡선은 부드럽게(smooth) 연결될 것이다. 이 조건을 적용하면 중앙의 연결점이 $3-1=2$개 있으므로 2개의 조

건이 더 구해진다. 즉,

$$s'_1(x_2) = s'_2(x_2) \quad \Rightarrow \quad 2a_1(x_2 - x_1) + b_1 = 2a_2(x_2 - x_2) + b_2$$
$$\Rightarrow \quad 2a_1h_1 + b_1 = b_2$$

$$s'_2(x_3) = s'_3(x_3) \quad \Rightarrow \quad 2a_2(x_3 - x_2) + b_2 = 2a_3(x_3 - x_3) + b_3$$
$$\Rightarrow \quad 2a_2h_2 + b_2 = b_3$$

가 성립한다. 사실 위의 식들은 다음에 설명하는 스플라인의 조건이기도 하다. 아직까지 하나의 식이 부족하고, 부족한 하나의 조건은 보통 다음과 같이 $x = x_1$에서 기울기를 0으로 가정한다. 즉,

$$s'_1(x_1) = 0 \quad \Rightarrow \quad b_1 = 0$$

이 되고 이제 9개의 식이 주어졌으므로 9개의 미지수를 구하여 2차 스플라인을 구할 수 있다.

예제 6.5

다음과 같은 3개의 데이터를 사용하여 2차 스플라인을 구하라. 구한 스플라인을 이용하여 $x = 3$일 때의 값을 예측하라.

x	1	2	4
y	4	2	3

풀이

3개의 데이터가 있으므로 2개의 소구간이 있고 2개의 함수 $s_1(x)$와 $s_2(x)$를 구하면 된다.

$$S(x) = \begin{cases} s_1(x) = a_1(x-x_1)^2 + b_1(x-x_1) + c_1, & x_1 \le x \le x_2 \\ s_2(x) = a_2(x-x_2)^2 + b_2(x-x_2) + c_2, & x_2 \le x \le x_3 \end{cases}$$

먼저 각각의 구간에서의 2차 다항식은 구간의 양쪽 점들을 지나야 한다. 따라서

$$s_1(x_1) = y_1 \quad \Rightarrow \quad c_1 = y_1 = 4$$
$$s_1(x_2) = y_2 \quad \Rightarrow \quad a_1 + b_1 + c_1 = 2 \quad \Rightarrow \quad a_1 + b_1 = -2 \qquad (1)$$
$$s_2(x_2) = y_2 \quad \Rightarrow \quad c_2 = y_2 = 2$$
$$s_2(x_3) = y_3 \quad \Rightarrow \quad 4a_2 + 2b_2 + c_2 = 3 \quad \Rightarrow \quad 4a_2 + 2b_2 = 1 \qquad (2)$$

매듭($x = 2$)에서 기울기가 같아야 한다.

$$s'_1(x_2) = s'_2(x_2) \quad \Rightarrow \quad 2a_1 + b_1 = b_2 \tag{3}$$

부족한 하나의 조건은 $x = x_1$에서 기울기를 0으로 가정한다. 즉,

$$s'_1(x_1) = 0 \quad \Rightarrow \quad b_1 = 0 \tag{4}$$

따라서 식 (1)~식 (4)를 연립하여 풀면, $a_1 = -2$, $a_2 = 2.25$, $b_2 = -4$를 얻을 수 있다. 따라서 2차 스플라인은 다음과 같다.

$$S(x) = \begin{cases} s_1(x) = -2(x-1)^2 + 4, & 1 \le x \le 2 \\ s_2(x) = 2.25(x-2)^2 - 4(x-2) + 2, & 2 \le x \le 4 \end{cases}$$

$x = 3$일 때의 값은

$$s_2(3) = 2.25(3-2)^2 - 4(3-2) + 2 = 0.25$$

이다.

6.3.2 자연 3차 스플라인

가장 많이 사용되는 스플라인은 **3차 스플라인(cubic spline)**이다. 일반적으로 함수 $S(x)$가 k차 스플라인일 때 다음 조건을 만족하여야 한다.

(1) $S(x)$의 정의구역은 $[a, b]$이다.
(2) S, S', S'', $\cdots$, $S^{(k-1)}$은 구간 $[a, b]$에서 연속(continuous)이다.
(3) 구간 $x_i \le x \le x_{i+1}$에서 $S(x) = s_i(x)$는 k차 이하의 다항식이다.

구간의 경계점 x_i를 매듭(knot)이라고 한다. 함수 $f(x)$가 다음 조건을 만족할 때 $x = x_i$에서 연속이라고 한다.

$$\lim_{x \to x_i^-} f(x) = \lim_{x \to x_i^+} f(x)$$

여기서 $x \to x_i^-$는 x_i보다 작은 값에서 x_i에 접근하는 것을 나타내고, $x \to x_i^+$는 x_i보다 큰 값에서 x_i에 접근하는 것을 나타낸다. 따라서 함수 S, S', S'', $\cdots$, $S^{(k-1)}$가 연속이 되려면

$$\lim_{x \to x_{i+1}^-} S(x) = \lim_{x \to x_{i+1}^+} S(x) \quad \Rightarrow \quad s_i(x_{i+1}) = s_{i+1}(x_{i+1}) \tag{6.20}$$

$$\lim_{x \to x_{i+1}^-} S'(x) = \lim_{x \to x_{i+1}^+} S'(x) \quad \Rightarrow \quad s'_i(x_{i+1}) = s'_{i+1}(x_{i+1}) \tag{6.21}$$

$$\lim_{x \to x_{i+1}^-} S''(x) = \lim_{x \to x_{i+1}^+} S''(x) \quad \Rightarrow \quad s''_i(x_{i+1}) = s''_{i+1}(x_{i+1}) \tag{6.22}$$

$$\vdots$$

$$\lim_{x \to x_{i+1}^-} S^{(k-1)}(x) = \lim_{x \to x_{i+1}^+} S^{(k-1)}(x) \quad \Rightarrow s_i^{(k-1)}(x_{i+1}) = s_{i+1}^{(k-1)}(x_{i+1}) \tag{6.23}$$

의 관계가 성립하면 된다.

스플라인 중에서 3차 스플라인이 주로 사용된다. 1차 스플라인은 스플라인으로서의 의미가 없고, 2차 스플라인도 매듭에서 곡률이 연속이지 않기 때문에 충분히 매끄럽게 연결되지 않는다. 4차 이상의 스플라인은 구하기가 훨씬 어려울 뿐 아니라, 3차 스플라인에 비해 그 장점이 아주 작기 때문에 거의 사용되지 않는다. 따라서 아래에서 3차 스플라인을 구하는 법에 대해서 설명한다.

다음과 같이 $n+1$개의 데이터가 주어졌다고 하자.

x	$a=x_1$	x_2	x_3	$\cdots$	x_n	$b=x_{n+1}$
y	y_1	y_2	y_3	$\cdots$	y_n	y_{n+1}

3차 스플라인은 다음과 같이 n개의 소구간별로 3차 다항식을 구하는 것이다.

$$S(x) = \begin{cases} s_1(x), & x_1 \le x \le x_2 \\ s_2(x), & x_2 \le x \le x_3 \\ \vdots & \\ s_n(x), & x_n \le x \le x_{n+1} \end{cases} \tag{6.24}$$

$$s_i(x) = a_i(x-x_i)^3 + b_i(x-x_i)^2 + c_i(x-x_i) + d_i, \quad x_i \le x \le x_{i+1} \tag{6.25}$$

$s_i(x)$에 4개의 미지수를 포함하고 있고 다항식이 n개 있으므로, 모두 $4n$개의 미지수가 있다. 이제 3차 스플라인의 조건을 적용하면,

(1) 이 스플라인은 주어진 각 점들을 지나야 한다. 즉, $y=s_i(x)$는 양쪽 매듭을 모두 지나야 한다. 그러면 $S(x)$가 연속이라는 조건인 식 (6.20)은 자동적으로 만족된다. 즉,

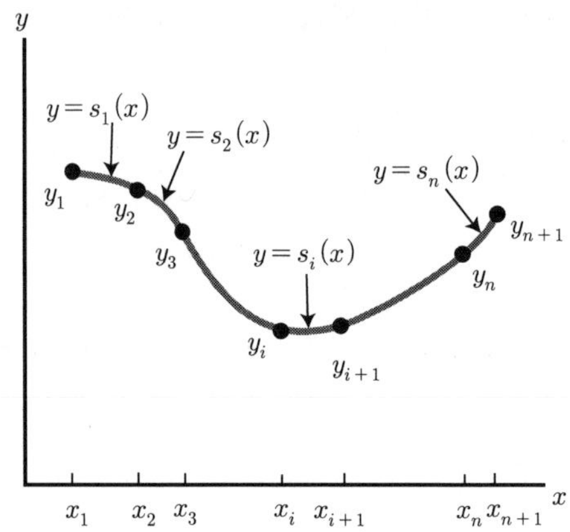

⊃ 그림 6.2 n+1개의 점을 지나는 스플라인

$$s_i(x_i)=y_i \quad \Rightarrow \quad d_i=y_i, \quad 1 \le i \le n \tag{6.26}$$

$$s_i(x_{i+1})=y_{i+1} \Rightarrow a_i h_i^3+b_i h_i^2+c_i h_i+d_i=y_{i+1}, \; 1 \le i \le n \tag{6.27}$$

의 관계가 성립하여 $2n$개의 식이 주어진다.

(2) 그리고 S', S''가 연속이 되려면 S', S''가 중앙의 매듭에서 연속이 되어야 하므로, 식 (6.21)과 식 (6.22)를 만족해야 한다. 그런데,

$$s'_i(x)=3a_i(x-x_i)^2+2b_i(x-x_i)+c_i, \quad 1 \le i \le n \tag{6.28}$$

$$s''_i(x)=6a_i(x-x_i)+2b_i, \quad 1 \le i \le n \tag{6.29}$$

이므로

$$s'_i(x_{i+1})=s'_{i+1}(x_{i+1}) \Rightarrow 3a_i(x_{i+1}-x_i)^2+2b_i(x_{i+1}-x_i)+c_i$$
$$=3a_{i+1}(x_{i+1}-x_{i+1})^2+2b_{i+1}(x_{i+1}-x_{i+1})+c_{i+1}$$

$$\Rightarrow \quad 3a_i h_i^2+2b_i h_i+c_i=c_{i+1}, \quad 1 \le i \le n-1 \tag{6.30}$$

$$s''_i(x_{i+1})=s''_{i+1}(x_{i+1})$$
$$\Rightarrow 6a_i(x_{i+1}-x_i)+2b_i=6a_{i+1}(x_{i+1}-x_{i+1})+2b_{i+1}$$

$$\Rightarrow \quad 6a_i h_i+2b_i=2b_{i+1}, \quad 1 \le i \le n-1 \tag{6.31}$$

이다. 따라서 $2(n-1)$개의 식을 더 얻을 수 있다. 결국 $4n-2$개의 식이 있으므로 2개의 식이 더 필요하다. 필요한 2개의 조건은 다음과 같이 적용할 수 있다. S'가 연속이면 곡선의 기울기가 연속인 것을 의미하고 S''가 연속이면 곡률이 연속인 것을 의미한다.

(3) 양끝에서 $S''=0$이라고 가정한다. 즉,

$$s''_1(x_1)=0, \quad s''_n(x_{n+1})=0 \tag{6.32}$$

이라 둔다.

식 (6.32)를 적용하는 스플라인을 자연 스플라인(natural spline)이라 한다. 경우에 따라 식 (6.32)의 0 대신에 어떤 값을 가정할 수도 있고 외삽법을 사용하는 수도 있다. 다른 방법에 대해서는 참고문헌을 참조하기 바란다. 자연 스플라인을 사용하면 추가된 2개의 식은 다음과 같다.

$$s''_1(x_1)=0 \quad \Rightarrow \quad 6a_1(x_1-x_1)+2b_1=0$$

$$\Rightarrow b_1=0 \tag{6.33}$$

$$s''_n(x_{n+1})=0 \quad \Rightarrow \quad 6a_n(x_{n+1}-x_n)+2b_n=0$$

$$\Rightarrow 6a_nh_n+2b_n=0 \tag{6.34}$$

이제 $4n$개의 계수들에 대해 $4n$개의 식이 주어졌으므로 계수들을 모두 구할 수 있다. 식 (6.26)을 이용하여 d_i를 소거하여 식 (6.25)와 식 (6.27)을 다시 적으면 다음과 같다.

$$s_i(x)=a_i(x-x_i)^3+b_i(x-x_i)^2+c_i(x-x_i)+y_i, \qquad 1\le i\le n \tag{6.35}$$

$$a_ih_i^3+b_ih_i^2+c_ih_i=y_{i+1}-y_i, \qquad 1\le i\le n \tag{6.36}$$

이제 계수 d_i가 소거되었으므로 식 (6.30), 식 (6.31), 식 (6.33), 식 (6.34) 및 식 (6.36)의 $3n$개의 식이 있으므로 연립하여 풀면 식 (6.35)의 계수들을 구할 수 있다.

위와 같이 $3n$개의 연립방정식을 풀어도 되지만, 효율적으로 계산하기 위해 약간 수정한다. 위의 연립방정식들을 2계 도함수 $s''_i(x_i)$의 함수 형태로 나타내기로 한다. 이 값들을

$$r_i = s''_i(x_i), \quad 1 \le i \le n \tag{6.37}$$

$$r_{n+1} = s''_n(x_{n+1}) \tag{6.38}$$

라고 하자. 물론 이 값들을 아직 모른다. 식 (6.37)을 식 (6.29)에 대입하면

$$r_i = 6a_i(x_i - x_i) + 2b_i = 2b_i,$$

$$\Rightarrow \quad b_i = \frac{r_i}{2}, \quad 1 \le i \le n \tag{6.39}$$

가 되고, 식 (6.31)에서

$$6a_i h_i + 2b_i = 2b_{i+1} \quad \Rightarrow \quad a_i = \frac{2(b_{i+1} - b_i)}{6h_i}$$

$$\Rightarrow \quad a_i = \frac{r_{i+1} - r_i}{6h_i}, \qquad 1 \le i \le n-1 \tag{6.40}$$

가 되고, a_n은 식 (6.38)에서 구할 수 있다.

$$r_{n+1} = s''_n(x_{n+1})$$

$$\Rightarrow \quad r_{n+1} = 6a_n(x_{n+1} - x_n) + 2b_n = 6a_n h_n + 2b_n$$

$$\Rightarrow \quad a_n = \frac{r_{n+1} - 2b_n}{6h_n}$$

이고, 식 (6.39)로부터 $2b_n = r_n$이므로,

$$a_n = \frac{r_{n+1} - r_n}{6h_n} \tag{6.41}$$

으로 표시되어 식 (6.40)과 동일한 형태가 되어 식 (6.40)과 식 (6.41)을 식 (6.42)처럼 함께 나타낼 수 있다.

$$a_i = \frac{r_{i+1} - r_i}{6h_i}, \qquad 1 \le i \le n \tag{6.42}$$

이제 a_i와 b_i는 r_i로 표시되었고, 식 (6.36)에 이것을 대입하면

$$\frac{r_{i+1} - r_i}{6h_i} h_i^3 + \frac{r_i}{2} h_i^2 + c_i h_i = y_{i+1} - y_i, \qquad 1 \le i \le n$$

이고, 따라서

$$c_i = -\frac{2h_i r_i + h_i r_{i+1}}{6} + \frac{y_{i+1} - y_i}{h_i}, \qquad 1 \le i \le n \tag{6.43}$$

이다.

매듭에서 이웃하는 함수의 기울기가 같다는 조건인 식 (6.30)에 a_i, b_i와 c_i를 대입하면

$$\begin{aligned} 3\frac{r_{i+1} - r_i}{6h_i} h_i^2 + r_i h_i - \frac{2h_i r_i + h_i r_{i+1}}{6} + \frac{y_{i+1} - y_i}{h_i} \\ = -\frac{2h_{i+1} r_{i+1} + h_{i+1} r_{i+2}}{6} + \frac{y_{i+2} - y_{i+1}}{h_{i+1}} \end{aligned}$$

이고, 이를 정리하면 다음과 같은 $n-1$개의 식을 구할 수 있다.

$$\begin{aligned} & h_i r_i + 2(h_i + h_{i+1}) r_{i+1} + h_{i+1} r_{i+2} \\ & \quad = 6\left(\frac{y_{i+2} - y_{i+1}}{h_{i+1}} - \frac{y_{i+1} - y_i}{h_i}\right), \qquad 1 \le i \le n-1 \end{aligned} \tag{6.44}$$

또한

$$F_i = \frac{y_{i+1} - y_i}{h_i}, \qquad 1 \le i \le n \tag{6.45}$$

라고 두면 식 (6.44)는 다음과 같이 표현된다.

$$h_i r_i + 2(h_i + h_{i+1}) r_{i+1} + h_{i+1} r_{i+2} = 6(F_{i+1} - F_i), \; 1 \le i \le n-1 \tag{6.46}$$

그리고 식 (6.43)은 다음과 같이 나타낼 수 있다.

$$c_i = -\frac{2h_i r_i + h_i r_{i+1}}{6} + F_i, \qquad 1 \le i \le n \tag{6.47}$$

자연 스플라인을 적용하면 식 (6.32)로부터 다음과 같은 두 개의 조건을 더 얻을 수 있다.

$$r_1 = 0, \ r_{n+1} = 0 \tag{6.48}$$

따라서 식 (6.46)에서 $n-1$개의 식이 주어져 있고 $n-1$개의 미지수(r_2, r_3, $\cdots$, r_n)가 있으므로 연립하여 풀 수 있다. 즉, 다음과 같은 식으로 표현된다.

$$\begin{bmatrix} 2(h_1+h_2) & h_2 & 0 & . & . & 0 \\ h_2 & 2(h_2+h_3) & h_3 & . & . & 0 \\ 0 & h_3 & 2(h_3+h_4) & h_4 & . & 0 \\ . & . & . & . & . & . \\ . & & 0 & h_{n-2} & 2(h_{n-2}+h_{n-1}) & h_{n-1} \\ 0 & . & . & 0 & h_{n-1} & 2(h_{n-1}+h_n) \end{bmatrix} \begin{bmatrix} r_2 \\ r_3 \\ . \\ . \\ . \\ r_n \end{bmatrix} = \begin{bmatrix} 6(F_2-F_1) \\ 6(F_3-F_2) \\ . \\ . \\ \\ 6(F_n-F_{n-1}) \end{bmatrix} \tag{6.49}$$

식 (6.49)는 삼중대각행렬이므로 Thomas법을 사용하여 r_i를 구할 수 있으며, r_i를 구한 후 식 (6.39), 식 (6.42) 및 식 (6.47)로부터 계수 a_i, b_i, c_i를 구할 수 있다. 모든 계수를 구하면 식 (6.35)에서 $s_i(x)$를 구할 수 있다. 다음 알고리듬은 주어진 $n+1$개의 데이터를 자연 3차 스플라인으로 구한 후, $S(x_p)$의 값을 출력하는 알고리듬이다. MATLAB에서 내장 함수를 이용하여 구하는 스플라인은 3차 스플라인이기는 하지만, 자연 스플라인이 아니라 두 끝점에서의 조건을 다른 조건으로 적용한 것이다.

자연 3차 스플라인 알고리듬

1. 데이터 수 n_d 및 데이터 입력한다.
   구간 수 및 함수의 수는 n이다. $n = n_d - 1$

입력 : n_d, $x(i)$, $y(i)$, x_p(이 값에서 스플라인 값을 구한다)

출력 : $S(x_p)$값 또는 함수 $s_i(x)$의 계수

2. h_i와 F_i를 계산한다.

$$h_i = x_{i+1} - x_i \ , \qquad 1 \le i \le n \tag{6.19}$$

$$F_i = \frac{y_{i+1} - y_i}{h_i}, \qquad 1 \le i \le n \tag{6.45}$$

3. 식 (6.49)의 연립방정식의 계수들을 입력한다.
4. 자연 스플라인을 적용한다.

$$r_1 = 0, \ r_{n+1} = 0$$

5. Thomas법에 의해 r_2, r_3, $\cdots$, r_n을 구한다.
6. 계수 a_i, b_i, c_i를 구한다($1 \le i \le n$).

$$a_i = \frac{r_{i+1} - r_i}{6h_i} \tag{6.42}$$

$$b_i = \frac{r_i}{2} \tag{6.39}$$

$$c_i = -\frac{2h_i r_i + h_i r_{i+1}}{6} + F_i \tag{6.47}$$

7. $x = x_p$에서 $S(x_p)$값을 계산한다.

예제 6.6

다음과 같은 3개의 데이터를 사용하여 자연 3차 스플라인을 구하라. 구한 스플라인을 이용하여 $x = 3$일 때의 값을 예측하라.

x	1	2	4
y	4	2	3

풀이

3개의 데이터가 있으므로 2개의 소구간이 있고 2개의 함수 $s_1(x)$와 $s_2(x)$를 다음 식으로 구하면 된다.

$$s_i(x) = a_i(x - x_i)^3 + b_i(x - x_i)^2 + c_i(x - x_i) + y_i, \qquad 1 \le i \le 2$$

이 식을 사용하여 일반적으로 구하는 경우 6개의 연립방정식을 풀어야 하지만, 수정된 방법에 따라 작성된 자연 3차 스플라인 알고리듬에 따라 계산하면 방정식의 수가 훨씬 줄어들게 된다. 식 (6.19)와 식 (6.45)로부터,

$$h_1 = 1,\ h_2 = 2$$

$$F_1 = \frac{y_2 - y_1}{h_1} = \frac{2-4}{1} = -2,\quad F_2 = \frac{y_3 - y_2}{h_2} = \frac{3-2}{2} = 0.5$$

를 구할 수 있다. 자연 스플라인을 적용하면, $r_1 = 0$, $r_3 = 0$이고 따라서 r_2만 구하면 된다. r_2는 식 (6.46) 또는 식 (6.49)로부터 구할 수 있다.

$$h_1 r_1 + 2(h_1 + h_2) r_2 + h_2 r_3 = 6(F_2 - F_1)$$

$$\Rightarrow\ (1)(0) + 2(1+2) r_2 + (2)(0) = 6(0.5+2)$$

위 식으로부터 $r_2 = 2.5$이다.

그러면 계수는 식 (6.42), 식 (6.39), 식 (6.47)로부터 쉽게 구할 수 있다.

$$a_1 = \frac{r_2 - r_1}{6h_1} = \frac{2.5-0}{6} = \frac{5}{12}$$

$$a_2 = \frac{r_3 - r_2}{6h_2} = \frac{0-2.5}{(6)(2)} = -\frac{5}{24}$$

$$b_1 = \frac{r_1}{2} = 0$$

$$b_2 = \frac{r_2}{2} = \frac{2.5}{2} = \frac{5}{4}$$

$$c_1 = -\frac{2h_1 r_1 + h_1 r_2}{6} + F_1 = -\frac{2.5}{6} - 2 = -\frac{29}{12}$$

$$c_2 = -\frac{2h_2 r_2 + h_2 r_3}{6} + F_2 = -\frac{(2)(2)(2.5)}{6} + 0.5 = -\frac{7}{6}$$

따라서

$$s_1(x) = \frac{5}{12}(x-1)^3 - \frac{29}{12}(x-1) + 4 \tag{1}$$

$$s_2(x) = -\frac{5}{24}(x-2)^3 + \frac{5}{4}(x-2)^2 - \frac{7}{6}(x-2) + 2 \tag{2}$$

$x = 3$일 때의 값은

$$s_2(3) = -\frac{5}{24}(3-2)^3 + \frac{5}{4}(3-2)^2 - \frac{7}{6}(3-2) + 2 = 1.875$$

이다.

♦ 보충설명

위에서 구한 식 (1)과 식 (2)가 제대로 구한 것인지 확인하기 위해서는 3차 스플라인 조건을 만족하는지 확인하면 된다.

(1) 이 스플라인은 주어진 각 점들을 지나야 한다.

$$s_1(1) = \frac{5}{12}(1-1)^3 - \frac{29}{12}(1-1) + 4 = 4$$

$$s_1(2) = \frac{5}{12}(2-1)^3 - \frac{29}{12}(2-1) + 4 = 2$$

$$s_2(2) = -\frac{5}{24}(2-2)^3 + \frac{5}{4}(2-2)^2 - \frac{7}{6}(2-2) + 2 = 2$$

$$s_2(4) = -\frac{5}{24}(4-2)^3 + \frac{5}{4}(4-2)^2 - \frac{7}{6}(4-2) + 2 = 3$$

따라서 이 스플라인은 주어진 각 점들을 지난다.

(2) 매듭에서 S', S'' 가 연속인지 확인한다.

$$s_1'(2) = 3\frac{5}{12}(2-1)^2 - \frac{29}{12} = -1.166667$$

$$s_2'(2) = -3 \times \frac{5}{24}(2-2)^2 + 2 \times \frac{5}{4}(2-2) - \frac{7}{6} = -1.166667$$

따라서 $s_1'(2) = s_2'(2)$ 이다.

$$s_1''(2) = 3 \times 2 \times \frac{5}{12}(2-1) = 2.5$$

$$s_2''(2) = -3 \times 2 \times \frac{5}{24}(2-2) + 2 \times \frac{5}{4} = 2.5$$

따라서 $s_1''(2) = s_2''(2)$ 이고 매듭($x=2$)에서 연속이다.

보충설명(MATLAB 내장함수 사용)

MATLAB에서 보간법과 관련된 내장함수는 **interp1**, **interp2**, **spline** 등이 있다. 이 중 interp1의 사용법으로 여러 가지가 있으나 대표적인 사용법은 다음과 같다.

```
y = interp1( xd, yd, x, method)
```

여기서 xd와 yd는 주어진 데이터이며 벡터 형태이고 x의 값에 대한 y값을 보간법으로 구한다. method는 다음과 같은 형태를 가질 수 있으며 생략하면 linear를 의미한다.

'linear' : 선형 보간 (default)
'spline' : 3차 스플라인 보간
'pchip' : 구간별 3차 Hermite 보간법(Hermite 보간법에 대해서는 참고문헌 참조)
'cubic': ('pchip'와 동일함)

다음에 interp1의 사용 예를 볼 수 있다.

```
>> xd = [2  3  4  5  6];
>> yd = [4.8  9.4  19.2  36.6  58];
```

```
>> x=2.5;
>> y=interp1(xd,yd,x)
y =
    7.1000
>> x=3.5;
>> y=interp1(xd,yd,x)
y =
   14.3000
>> x=[2.5 3.5]
x =
    2.5000    3.5000
>> y=interp1(xd,yd,x,'spline')
y =
    6.6938   13.4062
```

위의 예에서 method를 생략하면 linear를 의미하고, x가 벡터로 주어지면 y도 벡터가 됨을 알 수 있다. 2차원 데이터가 주어지는 경우 interp2를 사용하고, 이에 대한 자세한 설명은 MATLAB의 help를 참조하기 바란다.

스플라인을 사용할 때 앞의 예와 같이 사용해도 되고 spline을 사용할 수도 있으며 대표적인 사용법은 다음과 같다.

```
y = spline( xd, yd, x)
```

다음에 spline의 사용 예를 볼 수 있다.

```
>> xd = [2  3  4  5  6];
>> yd = [4.8  9.4  19.2  36.6  58];
>> x=2.5;
>> y=spline(xd,yd,x)
y =
    6.6938
```

MATLAB에서 spline은 앞에서 설명한 자연 스플라인을 사용하는 것이 아니라 끝 점에서의 곡률을 외삽법으로 구하는 방식을 이용한다. 즉, 양 끝에서의 곡률이 0이라고 가정하는 식 (6.32) 또는 식 (6.48) 대신 다음 식을 사용한다[Gerald and Wheatley, 1999].

$$r_1 = \frac{(h_1 + h_2)r_2 - h_1 r_3}{h_2}$$

$$r_{n+1} = \frac{(h_{n-1} + h_n)r_n - h_n r_{n-1}}{h_{n-1}}$$

연습문제

6.1 다음에 주어진 네 개의 데이터를 사용하여 Lagrange 보간법을 이용하여 x가 3.5, 5일 때 y값을 구하라.

x_d	2	4	3	6
y_d	4.6	23.6	10.6	82.6

6.2 다음에 주어진 네 개의 데이터를 사용하여 Newton의 분할차분표를 작성하고 x가 3.5일 때 y값을 구하라.

x_d	2	4	3	6
y_d	4.6	23.6	10.6	82.6

6.3 연습문제 6.1보다 하나의 데이터가 더 주어진 다섯 개의 데이터를 사용하여 Lagrange 보간법을 이용하여 x가 3.5일 때 y값을 구하라. 함수를 구할 때 연습문제 6.1과는 전혀 다르다는 것을 확인하라.

x_d	2	4	3	6	5
y_d	4.6	23.6	10.6	82.6	44.0

6.4 연습문제 6.2보다 하나의 데이터가 더 주어진 다섯 개의 데이터를 사용하여 Newton의 분할차분표를 작성하고 x가 3.5일 때 y값을 구하라. 차분표를 구할 때 연습문제 6.2의 결과를 그대로 이용할 수 있음을 확인하라.

x_d	2	4	3	6	5
y_d	4.6	23.6	10.6	82.6	44.0

6.5 다음에 주어진 네 개의 데이터를 사용하여 3차 자연스플라인을 구하고 x가 3.5, 5일 때 y값을 구하라.

x_d	2	4	3	6
y_d	4.6	23.6	10.6	82.6

프로그래밍 실습문제

※ 프로그래밍 실습문제의 번호 옆에 프로그램 이름을 나타내었다. 교육의 목적으로, 이들 프로그램은 학생들에게는 제공하지 않고, 강의를 담당하는 교수에게만 제공한다.

C6.1 ⇨ C6_1.c

예제 6.2의 Lagrange.c와 다음의 주어진 데이터를 이용하여 x가 2.5, 3.5, 4.5일 때 y값을 구하라.

x_d	2	3	4	5	6
y_d	8.7	15.1	23.6	34.1	46.6

C6.2 ⇨ NewtonD.c

$n+1$개의 데이터 $x_d(0)\sim x_d(n)$, $y_d(0)\sim y_d(n)$이 주어졌을 때, Newton의 분할차분법을 이용하여 x에서의 보간값 y를 계산하는 서브루틴(또는 Function)을 C로 작성하고, 다음에 주어진 7개의 데이터를 사용하여 x가 3.5, 4.5, 5.5일 때 y값과 분할차분표를 출력하도록 메인 프로그램을 작성하라.

x_d	2	3	4	5	6	7	8
y_d	4.8	9.4	19.2	36.6	58	103.8	158.4

C6.3 ⇨ Spline.c

$n+1$개의 데이터 $x_d(1)\sim x_d(n+1)$, $y_d(1)\sim y_d(n+1)$이 주어졌을 때, 3차 자연스플라인을 이용하여 x에서의 보간값 y를 출력하는 프로그램을 C로 작성하고, 다음에 주어진 7개의 데이터를 사용하여 x가 3.5, 4.5, 5.5일 때 y값을 구하라.

x_d	2	3	4	5	6	7	8
y_d	4.8	9.4	19.2	36.6	58	103.8	158.4

M6.1 ⇨ M6_1.m

예제 6.3의 Lagrange.m과 다음의 주어진 데이터를 이용하여 x가 2.5, 3.5, 4.5일 때 y값을 구하라.

x_d	2	3	4	5	6
y_d	8.7	15.1	23.6	34.1	46.6

M6.2 ⇨ NewtonD.m, M6_2.m

n_d개의 데이터 $x_d(1)$~$x_d(n_d)$, $y_d(1)$~$y_d(n_d)$가 주어졌을 때, Newton의 분할차분법을 이용하여 x에서의 보간값 y를 계산하는 서브루틴(또는 Function)을 MATLAB으로 작성하고, 다음에 주어진 7개의 데이터를 사용하여 x가 3.5, 4.5, 5.5일 때 y값과 분할차분표를 출력하도록 메인 프로그램을 작성하라.

x_d	2	3	4	5	6	7	8
y_d	4.8	9.4	19.2	36.6	58	103.8	158.4

M6.3 ⇨ Spline.m

n_d개의 데이터 $x_d(1)$~$x_d(n_d)$, $y_d(1)$~yd(n_d)가 주어졌을 때 3차 자연스플라인을 이용하여 x에서의 보간값 y를 출력하는 프로그램을 MATLAB으로 작성하고, 다음에 주어진 7개의 데이터를 사용하여 x가 3.5, 4.5, 5.5일 때 y값을 구하라.

x_d	2	3	4	5	6	7	8
y_d	4.8	9.4	19.2	36.6	58	103.8	158.4

CHAPTER 07

함수의 근사 - Fourier 급수

앞 장에서 어떤 함수를 근사화할 때 다항식을 사용하였다. 그러나 함수를 근사화할 때 다항식만 사용할 수 있는 것은 아니다. 때에 따라 sine이나 cosine처럼 삼각함수를 사용하여 함수를 근사화하는 것이 공학적인 문제를 해결하는 데 더 유용할 수가 있다. Fourier가 주기함수는 무한히 많은 sine과 cosine 항으로 나타내어질 수 있다고 하였다. 주기가 T인 주기함수는 다음과 같이 나타낼 수 있다.

$$\cdots = f(x-2T) = f(x-T) = f(x) = f(x+T) = f(x+2T) = \cdots$$

$\sin x$와 $\cos x$는 주기가 2π인 주기함수이다.

삼각함수 sine과 cosine은 다음과 같이 직교(orthogonal)하고, m과 n이 정수일 때 다음과 같다.

$$\int_{-\pi}^{\pi} \sin(mx)\sin(nx)dx = \begin{cases} 0, & m \neq n \\ \pi, & m = n \end{cases} \tag{7.1}$$

$$\int_{-\pi}^{\pi} \cos(mx)\cos(nx)dx = \begin{cases} 0, & m \neq n \\ \pi, & m = n \end{cases} \tag{7.2}$$

$$\int_{-\pi}^{\pi} \sin(mx)\cos(nx)dx = 0 \tag{7.3}$$

식 (7.3)의 관계가 성립할 때, $\sin(mx)$와 $\cos(nx)$는 구간 $-\pi \leq x \leq \pi$에서 직교(orthogonal)한다고 정의한다. 또한, 식 (7.1)과 식 (7.2)로부터 $m \neq n$인 경우 $\sin(mx)$와 $\sin(nx)$는 구간 $-\pi \leq x \leq \pi$에서 직교하고 $\cos(mx)$와 $\cos(nx)$도

직교한다는 것을 알 수 있다. 직교성과는 무관하지만 다음의 관계식은 Fourier 급수를 유도하는데 유용하게 사용된다.

$$\int_{-\pi}^{\pi} \sin(mx)dx = 0 \tag{7.4}$$

$$\int_{-\pi}^{\pi} \cos(nx)dx = \begin{cases} 0, & n \neq 0 \\ 2\pi, & n = 0 \end{cases} \tag{7.5}$$

주기가 2π인 주기함수 $f(x)$는 **Fourier 급수**를 사용하여 다음과 같이 나타낼 수 있다.

$$f(x) = A_0 + A_1\cos(x) + B_1\sin(x) + A_2\cos(2x) + B_2\sin(2x) + \cdots$$

또는 다음과 같이 표시할 수 있다.

$$f(x) = A_0 + \sum_{n=1}^{\infty}\{A_n\cos(nx) + B_n\sin(nx)\} \tag{7.6}$$

그리고 계수 A_n과 B_n은 위에서의 직교성을 이용하여 구할 수 있다. 먼저 계수 A_0를 구하기 위해 식(7.6)의 양변을 구간 $-\pi$에서 π까지 적분한다.

$$\int_{-\pi}^{\pi} f(x)dx = \int_{-\pi}^{\pi} A_0 dx + \sum_{n=1}^{\infty}\left\{\int_{-\pi}^{\pi} A_n\cos(nx)dx + \int_{-\pi}^{\pi} B_n\sin(nx)dx\right\}$$

여기서 식 (7.4)와 식 (7.5)에 의해 A_0를 포함하고 있는 첫 번째 항을 제외하고는 모두 0이 된다. 따라서 위 식은 다음과 같이 된다.

$$\int_{-\pi}^{\pi} f(x)dx = \int_{-\pi}^{\pi} A_0 dx + \sum_{n=1}^{\infty}\{0+0\} = 2\pi A_0$$

따라서

$$A_0 = \frac{1}{2\pi}\int_{-\pi}^{\pi} f(x)dx \tag{7.7}$$

그리고 계수 A_n은 식 (7.6)의 양변에 $\cos(mx)$를 곱한 후 구간 $-\pi$에서 π까지 적분한 후에 직교성을 이용하여 구할 수 있다.

$$\int_{-\pi}^{\pi}\cos(mx)f(x)dx = \int_{-\pi}^{\pi}A_0\cos(mx)dx + \sum_{n=1}^{\infty}\int_{-\pi}^{\pi}A_n\cos(mx)\cos(nx)dx$$

$$+ \sum_{n=1}^{\infty}\int_{-\pi}^{\pi}B_n\cos(mx)\sin(nx)dx$$

$$= 0 + \sum_{n=1}^{\infty}\int_{-\pi}^{\pi}A_n\cos(mx)\cos(nx)dx + 0$$

$$= \int_{-\pi}^{\pi}A_1\cos(mx)\cos(x)dx + \int_{-\pi}^{\pi}A_2\cos(mx)\cos(2x)dx + \cdots$$

$$+ \int_{-\pi}^{\pi}A_m\cos(mx)\cos(mx)dx + \int_{-\pi}^{\pi}A_{m+1}\cos(mx)\cos((m+1)x)dx + \cdots$$

위 식에서 $n = m$일 때만 0이 아니고 나머지 모두 0이다. 따라서 위식은 다음과 같다.

$$\int_{-\pi}^{\pi}f(x)\cos(mx)dx = 0 + \cdots + A_m\int_{-\pi}^{\pi}\cos(mx)\cos(mx)dx + 0 + \cdots = \pi A_m$$

따라서

$$A_m = \frac{1}{\pi}\int_{-\pi}^{\pi}f(x)\cos(mx)dx$$

으로 구할 수 있다. $m=1$이면 A_1이 구해지고 $m=2$이면 A_2가 구해져, 일반적으로 모든 n에 대해서 나타내면 다음과 같이 표시된다.

$$A_n = \frac{1}{\pi}\int_{-\pi}^{\pi}f(x)\cos(nx)dx, \qquad n = 1,\ 2,\ 3,\ \ldots,\ m,\ \ldots \tag{7.8}$$

그리고 계수 B_n은 식 (7.6)의 양변에 $\sin(mx)$를 곱한 후 구간 $-\pi$에서 π까지 적분한 후 직교성을 이용하여 구할 수 있다.

$$\int_{-\pi}^{\pi}\sin(mx)f(x)dx = \int_{-\pi}^{\pi}A_0\sin(mx)dx + \sum_{n=1}^{\infty}\int_{-\pi}^{\pi}A_n\sin(mx)\cos(nx)dx$$

$$+ \sum_{n=1}^{\infty}\int_{-\pi}^{\pi}B_n\sin(mx)\sin(nx)dx$$

$$= 0 + 0 + \sum_{n=1}^{\infty}\int_{-\pi}^{\pi}B_n\sin(mx)\sin(nx)dx$$

$$= \int_{-\pi}^{\pi} B_1 \sin(mx)\sin(x)dx + \int_{-\pi}^{\pi} B_2 \sin(mx)\sin(2x)dx + \cdots$$

$$+ \int_{-\pi}^{\pi} B_m \sin(mx)\sin(mx)dx + \int_{-\pi}^{\pi} B_{m+1} \sin(mx)\sin((m+1)x)dx + \cdots$$

위 식에서 $n = m$일 때만 값을 가지고 나머지는 모두 0이다. 따라서 위 식은 다음과 같다.

$$\int_{-\pi}^{\pi} \sin(mx)f(x)dx = 0 + \cdots + B_m \int_{-\pi}^{\pi} \sin(mx)\sin(mx)dx + 0 + \cdots = \pi B_m$$

따라서

$$B_m = \frac{1}{\pi}\int_{-\pi}^{\pi} \sin(mx)f(x)dx$$

으로 구할 수 있고, 앞에서와 마찬가지로 일반적으로 모든 n에 대해서 구하면, 다음과 같이 표시된다.

$$B_n = \frac{1}{\pi}\int_{-\pi}^{\pi} f(x)\sin(nx)dx, \qquad n = 1,\ 2,\ 3,\ \ldots \tag{7.9}$$

위의 결과를 다시 정리하면 다음과 같다. 주기가 2π인 주기함수 $f(x)$는 Fourier 급수를 사용하여 다음과 같이 나타낼 수 있다.

$$f(x) = A_0 + \sum_{n=1}^{\infty}\{A_n \cos(nx) + B_n \sin(nx)\}$$

여기서,

$$A_0 = \frac{1}{2\pi}\int_{-\pi}^{\pi} f(x)dx$$

$$A_n = \frac{1}{\pi}\int_{-\pi}^{\pi} f(x)\cos(nx)dx, \qquad n = 1,\ 2,\ 3,\ \ldots$$

$$B_n = \frac{1}{\pi}\int_{-\pi}^{\pi} f(x)\sin(nx)dx, \qquad n = 1,\ 2,\ 3,\ \ldots$$

예제 7.1

주기가 2π인 다음 함수를 Fourier 급수로 나타내어라.

$$f(x)=\begin{cases}3, & -\pi \le x < 0 \\ -3, & 0 \le x < \pi\end{cases} \qquad f(x)=f(x+2\pi)$$

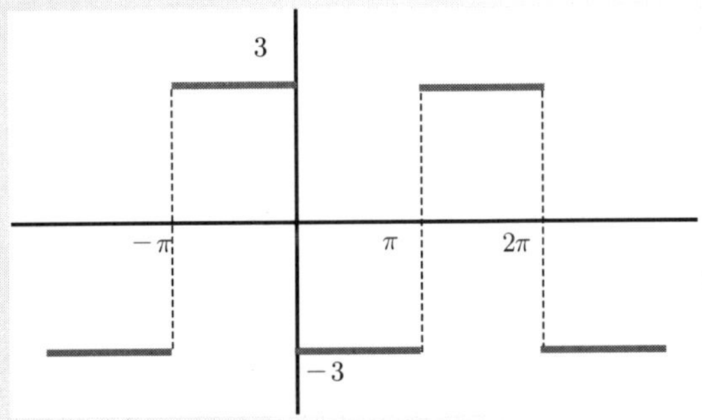

풀이

$$f(x)=A_0+\sum_{n=1}^{\infty}\{A_n\cos(nx)+B_n\sin(nx)\} \tag{1}$$

이고

$$A_0=\frac{1}{2\pi}\int_{-\pi}^{\pi}f(x)dx=\frac{1}{2\pi}\left\{\int_{-\pi}^{0}f(x)dx+\int_{0}^{\pi}f(x)dx\right\}$$
$$=\frac{1}{2\pi}\left\{\int_{-\pi}^{0}3dx+\int_{0}^{\pi}(-3)dx\right\}=0 \tag{2}$$

$$A_n=\frac{1}{\pi}\int_{-\pi}^{\pi}f(x)\cos(nx)dx=\frac{1}{\pi}\left\{\int_{-\pi}^{0}3\cos(nx)dx+\int_{0}^{\pi}(-3)\cos(nx)dx\right\}$$
$$=\frac{1}{\pi}\left\{\frac{3}{n}[\sin(0)-\sin(-n\pi)]-\frac{3}{n}[\sin(n\pi)-\sin(0)]\right\}=0 \tag{3}$$

$$B_n=\frac{1}{\pi}\int_{-\pi}^{\pi}f(x)\sin(nx)dx=\frac{1}{\pi}\left\{\int_{-\pi}^{0}3\sin(nx)dx+\int_{0}^{\pi}(-3)\sin(nx)dx\right\}$$
$$=\frac{1}{\pi}\left\{-\frac{3}{n}[\cos(0)-\cos(-n\pi)]+\frac{3}{n}[\cos(n\pi)-\cos(0)]\right\}$$
$$=\frac{-6}{n\pi}\{1-\cos(n\pi)\} \tag{4}$$

따라서 식 (2), 식 (3) 및 식 (4)를 식 (1)에 대입하면,

$$f(x)=\sum_{n=1}^{\infty}B_n\sin(nx) \tag{5}$$

$$B_n = \frac{-6}{n\pi}\{1-\cos(n\pi)\}, \qquad n=1,\ 2,\ 3,\ \cdots$$

와 같이 구할 수 있다. 여기서 B_n을 다시 고려하면,

$$B_1 = \frac{-6}{\pi}\{1-\cos(\pi)\} = \frac{-6}{\pi}(1+1) = -\frac{12}{\pi}$$

$$B_2 = \frac{-6}{2\pi}\{1-\cos(2\pi)\} = \frac{-6}{2\pi}(1-1) = 0$$

$$B_3 = \frac{-6}{3\pi}\{1-\cos(3\pi)\} = \frac{-6}{3\pi}(1+1) = -\frac{12}{3\pi}$$

$$B_4 = \frac{-6}{4\pi}\{1-\cos(4\pi)\} = \frac{-6}{4\pi}(1-1) = 0$$

$$\vdots$$

이기 때문에

$$f(x) = B_1\sin(x) + B_3\sin(3x) + B_5\sin(5x) + \cdots$$

이어서, 계수를 대입하면 다음과 같이 표시할 수 있다.

$$f(x) = \frac{-12}{\pi}\left\{\sin(x) + \frac{1}{3}\sin(3x) + \frac{1}{5}\sin(5x) + \cdots\right\} \tag{6}$$

◆ 보충설명

위의 문제를 풀면 모든 계수 A_n은 0이 되어서 결과적으로 함수는 식 (5) 또는 식 (6)처럼 최종적으로 sine만 포함한 급수가 된다. 이런 경우 Fourier sine 급수라고 하며, 다음에 상세하게 설명한다. 따라서 이후에 설명하는 Fourier sine 급수를 이용하여 구하는 것이 시간을 절약할 수 있다.

7.1 홀함수, 짝함수

앞의 예제에서 사용된 함수가 홀함수이기 때문에 그 함수를 근사화 하면 홀함수인 sine 함수의 급수로 근사화 된다. 홀함수(odd function)는 기함수(奇函數)라고도 하며 다음과 같이 정의되는 함수이고 그래프로 나타내면 원점에 대해 점대칭이 되는 함수이다.

$$\text{홀함수}: \ f(-x) = -f(x) \tag{7.10}$$

반면에 짝함수(even function)는 우함수(偶函數)라고도 하며 다음과 같이 정의되는

함수이고 그래프로 나타내면 y축에 대칭이 되는 함수이다.

$$\text{짝함수 : } f(-x)=f(x) \tag{7.11}$$

홀함수 및 짝함수일 때 적분은 다음과 같다.

$$\text{홀함수 : } \int_{-\pi}^{\pi} f(x)dx=0 \tag{7.12}$$

$$\text{짝함수 : } \int_{-\pi}^{\pi} f(x)dx=2\int_{0}^{\pi} f(x)dx \tag{7.13}$$

❖
Odd function
⇒ 기함수 ×
홀함수
Even function
⇒ 우함수 ×
짝함수
기함수, 우함수라는 용어보다 홀함수, 짝함수를 사용한다.

sine 함수는 홀함수이고 cosine 함수는 짝함수이다. 그리고 홀함수와 짝함수는 다음과 같은 성질이 있다.

(1) 두 짝함수를 곱하면 짝함수가 된다.
(2) 두 홀함수를 곱하면 짝함수가 된다.
(3) 홀함수와 짝함수를 곱하면 홀함수가 된다.

그러므로 함수 $f(x)$가 홀함수일 때, $f(x)\sin(nx)$는 짝함수이고 $f(x)\cos(nx)$는 홀함수이다. 따라서 $f(x)$가 홀함수일 때 Fourier 급수에서 $f(x)\cos(nx)$의 적분을 포함하는 계수 A_n은 모두 0이 된다. 물론 $f(x)$가 홀함수이므로 A_0도 0이다. 즉,

$$f(x)\text{: 홀함수} \Rightarrow \int_{-\pi}^{\pi} f(x)dx=0 \qquad \Rightarrow A_0=0$$

$$\Rightarrow \int_{-\pi}^{\pi} f(x)\cos(nx)dx=0 \qquad \Rightarrow A_n=0, \qquad n=1,\ 2,\ 3,\ \cdots$$

따라서 예제 7.1에서 보듯이 함수 $f(x)$가 홀함수일 때는 Fourier 급수는 오직 sine 항만을 포함하고 이를 **Fourier sine 급수**라고 한다.

함수 $f(x)$가 홀함수일 때, Fourier sine 급수는 다음과 같다.

$$f(x)\text{: 홀함수} \Rightarrow \quad f(x)=\sum_{n=1}^{\infty} B_n \sin(nx) \tag{7.14}$$

$$B_n=\frac{2}{\pi}\int_{0}^{\pi} f(x)\sin(nx)dx, \qquad n=1,\ 2,\ 3,\ \ldots$$

여기서 B_n을 계산할 때 $f(x)\sin(nx)$가 짝함수이므로

$$\int_{-\pi}^{\pi} f(x)\sin(nx)dx = 2\int_{0}^{\pi} f(x)\sin(nx)dx$$

가 사용되었다.

❖
홀함수
⇒
Fourier sine 급수

짝함수
⇒
Fourier cosine 급수

함수 $f(x)$가 짝함수일 때, $f(x)\sin(nx)$는 홀함수이고 $f(x)\cos(nx)$는 짝함수이다. 따라서 이때 Fourier 급수에서 $f(x)\sin(nx)$의 적분을 포함하는 계수 B_n은 모두 0이 된다. 즉,

$$f(x):\ \text{짝함수} \quad \Rightarrow \int_{-\pi}^{\pi} f(x)\sin(nx)dx = 0$$

$$\Rightarrow B_n = 0, \qquad n = 1,\ 2,\ 3,\ \cdots$$

따라서 함수 $f(x)$가 짝함수일 때는 Fourier 급수는 오직 cosine항만을 포함하고 이를 **Fourier cosine 급수**라고 한다.

함수 $f(x)$가 짝함수일 때, Fourier cosine 급수는 다음과 같다.

$$f(x):\ \text{짝함수} \Rightarrow \qquad f(x) = A_0 + \sum_{n=1}^{\infty} A_n \cos(nx) \tag{7.15}$$

$$A_0 = \frac{1}{\pi}\int_{0}^{\pi} f(x)dx$$

$$A_n = \frac{2}{\pi}\int_{0}^{\pi} f(x)\cos(nx)dx, \qquad n = 1,\ 2,\ 3,\ \ldots$$

역시 앞에서와 마찬가지로 계수 A_0와 A_n을 계산할 때 $f(x)$와 $f(x)\cos(nx)$가 짝함수이기 때문에

$$\int_{-\pi}^{\pi} f(x)dx = 2\int_{0}^{\pi} f(x)dx$$

$$\int_{-\pi}^{\pi} f(x)\cos(nx)dx = 2\int_{0}^{\pi} f(x)\cos(nx)dx$$

가 사용되었다.

예제 7.2

주기가 2π인 다음 함수를 Fourier 급수로 나타내어라.

$$f(x) = \begin{cases} -x, & -\pi \le x < 0 \\ x, & 0 \le x < \pi \end{cases} \qquad f(x) = f(x + 2\pi)$$

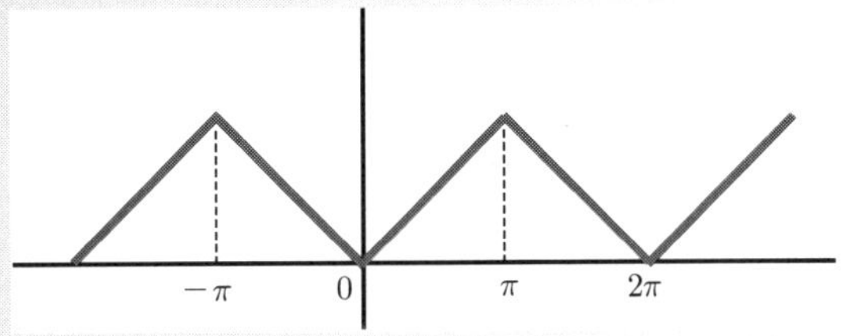

풀이

함수 $f(x)$가 짝함수이므로 함수는 다음과 같이 Fourier cosine 급수로 나타낼 수 있다.

$$f(x) = A_0 + \sum_{n=1}^{\infty} A_n \cos(nx)$$

계수는 다음처럼 구할 수 있다.

$$A_0 = \frac{1}{\pi}\int_0^{\pi} f(x)dx$$

$$= \frac{1}{\pi}\int_0^{\pi} x dx = \frac{1}{\pi}\left[\frac{x^2}{2}\right]_0^{\pi} = \frac{\pi}{2}$$

$$A_n = \frac{2}{\pi}\int_0^{\pi} f(x)\cos(nx)dx$$

$$= \frac{2}{\pi}\int_0^{\pi} x\cos(nx)dx$$

여기서 A_n을 구하기 위해서는 다음과 같은 부분적분 공식을 사용하여야 한다.

$$\int u' v dx = uv - \int uv' dx$$

이 경우 $u' = \cos(nx)$, $v = x$를 사용하면

$$\int_0^{\pi} x\cos(nx)dx = \left[\frac{1}{n}x\sin(nx)\right]_0^{\pi} - \int_0^{\pi}\frac{1}{n}\sin(nx)dx$$

$$= 0 + \left[\frac{1}{n^2}\cos(nx)\right]_0^{\pi} = \frac{1}{n^2}\{\cos(n\pi) - 1\}$$

따라서

$$A_n = \frac{2}{n^2\pi}\{\cos(n\pi) - 1\}$$

이다. 따라서 함수 $f(x)$는 최종적으로 다음과 같이 나타낼 수 있다.

$$f(x) = A_0 + \sum_{n=1}^{\infty} A_n \cos(nx) = \frac{\pi}{2} - \frac{4}{\pi}\left\{\cos x + \frac{1}{3^2}\cos(3x) + \frac{1}{5^2}\cos(5x) + \cdots\right\}$$

7.2 주기가 2π가 아닌 경우

주기함수의 주기가 항상 2π인 것은 아니다. 만약 함수 $f(x)$가 다음과 같은 주기 $T = 2L$를 가지고 $x = -L$에서 $x = L$사이에서 함수가 주어지는 경우라고 하자.

$$f(x + 2L) = f(x) \tag{7.16}$$

그리고 $\sin\left(\frac{\pi x}{L}\right)$와 $\cos\left(\frac{\pi x}{L}\right)$는 주기 $2L$를 가지는 주기함수이다. 따라서 주기 $2L$를 가지는 함수 $f(x)$는 다음과 같은 급수로 표시된다.

$$f(x) = A_0 + \sum_{n=1}^{\infty}\left\{A_n \cos\left(\frac{n\pi x}{L}\right) + B_n \sin\left(\frac{n\pi x}{L}\right)\right\} \tag{7.17}$$

여기서,

$$A_0 = \frac{1}{2L}\int_{-L}^{L} f(x)dx \tag{7.18}$$

$$A_n = \frac{1}{L}\int_{-L}^{L} f(x)\cos\left(\frac{n\pi x}{L}\right)dx, \qquad n = 1,\ 2,\ 3,\ \ldots \tag{7.19}$$

$$B_n = \frac{1}{L}\int_{-L}^{L} f(x)\sin\left(\frac{n\pi x}{L}\right)dx, \qquad n = 1,\ 2,\ 3,\ \ldots \tag{7.20}$$

물론 앞에서와 마찬가지로 함수 $f(x)$가 홀함수이면 Fourier sine 급수로, 함수 $f(x)$가 짝함수이면 Fourier cosine 급수로 나타내어진다.

$$f(x):\ \text{홀함수} \Rightarrow \qquad f(x) = \sum_{n=1}^{\infty} B_n \sin\left(\frac{n\pi x}{L}\right) \tag{7.21}$$

$$B_n = \frac{2}{L}\int_0^L f(x)\sin\left(\frac{n\pi x}{L}\right)dx, \qquad n=1,\ 2,\ 3,\ \ldots \tag{7.22}$$

$$f(x):\ \text{짝함수} \Rightarrow \quad f(x) = A_0 + \sum_{n=1}^{\infty} A_n \cos\left(\frac{n\pi x}{L}\right) \tag{7.23}$$

$$A_0 = \frac{1}{L}\int_0^L f(x)dx \tag{7.24}$$

$$A_n = \frac{2}{L}\int_0^L f(x)\cos\left(\frac{n\pi x}{L}\right)dx, \qquad n=1,\ 2,\ 3,\ \ldots \tag{7.25}$$

예제 7.3

주기가 8인 다음 함수를 Fourier 급수로 나타내어라.

$$f(x) = \begin{cases} 3, & -4 \le x < 0 \\ -3, & 0 \le x < 4 \end{cases}, \qquad f(x) = f(x+8)$$

풀이

이 경우 함수는 홀함수이기 때문에 Fourier sine 급수로 나타낼 수 있다.

$$f(x) = \sum_{n=1}^{\infty} B_n \sin\left(\frac{n\pi x}{4}\right) \tag{1}$$

이고

$$\begin{aligned} B_n &= \frac{2}{4}\int_0^4 -3\sin\left(\frac{n\pi x}{4}\right)dx \\ &= \frac{6}{n\pi}[\cos(n\pi) - \cos(0)] = \frac{6}{n\pi}[\cos(n\pi) - 1] \end{aligned} \tag{2}$$

여기서 B_n을 다시 고려하면,

$$B_1 = \frac{6}{\pi}\{\cos(\pi) - 1\} = -\frac{12}{\pi}$$

$$B_2 = \frac{6}{2\pi}\{\cos(2\pi) - 1\} = 0$$

$$B_3 = \frac{6}{3\pi}\{\cos(3\pi) - 1\} = -\frac{12}{3\pi}$$

$$B_4 = \frac{6}{4\pi}\{1 - \cos(4\pi)\} = \frac{6}{4\pi}(1-1) = 0$$

$$\vdots$$

이기 때문에

$$f(x) = -\frac{12}{\pi}\left\{\sin\left(\frac{\pi x}{4}\right) + \frac{1}{3}\sin\left(\frac{3\pi x}{4}\right) + \frac{1}{5}\sin\left(\frac{5\pi x}{4}\right) + \cdots\right\}$$

보충설명

주기가 2π인 예제 7.1과 비교해 보면 그 차이를 확인할 수 있다.

7.3 일반 함수의 Fourier 근사

지금까지 주기함수인 경우에 대하여 Fourier 급수를 구하였다. 함수가 주기함수가 아닌 경우에도 sine 또는 cosine 함수를 이용하여 근사화할 수 있다. 그림 7.1처럼 구간 $0 \le x < L$에서 함수 $f(x)$가 주어졌다고 하자. 구간 밖의 함수를 그림에서 보듯이 주기함수의 일부라고 가정한다. 구간 밖의 함수를 가정할 때 다음과 같이 홀함수 $F(x)$로 확장할 수도 있고, 짝함수 $G(x)$로 확장할 수도 있다.

홀함수 확장 : $F(-x) = -F(x),\quad F(x) = f(x)$ for $0 \le x < L$

짝함수 확장 : $G(-x) = G(x),\quad G(x) = f(x)$ for $0 \le x < L$

즉, 홀함수로 확장을 하면 그림 7.2에서 $0 \le x < L$에서의 $f(x)$가 새로운 홀함수 $F(x)$의 일부라고 생각하여 Fourier sine 근사를 구하는 것이다. 또는 짝함수 확장을 하면 그림 7.3에서 $0 \le x < L$에서의 $f(x)$가 새로운 짝함수 $G(x)$의 일부라고 생각하여 Fourier cosine 근사를 구하는 것이다.

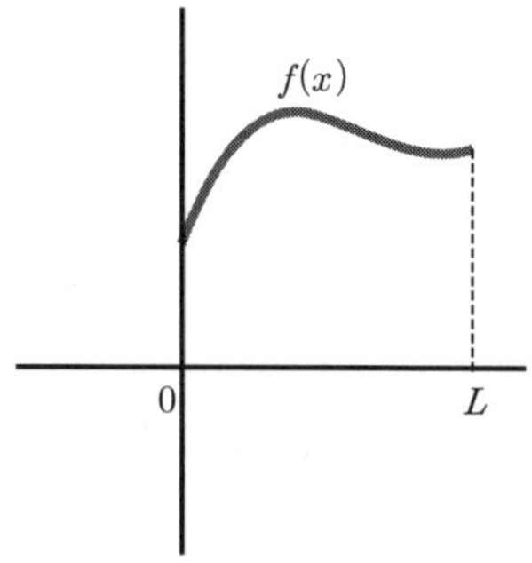

그림 7.1 함수 $f(x)$

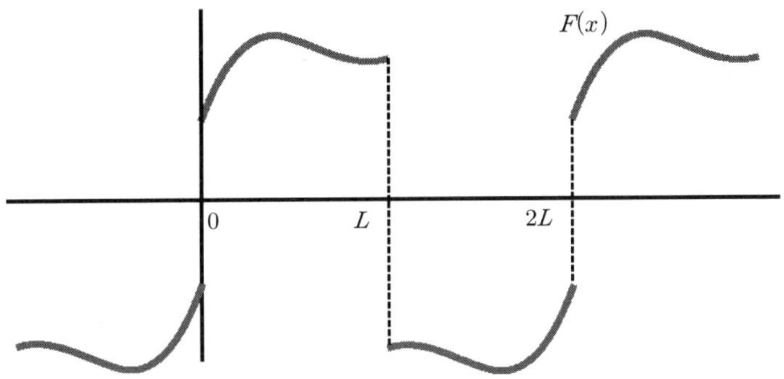

➲ 그림 7.2 함수 $f(x)$의 홀함수 확장, $F(x)$

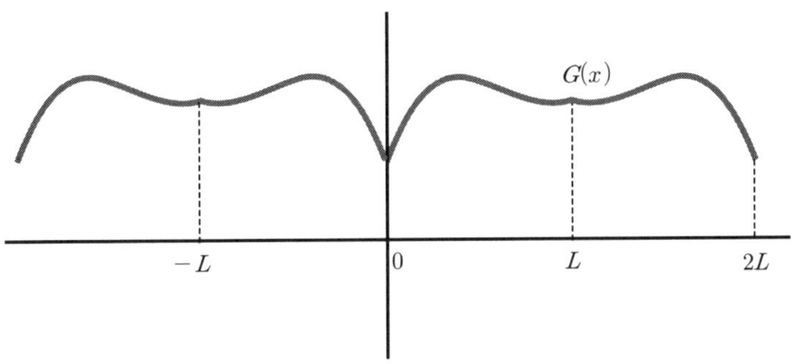

➲ 그림 7.3 함수 $f(x)$의 짝함수 확장, $G(x)$

❖
홀함수 확장
$\Rightarrow$
Fourier sine 급수

짝함수 확장
$\Rightarrow$
Fourier cosine 급수

예제 7.4

다음 함수를 (1) Fourier sine 급수로 나타내어라. (2) Fourier cosine 급수로 나타내어라.

$$f(x) = \begin{cases} 3, & 0 \le x < 2 \\ 0, & 2 \le x < 4 \end{cases}$$

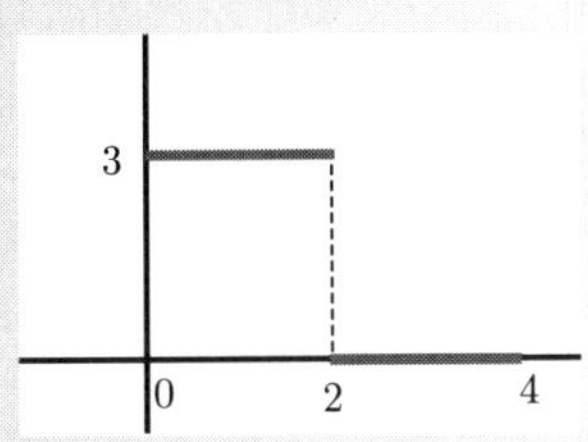

풀이

(1) 구간 $0 \le x < 4$에서의 $f(x)$를 홀함수 $F(x)$로 다음과 같이 확장한다.

$$F(x)=\begin{cases}\begin{cases}0, & -4\le x<-2\\ -3, & -2\le x<0\end{cases}\\ \begin{cases}3, & 0\le x<2\\ 0, & 2\le x<4\end{cases}\end{cases},\quad F(x+8)=F(x)$$

이를 그래프로 나타내면 다음과 같다.

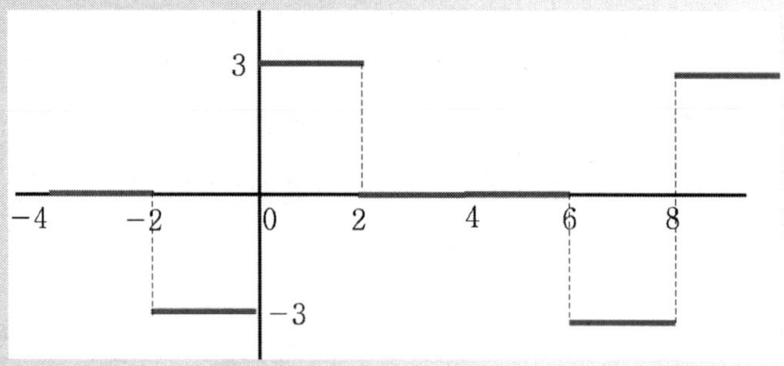

이제 $F(x)$가 주기 8인 홀함수이기 때문에 구간 $-4\le x<4$에서 Fourier sine 급수로 근사할 수 있다. 즉, 구간 $0\le x<4$에서는 $F(x)$가 $f(x)$와 같으므로 구간 $0\le x<4$에서의 함수 $f(x)$에 대한 Fourier sine 급수를 다음과 같이 구할 수 있다. 구간 $0\le x<4$에서

$$f(x)=F(x)=\sum_{n=1}^{\infty}B_n\sin\left(\frac{n\pi x}{4}\right)\tag{1}$$

이고

$$\begin{aligned}B_n&=\frac{2}{4}\int_0^4F(x)\sin\left(\frac{n\pi x}{4}\right)dx=\frac{2}{4}\int_0^4f(x)\sin\left(\frac{n\pi x}{4}\right)dx\\&=\frac{2}{4}\left\{\int_0^2 3\sin\left(\frac{n\pi x}{4}\right)dx+\int_2^4(0)\sin\left(\frac{n\pi x}{4}\right)dx\right\}\\&=\frac{2}{4}\int_0^2 3\sin\left(\frac{n\pi x}{4}\right)dx=\frac{-6}{n\pi}\left[\cos\left(\frac{n\pi x}{4}\right)\right]_0^2\\&=\frac{-6}{n\pi}\left[\cos\left(\frac{n\pi}{2}\right)-\cos(0)\right]=\frac{6}{n\pi}\left[1-\cos\left(\frac{n\pi}{2}\right)\right]\end{aligned}\tag{2}$$

따라서 식 (1)에 대입하면

$$f(x)=\frac{6}{\pi}\sum_{n=1}^{\infty}\frac{1}{n}\left[1-\cos\left(\frac{n\pi}{2}\right)\right]\sin\left(\frac{n\pi x}{4}\right)$$

이다.

(2) 구간 $0\le x<4$에서의 $f(x)$를 짝함수 $G(x)$로 다음과 같이 확장한다.

$$G(x) = \begin{cases} \begin{cases} 0, & -4 \le x < -2 \\ 3, & -2 \le x < 0 \end{cases} \\ \begin{cases} 3, & 0 \le x < 2 \\ 0, & 2 \le x < 4 \end{cases} \end{cases}, \quad G(x+8) = G(x)$$

이를 그래프로 나타내면 다음과 같다.

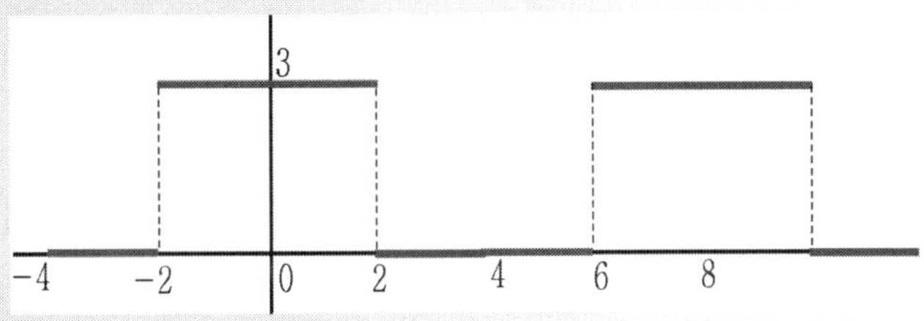

이제 $G(x)$가 주기 8인 짝함수이기 때문에 구간 $-4 \le x < 4$에서 Fourier cosine 급수로 근사할 수 있다. 즉, 구간 $0 \le x < 4$에서는 $G(x)$가 $f(x)$와 같으므로 구간 $0 \le x < 4$에서의 함수 $f(x)$에 대한 Fourier cosine 급수를 다음과 같이 구할 수 있다. 구간 $0 \le x < 4$에서

$$f(x) = G(x) = A_0 + \sum_{n=1}^{\infty} A_n \cos\left(\frac{n\pi x}{4}\right) \tag{3}$$

이고

$$A_0 = \frac{1}{4}\int_0^4 G(x)dx = \frac{1}{4}\int_0^4 f(x)dx = \frac{1}{4}\left\{\int_0^2 3dx + \int_2^4 0dx\right\} = \frac{3}{2}$$

$$A_n = \frac{2}{4}\int_0^4 G(x)\cos\left(\frac{n\pi x}{4}\right)dx = \frac{2}{4}\int_0^4 f(x)\cos\left(\frac{n\pi x}{4}\right)dx$$

$$= \frac{2}{4}\left\{\int_0^2 3\cos\left(\frac{n\pi x}{4}\right)dx + \int_2^4 (0)\cos\left(\frac{n\pi x}{4}\right)dx\right\}$$

$$= \frac{2}{4}\int_0^2 3\cos\left(\frac{n\pi x}{4}\right)dx = \frac{6}{n\pi}\left[\sin\left(\frac{n\pi x}{4}\right)\right]_0^2$$

$$= \frac{6}{n\pi}\left[\sin\left(\frac{n\pi}{2}\right) - \sin(0)\right] = \frac{6}{n\pi}\sin\left(\frac{n\pi}{2}\right)$$

따라서 식 (3)에 대입하면

$$f(x) = \frac{3}{2} + \frac{6}{\pi}\sum_{n=1}^{\infty}\frac{1}{n}\sin\left(\frac{n\pi}{2}\right)\cos\left(\frac{n\pi x}{4}\right) \tag{4}$$

♦ 보충설명

위에서 보듯이 동일한 함수를 홀함수로 확장하느냐 짝함수로 확장하느냐에 따라 Fourier sine 급수 또는 Fourier cosine 급수로 나타낼 수 있다.

연습문제

7.1 주기가 2π인 다음 함수를 Fourier 급수로 나타내어라.

$$f(x)=\begin{cases}-2, & -\pi \le x < 0 \\ 2, & 0 \le x < \pi\end{cases} \qquad f(x)=f(x+2\pi)$$

7.2 주기가 2π인 다음 함수를 Fourier 급수로 나타내어라.

$$f(x)=\begin{cases}-2, & -\pi \le x < -\dfrac{\pi}{2} \\ 2, & -\dfrac{\pi}{2} \le x < \dfrac{\pi}{2} \\ -2, & \dfrac{\pi}{2} \le x < \pi\end{cases} \qquad f(x)=f(x+2\pi)$$

7.3 주기가 2π인 다음 함수를 Fourier 급수로 나타내어라.

$$f(x)=\begin{cases}0, & -\pi \le x < 0 \\ 2, & 0 \le x < \pi\end{cases} \qquad f(x)=f(x+2\pi)$$

7.4 주기가 2π인 다음 함수를 Fourier 급수로 나타내어라.

$$f(x)=x, \quad -\pi \le x < \pi, \quad f(x)=f(x+2\pi)$$

7.5 주기가 4인 다음 함수를 Fourier 급수로 나타내어라.

$$f(x)=\begin{cases}4, & -2 \le x < 0 \\ -4, & 0 \le x < 2\end{cases}, \qquad f(x)=f(x+4)$$

7.6 다음 함수를 (1) Fourier sine 급수로 나타내어라. (2) Fourier cosine 급수로 나타내어라.

$$f(x)=\begin{cases}0, & 0 \le x < 1 \\ 2, & 1 \le x < 2\end{cases}$$

CHAPTER 08

최소제곱법

지금까지 설명한 보간법은 실험 데이터로부터 근사식을 구할 때, 모든 점을 통과하는 곡선을 구하는 방법이다. 그것이 항상 실험 데이터를 정리하는 최상의 방법은 아니다. 예를 들어 스프링 실험을 하여 스프링 상수를 구한다고 하자. 실험에서 측정한 데이터가 8개가 있다고 하자. 8개의 데이터가 있다고 해서 작용하는 힘과 늘어난 길이에 관한 7차 다항식을 구하지는 않는다. 이 경우 실험 데이터를 최적으로 만족시키는 직선 $F = kx$를 구하는 것이 목적이다. 즉, 주어진 데이터를 가장 잘 만족시키는 스프링 상수 k를 구하는 것이 목적이다. 이러한 경우에 최소제곱 근사식을 사용한다.

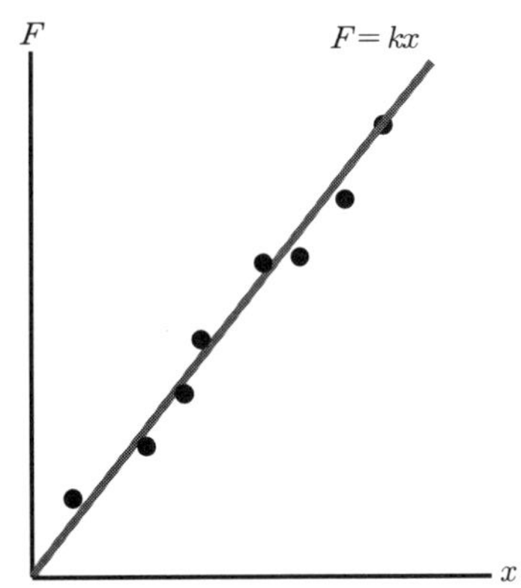

그림 8.1 스프링 상수를 구하는 실험 데이터

8.1 1차식

다음과 같이 데이터가 있는 경우, 데이터를 잘 나타내는 가장 적절한 직선 $y=a_0+a_1x$를 구하는 경우를 생각해 보자.

x	x_1	x_2	x_3	$\cdots$	x_n
y	Y_1	Y_2	Y_3	$\cdots$	Y_n

이 직선은 주어진 모든 점을 지나지는 않고 각 점에서의 다음과 같은 오차가 존재하게 된다.

$$e_i = Y_i - y_i = Y_i - (a_0 + a_1 x_i)$$

여기서 대문자로 표시된 Y는 주어진 데이터를 의미하고, 소문자로 표시된 y는 $y=a_0+a_1x$에서 계산된 값을 나타낸다. 이제 이들 데이터를 가장 잘 나타내는 최적의 직선을 어떻게 구하면 될까? 오차의 합을 최소화하거나, 오차의 절대값의 합을 최소화 하는 방법 등이 고려되었으나 여러 가지 단점으로 인하여 현재는 오차의 제곱의 합을 최소화하여 최적의 곡선을 구하는 방법이 사용된다. 이렇게 하는 방법을 **최소제곱법(least square method)**이라고 한다. 즉, 오차의 제곱의 합을 S라고 하면

$$S=\sum_{i=1}^{n} e_i^2 = \sum_{i=1}^{n} (Y_i - a_0 - a_1 x_i)^2 \tag{8.1}$$

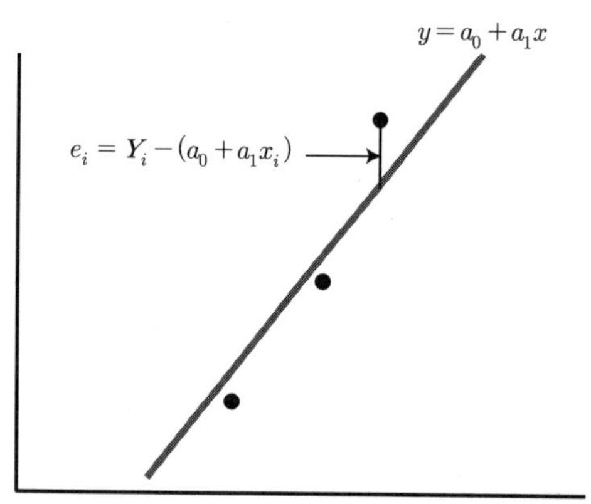

그림 8.2 최소제곱법에서의 오차

이고, 이를 최소화 하면 된다.

위의 오차 제곱의 합 S는 a_0, a_1의 값에 따라 달라진다. 즉, 오차 제곱의 합 S는 a_0, a_1의 함수이므로, 이를 최소화하기 위해서는 다음 조건이 만족되어져야 한다.

$$\frac{\partial S}{\partial a_0} = 0, \quad \frac{\partial S}{\partial a_1} = 0 \tag{8.2}$$

따라서

$$\frac{\partial S}{\partial a_0} = \sum_{i=1}^{n} [(-2)(Y_i - a_0 - a_1 x_i)] = 0 \tag{8.3}$$

$$\frac{\partial S}{\partial a_1} = \sum_{i=1}^{n} [(-x_i)(2)(Y_i - a_0 - a_1 x_i)] = 0 \tag{8.4}$$

위의 식들은 다음과 같이 나타낼 수 있다.

$$\sum_{i=1}^{n} a_0 + \sum_{i=1}^{n} a_1 x_i = \sum_{i=1}^{n} Y_i \tag{8.5}$$

$$\sum_{i=1}^{n} a_0 x_i + \sum_{i=1}^{n} a_1 x_i^2 = \sum_{i=1}^{n} x_i Y_i \tag{8.6}$$

$\sum_{i=1}^{n} a_0 = n a_0$, $\sum_{i=1}^{n} a_1 x_i = a_1 \sum_{i=1}^{n} x_i$ 등으로 표시되기 때문에 위의 식들을 정리하면, a_0, a_1에 대한 연립방정식을 얻게 된다.

$$a_0 n + a_1 \sum_{i=1}^{n} x_i = \sum_{i=1}^{n} Y_i \tag{8.7}$$

$$a_0 \sum_{i=1}^{n} x_i + a_1 \sum_{i=1}^{n} x_i^2 = \sum_{i=1}^{n} x_i Y_i \tag{8.8}$$

연립방정식을 풀면 a_0, a_1을 구할 수 있다.

$$a_1 = \frac{n \sum_{i=1}^{n} x_i Y_i - \sum_{i=1}^{n} x_i \sum_{i=1}^{n} Y_i}{n \sum_{i=1}^{n} x_i^2 - \left(\sum_{i=1}^{n} x_i \right)^2} \tag{8.9}$$

$$a_0 = \frac{\sum_{i=1}^{n} Y_i - a_1 \sum_{i=1}^{n} x_i}{n} \tag{8.10}$$

다음과 같이 평균값을 정의하면

$$\overline{Y} = \frac{\sum_{i=1}^{n} Y_i}{n}, \quad \overline{x} = \frac{\sum_{i=1}^{n} x_i}{n} \tag{8.11}$$

a_0는 다음처럼 표시되기도 한다.

$$a_0 = \overline{Y} - a_1 \overline{x} \tag{8.12}$$

주어진 데이터와 최소제급 근사식이 어느 정도 잘 일치하는지 나타내기 위해 상관계수를 사용한다. 상관계수를 나타내기 위해 주어진 데이터 값 Y_i의 편차의 제곱의 합 S_d를 다음과 같이 정의된다.

$$S_d = \sum_{i=1}^{n} (Y_i - \overline{Y})^2 \tag{8.13}$$

상관계수(correlation coefficient)는 다음과 같이 정의된다.

$$r = \sqrt{\frac{S_d - S}{S_d}} \tag{8.14}$$

당연히 오차의 제곱의 합 S가 0인 경우 상관계수 r은 1이 된다. 따라서 1에 가까울수록 데이터와 구한 직선과는 잘 일치한다는 것을 의미한다.

예제 8.1

다음과 같은 다섯 개의 실험 데이터를 가장 잘 만족시키는 직선 $y = a_1 x + a_0$를 구하라.

x	1	2	3	4	5
y	4.9	6.8	9.1	11.2	13.0

풀이

주어진 데이터와 식 (8.9)와 식 (8.12)를 사용하여 계수를 구하기 위해서는 다음과 같이 표를 만들어 계산하는 것이 한 방법이다.

$$n=5$$

$$a_1=\frac{n\sum_{i=1}^{n}x_iY_i-\sum_{i=1}^{n}x_i\sum_{i=1}^{n}Y_i}{n\sum_{i=1}^{n}x_i^2-\left(\sum_{i=1}^{n}x_i\right)^2}=\frac{(5)(155.6)-(15)(45)}{(5)(55)-15^2}=2.06$$

$$\overline{x}=\frac{\sum_{i=1}^{n}x_i}{n}=\frac{15}{5}=3,\qquad \overline{Y}=\frac{\sum_{i=1}^{n}Y_i}{n}=\frac{45}{5}=9$$

$$a_0=\overline{Y}-a_1\overline{x}=9-(2.06)(3)=2.82$$

	x	Y	x^2	xY	$(Y_i-\overline{Y})^2$
	1	4.9	1	4.9	16.81
	2	6.8	4	13.6	4.84
	3	9.1	9	27.3	0.01
	4	11.2	16	44.8	4.84
	5	13	25	65	16
$\sum$	15	45	55	155.6	42.5

따라서 구하는 직선은

$$y=2.06x+2.82$$

가 되고 이 식으로 계산한 값을 나타내면 다음과 같다.

x	Y	y(계산)
1	4.9	4.88
2	6.8	6.94
3	9.1	9
4	11.2	11.06
5	13	13.12

그리고 상관계수를 구해보면 $r=0.999257$이 된다.

최소제곱법 알고리듬

1. 주어진 기본 데이터를 입력한다.
2. 식 (8.9)로부터 a_1을 구한다.
3. 식 (8.11)과 식 (8.12)로부터 a_0를 구한다.

예제 8.2 ⇨ LeastS.c, LeastS.m

n개의 실험 데이터 $x_1 \sim x_n$, $Y_1 \sim Y_n$이 주어졌을 때, 최소제곱법을 이용하여 이들 데이터를 가장 잘 만족시키는 직선 $y = a_0 + a_1 x$를 구하는 프로그램을 C 또는 MATLAB으로 작성하라. 그리고 데이터가 다음과 같을 때 a_0와 a_1을 출력하라.

x	1	2	3	4	5	6
y	5	8	10	13	16	20

풀이

직선 $y = a_0 + a_1 x$를 구하는 C 및 MATLAB 프로그램은 각각 LeastS.c와 LeastS.m이고 아래에 나타내고 있다. 각각의 프로그램을 실행하면 다음과 같다.

```
"LeastS.c"를 실행한다.
입력.
데이터 수 n : 6
x(i)를 입력하시오
x(i) i=1,...n : 1  2  3  4  5  6
Y(i)를 입력하시오
Y(i) i=1,...n : 5  8   10  13  16  20
출력
y=2.914286 x + 1.800000
MATLAB
>> x=[1  2  3  4  5  6]
x =
     1     2     3     4     5     6
>> Y=[5  8   10  13  16  20]
Y =
     5     8    10    13    16    20
>> [a0, a1]=LeastS(x,Y)
a0 =
    1.8000
```

a1 =
    2.9143

MATLAB의 경우 부록에서 설명한 polyfit을 사용하여 구할 수도 있다.

LeastS.c

```
#include <stdio.h>
#include <math.h>
# define nd 20
void main()
{
    double x[nd], Y[nd];
    double a0, a1;
    double sumx=0, sumY=0, sumx2=0, sumxY=0;
    int n, i;
    printf(" 데이터 수 n : ");
    scanf("%d",&n);
    printf("x(i)를 입력하시오 \n");
    printf(" x(i)  i=1,...n : ");
    for(i=1;i<=n;i++)  scanf("%lf", &x[i]);
    printf("Y(i)를 입력하시오 \n");
    printf(" Y(i)  i=1,...n : ");
    for(i=1;i<=n;i++)  scanf("%lf", &Y[i]);
    for(i=1; i<=n; i++)
    {
        sumxY=x[i]*Y[i] +sumxY;
        sumx= x[i]+ sumx;
        sumY= Y[i]+ sumY;
        sumx2= pow(x[i],2)+ sumx2;
        a1= ((n*sumxY)- (sumx*sumY))/((n*sumx2)- pow(sumx,2));
        a0= (sumY/n)- (a1*sumx/n);
    }
    printf("\n y=%lf X+%lf \n",a1,a0 );
}
```

LeastS.m

```
function [a0, a1]=LeastS(x,Y)
% 입력 : x(n), Y(n) : 주어진 데이터
% n : 데이터 수
% y=a0 + a1*x
n=length(x);
%(x(i), Y(i)), i = 1, ...n : 주어진 데이터
    sumxY=0;
    sumx= 0;
    sumY= 0;
    sumx2=0;
for i=1:n
    sumxY=sumxY+x(i)*Y(i);
    sumx= sumx+x(i);
    sumY= sumY+Y(i);
    sumx2= sumx2+x(i)^2;
end
    a1= ((n*sumxY)- (sumx*sumY))/((n*sumx2)- sumx^2);
    a0= (sumY/n)- (a1*sumx/n);
```

8.2 비선형식

주어진 데이터를 잘 만족시키는 직선을 구하는 것이 아니라 다음과 같은 비선형 식을 구해야 하는 경우가 있다.

$$y = ax^b \tag{8.15}$$

$$y = ae^{bx} \tag{8.16}$$

$$y = \frac{a}{x} + b \tag{8.17}$$

식 (8.15)와 같은 비선형식 $y = ax^b$를 구한다고 하자. 양변에 로그를 적용하면 다음과 같이 식을 변형하여 선형화할 수 있다.

$$\ln y = \ln a + b \ln x \tag{8.18}$$

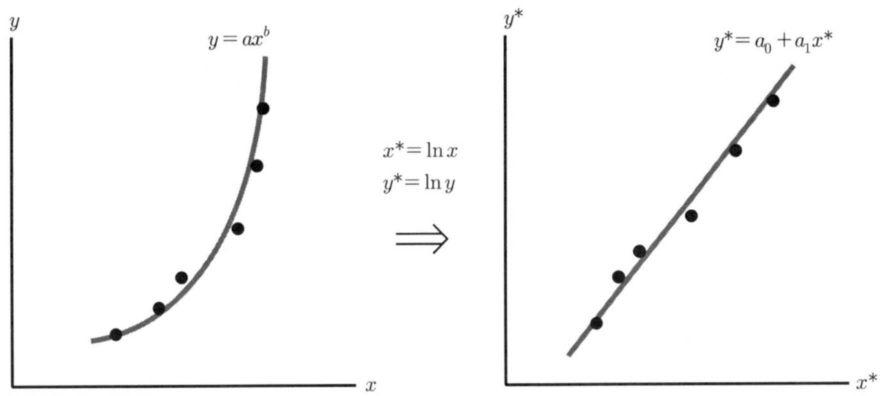

⊃ **그림 8.3** 변수 치환에 의한 선형화

여기서 변수를 다음과 같이 치환한다.

$$x^* = \ln x,\ \ y^* = \ln y,\ \ a_0 = \ln a,\ \ a_1 = b \tag{8.19}$$

그러면

$$y^* = a_0 + a_1 x^*$$

와 같은 선형식을 구할 수 있어 주어진 (x, y) 데이터를 (x^*, y^*) 데이터로 변환시켜 계수를 구할 수 있다. 다른 경우도 비선형식을 적절히 선형화 하여 관계식을 구할 수 있다.

예제 8.3

다음과 같은 다섯 개의 실험 데이터를 가장 잘 만족시키는 $y = ax^b$를 구하라.

x	1	2	3	4	5
y	2	6	10	16	22

풀이

먼저 $x^* = \ln x$, $y^* = \ln y$ 관계식을 사용하여 데이터를 변환한다.

$x^* = \ln x$	0	0.693147	1.098612	1.386294	1.609438
$y^* = \ln y$	0.693147	1.791759	2.302585	2.772589	3.091042

이제 (x^*,y^*) 데이터를 이용하여 계수 a_0, a_1을 구한다. 이 단계는 예제 8.1과 같은 방식으로 계산하여 $a_0=0.712706$, $a_1=1.48044$를 얻을 수 있다. 이제, 식 (8.19)의 관계에서 계수 a, b를 다음과 같이 구할 수 있다.

$$a=e^{a_0}=e^{0.712706}=2.0395$$

$$b=a_1=1.48044$$

즉,

$$y=2.0395x^{1.48044}$$

이라는 관계식을 구할 수 있다.

8.3 다항식

주어진 데이터를 직선이 아니라 다항식 $y=a_0+a_1x+a_2x^2+....+a_mx^m$ 형태를 구하는 경우를 생각해 보자. 이 경우 오차 제곱의 합 S는

$$S=\sum_{i=1}^{n}e_i^2=\sum_{i=1}^{n}(Y_i-a_0-a_1x_i-a_2x_i^2-....-a_mx_i^m)^2$$

이고, 이를 최소화하기 위해서는 다음 조건이 만족되어져야 한다.

$$\frac{\partial S}{\partial a_0}=0,\quad \frac{\partial S}{\partial a_1}=0,\ \frac{\partial S}{\partial a_2}=0,\ ....,\ \frac{\partial S}{\partial a_m}=0$$

따라서

$$\frac{\partial S}{\partial a_0}=\sum_{i=1}^{n}[(-2)(Y_i-a_0-a_1x_i-a_2x_i^2-....-a_mx_i^m)]=0$$

$$\frac{\partial S}{\partial a_1}=\sum_{i=1}^{n}[(-x_i)(2)(Y_i-a_0-a_1x_i-a_2x_i^2-....-a_mx_i^m)]=0$$

$$\frac{\partial S}{\partial a_2}=\sum_{i=1}^{n}[(-x_i^2)(2)(Y_i-a_0-a_1x_i-a_2x_i^2-....-a_mx_i^m)]=0$$

$$\frac{\partial S}{\partial a_m}=\sum_{i=1}^{n}[(-x_i^m)(2)(Y_i-a_0-a_1x_i-a_2x_i^2-....-a_mx_i^m)]=0$$

이고, 위의 식들은 또한 다음과 같이 된다.

$$n a_0 + a_1 \sum_{i=1}^{n} x_i + a_2 \sum_{i=1}^{n} x_i^2 + \cdots + a_m \sum_{i=1}^{n} x_i^m = \sum_{i=1}^{n} Y_i$$

$$a_0 \sum_{i=1}^{n} x_i + a_1 \sum_{i=1}^{n} x_i^2 + a_2 \sum_{i=1}^{n} x_i^3 + \cdots + a_m \sum_{i=1}^{n} x_i^{m+1} = \sum_{i=1}^{n} x_i Y_i$$

$$a_0 \sum_{i=1}^{n} x_i^2 + a_1 \sum_{i=1}^{n} x_i^3 + a_2 \sum_{i=1}^{n} x_i^4 + \cdots + a_m \sum_{i=1}^{n} x_i^{m+2} = \sum_{i=1}^{n} x_i^2 Y_i$$

$$\vdots$$

$$a_0 \sum_{i=1}^{n} x_i^m + a_1 \sum_{i=1}^{n} x_i^{m+1} + a_2 \sum_{i=1}^{n} x_i^{m+2} + \cdots + a_m \sum_{i=1}^{n} x_m^{m+m} = \sum_{i=1}^{n} x_i^m Y_i$$

따라서 위의 식들은 a_0, a_1, $\cdots$, a_m에 관한 연립방정식이므로 연립방정식을 풀어 a_0, a_1, $\cdots$, a_m을 구하면 된다. 물론 일반적인 m차 곡선을 구하기 위해서는 앞에서 설명한 연립방정식의 해를 구하는 여러 가지 방법 중에 하나를 사용하여야 한다.

보충설명(MATLAB 내장함수 사용)

최소제곱법에 의한 다항식 곡선 접합(polynomial curve fitting)을 구하는 MATLAB의 내장함수는 **polyfit**이고 부록 B.10에서 설명하고 있으며, 여러 가지 형태가 사용될 수 있으나 대표적인 것은 다음과 같다.

```
p = polyfit(x, y, n)
```

여기서 x, y는 주어진 데이터들이고 p는 최소제곱법에 의해 구해지는 n차 다항식의 계수 p를 나타내는 행벡터이고 다항식의 내림차순으로 저장한다. 예제 8.1에 사용된 다음 데이터를 이용하여 다음과 같은 다섯 개의 실험 데이터를 가장 잘 만족시키는 직선 $y = a_1 x + a_0$를 구해보자.

x	1	2	3	4	5
y	4.9	6.8	9.1	11.2	13.0

```
>> x=[1  2  3  4   5];
>> y=[4.9   6.8   9.1   11.2   13.0];
>> p = polyfit(x,y,1)
p =
     2.0600    2.8200
```

다항식의 내림차순으로 p가 구성되어 있으므로 구한 직선은

$$y = 2.06x + 2.82$$

이다. 최소제곱법으로 구한 식을 이용하여 주어진 점에서 값을 계산할 때는 **polyval**을 사용하며, 사용법은 부록 B.10에서 설명하고 있다. 위의 예에서 x = 2.5일 때, 위의 직선으로 구한 값은 다음과 같이 구한다.

```
>> yy=polyval(p, 2.5)
yy =
     7.9700
```

위와 동일한 데이터를 이용하여 최소제곱법으로 2차 곡선을 구하는 것은 다음과 같다.

```
>> p = polyfit(x,y,2)
p =
    -0.0286    2.2314    2.6200
```

따라서 최소제곱법으로 구한 2차 곡선은 다음과 같다.

$$y = -0.0286x^2 + 2.2314x + 2.62$$

연습문제

8.1 다음과 같은 다섯 개의 실험 데이터를 가장 잘 만족시키는 직선 $y = a_1 x + a_0$를 구하고 상관계수를 구하라.

x	1	2	3	4	5
y	5.9	8.1	10.1	11.9	14.8

8.2 다음과 같은 다섯 개의 실험 데이터를 가장 잘 만족시키는 곡선 $y = ae^{bx}$를 구하고 $x = 0.5$에서 y를 구하라.

x	0	0.2	0.4	0.6	0.8
y	2	3	4.5	6.6	9.9

8.3 다음과 같은 다섯 개의 실험 데이터를 가장 잘 만족시키는 곡선 $y = ax^b$를 구하고 $x = 1.5$에서 y를 구하라.

x	1	1.2	1.4	1.6	1.8
y	3	2.1	1.5	1.2	0.93

프로그래밍 실습문제

※ 프로그래밍 실습문제의 번호 옆에 프로그램 이름을 나타내었다. 교육의 목적으로, 이들 프로그램은 학생들에게는 제공하지 않고, 강의를 담당하는 교수에게만 제공한다.

C8.1 ⇨ LeastS2.c

n개의 실험 데이터 $x_1 \sim x_n$, $Y_1 \sim Y_n$이 주어졌을 때, 최소제곱법을 이용하여 이들 데이터를 가장 잘 만족시키는 직선 $y = a_0 + a_1 x$를 구하는 C 프로그램을 예제 8.2에서 구하였다. 이를 서브루틴(또는 function) 형태로 변형시키고, 또한 상관계수도 구하도록 하라. 그리고 데이터가 다음과 같을 때, 이때 구한 직선을 이용하여 $x = 2.5,\ 5.2$일 때 함수값을 구하여 출력하라.

x	1	2	3	4	5	6
y	5	8	10	13	16	20

C8.2 ⇨ C8_2.c

다음과 같은 10개의 실험 데이터를 변형하지 않고 있는 그대로 직접 입력하여 데이터를 가장 잘 만족시키는 곡선 $y = \dfrac{a}{(x+1)^b}$을 구하는 프로그램을 C를 이용하여 서브루틴(또는 function) 형태로 작성하라. 그리고 $x = 1.5,\ 2.5$일 때 함수값을 구하여 출력하라.

x	1	1.2	1.4	1.6	1.8	2	2.2	2.4	2.6	2.8
y	2.6	2.2	1.7	1.5	1.3	1.1	1.0	0.9	0.8	0.7

M8.1 ⇨ LeastS2.m, M8_1.m

n개의 실험 데이터 $x_1 \sim x_n$, $Y_1 \sim Y_n$이 주어졌을 때 최소제곱법을 이용하여 이들 데이터를 가장 잘 만족시키는 직선 $y = a_0 + a_1 x$를 구하는 MATLAB 프로그램을 예제 8.2에서 구하였다. 이를 서브루틴(또는 function) 형태로 변형시키고, 또한 상관계수도 구하라. 그리고 데이터가 다

음과 같을 때, 이때 구한 직선을 이용하여 $x=2.5,\ 5.2$일 때 함숫값을 구하여 출력하라.

x	1	2	3	4	5	6
y	5	8	10	13	16	20

M8.2 ⇨ M8_2.m

다음과 같은 10개의 실험 데이터를 변형하지 않고 있는 그대로 직접 입력하여 데이터를 가장 잘 만족시키는 곡선 $y=\dfrac{a}{(x+1)^b}$을 구하는 프로그램을 MATLAB을 이용하여 서브루틴(또는 function) 형태로 작성하라. 그리고 $x=1.5,\ 2.5$일 때 함숫값을 구하여 출력하라.

x	1	1.2	1.4	1.6	1.8	2	2.2	2.4	2.6	2.8
y	2.6	2.2	1.7	1.5	1.3	1.1	1.0	0.9	0.8	0.7

CHAPTER 09

고유값 문제

9.1 고유값 및 고유벡터

고유값 문제는 공학자나 물리학자들이 종종 직면하는 문제이고, 다음과 같은 기본적인 형태를 가진다.

$$\boldsymbol{Ax} = \lambda \boldsymbol{x} \tag{9.1}$$

여기서 $\boldsymbol{A}$는 주어진 $n \times n$ 정방행렬이고, 벡터 $\boldsymbol{x}$를 구해야 하는 문제이다. 그러나 벡터 $\boldsymbol{x}$는 항상 구할 수 있는 것이 아니고, λ가 특정한 값(고유값)을 가질 때만 해를 구할 수 있다. 위 식을 살펴보면 좌변은 벡터 $\boldsymbol{x}$에 행렬을 곱한 것으로서, 그 결과는 새로운 벡터 $\boldsymbol{Ax}$이다. 이 벡터가 원래 벡터에 스칼라를 곱한 $\lambda\boldsymbol{x}$와 같아지는, 어떤 특정한 λ와 $\boldsymbol{x}$를 구하는 문제이다. 식 (9.1)을 만족하는 λ와 $\boldsymbol{x}$를 각각 **고유값(eigenvalue)** 및 **고유벡터(eigenvector)**라고 한다.

예를 들어, 다음과 같은 연립방정식을 생각하자.

$$3x_1 - x_2 = \lambda x_1$$

$$4x_1 - 2x_2 = \lambda x_2$$

위의 식은 행렬과 벡터로 나타내면 다음과 같다.

$$\boldsymbol{Ax} = \lambda \boldsymbol{x} \tag{9.3}$$

$$\boldsymbol{A} = \begin{bmatrix} 3 & -1 \\ 4 & -2 \end{bmatrix}, \quad \boldsymbol{x} = \begin{bmatrix} x_1 \\ x_2 \end{bmatrix} \tag{9.4}$$

위의 연립방정식을 변형하면 다음과 같이 나타낼 수 있다.

$$(3-\lambda)x_1 - x_2 = 0$$

$$4x_1 + (-2-\lambda)x_2 = 0$$

행렬과 벡터를 사용하면 다음과 같다.

$$(\boldsymbol{A}-\lambda \boldsymbol{I})\boldsymbol{x} = 0 \tag{9.5}$$

$$(\boldsymbol{A}-\lambda \boldsymbol{I}) = \begin{bmatrix} 3-\lambda & -1 \\ 4 & -2-\lambda \end{bmatrix}, \quad \boldsymbol{x} = \begin{bmatrix} x_1 \\ x_2 \end{bmatrix} \tag{9.6}$$

Cramer 법칙에 의하면, 식(9.5)가 $\boldsymbol{x} = 0$ 이 아닌 의미있는 해(nontrivial solutions)를 가지기 위해서는 계수행렬 $\boldsymbol{A}-\lambda\boldsymbol{I}$의 행렬식이 0이어야 한다. 즉,

$$\det(\boldsymbol{A}-\lambda \boldsymbol{I}) = 0 \tag{9.7}$$

이다. 따라서

$$\det(\boldsymbol{A}-\lambda \boldsymbol{I}) = \begin{vmatrix} 3-\lambda & -1 \\ 4 & -2-\lambda \end{vmatrix} = 0$$

이고, 계속하여

$$\det(\boldsymbol{A}-\lambda \boldsymbol{I}) = (3-\lambda)(-2-\lambda)-(-1)(4) = \lambda^2-\lambda-2$$

이기 때문에

$$\lambda^2-\lambda-2 = 0 \tag{9.8}$$

의 관계식을 구할 수 있다. 식 (9.8)을 행렬 $\boldsymbol{A}$의 특성방정식(characteristic equation)이라 하고, 식 (9.8)의 좌변에 있는 다항식을 특성다항식(characteristic polynomial)이라 한다. 식 (9.8)의 해는

$$\lambda_1 = -1, \ \lambda_2 = 2$$

이고, 행렬 $\boldsymbol{A}$의 고유값이라고 한다. 이제 구한 고유값을 연립방정식에 대입하면 $\lambda = \lambda_1 = -1$일 때,

$$4x_1 - x_2 = 0$$

$$4x_1 - x_2 = 0$$

이 되어 두 식은 동일한 식이 된다. 이 방정식의 해는 $x_2 = 4x_1$로서 이 식을 만족시키는 $\boldsymbol{x}$는 무한히 많으며, k가 0이 아닐 때, $x_1 = k$라 두면 해는

$$\boldsymbol{x} = \begin{bmatrix} x_1 \\ x_2 \end{bmatrix} = k\begin{bmatrix} 1 \\ 4 \end{bmatrix}$$

이다. 이때 $\lambda = \lambda_1 = -1$에 해당하는 고유벡터는

$$\boldsymbol{x}_{(1)} = \begin{bmatrix} x_1 \\ x_2 \end{bmatrix} = \begin{bmatrix} 1 \\ 4 \end{bmatrix}$$

이다. 또는 정규화하여 나타내어

$$\boldsymbol{x}_{(1)} = \begin{bmatrix} \dfrac{1}{\sqrt{17}} \\ \dfrac{4}{\sqrt{17}} \end{bmatrix}$$

로 표시할 수도 있다. 이때 $\boldsymbol{A}\boldsymbol{x}_{(1)}$와 $\lambda\boldsymbol{x}_{(1)}$를 구해보면 각각 다음과 같다.

$$\boldsymbol{A}\boldsymbol{x}_{(1)} = \begin{bmatrix} 3 & -1 \\ 4 & -2 \end{bmatrix}\begin{bmatrix} 1 \\ 4 \end{bmatrix} = \begin{bmatrix} -1 \\ -4 \end{bmatrix}$$

$$\lambda\boldsymbol{x}_{(1)} = -1\begin{bmatrix} 1 \\ 4 \end{bmatrix} = \begin{bmatrix} -1 \\ -4 \end{bmatrix}$$

$\lambda = \lambda_1 = -1$일 때 벡터 $\boldsymbol{x}_{(1)}$에 행렬 $\boldsymbol{A}$를 곱한 $\boldsymbol{A}\boldsymbol{x}_{(1)}$이 원래 벡터 $\boldsymbol{x}_{(1)}$에 λ를 곱한 $\lambda\boldsymbol{x}_{(1)}$과 같아지는 것을 확인할 수 있다.

$\lambda = \lambda_2 = 2$일 때 연립방정식은

$$x_1 - x_2 = 0$$

$$4x_1 - 4x_2 = 0$$

가 되어 역시 동일한 식이 된다. 따라서 이 방정식의 해는 $x_2 = x_1$로서 이 식을 만족시키는 $\boldsymbol{x}$는 역시 무한히 많으며, $x_1 = k$라 두면 해는

$$\boldsymbol{x} = \begin{bmatrix} x_1 \\ x_2 \end{bmatrix} = k\begin{bmatrix} 1 \\ 1 \end{bmatrix}$$

이다. 이때 $\lambda = \lambda_2 = 2$에 해당하는 고유벡터는

$$\boldsymbol{x}_{(2)} = \begin{bmatrix} x_1 \\ x_2 \end{bmatrix} = \begin{bmatrix} 1 \\ 1 \end{bmatrix}$$

이다. 이때도 역시 $\boldsymbol{A}\boldsymbol{x}_{(2)}$와 $\lambda\boldsymbol{x}_{(2)}$를 구해보면 각각 다음과 같다.

$$\boldsymbol{A}\boldsymbol{x}_{(2)} = \begin{bmatrix} 3 & -1 \\ 4 & -2 \end{bmatrix} \begin{bmatrix} 1 \\ 1 \end{bmatrix} = \begin{bmatrix} 2 \\ 2 \end{bmatrix}$$

$$\lambda\boldsymbol{x}_{(2)} = 2\begin{bmatrix} 1 \\ 1 \end{bmatrix} = \begin{bmatrix} 2 \\ 2 \end{bmatrix}$$

$\lambda = \lambda_2 = 2$일 때 벡터 $\boldsymbol{x}_{(2)}$에 행렬 $\boldsymbol{A}$를 곱한 $\boldsymbol{A}\boldsymbol{x}_{(2)}$가 원래 벡터 $\boldsymbol{x}_{(2)}$에 λ를 곱한 $\lambda\boldsymbol{x}_{(2)}$와 같아지는 것을 확인할 수 있다.

이제 고유값 문제를 일반적으로 나타내고자 다음과 같은 연립방정식을 생각하자.

$$\begin{aligned} a_{11}x_1 + a_{12}x_2 + \cdots + a_{1n}x_n &= \lambda x_1 \\ a_{21}x_1 + a_{22}x_2 + \cdots + a_{2n}x_n &= \lambda x_2 \\ &\vdots \\ a_{n1}x_1 + a_{n2}x_2 + \cdots + a_{nn}x_n &= \lambda x_n \end{aligned} \tag{9.9}$$

행렬로 나타내면 다음과 같다.

$$\boldsymbol{A}\boldsymbol{x} = \lambda\boldsymbol{x} \tag{9.10}$$

$$\boldsymbol{A} = \begin{bmatrix} a_{11} & a_{12} & . & . & . & a_{1n} \\ a_{21} & a_{22} & . & . & . & a_{2n} \\ . & & & & & \\ . & & a_{ij} & & & \\ a_{n1} & a_{n2} & . & . & . & a_{nn} \end{bmatrix}, \qquad \boldsymbol{x} = \begin{bmatrix} x_1 \\ x_2 \\ \vdots \\ x_n \end{bmatrix}$$

연립방정식의 우변을 좌변으로 이동하면,

$$\begin{aligned} (a_{11} - \lambda)x_1 + a_{12}x_2 + \cdots + a_{1n}x_n &= 0 \\ a_{21}x_1 + (a_{22} - \lambda)x_2 + \cdots + a_{2n}x_n &= 0 \\ &\vdots \\ a_{n1}x_1 + a_{n2}x_2 + \cdots + (a_{nn} - \lambda)x_n &= 0 \end{aligned} \tag{9.11}$$

처럼 표시되고, 행렬로 나타내면 다음과 같다.

$$(\boldsymbol{A}-\lambda\boldsymbol{I})\boldsymbol{x}=0 \tag{9.12}$$

$$\boldsymbol{A}=\begin{bmatrix} a_{11}-\lambda & a_{12} & . & .. & a_{1n} \\ a_{21} & a_{22}-\lambda & . & .. & a_{2n} \\ . & . & . & & . \\ . & . & a_{ii}-\lambda & & . \\ . & . & . & & . \\ a_{n1} & a_{n2} & . & .. & a_{nn}-\lambda \end{bmatrix}, \quad \boldsymbol{x}=\begin{bmatrix} x_1 \\ x_2 \\ \vdots \\ x_n \end{bmatrix}$$

Cramer 법칙에 의하면 식(9.11)이 $\boldsymbol{x}=0$ 이 아닌 의미있는 해(nontrivial solutions)를 가지기 위해서는 계수행렬 $\boldsymbol{A}-\lambda\boldsymbol{I}$의 행렬식이 0이어야 한다. 즉,

$$\det(\boldsymbol{A}-\lambda\boldsymbol{I})=\begin{vmatrix} a_{11}-\lambda & a_{12} & . & ... & a_{1n} \\ a_{21} & a_{22}-\lambda & . & ... & a_{2n} \\ . & . & . & ... & . \\ . & . & a_{ii}-\lambda & ... & . \\ . & . & . & ... & . \\ a_{n1} & a_{n2} & . & ... & a_{nn}-\lambda \end{vmatrix}=0 \tag{9.13}$$

이다. $\boldsymbol{A}-\lambda\boldsymbol{I}$를 **특성행렬**(characteristic matrix)이라 하고 $\det(\boldsymbol{A}-\lambda\boldsymbol{I})$를 $\boldsymbol{A}$의 **특성행렬식**(characteristic determinant)이라 한다. 그리고 식 (9.13)을 $\boldsymbol{A}$의 **특성방정식**(characteristic equation)이라 한다. 식 (9.13)에서 $\det(\boldsymbol{A}-\lambda\boldsymbol{I})$를 전개하면 λ에 관한 n차 다항식이 구해지고, 이를 **특성다항식**(characteristic polynomial)이라 한다. 식 (9.13)으로부터 구해지는 λ들을 **고유값**이라 하고 그에 대응하는 벡터 $\boldsymbol{x}$들을 **고유벡터**라고 한다.

예제 9.1

다음 행렬의 고유값과 고유벡터를 구하라.

$$\boldsymbol{A}=\begin{bmatrix} 3 & -1 & 1 \\ 4 & -2 & 4 \\ 0 & 0 & 2 \end{bmatrix}$$

풀이

$$\det(\boldsymbol{A}-\lambda\boldsymbol{I})=\begin{vmatrix} 3-\lambda & -1 & 1 \\ 4 & -2-\lambda & 4 \\ 0 & 0 & 2-\lambda \end{vmatrix}=0$$

$$\det(A-\lambda I)=(2-\lambda)\begin{vmatrix}3-\lambda & -1\\ 4 & -2-\lambda\end{vmatrix}$$
$$=(2-\lambda)[(3-\lambda)(-2-\lambda)-(-1)(4)]$$
$$=(2-\lambda)(\lambda^2-\lambda-2)=-(\lambda+1)(\lambda-2)^2=0$$

따라서 특성방정식은 $(\lambda+1)(\lambda-2)^2=0$이 된다. 특성방정식의 근(고유값)은, $\lambda_1=-1$, $\lambda_2=\lambda_3=2$이다.

$\lambda=\lambda_1=-1$일 때, 특성행렬은

$$A-\lambda I=\begin{bmatrix}3-(-1) & -1 & 1\\ 4 & -2-(-1) & 4\\ 0 & 0 & 2-(-1)\end{bmatrix}=\begin{bmatrix}4 & -1 & 1\\ 4 & -1 & 4\\ 0 & 0 & 3\end{bmatrix}$$

이 되고,

$$(A-\lambda I)x=\begin{bmatrix}4 & -1 & 1\\ 4 & -1 & 4\\ 0 & 0 & 3\end{bmatrix}\begin{bmatrix}x_1\\ x_2\\ x_3\end{bmatrix}=0$$

이 된다. 이를 연립방정식 형태로 표시하면,

$$4x_1-x_2+x_3=0$$
$$4x_1-x_2+4x_3=0$$
$$3x_3=0$$

이 되어 $x_2=4x_1$, $x_3=0$이 되어 k가 0이 아닐 때, $x_1=k$라 두면 해는

$$x_{(1)}=\begin{bmatrix}x_1\\ x_2\\ x_3\end{bmatrix}=k\begin{bmatrix}1\\ 4\\ 0\end{bmatrix}$$

가 되어 $\lambda=\lambda_1=-1$일 때, 고유벡터는

$$x_{(1)}=\begin{bmatrix}1\\ 4\\ 0\end{bmatrix}$$

이 된다.

$\lambda=\lambda_2=\lambda_3=2$일 때, 특성행렬은

$$A-\lambda I=\begin{bmatrix}3-2 & -1 & 1\\ 4 & -2-2 & 4\\ 0 & 0 & 2-2\end{bmatrix}=\begin{bmatrix}1 & -1 & 1\\ 4 & -4 & 4\\ 0 & 0 & 0\end{bmatrix}$$

이 되고, 따라서

$$(A-\lambda I)x=\begin{bmatrix}1 & -1 & 1\\ 4 & -4 & 4\\ 0 & 0 & 0\end{bmatrix}\begin{bmatrix}x_1\\ x_2\\ x_3\end{bmatrix}=0$$

이 된다. 이를 연립방정식 형태로 표시하면,

$$x_1 - x_2 + x_3 = 0$$
$$4x_1 - 4x_2 + 4x_3 = 0$$
$$0 = 0$$

이 되어, $x_1 = x_2 - x_3$ 하나의 식으로 줄어들게 된다. 따라서 $x_2 = k$, $x_3 = l$이라 두면, 해는

$$\boldsymbol{x} = \begin{bmatrix} x_1 \\ x_2 \\ x_3 \end{bmatrix} = \begin{bmatrix} k-l \\ k \\ l \end{bmatrix} = k\begin{bmatrix} 1 \\ 1 \\ 0 \end{bmatrix} + l\begin{bmatrix} -1 \\ 0 \\ 1 \end{bmatrix}$$

이 되어

$$\begin{bmatrix} 1 \\ 1 \\ 0 \end{bmatrix}, \begin{bmatrix} -1 \\ 0 \\ 1 \end{bmatrix}$$

은 서로 독립적인 고유벡터가 된다. 즉, $\lambda = \lambda_2 = \lambda_3 = 2$일 때, 고유벡터는

$$\boldsymbol{x}_{(2)} = \begin{bmatrix} 1 \\ 1 \\ 0 \end{bmatrix}, \quad \boldsymbol{x}_{(3)} = \begin{bmatrix} -1 \\ 0 \\ 1 \end{bmatrix}$$

이 된다. 따라서 3개의 고유벡터는 다음과 같다.

$$\boldsymbol{x}_{(1)} = \begin{bmatrix} 1 \\ 4 \\ 0 \end{bmatrix}, \boldsymbol{x}_{(2)} = \begin{bmatrix} 1 \\ 1 \\ 0 \end{bmatrix}, \boldsymbol{x}_{(3)} = \begin{bmatrix} -1 \\ 0 \\ 1 \end{bmatrix}$$

또는 정규화하여 다음처럼 표시할 수도 있다.

$$\boldsymbol{x}_{(1)} = \begin{bmatrix} 0.242525 \\ 0.970143 \\ 0 \end{bmatrix}, \boldsymbol{x}_{(2)} = \begin{bmatrix} 0.707107 \\ 0.707107 \\ 0 \end{bmatrix}, \boldsymbol{x}_{(3)} = \begin{bmatrix} -0.707107 \\ 0 \\ 0.707107 \end{bmatrix}$$

♦ 보충설명

고유벡터에 상수를 곱한 것은 기본적으로 동일한 벡터의 성질을 가진다. 즉 앞에서 세 개의 고유벡터를

$$\boldsymbol{x}_{(1)} = \begin{bmatrix} 1 \\ 4 \\ 0 \end{bmatrix}, \boldsymbol{x}_{(2)} = \begin{bmatrix} 1 \\ 1 \\ 0 \end{bmatrix}, \boldsymbol{x}_{(3)} = \begin{bmatrix} -1 \\ 0 \\ 1 \end{bmatrix}$$

로 나타낼 수도 있고, 또는 정규화하여 다음처럼 표시할 수도 있다.

$$\boldsymbol{x}_{(1)} = \begin{bmatrix} 0.242525 \\ 0.970143 \\ 0 \end{bmatrix}, \boldsymbol{x}_{(2)} = \begin{bmatrix} 0.707107 \\ 0.707107 \\ 0 \end{bmatrix}, \boldsymbol{x}_{(3)} = \begin{bmatrix} -0.707107 \\ 0 \\ 0.707107 \end{bmatrix}$$

또한

$$x_{(1)} = \begin{bmatrix} -0.242525 \\ -0.970143 \\ 0 \end{bmatrix}, \quad x_{(2)} = \begin{bmatrix} 0.707107 \\ 0.707107 \\ 0 \end{bmatrix}, \quad x_{(3)} = \begin{bmatrix} 0.707107 \\ 0 \\ -0.707107 \end{bmatrix}$$

라고 하여도 기본적으로 같은 고유벡터를 구하였다고 보면 된다.

고유값과 고유벡터를 제대로 구하였는지 확인하는 방법은 식 (9.3)에 대입하여 식을 만족하는지 확인하는 것이다.

앞에서 구한 고유값 $\lambda = \lambda_2 = \lambda_3 = 2$는 중근이다. 이와 같이 고유값이 중근인 경우의 고유벡터는 앞에서 구한 것과 다른 형태를 가질 수도 있다. 앞에서 $x_1 = x_2 - x_3$ 대신에 $x_2 = x_1 + x_3$이라는 식을 사용하고, $x_1 = k$, $x_3 = l$이라 두면, 해는

$$x = \begin{bmatrix} x_1 \\ x_2 \\ x_3 \end{bmatrix} = \begin{bmatrix} k \\ k+l \\ l \end{bmatrix} = k\begin{bmatrix} 1 \\ 1 \\ 0 \end{bmatrix} + l\begin{bmatrix} 0 \\ 1 \\ 1 \end{bmatrix}$$

이 되어

$$\begin{bmatrix} 1 \\ 1 \\ 0 \end{bmatrix}, \begin{bmatrix} 0 \\ 1 \\ 1 \end{bmatrix}$$

은 서로 독립적인 고유벡터가 된다. 즉, $\lambda = \lambda_2 = \lambda_3 = 2$일 때, 고유벡터는

$$x_{(2)} = \begin{bmatrix} 1 \\ 1 \\ 0 \end{bmatrix}, \quad x_{(3)} = \begin{bmatrix} 0 \\ 1 \\ 1 \end{bmatrix}$$

이 되어 앞에서 구한 고유벡터와 다른 형태를 가질 수도 있다. 이 경우 역시 식 (9.3)에 대입하면 식을 만족한다.

9.2 거듭제곱법

앞에서 고유값 및 고유벡터를 구하는 수학적인 방법에 대하여 설명하였다. 그러나 정방행렬의 차수가 커지면 일반적으로 앞에서 설명한 방법으로 구하는 것은 거의 불가능하다. 따라서 고유값을 구하는 수치적 방법의 여러 가지가 고안되었다. 그중 하나가 **거듭제곱법(power method)**으로 행렬의 가장 큰 고유값을 구할 때 사용된다. 경우에 따라 행렬의 가장 큰 고유값을 구해야 하는 문제가 있을 수 있는데 이 방법이 사용될 수 있다. 이 방법의 최대 장점은 계산하기 쉽다는 것이다.

행렬 $\boldsymbol{A}$가 $n \times n$ 정방행렬이고 고유값들이 다음과 같다고 하자(물론 고유값을 모르는 상태이다). 이때 λ_1을 지배(dominant) 고유값이라 한다.

$$|\lambda_1| > |\lambda_2| \geq |\lambda_3| \geq \cdots \geq |\lambda_n| \tag{9.14}$$

그리고 각각의 고유값 λ_i에 해당되는 0이 아닌 고유벡터를 $\boldsymbol{x}_{(i)}$라고 하면, 각각의 고유벡터는 다음 관계식을 만족시킨다.

$$\boldsymbol{A}\boldsymbol{x}_{(i)} = \lambda_i \boldsymbol{x}_{(i)} \tag{9.15}$$

식 (9.15)의 양변에 $\boldsymbol{x}_{(i)}^T$를 곱하면 다음과 같다.

$$\boldsymbol{x}_{(i)}^T \boldsymbol{A}\boldsymbol{x}_{(i)} = \lambda_i \boldsymbol{x}_{(i)}^T \boldsymbol{x}_{(i)}$$

따라서 고유값은

$$\lambda_i = \frac{\boldsymbol{x}_{(i)}^T \boldsymbol{A}\boldsymbol{x}_{(i)}}{\boldsymbol{x}_{(i)}^T \boldsymbol{x}_{(i)}} \tag{9.16}$$

로 주어진다. 위 식의 분자 및 분모인 $\boldsymbol{x}_{(i)}^T \boldsymbol{A}\boldsymbol{x}_{(i)}$와 $\boldsymbol{x}_{(i)}^T \boldsymbol{x}_{(i)}$는 스칼라이다. 또는 내적(inner product)을 사용하면 다음과 같이 표시된다.

$$\lambda_i = \frac{\boldsymbol{x}_{(i)} \cdot \boldsymbol{A}\boldsymbol{x}_{(i)}}{\boldsymbol{x}_{(i)} \cdot \boldsymbol{x}_{(i)}} \tag{9.17}$$

이제 거듭제곱법을 간단히 설명하면 다음과 같다. 먼저 $n \times 1$ 벡터 $\boldsymbol{x}^{(0)}$를 가정하고,

$$\boldsymbol{A}\boldsymbol{x}^{(k)} = \boldsymbol{x}^{(k+1)} \tag{9.18}$$

라고 하자. 이것을 식 (9.16) 또는 식 (9.17)에 대입하면, 다음과 같이 최대 고유값 λ_1과 고유벡터 $\boldsymbol{x}_1 = \boldsymbol{x}^{(k)}$를 구할 수 있다.

$$\lambda_1 = \lim_{k \to \infty} \frac{(\boldsymbol{x}^{(k)})^T [\boldsymbol{A}\boldsymbol{x}^{(k)}]}{(\boldsymbol{x}^{(k)})^T \boldsymbol{x}^{(k)}} \tag{9.19}$$

위의 식에서 λ_i가 아닌 지배 고유값 λ_1임에 유의하라. 그러나 식 (9.18)처럼 정의하면 고유값은 구해지지만, λ_1의 절대값이 1보다 클 때는 아주 큰 고유벡터가 구해지고, λ_1의 절대값이 1보다 작을 때는 아주 작은 고유벡터가 구해진다. 따라서 실제로는

$$x^{(k+1)} = \frac{Ax^{(k)}}{\| Ax^{(k)} \|} \tag{9.20}$$

으로 정규화(normalize)하여 사용한다. 거듭제곱법은 반복 대입하는 방법으로 보다 상세한 이론은 참고문헌(Cheney and David Kincaid, 2004, Epperson, 2002, 또는 Schilling and Harris, 2000)을 참조하기 바란다.

수렴 판단은 다음과 같이 한다. 만약 위에서 구한 λ_1과 $x^{(k)}$가 구하고자 하는 해일 경우 식 (9.15)를 만족한다. 따라서

$$Ax^{(k)} - \lambda x^{(k)} = 0$$

이 성립해야 하지만 위에서 구한 λ_1과 $x^{(k)}$가 완전한 해가 아니기 때문에

$$r = Ax^{(k)} - \lambda x^{(k)}$$

라 하고

$$\| r \| \le \epsilon$$

일 때 계산을 멈추면 된다. 그러나 ϵ을 너무 작게 잡으면 수렴을 하지 않는 수가 있다. 따라서 프로그래밍에서는 최대 반복횟수를 정하는 것이 옳은 프로그래밍 방법이다.

거듭제곱법(power method) 알고리듬

1. 행렬 A 및 x의 초기 가정값 등을 입력한다. 필요한 상수(수렴 판단기준 ϵ, 최대 반복횟수 imax 등)를 입력한다.
2. 다음을 계산한다.
   $y = Ax$
3. λ를 계산한다.
   $\lambda = \dfrac{x^T y}{x^T x}$ 또는 $\lambda = \dfrac{x \cdot y}{x \cdot x}$
4. 수렴 판단한다.
   $r = y - \lambda x$
   $x = \dfrac{y}{\| y \|}$
   $\| r \| \le \epsilon$이면 프로그램을 마친다.
5. 수렴하지 않으면 단계 2부터 반복한다.

예제 9.2

다음 행렬의 최대 고유값과 그때의 고유벡터를 거듭제곱법으로 구하라.

$$A=\begin{bmatrix}2 & 1 & 1\\3 & 4 & 4\\0 & 0 & 2\end{bmatrix}$$

풀이

먼저 $x^{(0)}$를 가정한다.

$$x^{(0)}=\begin{bmatrix}0\\0\\1\end{bmatrix}$$

$$Ax^{(0)}=\begin{bmatrix}2 & 1 & 1\\3 & 4 & 4\\0 & 0 & 2\end{bmatrix}\begin{bmatrix}0\\0\\1\end{bmatrix}=\begin{bmatrix}1\\4\\2\end{bmatrix}$$

$$\lambda=\frac{(x^{(0)})^T[Ax^{(0)}]}{(x^{(0)})^T x^{(0)}}=2$$

$x^{(1)}$을 구한다.

$$x^{(1)}=\frac{Ax^{(0)}}{\| Ax^{(0)} \|}=\begin{bmatrix}0.218218\\0.872872\\0.436436\end{bmatrix}$$

반복 계산하면 다음과 같다.

k,	λ	x(1)	x(2)	x(3)
1	2.000000	0.218218	0.872872	0.436436
2	5.904762	0.281265	0.949269	0.140633
3	5.443758	0.302271	0.951832	0.051450
4	5.174257	0.310570	0.950343	0.019876
5	5.068624	0.313938	0.949411	0.007842
6	5.027232	0.315305	0.948985	0.003120
7	5.010851	0.315857	0.948806	0.001245
8	5.004333	0.316079	0.948733	0.000498
9	5.001732	0.316168	0.948703	0.000199
10	5.000692	0.316204	0.948691	0.000080
11	5.000277	0.316218	0.948686	0.000032
12	5.000111	0.316224	0.948685	0.000013

계속하여 반복 계산하면, $\lambda=5$에 수렴하고, 그때의 고유벡터는

$$x=\begin{bmatrix}0.316228\\0.948683\\0\end{bmatrix}$$

이다.

9.3 역거듭제곱법

앞에서 설명한 거듭제곱법은 최대 고유값을 구하는 방법이다. 이제 가장 작은 고유값을 구하는 문제를 생각해보자. 역행렬이 존재하는 경우, 역행렬을 이용하여 역행렬의 최대 고유값을 계산하면 원래행렬의 최소 고유값을 구하는 것이 된다.

다음의 관계식을 고려하자.

$$\boldsymbol{A}\boldsymbol{x} = \lambda \boldsymbol{x} \tag{9.21}$$

위 식의 양변에 $\boldsymbol{A}^{-1}$을 곱하면

$$\boldsymbol{A}^{-1}\boldsymbol{A}\boldsymbol{x} = \lambda \boldsymbol{A}^{-1}\boldsymbol{x} \quad \Rightarrow \quad \boldsymbol{x} = \lambda \boldsymbol{A}^{-1}\boldsymbol{x}$$

이다. 따라서

$$\boldsymbol{A}^{-1}\boldsymbol{x} = \frac{1}{\lambda}\boldsymbol{x} \quad \Rightarrow \quad \boldsymbol{B}\boldsymbol{x} = \lambda' \boldsymbol{x} \tag{9.22}$$

의 관계가 성립하여 원래 행렬의 최소(절대값이 최소) 고유값(λ)은 식 (9.22)에서 역행렬 $\boldsymbol{B} = \boldsymbol{A}^{-1}$ 과 관련된 지배 고유값(λ')을 구하는 문제와 동일하게 된다. 따라서 역행렬을 구한 후 식 (9.22)와 관련된 λ'의 최대값을 거듭제곱법으로 구하여 역을 취하면 식 (9.21)과 관련된 λ의 최소값을 구하게 되는 것이다. 즉 식 (9.19)와 식 (9.20)에서 행렬 $\boldsymbol{A}$ 대신 행렬 $\boldsymbol{B}$를 대입하여 λ'_1를 구하면 된다. 즉,

$$\lambda'_1 = \lim_{k \to \infty} \frac{(\boldsymbol{x}^{(k)})^T [\boldsymbol{B}\boldsymbol{x}^{(k)}]}{(\boldsymbol{x}^{(k)})^T \boldsymbol{x}^{(k)}} \tag{9.23}$$

$$\boldsymbol{x}^{(k+1)} = \frac{\boldsymbol{B}\boldsymbol{x}^{(k)}}{\| \boldsymbol{B}\boldsymbol{x}^{(k)} \|} \tag{9.24}$$

와 같이 표현된다. 이렇게 구하는 방법을 **역거듭제곱법(inverse power method)** 이라고 한다.

역거듭제곱법(inverse power method) 알고리듬

1. 행렬 A 및 x의 초기 가정값 등을 입력한다. 필요한 상수(수렴 판단기준 ϵ, 최대 반복횟수 n 등)를 입력한다.
2. A의 역행렬 B를 구한다.
$$B = A^{-1}$$
3. 다음을 계산한다.
$$y = Bx$$
4. 식 (9.23)에서 λ'를 계산한다.
$$\lambda' = \frac{x^T y}{x^T x}$$
5. 수렴 판단을 한다.
$$r = y - \lambda' x$$
$$x = \frac{y}{\| y \|}$$
$\| r \| \le \epsilon$이면 고유값 ⇨ $\lambda = \dfrac{1}{\lambda'}$, 프로그램을 마친다.
6. 수렴하지 않으면 단계 3부터 반복한다.

예제 9.3

다음 행렬의 최소(절대값이 최소) 고유값과 그때의 고유벡터를 거듭제곱법으로 구하라.

$$A = \begin{bmatrix} 2 & 1 & 1 \\ 3 & 4 & 4 \\ 0 & 0 & 2 \end{bmatrix}$$

풀이

먼저 행렬의 역행렬을 구하여야 한다. 역행렬을 구하면 다음과 같다.

$$B = A^{-1} = \begin{bmatrix} 0.8 & -0.2 & 0 \\ -0.6 & 0.4 & -0.5 \\ 0 & 0 & 0.5 \end{bmatrix}$$

이제 $B = A^{-1}$ 의 지배 고유값을 구하면 된다.

먼저 $x^{(0)}$를 가정한다.

$$\boldsymbol{x}^{(0)} = \begin{bmatrix} 0 \\ 0 \\ 1 \end{bmatrix}$$

$$\boldsymbol{B}\boldsymbol{x}^{(0)} = \begin{bmatrix} 0.8 & -0.2 & 0 \\ -0.6 & 0.4 & -0.5 \\ 0 & 0 & 0.5 \end{bmatrix} \begin{bmatrix} 0 \\ 0 \\ 1 \end{bmatrix} = \begin{bmatrix} 0 \\ -0.5 \\ 0.5 \end{bmatrix}$$

$$\lambda' = \frac{(\boldsymbol{x}^{(0)})^T[\boldsymbol{B}\boldsymbol{x}^{(0)}]}{(\boldsymbol{x}^{(0)})^T\boldsymbol{x}^{(0)}} = 0.5$$

$$\boldsymbol{x}^{(1)} = \frac{\boldsymbol{B}\boldsymbol{x}^{(0)}}{\| \boldsymbol{B}\boldsymbol{x}^{(0)} \|} = \begin{bmatrix} 0 \\ -0.707107 \\ 0.707107 \end{bmatrix}$$

반복 계산하면 다음과 같다.

k	λ'	λ	x(1)	x(2)	x(3)
1	0.500000	2.000000	0.000000	−0.707107	0.707107
2	0.700000	1.428571	0.190693	−0.858116	0.476731
3	0.772727	1.294118	0.403222	−0.865741	0.296487
4	0.881435	1.134514	0.550768	−0.818246	0.164703
5	0.951966	1.050457	0.630098	−0.771753	0.085872
6	0.981707	1.018634	0.669283	−0.741725	0.043644
7	0.992691	1.007363	0.688421	−0.724978	0.021970
8	0.996854	1.003156	0.697828	−0.716180	0.011018
9	0.998560	1.001442	0.702485	−0.711677	0.005517
10	0.999314	1.000686	0.704800	−0.709400	0.002760
11	0.999666	1.000334	0.705955	−0.708256	0.001381
12	0.999835	1.000165	0.706531	−0.707682	0.000690
13	0.999918	1.000082	0.706819	−0.707394	0.000345
14	0.999959	1.000041	0.706963	−0.707251	0.000173
15	0.999980	1.000020	0.707035	−0.707179	0.000086

계속하여 반복 계산하면, $\lambda' = 1$에 수렴하고, 따라서 $\lambda = \frac{1}{\lambda'} = 1$에 수렴한다. 그때의 고유벡터는

$$\boldsymbol{x} = \begin{bmatrix} 0.707107 \\ -0.707107 \\ 0 \end{bmatrix}$$

이다.

보충설명(MATLAB 내장함수 사용)

MATLAB에서 고유값과 고유벡터를 구하는 내장함수 eig가 있어 아주 편리하다. 대표적인 사용법은 다음과 같다.

```
d = eig(A)
[V, D] = eig(A)
```

여기서 d와 D는 고유값을 V는 고유벡터를 열벡터 또는 행렬 형태로 나타낸다. 다음에 eig의 사용 예를 볼 수 있다.

```
>>A = [2  1  1
       3  4  4
       2  1  5];
 >>d=eig(A)
d =
    7.4808
    1.1095
    2.4098
```

행렬의 고유값은 각각 7.4808, 1.1095, 2.4098임을 알 수 있다. 또한 다음과 같이 고유벡터도 계산할 수 있다.

```
 >> [V, D] = eig(A)
V =
    0.2446    0.8439   -0.3779
    0.8148   -0.4276   -0.7275
    0.5256   -0.3239    0.5727
D =
    7.4808         0         0
         0    1.1095         0
         0         0    2.4098
```

여기서 V는 고유벡터를 행렬의 형태로 나타낸 것이다. 각각의 고유벡터는 다음과 같다.

$$x_{(1)}=\begin{bmatrix}0.2446\\0.8148\\0.5256\end{bmatrix},\quad x_{(2)}=\begin{bmatrix}0.8439\\-0.4276\\-0.3239\end{bmatrix},\quad x_{(3)}=\begin{bmatrix}-0.3779\\-0.7275\\0.5727\end{bmatrix}$$

연습문제

9.1 다음 행렬의 고유값과 그때의 고유벡터를 구하라.

$$A=\begin{bmatrix} 2 & 1 & 1 \\ 3 & 4 & 4 \\ 0 & 0 & 2 \end{bmatrix}$$

9.2 다음 행렬의 최대 고유값과 그때의 고유벡터를 거듭제곱법으로 3회 반복 계산하라. 초기 가정값으로 $x^{(0)}=[0\ 0\ 1]^T$로 가정하라.

$$A=\begin{bmatrix} 5 & 4 & 0 \\ 2 & 5 & 3 \\ 2 & 3 & 5 \end{bmatrix}$$

9.3 다음 행렬의 최소(절대값이 최소) 고유값과 그때의 고유벡터를 거듭제곱법으로 3회 반복 계산하라. 초기 가정값으로 $x^{(0)}=[0\ 0\ 1]^T$로 가정하라.

$$A=\begin{bmatrix} 5 & 4 & 0 \\ 2 & 5 & 3 \\ 2 & 3 & 5 \end{bmatrix}$$

프로그래밍 실습문제

※ 프로그래밍 실습문제의 번호 옆에 프로그램 이름을 나타내었다. 교육의 목적으로, 이들 프로그램은 학생들에게는 제공하지 않고, 강의를 담당하는 교수에게만 제공한다.

C9.1 ⇨ EigenP.c

n차 행렬의 최대 고유값과 그때의 고유벡터를 거듭제곱법으로 구하는 C 프로그램을 서브루틴(또는 function) 형태로 작성하고, 행렬이 다음과 같을 때 최대 고유값과 그때의 고유벡터를 출력하라. 초기 가정값으로 $\boldsymbol{x}^{(0)} = [0\ 0\ 0\ 1]^T$로 가정하라.

$$\boldsymbol{A} = \begin{bmatrix} 4 & 2 & 1 & 0 \\ 2 & 4 & 2 & 0 \\ 0 & 3 & 4 & 1 \\ 0 & 0 & 3 & 4 \end{bmatrix}$$

C9.2 ⇨ EigenInv.c

n차 행렬의 최소 고유값과 그때의 고유벡터를 역거듭제곱법으로 구하는 C 프로그램을 서브루틴(또는 function) 형태로 작성하고, 행렬이 다음과 같을 때 최대 고유값과 그때의 고유벡터를 출력하라. 초기 가정값으로 $\boldsymbol{x}^{(0)} = [0\ 0\ 0\ 1]^T$로 가정하라.

$$\boldsymbol{A} = \begin{bmatrix} 4 & 2 & 1 & 0 \\ 2 & 4 & 2 & 0 \\ 0 & 3 & 4 & 1 \\ 0 & 0 & 3 & 4 \end{bmatrix}$$

M9.1 ⇨ EigenP.m, M9_1.m

n차 행렬의 최대 고유값과 그때의 고유벡터를 거듭제곱법으로 구하는 MATLAB 프로그램을 서브루틴(또는 function) 형태로 작성하고, 행렬이 다음과 같을 때 최대 고유값과 그때의 고유벡터를 출력하라. 초기 가정값으로 $\boldsymbol{x}^{(0)} = [0\ 0\ 0\ 1]^T$로 가정하라.

$$A = \begin{bmatrix} 4 & 2 & 1 & 0 \\ 2 & 4 & 2 & 0 \\ 0 & 3 & 4 & 1 \\ 0 & 0 & 3 & 4 \end{bmatrix}$$

M9.2 ⇨ EigenInv.m, M9_2.m

n차 행렬의 최소 고유값과 그때의 고유벡터를 역거듭제곱법으로 구하는 MATLAB 프로그램을 서브루틴(또는 function) 형태로 작성하고, 행렬이 다음과 같을 때 최대 고유값과 그때의 고유벡터를 출력하라. 초기 가정값으로 $\boldsymbol{x}^{(0)} = [0\ 0\ 0\ 1]^T$로 가정하라.

$$A = \begin{bmatrix} 4 & 2 & 1 & 0 \\ 2 & 4 & 2 & 0 \\ 0 & 3 & 4 & 1 \\ 0 & 0 & 3 & 4 \end{bmatrix}$$

CHAPTER 10

수치미분

적분과는 달리, 함수값이 주어진 경우 미분함수를 쉽게 구할 수 있기 때문에 수치적으로 미분을 구하는 경우는 그리 많지 않다. 함수가 다소 복잡 하더라도 대부분의 경우 미분을 구할 수 있다. 따라서 함수가 주어진 경우, 미분을 구하고자 할 때는 수치적으로 미분을 하지 않고 해석적으로 구할 수 있다. 그러나 함수가 주어지지 않고 데이터가 주어진 경우에 미분값이 필요할 때가 있다. 이러한 경우에 수치미분이 사용된다. 또한, 미분방정식의 수치해를 구하고자 할 때 수치미분의 기본 개념을 알면 도움이 될 것이다. 수치미분에 대해 쉽게 이해하기 위해 함수가 주어졌다고 생각하고 설명한다. 함수 $y=f(x)$를 고려하자. 미분은 다음과 같이 정의된다.

$$\frac{df}{dx}=\lim_{\Delta x\to 0}\frac{f(x+\Delta x)-f(x)}{\Delta x} \tag{10.1}$$

$\frac{df}{dx}$는 그림 10.1에서의 기울기이고 $\Delta x\to 0$일 때 식 (10.1)의 우변과 같아진다. 위 식에서 $\Delta x\to 0$ 대신에 Δx를 작은 값(예를 들어 0.001, 0.0001 등)을 사용하여 다음과 같이 근사적으로 사용하는 것이 **수치미분**의 개념이다.

$$\frac{df}{dx}\approx\frac{f(x+\Delta x)-f(x)}{\Delta x} \tag{10.2}$$

위 식을 이용하여 미분을 구한다면, 약간의 오차를 포함할 것이다. 뒤에서 설명하겠지만, 위 식은 실제로 1계 미분에 대한 전진차분식이다.

편의상 다음과 같이 미분과 관련된 기호를 정의한다.

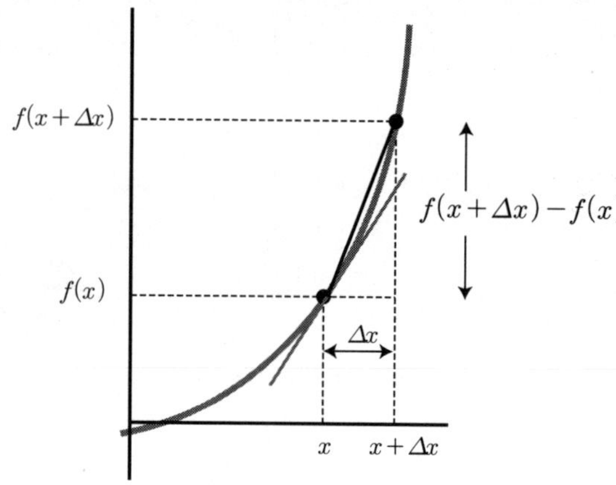

그림 10.1 미분의 정의

$$f(x_i) \equiv f_i$$

$$\frac{df(x_i)}{dx} = f'(x_i) \equiv f_i'$$

$$\frac{d^2f(x_i)}{dx^2} = f''(x_i) \equiv f_i''$$

그리고 간격이 일정할 때, h를 다음과 같이 정의한다.

$$h = \Delta x = x_{i+1} - x_i$$

10.1 1계 미분

함수에 대한 1계 미분은 다음과 같이 구할 수 있다. 미분에 대한 식을 유도하는 방법은 여러 가지가 있을 수 있으나, **Taylor 급수를 이용**하여 구하면 오차의 크기정도(order of magnitude)도 함께 구할 수 있다.

$$f_{i+1} = f_i + f_i' h + \frac{f_i''}{2} h^2 + \ldots$$

이므로

$$f_i' = \frac{f_{i+1} - f_i}{h} - \frac{f_i''}{2}h + \dots \tag{10.3}$$

위 식은 또한 다음과 같이 표시된다.

전진차분 : $$f_i' = \frac{f_{i+1} - f_i}{h} + O(h) \tag{10.4}$$

위 식에서 $O(h)$는 절단오차(truncation error)의 크기정도를 나타내고, 식에서 h^1 이상을 포함하는 모든 항을 $O(h)$로 표시하며 $h \to 0$일 때 이 항은 h가 0으로 수렴하는 것과 비슷하게 0에 수렴한다는 것을 의미한다. $O(h^2)$인 경우는 $h \to 0$일 때 h^2이 0으로 수렴하는 것과 비슷하게 0에 수렴한다는 것을 의미한다. 식 (10.4)에서 보듯이 f_i'를 나타내는데 앞쪽의 함수값 f_{i+1}이 사용되었다고 **전진차분(forward difference)**이라 한다(그림 10.2 참조). 미분을 표시하는데 **후진차분(backward difference)** 및 **중앙차분(central difference)** 방식이 사용될 수도 있다. 식 (10.3) 또는 식 (10.4)를 단순하게 다음과 같이 표시할 수 있다.

전진차분 : $$f_i' \simeq \frac{f_{i+1} - f_i}{h} \tag{10.5}$$

위 식은 $O(h)$의 절단오차를 가진다. 1계 미분을 후진차분과 중앙차분을 이용하여 나타내면 각각 다음과 같으며 역시 Taylor 급수를 이용하여 쉽게 구할 수 있다.

후진차분 : $$f_i' = \frac{f_i - f_{i-1}}{h} + O(h) \tag{10.6}$$

중앙차분 : $$f_i' = \frac{f_{i+1} - f_{i-1}}{2h} + O(h^2) \tag{10.7}$$

중앙차분의 경우 절단오차는 $O(h^2)$이며, 보통 h가 작은 경우를 다루므로 $O(h^2)$인 경우의 오차가 $O(h)$인 경우의 오차보다 매우 작다는 것을 의미한다.

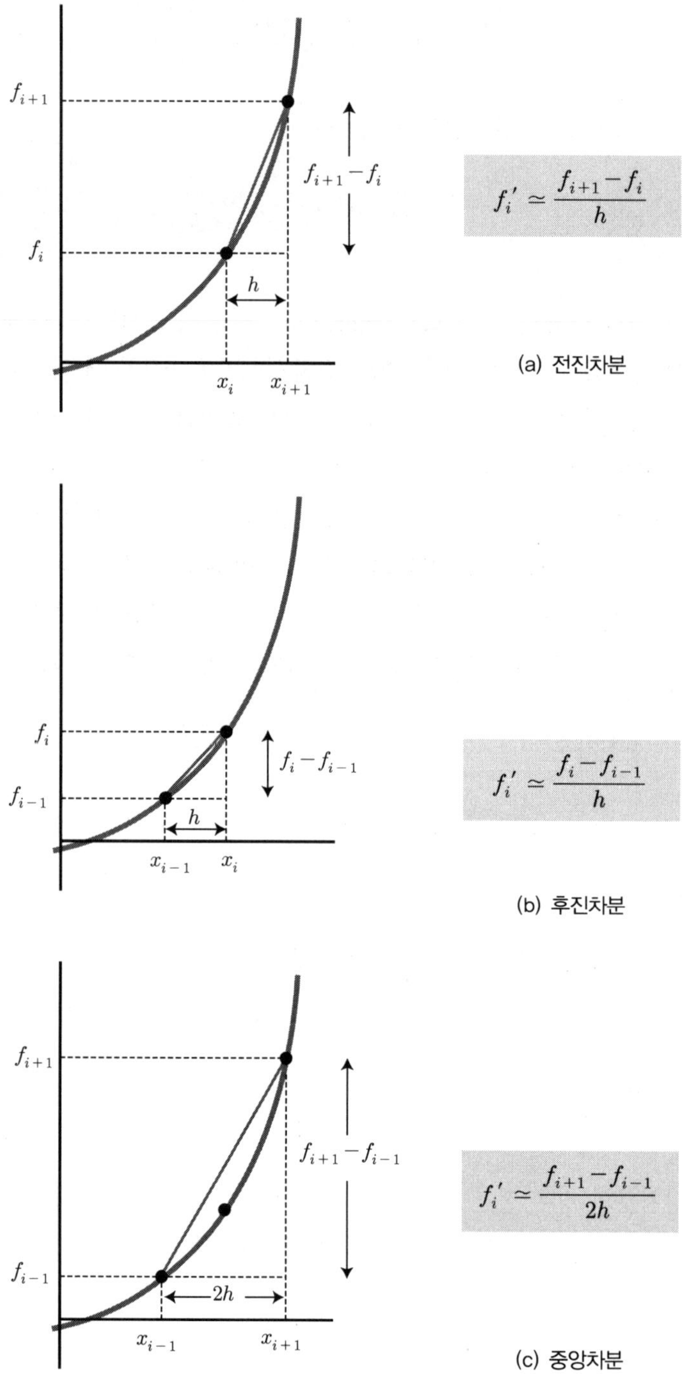

그림 10.2 전진, 후진, 중앙 차분 방식에 대한 도식적 표현

예제 10.1

다음과 같은 실험 데이터가 있다. $x=1.4$인 곳에서의 기울기를 전진차분, 후진차분, 중앙차분으로 구하라.

i	1	2	3	4	5	6
x	1	1.2	1.4	1.6	1.8	2
y	2	4.136	7.008	10.712	15.344	21

풀이

$h=0.2$이다.

$$\text{전진차분 : } f_3' = \frac{f_4-f_3}{h} = \frac{10.712-7.008}{0.2} = 18.52$$

$$\text{후진차분 : } f_3' = \frac{f_3-f_2}{h} = \frac{7.008-4.136}{0.2} = 14.36$$

$$\text{중앙차분 : } f_3' = \frac{f_4-f_2}{2h} = \frac{10.712-4.136}{(2)(0.2)} = 16.44$$

보충설명

전진차분으로 계산하면 18.52, 후진차분으로 계산하면 14.36의 값을 얻을 수 있고, 중앙차분으로 계산하면 16.44를 얻을 수 있다. 어느 것을 사용하는 것이 좋을까? 세 값의 평균값을 사용하면 어떨까? 세 값의 평균을 해 보면 바로 16.44가 된다. 식 (10.5), 식 (10.6), 식 (10.7)에서 보듯이 1계 미분에서는 전진차분과 후진차분의 평균이 바로 중앙차분이기 때문이다. 실제로 중앙차분을 사용하는 것이 $O(h^2)$의 오차를 가지기 때문에 일반적으로는 정확한 값이다. 원래 위의 데이터는 $f(x)=2x^3+2x^2-x-1$의 관계식으로 만든 데이터이다. 따라서 이 경우, 우리는 정확한 미분값을 알 수 있다. $x=1.4$인 곳에서의 정확한 기울기는 16.36이다. 따라서 각각의 경우 상대오차는 다음과 같다.

$$\text{전진차분 : } \varepsilon = \frac{16.36-18.52}{16.36} = -0.132 = -13.2\%$$

$$\text{후진차분 : } \varepsilon = \frac{16.36-14.36}{16.36} = 0.122 = 12.2\%$$

$$\text{중앙차분 : } \varepsilon = \frac{16.36-16.44}{16.36} = -0.0049 = -0.49\%$$

정확한 기울기와 비교하여 보면 역시 예상한 바와 같이 중앙차분으로 구한 값의 오차가 가장 작다는 것을 알 수 있다.

위의 예제에서 보듯이 고차의 차분식(difference equation)을 사용하면 오차를 줄일 수 있다. 또 다른 오차를 줄이는 방법은 h를 작게 하면 된다. 위의 예에서 데이터가 0.2의 간격이 아닌 0.1의 간격으로 주어졌다면 우리는 훨씬 정확한 값을 예측할 수 있을 것이며, 이 경우에 대해 연습문제에서 다룰 것이다.

10.2 2계 미분

함수에 대한 2계 미분은 주로 중앙차분 방식이 많이 사용되며, 다음과 같이 Taylor 급수로부터 구해진다.

$$f_{i+1} = f_i + f_i' h + \frac{f_i''}{2}h^2 + \frac{f_i'''}{3!}h^3 + \frac{f_i''''}{4!}h^4 + \cdots \tag{10.8}$$

$$f_{i-1} = f_i - f_i' h + \frac{f_i''}{2}h^2 - \frac{f_i'''}{3!}h^3 + \frac{f_i''''}{4!}h^4 \cdots \tag{10.9}$$

식 (10.8) + 식 (10.9) :

$$f_i'' = \frac{f_{i+1} - 2f_i + f_{i-1}}{h^2} - \frac{2f_i''''}{4!}h^2 + \cdots \tag{10.10}$$

따라서 다음과 같은 결과를 얻을 수 있다.

$$f_i'' = \frac{f_{i+1} - 2f_i + f_{i-1}}{h^2} + O(h^2) \tag{10.11}$$

2계 미분에 대해서도 전진 및 후진차분 방식이 사용되기도 하며, 이를 포함한 여러 미분에 대한 차분식을 표 10.1에 나타내고 있다.

표 10.1 미분에 대한 차분식

1계 미분

전진 : $f_i' = \dfrac{f_{i+1}-f_i}{h} + O(h)$ (10.12)

후진 : $f_i' = \dfrac{f_i-f_{i-1}}{h} + O(h)$ (10.13)

중앙 : $f_i' = \dfrac{f_{i+1}-f_{i-1}}{2h} + O(h^2)$ (10.14)

전진 : $f_i' = \dfrac{-3f_i+4f_{i+1}-f_{i+2}}{2h} + O(h^2)$ (10.15)

후진 : $f_i' = \dfrac{3f_i-4f_{i-1}+f_{i-2}}{2h} + O(h^2)$ (10.16)

2계 미분

중앙 : $f_i'' = \dfrac{f_{i+1}-2f_i+f_{i-1}}{h^2} + O(h^2)$ (10.17)

전진 : $f_i'' = \dfrac{f_{i+2}-2f_{i+1}+f_i}{h^2} + O(h)$ (10.18)

후진 : $f_i'' = \dfrac{f_i-2f_{i-1}+f_{i-2}}{h^2} + O(h)$ (10.19)

중앙 : $f_i'' = \dfrac{-f_{i+2}+16f_{i+1}-30f_i+16f_{i-1}-f_{i-2}}{12h^2} + O(h^4)$ (10.20)

3계 미분

중앙 : $f_i''' = \dfrac{f_{i+2}-2f_{i+1}+2f_{i-1}-f_{i-2}}{2h^3} + O(h^2)$ (10.21)

전진 : $f_i''' = \dfrac{f_{i+3}-3f_{i+2}+3f_{i+1}-f_i}{h^3} + O(h)$ (10.22)

후진 : $f_i''' = \dfrac{f_i-3f_{i-1}+3f_{i-2}-f_{i-3}}{h^3} + O(h)$ (10.23)

예제 10.2

다음과 같은 실험 데이터가 있다. $x=1.4$인 곳에서의 2계 미분값을 전진차분, 후진차분, 중앙차분으로 구하라.

i	1	2	3	4	5	6
x	1	1.2	1.4	1.6	1.8	2
y	2	4.136	7.008	10.712	15.344	21

풀이

$h=0.2$이다.

$$\text{전진차분} : f_3'' = \frac{f_5 - 2f_4 + f_3}{h^2} = \frac{15.344-(2)(10.712)+7.008}{0.2^2} = 23.2$$

$$\text{후진차분} : f_3'' = \frac{f_3 - 2f_2 + f_1}{h^2} = \frac{7.008-(2)(4.136)+2}{0.2^2} = 18.4$$

$$\text{중앙차분} : f_3'' = \frac{f_4 - 2f_3 + f_2}{h^2} = \frac{10.712-(2)(7.008)+4.136}{0.2^2} = 20.8$$

보충설명

전진차분으로 계산하면 23.2, 후진차분으로 계산하면 18.4의 값을 얻을 수 있고, 중앙차분으로 계산하면 20.8를 얻을 수 있다. 원래 위의 데이터는 $f(x)=2x^3+2x^2-x-1$의 관계식으로 만든 데이터이다. 따라서 이 경우, 우리는 정확한 미분값을 알 수 있다. $x=1.4$인 곳에서의 정확한 미분값은 20.8이다. 따라서 각각의 경우 상대오차는 다음과 같다.

$$\text{전진차분} : \varepsilon = \frac{20.8-23.2}{20.8} = -0.115 = -11.5\%$$

$$\text{후진차분} : \varepsilon = \frac{20.8-18.4}{20.8} = 0.115 = 11.5\%$$

$$\text{중앙차분} : \varepsilon = \frac{20.8-20.8}{20.8} = 0$$

정확한 기울기와 비교하여 보면 역시 예상한 바와 같이 중앙차분으로 구한 값의 오차가 가장 작다는 것을 알 수 있다.

10.3 Lagrange 보간공식을 이용한 차분식 구하기

지금까지 수치미분의 공식을 구할 때 Taylor 급수를 이용하였다. 그러나 Taylor 급수를 이용하면 오차의 크기정도도 함께 구할 수 있는 장점은 있지만, 많은 점을 포함하거나 고계이거나 또는 데이터의 간격이 일정하지 않은 경우는 상당히 복잡해진다. 이러한 경우 주로 보간식을 이용하여 구하는데 Lagrange 보간공식을 사용하는 것이 보다 편리하다. 예를 들어, 간격이 일정하지 않은 (x_{i-1}, f_{i-1}), (x_i, f_i), (x_{i+1}, f_{i+1}) 세 점을 이용하여 1계 미분 및 2계 미분을 중앙차분으로 구하여 보자. 먼저 세 점을 지나는 곡선의 방정식은 2차 다항식 형태로 표시되며, $f(x) = a_0 + a_1 x + a_2 x^2$이고, 세 점을 지나도록 하여 계수를 구하면 되는 것이다. 그러나 이 경우 앞의 보간식 설명에서도 언급하였지만 직접 계수를 구하는 것보다 Lagrange 다항식을 이용하는 것이 편리하다. 세 점을 지나는 Lagrange 2차 다항식은 다음과 같다.

$$f(x) = \frac{(x-x_i)(x-x_{i+1})}{(x_{i-1}-x_i)(x_{i-1}-x_{i+1})} f_{i-1} + \frac{(x-x_{i-1})(x-x_{i+1})}{(x_i-x_{i-1})(x_i-x_{i+1})} f_i + \frac{(x-x_{i-1})(x-x_i)}{(x_{i+1}-x_{i-1})(x_{i+1}-x_i)} f_{i+1} \tag{10.24}$$

이제 위의 함수를 이용하여 도함수를 구할 수 있다. 각각의 항을 전개하여 정리할 필요는 없다.

$$f'(x) = \frac{(x-x_{i+1})+(x-x_i)}{(x_{i-1}-x_i)(x_{i-1}-x_{i+1})} f_{i-1} + \frac{(x-x_{i+1})+(x-x_{i-1})}{(x_i-x_{i-1})(x_i-x_{i+1})} f_i + \frac{(x-x_i)+(x-x_{i-1})}{(x_{i+1}-x_{i-1})(x_{i+1}-x_i)} f_{i+1} \tag{10.25}$$

$$f''(x) = \frac{2}{(x_{i-1}-x_i)(x_{i-1}-x_{i+1})} f_{i-1} + \frac{2}{(x_i-x_{i-1})(x_i-x_{i+1})} f_i + \frac{2}{(x_{i+1}-x_{i-1})(x_{i+1}-x_i)} f_{i+1} \tag{10.26}$$

따라서 간격이 일정하지 않은 경우 중앙차분에 의한 1계 미분 및 2계 미분은 다음과 같다.

$$f_i' = f'(x_i) = \frac{(x_i - x_{i+1})}{(x_{i-1} - x_i)(x_{i-1} - x_{i+1})} f_{i-1} + \frac{(x_i - x_{i+1}) + (x_i - x_{i-1})}{(x_i - x_{i-1})(x_i - x_{i+1})} f_i + \frac{(x_i - x_{i-1})}{(x_{i+1} - x_{i-1})(x_{i+1} - x_i)} f_{i+1} \quad (10.27)$$

$$f_i'' = f''(x_i) = \frac{2}{(x_{i-1} - x_i)(x_{i-1} - x_{i+1})} f_{i-1} + \frac{2}{(x_i - x_{i-1})(x_i - x_{i+1})} f_i + \frac{2}{(x_{i+1} - x_{i-1})(x_{i+1} - x_i)} f_{i+1} \quad (10.28)$$

만약 간격이 일정하다면, 즉, $h = x_i - x_{i-1} = x_{i+1} - x_i$, $x_{i+1} - x_{i-1} = 2h$이고 이들을 식 (10.27)과 식 (10.28)에 대입하면 다음과 같으며, 식 (10.14) 및 식 (10.17)과 같다는 것을 알 수 있다.

$$f_i' = f'(x_i) = \frac{-h}{(-h)(-2h)} f_{i-1} + \frac{(-h) + (h)}{(h)(-h)} f_i + \frac{(h)}{(2h)(h)} f_{i+1} = \frac{f_{i+1} - f_{i-1}}{2h}$$

$$f''_i = f''(x_i) = \frac{2}{(-h)(-2h)} f_{i-1} + \frac{2}{(h)(-h)} f_i + \frac{2}{(2h)(h)} f_{i+1} = \frac{f_{i+1} - 2f_i + f_{i-1}}{h^2}$$

연습문제

10.1 예제 10.1과 같은 실험 데이터가 다음과 같이 0.1의 간격으로 주어져 있다. $x = 1.4$인 곳에서의 기울기를 전진차분, 후진차분, 중앙차분으로 구하고 상대오차를 구하고 예제 10.1에서 구한 결과와 비교하라. 단, 이 데이터는 $f(x) = 2x^3 + 2x^2 - x - 1$의 관계식으로 만든 데이터이다.

i	1	2	3	4	5	6	7	8	9
x	1	1.1	1.2	1.3	1.4	1.5	1.6	1.7	1.8
y	2	2.982	4.136	5.474	7.008	8.75	10.712	12.906	15.344

10.2 다음과 같은 실험 데이터가 다음과 같이 0.1의 간격으로 주어져 있다. $x = 1.3$인 곳에서 2계 미분값을 식 (10.17)과 식 (10.20)으로 구하라.

i	1	2	3	4	5	6
x	1	1.1	1.2	1.3	1.4	1.5
y	0.736	0.666	0.602	0.545	0.493	0.446

10.3 Taylor 급수를 이용하여 식 (10.13)과 식 (10.14)를 유도하라.

10.4 Lagrange 보간 다항식을 이용하여 식 (10.13)과 식 (10.14)를 유도하라.

10.5 Taylor 급수를 이용하여 식 (10.18)과 식 (10.19)를 유도하라.

10.6 Lagrange 보간 다항식을 이용하여 식 (10.18)과 식 (10.19)를 유도하라.

CHAPTER 11

수치적분

이 장에서는 복잡한 함수 또는 주어진 데이터를 이용하여 **수치적분**에 의해 적분 값을 구하는 방법에 대해 설명하고자 한다. 다음과 같은 적분이 주어졌다고 하자.

$$\int_a^b e^{-x^2} \cos x dx$$

이 적분은 상당히 복잡하여 이론적으로는 구할 수가 없다. 이러한 경우 수치적분을 하여야 한다. 또 다른 경우는 데이터로 주어지는 경우인데 적분이 필요할 때가 있다. 데이터가 주어진 경우는 보간법을 이용하여 다항식을 만든 다음 적분을 할 수가 있다.

11.1 사다리꼴 공식

사다리꼴 공식은 가장 간단한 형태의 적분 공식이다. 다음과 같은 적분을 구하는 문제를 생각해 보자.

$$I = \int_a^b f(x) dx \tag{11.1}$$

적분을 구할 때, 가장 단순화한 경우가 사다리꼴 공식이며, 함수 $f(x)$를 경계에서의 두 점을 지나는 직선으로 생각하여 적분을 하는 것이다. 그림 11.1에서 보듯이, 두 점을 지나는 직선은

$$f(x) \cong Ax + B = \frac{f(b) - f(a)}{b - a} x + f(a) \tag{11.2}$$

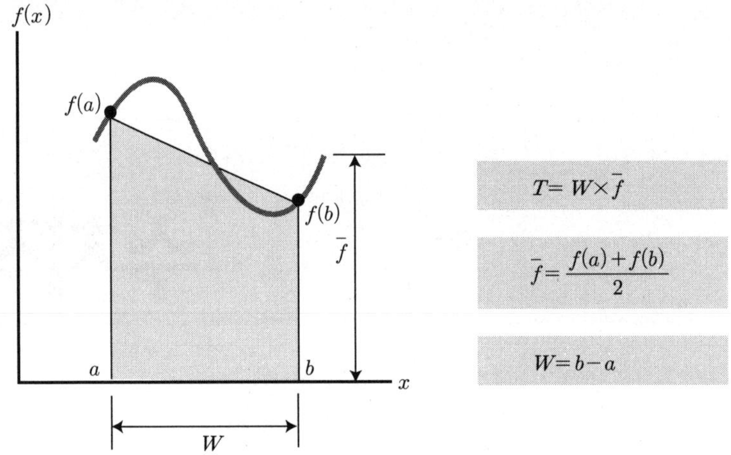

⊃ 그림 11.1 사다리꼴 적분 공식

이므로, 이것을 적분식에 대입하면 다음과 같다.

$$I = \int_a^b f(x)dx \cong T = \int_a^b \left(\frac{f(b) - f(a)}{b-a} x + f(a) \right) dx$$

이것을 적분하는 것은 그리 어려운 일이 아니다. 적분하여 정리하면 다음과 같은 사다리꼴 공식을 얻게 된다. 사다리꼴 공식에서 구한 적분값을 T라고 표시하면 다음과 같다.

$$T = (b-a) \times \frac{f(a) + f(b)}{2} \tag{11.3}$$

이에 대한 공식은 모두들 이미 잘 알고 있을 것이다. 폭 W와 경계에서의 두 점을 이용한 **평균함수값** $\bar{f}$를 다음처럼 정의하자.

$$\bar{f} = \frac{f(a) + f(b)}{2} \tag{11.4}$$

$$W = b - a \tag{11.5}$$

그러면 적분 값은 다음처럼 표현할 수 있다.

$$T = W \times \bar{f} \quad : \quad \text{폭} \times \text{평균함수값} \tag{11.6}$$

평균함수값 $\bar{f}$을 구하는데 두 점에서의 값 $f(a)$와 $f(b)$의 산술 평균을 사용하였다

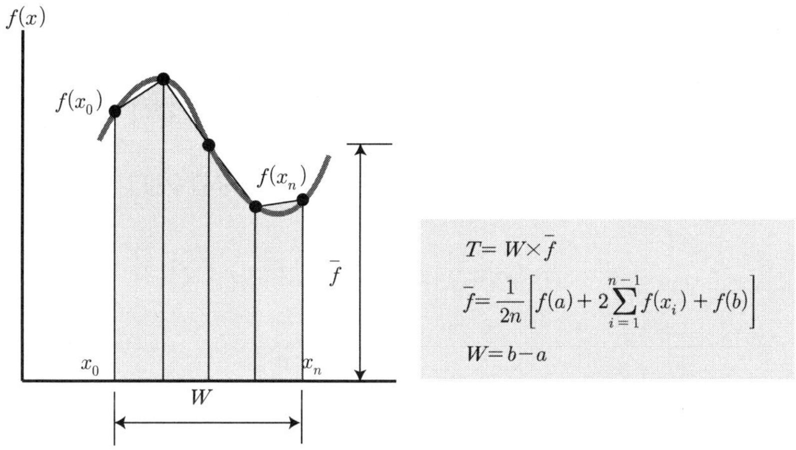

➲ **그림 11.2** 합성사다리꼴 적분

고 생각하면 된다.

오차를 줄이는 첫 번째 방법으로, 적분 구간을 n개의 등간격으로 나누어 다음과 같이 **합성사다리꼴 공식**을 사용하는 방법이 있다.

$$h = \frac{b-a}{n} = \frac{x_n - x_0}{n} \tag{11.7}$$

라고 하면 그림 11.2에서 보듯이 적분은 다음처럼 표시된다.

$$\begin{aligned} T(h) &= h\,\frac{f(x_0)+f(x_1)}{2} + h\frac{f(x_1)+f(x_2)}{2} + h\frac{f(x_2)+f(x_3)}{2} \\ &\quad + \cdots + h\frac{f(x_{n-1})+f(x_n)}{2} \\ &= \frac{h}{2}\left[f(x_0)+2f(x_1)+2f(x_1)+2f(x_2)+\cdots+2f(x_{n-1})+f(x_n)\right] \end{aligned} \tag{11.8}$$

$f(x_0) = f(a)$이고 $f(x_n) = f(b)$이므로 식 (11.8)에 대입하고, 간략히 표현하면 다음과 같다.

$$T(h) = \frac{h}{2}\left[f(a) + 2\sum_{i=1}^{n-1} f(x_i) + f(b)\right] \tag{11.9}$$

여기서

$$x_i = a + ih$$

의 관계가 성립한다.

앞에서의 폭과 평균함수값의 개념을 사용하면 다음과 같이 나타낼 수도 있다.

$$T = W \times \overline{f} \quad : \quad \text{폭} \times \text{평균함수값}$$

$$\overline{f} = \frac{1}{2n}\left[f(a) + 2\sum_{i=1}^{n-1} f(x_i) + f(b) \right]$$

$$W = b - a$$

합성사다리꼴 공식의 오차는 다음과 같다. 증명은 참고문헌(Chenay & Kincaid, 2004)을 참조하기 바란다.

$$I = T + O(h^2) \tag{11.10}$$

위의 적분 공식은 적분하기 어려운 함수일 때 사용할 수도 있지만 다음 예제처럼 데이터가 주어진 경우에도 적용이 가능하다.

예제 11.1

다음과 같은 실험 데이터가 있다. 전체 구간에서의 적분값을 합성사다리꼴 공식을 사용하여 구하라.

x	1	1.2	1.4	1.6	1.8	2	2.2	2.4	2.6	2.8	3
y	2.000	2.272	3.216	5.024	7.888	12.000	17.552	24.736	33.744	44.786	58.000

풀이

식 (11.8) 또는 식 (11.9)를 이용하여 적분값을 다음처럼 구할 수 있다.

$$T = \frac{0.2}{2}[2.000 + 2 \times (2.272 + 3.216 + \cdots + 33.744 + 44.786) + 58.000] = 36.240$$

일반적으로 데이터는 함수로 주어지지 않지만, 수치적분의 오차를 알아보기 위해 위의 데이터는 처음부터 $f(x) = 4x^3 - 6x^2 + 4$에서 계산한 것이다. 이 경우 해석적으로 적분값을 구하면,

$$\int_1^3 (4x^3 - 6x^2 + 4)dx = -10[x^4 - 2x^3 + 4x]_1^3 = 36$$

이다. 비교적 정확하게 값을 구할 수 있음을 알 수 있다.

합성사다리꼴 공식의 알고리듬은 다음과 같다. 데이터가 등간격으로 주어진 경우 알고리듬을 나타내고 있다. 데이터가 등간격이 아니거나, 함수로 주어지는 경우는 약간의 수정을 하면 쉽게 작성할 수 있다.

합성사다리꼴 공식 알고리듬 – 데이터가 등간격으로 주어진 경우

1. 필요한 데이터(n, a, b 등)와 함수 $f(x)$를 정의하고 입력한다.
   a, b : 구간 값
   n : 구간수(등간격)
   $f(x)$: 함수
2. T를 구한다.

$$h=\frac{b-a}{n} \tag{11.7}$$

$$T=\frac{h}{2}\left[f(a)+2\sum_{i=1}^{n-1}f(x_i)+f(b)\right] \tag{11.9}$$

3. T를 출력한다.

예제 11.2 ⇨ Trape.c

합성사다리꼴 공식을 이용하여, $I=\int_a^b f(x)\,dx$를 구하는 프로그램을 C로 작성하라. 일반적으로 n등분하여 구하도록 작성하라. 함수의 적분이 다음과 같을 때, $n=4$인 경우 적분값을 출력하라. 또한 동일한 프로그램을 다시 돌려 $n=8$인 경우 적분값을 출력하라.

$$I=\int_0^1 xe^{-x^2}dx$$

풀이

합성사다리꼴 공식을 사용하여 적분값을 구하는 C 프로그램은 Trape.c이고, 프로그램을 실행하면 다음과 같다.

Trape.c를 실행한다.

```
입력.
구간 수 n : 4
a = 0
```

```
b = 1
출력
T =0.30883

입력.
구간 수 n : 8
a = 0
b = 1
출력
T =0.314276
```

Trape.c

```
#include <stdio.h>
#include <math.h>
#define f(x) ( x*exp(-x*x) )
void main()
{
    double a, b, h, xi, T;
    int n, i;
    printf(" 구간 수 n : ");
    scanf("%d",&n);
    printf("\n  a = ");
    scanf("%lf", &a);
    printf("\n  b = ");
    scanf("%lf", &b);
    h=(b-a)/n;
    T=0.5*h*( f(a)+f(b) );
    xi=a;
    for(i=1; i<=n-1; i++)
    {
        xi=xi+h;
        T=T+h*f(xi);
    }
    printf("\n T=%lf ",T);
}
```

예제 11.3 ⇨ Trape.m

합성사다리꼴 공식을 이용하여 $I=\int_a^b f(x)\,dx$를 구하는 프로그램을 MATLAB으로 작성하라. 일반적으로 n 등분하여 구하도록 작성하라. 함수의 적분이 다음과 같을 때, $n=4$인 경우 적분값을 출력하라. 또한 동일한 프로그램을 다시 돌려 $n=8$인 경우 적분값을 출력하라.

$$I=\int_0^1 xe^{-x^2}dx$$

풀이

합성사다리꼴 공식을 사용하여 적분값을 구하는 MATLAB 프로그램은 Trape.m이고 아래에 나타내고 있다. 다음을 실행한다.

```
>> a=0;  b=1; n=4;
>> f=inline('x*exp(-x*x)');
>> T=Trape(a,b,n,f)
T =
    0.3089
>> a=0;  b=1; n=8;
>> T=Trape(a,b,n,f)
T =
    0.3143
```

Trape.m

```
% Trapezoid rule
% function f(x) should be defined beforehand
function T=Trape(a,b,n,f)
h=(b-a)/n;
T=0.5*h*(f(a)+f(b));
xi=a;
for i = 1:n-1
    xi=xi+h;
    T=T+h*f(xi);
end
```

11.2 Simpson 1/3 공식

오차를 줄이는 또 다른 방법으로는 평균함수값을 구할 때 보다 많은 점을 사용하는 방식으로 앞에서의 두 점 대신 그림 11.3과 같이 일정한 간격으로 되어 있는 세 점을 지나는 포물선을 사용하는 방식이다. 세 점을 지나는 곡선은 $f(x) \cong Ax^2 + Bx + C$ 형태로 구하거나 또는 다음과 같이 Lagrange 2차 다항식을 이용하여 구할 수 있다. 그림에서의 세 점을 지나는 Lagrange 2차 다항식은

$$f(x) \cong \frac{(x-x_1)(x-x_2)}{(x_0-x_1)(x_0-x_2)}f(x_0) + \frac{(x-x_0)(x-x_2)}{(x_1-x_0)(x_1-x_2)}f(x_1) + \frac{(x-x_0)(x-x_1)}{(x_2-x_0)(x_2-x_1)}f(x_2)$$

으로 표시되고, 따라서 $a = x_0$, $b = x_2$인 경우를 고려해서 이를 대입하여 적분을 구하여 정리하면 다음과 같다.

$$I = \int_{x_0}^{x_2} f(x)dx$$

$$\cong S = \int_{x_0}^{x_2}\left[\frac{(x-x_1)(x-x_2)}{(x_0-x_1)(x_0-x_2)}f(x_0) + \frac{(x-x_0)(x-x_2)}{(x_1-x_0)(x_1-x_2)}f(x_1) + \frac{(x-x_0)(x-x_1)}{(x_2-x_0)(x_2-x_1)}f(x_2)\right]dx = \frac{h}{3}\left[f(x_0) + 4f(x_1) + f(x_2)\right] \quad (11.11)$$

여기서,

$$h = x_1 - x_0 = x_2 - x_1 = \frac{x_2 - x_0}{2} = \frac{b-a}{2}$$

이고, 식 (11.11)에 1/3이 있다고 **Simpson 1/3 공식**이라 한다. 또한 위 식에 식 (11.6)의 평균함수값 개념을 적용하면

$$S = 2h\frac{f(x_0) + 4f(x_1) + f(x_2)}{6} = W \times \overline{f}$$

로 표시되며, 폭과 평균함수값은 다음과 같다.

폭 : $$W = 2h = x_2 - x_0 = b - a \quad (11.12)$$

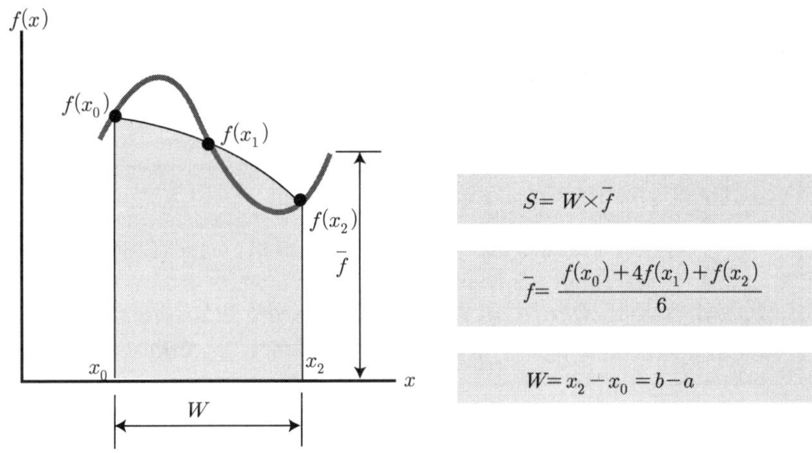

➲ **그림 11.3** Simpson 1/3공식

$$\text{평균함수값 :}\quad \bar{f} = \frac{f(x_0) + 4f(x_1) + f(x_2)}{6} \tag{11.13}$$

즉, 함수의 평균값을 구할 때 중앙에 4배의 가중치를 두어 계산하는 방식이다. 앞에서와 마찬가지로 오차를 줄이기 위해 하나의 간격이 h인 여러 개의 구간으로 나누어 적분한 합성 Simpson 1/3 공식은 다음과 같다. 이때 **구간의 수가 짝수 또는 데이터 수가 홀수**이어야 한다.

$$S(h) = \frac{h}{3}[f(x_0) + 4f(x_1) + f(x_2)] + \frac{h}{3}[f(x_2) + 4f(x_3) + f(x_4)] + \dots$$
$$+ \frac{h}{3}[f(x_{n-2}) + 4f(x_{n-1}) + f(x_n)]$$

$f(x_0) = f(a)$이고 $f(x_n) = f(b)$이므로 위 식에 대입하고, 간략히 표현하면 다음과 같다.

$$S(h) = \frac{h}{3}\left[f(a) + 4\sum_{i=1}^{\frac{n}{2}} f(x_{2i-1}) + 2\sum_{i=1}^{\frac{n}{2}-1} f(x_{2i}) + f(b)\right] \tag{11.14}$$

여기서 $h = x_1 - x_0 = x_2 - x_1 = \dots = \frac{x_n - x_0}{n} = \frac{b-a}{n}$이다. 이때 구간의 수가 짝수 또는 데이터 수가 홀수이어야 한다.

예제 11.4

예제 11.1을 합성 Simpson 1/3 공식을 사용하여 다시 구하라.

풀이

식 (11.14)를 이용하여 적분값을 다음처럼 구할 수 있다.

$$S=\frac{0.2}{3}[2.000+4\times2.272+2\times3.216+\cdots+2\times33.744+4\times44.786+58.000]=36.0$$

계산결과 해석적인 값과 완전히 같은 값을 구할 수 있어 합성사다리꼴 공식으로 구한 것보다 더 정확한 값을 얻을 수 있음을 이 예제를 통하여 알 수 있다.

합성 Simpson 1/3 공식 알고리듬

1. 필요한 데이터(n, a, b 등)와 함수 $f(x)$를 정의하고 입력한다.
   - a, b : 구간 값
   - n : 구간 수(등간격)–짝수이어야 한다.
   - $f(x)$: 함수
2. 합성 Simpson 1/3 공식을 사용하여 계산한다.

$$S(h)=\frac{h}{3}\left[f(a)+4\sum_{i=1}^{\frac{n}{2}}f(x_{2i-1})+2\sum_{i=1}^{\frac{n}{2}-1}f(x_{2i})+f(b)\right] \tag{11.14}$$

3. S를 출력한다.

11.3 Simpson 3/8 공식

세 점을 사용하는 대신에 네 점을 사용하면 보다 정확한 결과를 얻을 수 있다. 네 점을 지나는 곡선은 $f(x)\cong Ax^3+Bx^2+Cx+D$ 형태로 구하거나 또는 다음과 같이 Lagrange 3차 다항식을 이용하여 구할 수 있다. 그림에서의 네 점을 지나는 Lagrange 3차 다항식은

$$f(x)\cong\frac{(x-x_1)(x-x_2)(x-x_3)}{(x_0-x_1)(x_0-x_2)(x_0-x_3)}f(x_0)+\frac{(x-x_0)(x-x_2)(x-x_3)}{(x_1-x_0)(x_1-x_2)(x_1-x_3)}f(x_1)$$

$$+\frac{(x-x_0)(x-x_1)(x-x_3)}{(x_2-x_0)(x_2-x_1)(x_2-x_3)}f(x_2)+\frac{(x-x_0)(x-x_1)(x-x_2)}{(x_3-x_0)(x_3-x_1)(x_3-x_2)}f(x_3)$$

으로 표시되고, 따라서 $a=x_0$, $b=x_3$인 경우를 고려해서 이를 대입하여 적분을 구하여 정리하면 다음과 같다.

$$S=\int_{x_0}^{x_3} f(x)dx=\frac{3h}{8}[f(x_0)+3f(x_1)+3f(x_2)+f(x_3)] \qquad (11.15)$$

여기서,

$$h=\frac{x_3-x_0}{3}$$

이며, 한 구간의 간격이다. 식에 3/8이 있다고 **Simpson 3/8 공식**이라 한다. 또한 위 식에 식 (11.6)의 평균함수값 개념을 적용하면

$$S=3h\frac{f(x_0)+3f(x_1)+3f(x_2)+f(x_3)}{8}=W\times\overline{f} \qquad (11.16)$$

로 표시되며, 폭과 평균함수값은 다음과 같다.

$$\text{폭 : } W=3h=x_3-x_0=b-a \qquad (11.17)$$

$$\text{평균함수값 : } \overline{f}=\frac{f(x_0)+3f(x_1)+3f(x_2)+f(x_3)}{8} \qquad (11.18)$$

함수의 평균값을 구할 때 중앙의 두 점에 3배의 가중치를 두어 계산하는 방식이다.

Simpson 3/8 공식도 Simpson 1/3 공식처럼 합성 Simpson 3/8 공식을 유도하여 사용할 수도 있으나, 대부분의 경우 Simpson 1/3 공식을 많이 사용한다. 그 이유는 우선 Simpson 1/3 공식이 비교적 정확하다는 것이다. 또한 데이터가 주어진 경우, 합성 Simpson 3/8 공식을 사용하려면 주어진 데이터의 구간이 3의 배수라야 한다는 점이다. 데이터가 이렇게 주어지는 경우는 그리 많지 않기 때문이다. 예제 11.4에서 데이터 수가 11이고 구간 수가 10이기 때문에 Simpson 3/8 공식을 사용할 수가 없다. 따라서 실제적으로 데이터가 주어지고 적분을 구하는 경우에 데이터 수가 홀수, 즉 구간이 짝수로 주어지면 합성 Simpson 1/3 공식을 사용하여 적분값을 구하면 된다. 만약 데이터 수가 짝수, 즉 구간이 홀수로 주어지면, 한 구간에서 하나

의 사다리꼴 공식을 사용하고 나머지 모든 구간의 데이터에 대해 합성 Simpson 1/3 공식을 사용한다. 또는 한 구간에서 하나의 사다리꼴 공식을 사용하는 대신에 세 구간에서, 즉 네 개의 데이터에 대해 하나의 Simpson 3/8 공식을 사용하고 나머지 모든 구간의 데이터에 대해 합성 Simpson 1/3 공식을 사용하여 적분값을 구할 수도 있다. 합성 Simpson 3/8 공식도 이와 같은 방법으로 데이터수가 3의 배수이냐 아니냐에 따라 적절히 조합하여 사용할 수도 있지만 경우의 수가 많아진다.

합성 Simpson 1/3 공식 또는 합성 Simpson 3/8 공식의 오차는 다음과 같다. 증명은 참고문헌(Chenay & Kincaid, 2004, p238)을 참조하기 바란다.

$$I = S + O(h^4) \tag{11.19}$$

합성사다리꼴 공식의 오차가 $O(h^2)$인데 반하여 합성 Simpson 공식의 오차가 $O(h^4)$으로 합성 Simpson 공식의 오차가 합성사다리꼴 공식의 오차에 비해 훨씬 작다는 것에 주목하라.

예제 11.5

다음과 같은 실험 데이터가 있다. 구간에서의 적분값을 합성 Simpson 1/3 공식과 Simpson 3/8 공식을 사용하여 구하라.

x	1	1.2	1.4	1.6	1.8	2	2.2	2.4	2.6	2.8	3	3.2
y	2	2.272	3.216	5.024	7.888	12	17.552	24.736	33.744	44.786	58	73.632

풀이

주어진 데이터 수가 짝수이고 구간이 홀수이다. 따라서 처음 세 구간에 대해 Simpson 3/8 공식을 사용하고 나머지 모든 구간에서 합성 Simpson 1/3 공식을 사용하여 적분값을 구할 수 있다.

$$\begin{aligned} S &= \frac{(3)(0.2)}{8}[2+3\times 2.272+3\times 3.216+5.0214] \\ &\quad + \frac{0.2}{3}[5.024+4\times 7.888+2\times 12+\cdots+2\times 44.786+4\times 58+73.632] \\ &= 49.1216 \end{aligned}$$

11.4 Romberg법

Rombeg법은 사다리꼴 공식을 이용하여 효과적으로 수치적분을 구하기 위한 방법이다. Romberg법을 효과적으로 설명하기 위해 다음과 같은 두 개의 간격 $h_1 = b - a$와 $h_2 = (b-a)/2$를 사용하여 구한 합성사다리꼴 적분 T_1과 T_2를 생각해보자.

$$T_1(h_1) = \frac{h_1}{2}[f(a) + f(b)]$$

$$T_2(h_2) = \frac{h_2}{2}[f(x_0) + 2f(x_1) + f(x_2)]$$

앞에서 언급하였듯이 이 공식은 다음과 같은 오차를 포함한다.

$$I = T_1(h_1) + O(h_1^2) = T_1(h_1) + e(h_1) \tag{11.20}$$

$$I = T_2(h_2) + O(h_2^2) = T_2(h_2) + e(h_2) \tag{11.21}$$

여기서 e는 오차를 나타낸다. 이제 두 오차의 비를 계산하면,

$$\frac{e(h_1)}{e(h_2)} = \frac{O(h_1^2)}{O(h_2^2)} \simeq \frac{h_1^2}{h_2^2} = \frac{(a-b)^2}{[(a-b)/2)]^2} = 4$$

이므로,

$$e(h_1) \simeq 4e(h_2)$$

이다. 이제 이 관계식을 식 (11.20)과 식 (11.21)에 대입하면

$$T_1(h_1) + 4e(h_2) \simeq T_2(h_2) + e(h_2)$$

를 얻을 수 있고, 위 식에서 $e(h_2)$를 구하면(추정하면)

$$e(h_2) \simeq \frac{T_2(h_2) - T_1(h_1)}{4-1}$$

을 구할 수 있다. 이 값은 정확한 값이 아니고 추정값이다. 즉, 위 식들에서 =이 아니라 $\simeq$가 사용되었음에 주의하고, 어디서부터 $\simeq$가 사용되었는지 생각해 볼 필요가 있다. 이제 이 추정값을 식 (11.21)에 대입하면 보다 개선된 값을 구할 수

있고 다음과 같다.

$$I = T_2(h_2) + e(h_2) \simeq T_2(h_2) + \frac{T_2(h_2) - T_1(h_1)}{4-1} = \frac{4T_2(h_2) - T_1(h_1)}{4-1}$$

이제 이 값을 R_{22}이라 표시하고 이 계산에 사용된 T_1과 T_2를 각각 R_{11}, R_{21}이라고 표기하면, 다음과 같이 나타낼 수 있다.

$$R_{22} = \frac{4T_2 - T_1}{4-1} = \frac{4R_{21} - R_{11}}{4-1} \tag{11.22}$$

이 적분값의 오차는 $O(h^4)$이고 일반적으로 R_{nn}의 오차는 $O(h^{2n})$이다(Schilling and Harris, 2000, p329).

즉, 오차가 $O(h^2)$인 두 개의 적분값 T_1과 T_2를 적절히 조합하여 오차가 $O(h^4)$인 R_{22}를 구할 수 있다. 이와 같은 방법은 Richardson의 외삽법(extrapolation)을 사용한 것이다.
이제 앞에서 구한 과정을 계속 적용해 보자. $h_3 = \frac{h_2}{2} = \frac{b-a}{2^2}$를 사용한 합성사다리꼴 적분 $T_3 = R_{31}$를 계산하였다고 하자. 그러면 R_{21}과 R_{31}을 사용하여 위와 같은 방법을 적용하면,

$$R_{32} = \frac{4R_{31} - R_{21}}{4-1}$$

를 구할 수 있다.

이제 R_{22}와 R_{32}를 이용하여 같은 방법을 적용하면 다음과 같이 개선된 값 R_{33}를 구할 수 있다.

$$R_{33} = \frac{4^2 R_{32} - R_{22}}{4^2 - 1}$$

예제 11.6

다음 적분을 Romberg법에 의해 R_{33}를 구하라.

$$I=\int_{0.2}^{1.6} e^x \sin x \, dx$$

풀이

먼저 합성사다리꼴 적분 공식에 의해 $R_{11}=T_1$, $R_{21}=T_2$를 구한다.

$$h_1=(1.6-0.2)=1.4$$

$$R_{11}=T_1=\frac{h_1}{2}[f(a)+f(b)]=\frac{1.4}{2}[f(0.2)+f(1.6)]=3.63550$$

$$h_2=h_1/2=0.7$$

$$R_{21}=T_2=\frac{h_1}{2}[f(a)+2f(x_1)+f(b)]$$

$$=\frac{0.7}{2}[f(0.2)+2f(0.9)+f(1.6)]=3.16642$$

이제 이 두 값을 가지고 R_{22}를 계산한다.

$$R_{22}=\frac{4T_2-T_1}{4-1}=\frac{4R_{21}-R_{11}}{4-1}=\frac{(4)(3.16642)-3.63550}{3}=3.01006$$

다시 합성사다리꼴 적분 공식에 의해 $R_{31}=T_3$를 구한다.

$$h_3=(1.6-0.2)/2^2=h_2/2=0.35$$

$$R_{31}=T_3=\frac{h_3}{2}[f(a)+2\{f(x_1)+f(x_2)+f(x_3)\}+f(b)]$$

$$=\frac{h_3}{2}[f(a)+2\{f(a+h_3)+f(a+2h_3)+f(a+3h_3)\}+f(b)]$$

$$=\frac{0.35}{2}[f(0.2)+2\{f(0.55)+f(0.9)+f(1.25)\}+f(1.6)]$$

$$=3.05959$$

이제 이 값들을 가지고 R_{32}, R_{33}를 계산한다.

$$R_{32}=\frac{4R_{31}-R_{21}}{4-1}=\frac{(4)(3.05959)-3.16642}{3}=3.02398$$

$$R_{33}=\frac{4^2R_{32}-R_{22}}{4^2-1}=\frac{(16)(3.02398)-3.01006}{15}=3.02491$$

보충설명

이 문제는 해석적으로 적분하기가 쉽지 않지만 적분표를 찾아보면, 다음처럼 적분을 해석적으로 구할 수 있다.

$$I=\int_{0.2}^{1.6} e^x \sin x\,dx = \left[\frac{1}{2}e^x(\sin x - \cos x)\right]_{0.2}^{1.6} = 3.025$$

따라서 위에서 구한 값은 참값에 상당히 가깝다는 것을 알 수 있다. 그리고 위에서 $R_{21}=T_2$를 구할 때, $f(0.2)$와 $f(1.6)$을 다시 계산할 필요가 없고 $R_{11}=T_1$을 구할 때 이미 계산된 값을 사용할 수 있다. 또한, $R_{31}=T_3$를 구할 때, $f(0.2)$, $f(0.9)$와 $f(1.6)$을 다시 계산할 필요가 없고 이전 단계에 구한 값들을 사용하면 된다. 이것은 다음에 R들을 계산할 때 계산을 줄일 수 있는 방법이 있다는 것을 암시하며, 뒤에서 이 방법에 대해 설명할 것이다.

※ 책에 따라 R_{11}을 R_{00}로 나타내는 경우가 있으니 다른 책을 참조할 때, 주의하기 바란다.

이와 같은 과정을 반복하면 표 11.1과 같은 **Romberg 적분표**로 나타낼 수 있다. Romberg 적분표는 다음과 같은 일반식으로 나타낼 수 있다.

$$R_{ij}=\frac{4^{j-1}R_{i,j-1}-R_{i-1,j-1}}{4^{j-1}-1}, \qquad 2\le i\le n,\ 2\le j\le i \tag{11.23}$$

Romberg 적분표 또는 식 (11.23)에서 $j=1$일 때의 값인 R_{i1}은 전체구간 $(b-a)$를 2^{i-1}등분하여 합성사다리꼴로 구한 T_i를 의미한다. 따라서 표에서 R_{nn}을 구하기 위해서는 첫째 열인 $R_{11}=T_1$, $R_{21}=T_2$, $R_{31}=T_3$, $\cdots$, $R_{i1}=T_i$, $\cdots$, $R_{n1}=T_n$을 합성사다리꼴로 구하여야 한다. 2^{i-1}등분하였을 때 중앙 점들의 개수

표 11.1 Romberg 적분표

x	$j=1$	$j=2$	$j=3$	$j=4$	$\cdots$	$j=n$
$i=1$	$R_{11}=T_1$					
$i=2$	$R_{21}=T_2$	R_{22}				
$i=3$	$R_{31}=T_3$	R_{32}	R_{33}			
$i=4$	$R_{41}=T_4$	R_{42}	R_{43}	R_{44}		
$\vdots$	$\vdots$	$\vdots$	$\vdots$	$\vdots$	R_{ij}	
$i=n$	$R_{n1}=T_n$	R_{n2}	R_{n3}	R_{n4}	$\cdots$	R_{nn}

가 $2^{i-1}-1$이 있으므로, $R_{i1}=T_i$는 다음과 같이 표시할 수 있다.

$$R_{i1}=T_i=\frac{h_i}{2}\left[f(a)+2\sum_{k=1}^{2^{i-1}-1}f(x_k)+f(b)\right] \tag{11.24}$$

여기서,

$$h_i=\frac{b-a}{2^{i-1}},\quad x_k=a+kh_i \tag{11.25}$$

이다. 그리고 $j \ge 2$일 때의 나머지 R_{ij}는 식 (11.23)로 구할 수 있다.

Romberg 공식 순수(naive) 알고리듬

1. 필요한 데이터(n, a, b 등)와 함수 $f(x)$를 정의한다.
   Input
   - a, b : 구간 값
   - $f(x)$: 함수는 미리 정의되어 있어야 한다.
   - n : 구하고자 하는 R_{nn}에서의 n
   - T_i, R_{ij} : 필요하면 정의한다.

   Output : R_{ij}
2. $R_{11}=T_1$을 구한다.

   $h_1=b-a$

   $$R_{11}=T_1=\frac{h_1}{2}[f(a)+f(b)]$$
3. R_{ij}를 다음과 같이 반복 계산한다(for $2 \le i \le n$).

   $$h_i=\frac{b-a}{2^{i-1}} \tag{11.25}$$

   (1) $R_{i1}=T_i$를 식 (11.24)에 의해 구한다.

   $$R_{i1}=T_i=\frac{h}{2}\left[f(a)+2\sum_{k=1}^{2^{i-1}-1}f(a+kh_i)+f(b)\right] \tag{11.24}$$

   (2) R_{ij}를 식 (11.23)에 의해 구한다.

   $$R_{ij}=\frac{4^{j-1}R_{i,j-1}-R_{i-1,j-1}}{4^{j-1}-1}, \quad \text{(for } 2 \le j \le i\text{)}. \tag{11.23}$$
4. R_{ij}를 출력한다.

Romberg 적분표를 작성할 때, 즉 R_{nn}을 구할 때 계산 횟수를 줄이기 위하여 $R_{i1} = T_i$를 반복적으로 구할 때 약간의 수정을 한다. T_i를 구할 때는 이미 T_{i-1}의 값을 구하였기 때문에 이것을 이용하고자 한다. 앞의 예제 11.6에서 설명하였듯이 T_2를 구할 때 모든 함수값을 다시 계산하는 것이 아니라 T_1을 구할 때 이미 구한 함수값을 사용하는 것이다. T_1을 알고 있을 때 T_2를 구하는 방법을 생각해보자.

$$T_1 = \frac{h_1}{2}[f(a)+f(b)] \tag{11.26}$$

$$h_1 = b - a \tag{11.27}$$

$$T_2 = \frac{h_2}{2}[f(a)+2f(x_1)+f(b)] \tag{11.28}$$

$$h_2 = \frac{b-a}{2}, \quad x_1 = a + h_2 \tag{11.29}$$

의 관계가 있으므로 식 (11.28)은

$$\begin{aligned} T_2 &= \frac{h_2}{2}[f(a)+2f(x_1)+f(b)] \\ &= \frac{h_2}{2}[f(a)+f(b)] + h_2 f(x_1) \\ &= \frac{1}{2}\frac{h_1}{2}[f(a)+f(b)] + h_2 f(x_1) \\ &= \frac{1}{2}T_1 + h_2 f(x_1) \\ &= \frac{1}{2}T_1 + h_2 f(a+h_1) \end{aligned} \tag{11.30}$$

으로 된다. 따라서 식 (11.30)에서 T_2를 구할 때 $x_1 = a + h_1$에서 새로운 값 $f(x_1)$만을 계산하여 더해 주면 된다.

이제 T_2를 알고 있을 때 T_3를 구하는 방법을 생각해보자.

$$T_3 = \frac{h_3}{2}[f(a)+2\{f(x_1)+f(x_2)+f(x_3)\}+f(b)]$$

$$= \frac{h_3}{2}\left[f(a) + 2\{f(a+h_3) + f(a+2h_3) + f(a+3h_3)\} + f(b)\right]$$

$$= \frac{h_3}{2}\left[f(a) + 2f(a+2h_3) + f(b)\right] + h_3\left[f(a+h_3) + f(a+3h_3)\right]$$

여기서 $h_3 = \frac{h_2}{2}$ 이고, $a + 2h_3 = a + h_2$ 이므로 위 식은

$$T_3 = \frac{1}{2}\frac{h_2}{2}\left[f(a) + 2f(a+h_2) + f(b)\right] + h_3\left[f(a+h_3) + f(a+3h_3)\right]$$

$$= \frac{1}{2}T_2 + h_3\left[f(a+h_3) + f(a+3h_3)\right] \tag{11.31}$$

로 되어 $x = a + h_3$, $x = a + 3h_3$ 에서 새로운 값을 계산하면 된다. 이와 같은 방법으로 계속하면 T_i를 구할 때, 그림 11.4에 표시된 새로운 점들에서만 계산하여 이미 알고 있는 $T_{i-1}/2$ 에 더하면 다음과 같이 표시된다.

$$T_i = \frac{1}{2}T_{i-1} + h_i\left[f(a+h_i) + f(a+3h_i) + \ldots + f(a+(2^{i-1}-1)h_i)\right] \tag{11.32}$$

여기서

$$h_i = \frac{b-a}{2^{i-1}} \tag{11.33}$$

이다. 식 (11.32)는 다음과 같이 나타낼 수 있다.

$$T_i = \frac{1}{2}T_{i-1} + h_i\sum_{k=1}^{2^{i-2}} f(a+(2k-1)h_i) \tag{11.34}$$

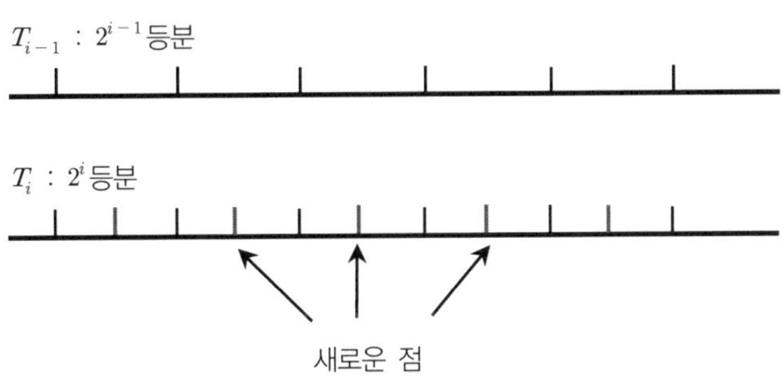

➲ **그림 11.4** T_{i-1}과 T_i를 계산할 때 필요한 점

예제 11.7

다음 적분을 구하기 위하여 식 (11.34)를 이용하여 R_{33}를 구하라.

$$I=\int_{0.2}^{1.6} e^{x}\sin x\,dx$$

풀이

예제 11.6처럼 합성사다리꼴 적분 공식에 의해 $R_{11}=T_1$을 구한다.

$$h_1=(1.6-0.2)=1.4$$

$$R_{11}=T_1=\frac{h_1}{2}[f(a)+f(b)]=\frac{1.4}{2}[f(0.2)+f(1.6)]=3.63550$$

이제 식 (11.34)로 $R_{21}=T_2$를 계산한다.

$$h_2=h_1/2=0.7$$

$$R_{21}=T_2=\frac{1}{2}T_1+h_2 f(a+h_2)=\frac{1}{2}T_1+0.7f(0.9)=3.16642$$

예제 11.4와는 달리 T_2를 계산하는데, 새로운 값 $f(0.9)$만 식에 추가되었을 뿐이다. 이제 이 두 값을 가지고 예제 11.6과 동일하게 R_{22}를 계산한다.

$$R_{22}=\frac{4T_2-T_1}{4-1}=\frac{4R_{21}-R_{11}}{4-1}=\frac{(4)(3.16642)-3.63550}{3}=3.01006$$

식 (11.34)로 $R_{31}=T_3$를 구한다.

$$h_3=(1.6-0.2)/2^2=h_2/2=0.35$$

$$R_{31}=T_3=\frac{1}{2}T_2+h_3[f(a+h_3)+f(a+3h_3)]$$

$$=\frac{1}{2}T_1+0.35[f(0.55)+f(1.25)]=3.05959$$

예제 11.6과는 달리 T_3를 계산하는데, 새로운 값 $f(0.55)$와 $f(1.25)$만 식에 추가되었을 뿐이다. 나머지 R_{32}, R_{33}를 구하는 것은 예제 11.6과 동일하다.

$$R_{32}=\frac{4R_{31}-R_{21}}{4-1}=\frac{(4)(3.05959)-3.16642}{3}=3.02398$$

$$R_{33}=\frac{4^2R_{32}-R_{22}}{4^2-1}=\frac{(16)(3.02398)-3.01006}{15}=3.02491$$

식 (11.34)를 이용한 Romberg 적분표를 구하는 알고리듬과 가상코드는 다음과 같다.

Romberg 공식 알고리듬 2

1. 필요한 데이터(n, a, b 등)와 함수 $f(x)$를 정의한다.
   - a, b : 구간 값
   - $f(x)$: 함수는 미리 정의하거나 정의되어 있어야 한다.
   - n : 구하고자 하는 R_{nn}에서의 n
   - T_i, R_{ij} : 필요하면 정의한다.
2. 식 (11.26)과 식 (11.27)에서 $R_{11} = T_1$을 구한다.

$$h_1 = b - a \tag{11.27}$$

$$T_1 = \frac{h_1}{2}[f(a) + f(b)] \tag{11.26}$$

$$R_{11} = T_1$$

3. R_{ij}를 다음과 같이 반복 계산한다(for $2 \le i \le n$).

$$h_i = \frac{h_{i-1}}{2}$$

(1) $R_{i1} = T_1$을 식 (11.34)에 의해 구한다.

$$T_i = \frac{1}{2}T_{i-1} + h_i \sum_{k=1}^{2^{i-2}} f(a + (2k-1)h_i) \tag{11.34}$$

$$R_{i1} = T_i$$

(2) 식 (11.23)에서 R_{ij}을 반복적으로 구한다($2 \le j \le i$).

$$R_{ij} = \frac{4^{j-1}R_{i,j-1} - R_{i-1,j-1}}{4^{j-1} - 1} \tag{11.23}$$

4. R_{ij}를 출력한다.

Romberg법 가상코드

1. 필요한 데이터(n, a, b 등)와 함수 $f(x)$를 정의한다.
   - a, b : 구간 값
   - $f(x)$: 함수는 미리 정의하거나 정의되어 있어야 한다.
   - n : 구하고자 하는 $R(n, n)$에서의 n
   - $T(n)$, $R(n, n)$: 필요하면 정의한다.
2. R(i,1)=T(i) 계산한다.

```
    h=(b-a);
    T(1)=0.5*h*(f(a)+f(b));
    R(1,1)=T(1);
 3. R(i,j) 계산한다.
    (1) R(i,1)=T(i) 계산한다.
    for i = 2, n
      h=h/2.
      tsum=0.
      for k=1, 2^(i-2)
         x=a+(2*k-1)*h
         tsum=tsum+f(x)
      end for k
      T(i)=0.5*T(i-1)+h*tsum
      R(i,1)=T(i)
    (2) R(i,j) 계산한다.
      for j=2, i
         jj=4^(j-1)
         R(i,j)= ( jj*R(i,j-1) - R(i-1,j-1) )/ (jj -1);
      end for j
    end for i
 4. Output R(i,j)
```

11.5 Gauss 적분법

❖
Gauss 적분법은 함수 $f(x)$가 주어졌을 때 적분이 가능한 방법이다.

지금까지의 수치적분 방법은 함수가 주어진 경우 또는 데이터가 주어진 경우 모두 적용될 수 있다. 그러나 함수가 주어진 경우에는 Gauss 적분법이 보다 적합한 방법이다. **Gauss 적분법**의 기본 원리는 다음과 같다. 앞에서 설명하였듯이 $\int_a^b f(x)dx$를 구할 때 이 구간에서 함수의 평균값을 제대로 구할 수 있다면, 위 적분값은 다음과 같이 구할 수 있을 것이다.

$$I = \int_a^b f(x)dx = \bar{f} \times (b-a) = \text{평균함수값} \times \text{폭} \tag{11.35}$$

주어진 적분구간에서 함수의 평균값을 잘 예측할 수 있는 방법을 생각해 보자. 편의상 먼저 적분 구간이 [-1, 1]인 경우를 고려하자.

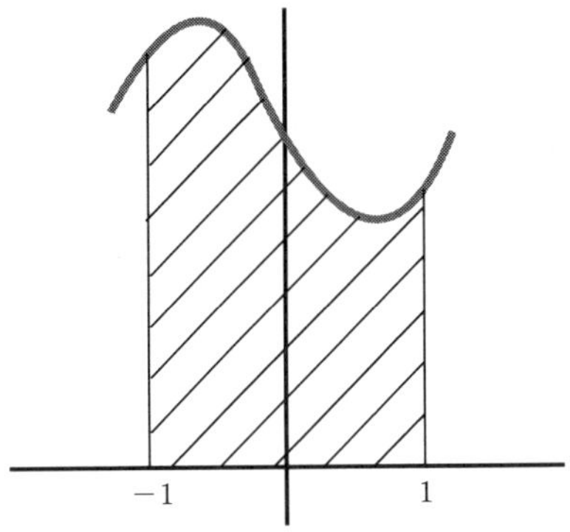

➲ 그림 11.5 함수의 적분

$$I=\int_{-1}^{1} f(t)dt$$

이 경우 적분값은 그림 11.5에서 보듯이 구간 [-1, 1]에서의 빗금친 부분의 면적을 나타낸다. 이 구간에서 적절한 평균함수값을 $\overline{f}$ 라고 하면, 적분값은 다음과 같이 나타낼 수 있다.

$$I=\int_{-1}^{1} f(t)dt \approx \overline{f}\times[1-(-1)]=2\overline{f} \tag{11.36}$$

적절한 $\overline{f}$를 구하기 위해 먼저 시도하는 방법으로 서로 다른 두 값 t_1, t_2에서 함수값의 적절한 가중치를 사용하여 $\overline{f}$를 구하는 것이다.

그림 11.6에서 보듯이 두 점에서의 함수값을 계산한 함수의 평균값 $\overline{f}$를 이용하여 빗금 친 직사각형의 면적으로 근사화 하면 적분값은 식 (11.36)의 우변과 같이 $2\overline{f}$이다. 다음과 같이 함수의 평균값 $\overline{f}$를 정의한다.

$$\overline{f}=\frac{w_1 f(t_1)+w_2 f(t_2)}{2} \tag{11.37}$$

이를 식 (11.36)에 대입하면 적분값은 다음과 같다.

$$\int_{-1}^{1} f(t)dt = w_1 f(t_1)+w_2 f(t_2) \tag{11.38}$$

모든 함수 $f(t)$에 대해서 위의 관계가 정확하게 일치할 수는 없고, 될 수 있는 대

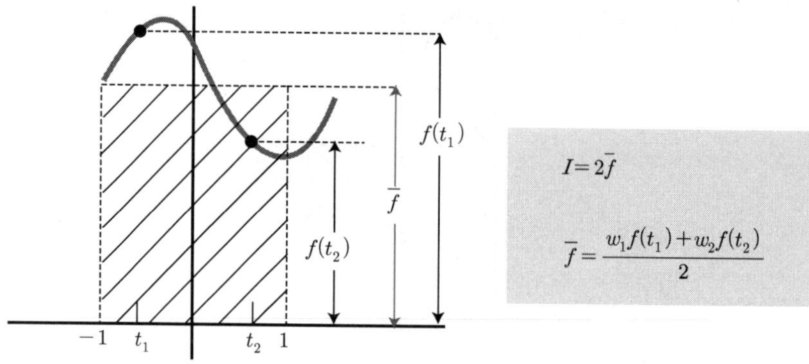

그림 11.6 Gauss 적분법(2점)

로 가장 잘 성립하도록 4개의 미지수 w_1, w_2, t_1, t_2를 구하고자 한다. 여러 가지 방법이 있을 수 있으나 미지수가 4개이므로, 가장 합리적이라고 생각하는 방법 중의 하나는 함수가 상수, 1차 다항식, 2차 다항식, 3차 다항식인 경우 완전하게 일치하도록 미지수를 구하는 것이 한 방법이다. 즉, 다음을 만족하도록 미지수를 구하고자 한다.

$$f(t) = 1 \ ; \ \int_{-1}^{1} f(t)dt = \int_{-1}^{1} dt = 2 = w_1 + w_2 \tag{11.39}$$

$$f(t) = t \ ; \ \int_{-1}^{1} f(t)dt = \int_{-1}^{1} t\,dt = 0 = w_1 t_1 + w_2 t_2 \tag{11.40}$$

$$f(t) = t^2 \ ; \ \int_{-1}^{1} f(t)dt = \int_{-1}^{1} t^2\,dt = \frac{2}{3} = w_1 t_1^2 + w_2 t_2^2 \tag{11.41}$$

$$f(t) = t^3 \ ; \ \int_{-1}^{1} f(t)dt = \int_{-1}^{1} t^3\,dt = 0 = w_1 t_1^3 + w_2 t_2^3 \tag{11.42}$$

식 (11.40)에 t_1^2를 곱한 후 식 (11.42)에서 빼면

$$w_2(t_2^3 - t_1^2 t_2) = 0$$

즉,

$$w_2 t_2 (t_2 - t_1)(t_2 + t_1) = 0 \tag{11.43}$$

$w_2 = 0$, $t_2 = 0$, $t_2 = t_1$ 또는 $t_2 = -t_1$이면 식 (11.43)을 만족하지만 다른 것은 나

머지 식에 대입해 보면 전혀 의미가 없고($w_2=0$인 경우 및 $t_2=t_1$는 결국 한 값으로 줄어들고, $t_2=0$인 경우는 위의 네 식을 만족시킬 수 없다), 오직 마지막 $t_2=-t_1$만 의미가 있을 뿐이다. 따라서 이를 이용하면 위의 식들로부터 다음을 얻는다.

$$w_1=w_2=1 \tag{11.44}$$

$$t_2=-t_1=\frac{1}{\sqrt{3}}=0.57735 \tag{11.45}$$

이를 식 (11.37)에 대입하면

$$\bar{f}=\frac{f(-0.57735)+f(0.57735)}{2} \tag{11.46}$$

이고, 전체 구간에서 함수의 평균값 $\bar{f}$를 $t=-0.57735$ 및 $t=0.57735$인 곳에서의 함수값의 평균으로 대체하는 것이다. 따라서 적분은 식 (11.38)로부터 다음과 같이 된다.

$$\int_{-1}^{1} f(t)dt=2\bar{f}=f(-0.57735)+f(0.57735) \tag{11.47}$$

다음의 예제에서 보듯이, 위의 식으로 근사화하면 함수가 3차 이하인 다항식의 경우는 정확하게 일치함을 알 수 있고, 일반적인 함수인 경우에도 다음 예제에서 보듯이 비교적 근사적으로 잘 일치함을 알 수 있다.

예제 11.8

다음 적분을 Gauss 적분법으로 구하라.

$$I=\int_{-1}^{1}(t^3-3t^2+2t+10)dt$$

풀이

$$\begin{aligned}I&=\int_{-1}^{1} f(t)dt=2\bar{f}=f(-0.57735)+f(0.57735)\\&=(-0.57735)^3-3(-0.57735)^2+2(-0.57735)+10\\&\quad+(0.57735)^3-3(0.57735)^2+2(0.57735)+10\\&=18\end{aligned}$$

보충설명

이 예제의 경우 적분을 해석적으로 쉽게 구할 수 있다.

$$I=\int_{-1}^{1}(t^3-3t^2+2t+10)dt=2\int_{0}^{1}(-3t^2+10)dt=2\left[-t^3+10t\right]_0^1=18$$

함수가 3차 다항식 이하인 경우는 2점을 사용한 Gauss 적분법은 해석적으로 구한 결과와 완전히 동일함을 알 수 있다.

적분 구간이 $[a, b]$인 일반적인 경우는 적분 구간이 [-1, 1]이 되도록 변수치환을 하여 위의 결과를 이용할 수 있다.

$$x=\frac{(b-a)t+a+b}{2} \tag{11.48}$$

$$dx=\frac{b-a}{2}dt \tag{11.49}$$

따라서

$$I=\int_a^b f(x)dx=\frac{(b-a)}{2}\int_{-1}^{1}f\left(\frac{(b-a)t+a+b}{2}\right)dt=\frac{b-a}{2}\int_{-1}^{1}F(t)dt \tag{11.50}$$

이다.

예제 11.9

다음 적분을 두 점을 사용한 Gauss 적분법으로 구하라.

$$I=\int_{0.2}^{1.6}e^x\sin x\,dx$$

풀이

이 문제는 해석적으로 적분하기가 쉽지 않다. 적분 구간이 [-1, 1]이 아니므로 식 (11.48)과 식 (11.49)를 이용하여 변수를 치환하여야 한다.

$$x=\frac{(1.6-0.2)t+(1.6+0.2)}{2}=0.7t+0.9$$

$$dx=0.7dt$$

따라서

$$I=\int_{0.2}^{1.6} e^x \sin x\, dx = 0.7\int_{-1}^{1} e^{0.7t+0.9}\sin(0.7t+0.9)\, dt$$

이제 $F(t)=e^{0.7t+0.9}\sin(0.7t+0.9)$ 라고 두면,

$$\begin{aligned}\int_{-1}^{1} F(t)dt = 2\overline{F} &= F(-0.57735)+F(0.57735)\\ &= e^{0.7(-0.57735)+0.9}\sin[0.7(-0.57735)+0.9]\\ &\quad + e^{0.7(0.57735)+0.9}\sin[0.7(0.57735)+0.9]\\ &= 4.3355\end{aligned}$$

따라서

$$I=0.7\int_{-1}^{1} F(t)dt = 3.0345$$

♦ 보충설명

이 문제는 해석적으로 적분하기가 쉽지 않지만 조금 노력하여 적분표를 찾아보면, 다음 처럼 적분을 해석적으로 구할 수 있다.

$$I=\int_{0.2}^{1.6} e^x \sin x\, dx = \left[\frac{1}{2}e^x(\sin x - \cos x)\right]_{0.2}^{1.6} = 3.02497$$

함수가 3차 다항식 이하로 표시되지 않는 경우는 약간의 오차를 포함한다. 그러나 다음에 설명하듯이 더 많은 점을 사용하여 평균함수값을 구하면 더 정확한 값을 구할 수 있다.

함수의 평균값을 구하여 적분을 근사화 할 때 두 함수값을 사용하였으나 보다 많은 함수값을 사용하면 더욱 정확한 적분값을 구할 수 있다. 오차를 줄이기 위하여 보다 많은 점을 고려한 식이 개발되었으며 이를 일반적으로 표시하면 다음과 같다.

$$\int_{-1}^{1} F(t)dt = 2\overline{F} = \sum_{i=1}^{n} w_i F(t_i)$$

여기서 t_i는 평균함수값을 계산하기 위해 선정된 위치를 나타내고 w_i는 그 위치에서의 가중치를 나타낸다. 이 값들은 표 11.2에 나타내고 있다.

표 11.2 Gauss 적분법에 사용되는 계산 위치 및 가중치

계산 위치 수	계산 위치 t_i	가중치 w_i	정확하게 일치하는 다항식 차수
2	$-0.57735027 = -1/\sqrt{3}$ $0.57735027 = 1/\sqrt{3}$	1 1	3
3	$-0.77459667 = -\sqrt{3/5}$ 0 $0.77459667 = \sqrt{3/5}$	0.55555555 = 5/9 0.88888889 = 8/9 0.55555555 = 5/9	5
4	−0.86113631 −0.33998104 0.33998104 0.86113631	0.34785485 0.65214515 0.65214515 0.34785485	7
5	−0.90617975 −0.53842931 0 0.53842931 0.90617975	0.23692689 0.47862867 0.56888889 0.47862867 0.23692689	9

예제 11.10

예제 11.9를 세 점을 이용하여 다시 Gauss 적분법으로 구하라.

풀이

예제 11.9와 같은 방법으로, 다음을 얻는다.

$$I=\int_{0.2}^{1.6} e^x \sin x\, dx = 0.7\int_{-1}^{1} e^{0.7t+0.9}\sin(0.7t+0.9)\,dt$$

이제 $F(t)=e^{0.7t+0.9}\sin(0.7t+0.9)$ 라고 두면,

$$\int_{-1}^{1} F(t)dt = 2\overline{F} = \frac{5}{9}F(-0.77459667)+\frac{8}{9}F(0)+\frac{5}{9}F(0.77459667)$$

$$= \frac{5}{9}e^{0.7(-0.77459667)+0.9}\sin[0.7(-0.77459667)+0.9]$$

$$+\frac{8}{9}e^{(0.7)(0)+0.9}\sin[(0.7)(0)+0.9]$$

$$+\frac{5}{9}e^{0.7(0.77459667)+0.9}\sin[0.7(0.77459667)+0.9]$$

$$=4.3215$$

따라서

$$I = 0.7\int_{-1}^{1} F(t)dt = 3.02505$$

◆ 보충설명

두 점을 사용하는 대신에 세 점을 사용하여 구하면 훨씬 정확한 값을 계산할 수 있으며 상당히 복잡한 형태의 함수인 경우에도 비교적 정확한 값을 예측할 수 있다.

Gauss 적분법의 알고리듬은 다음과 같다.

Gauss 적분법 알고리듬

1. 필요한 데이터(n, a, b 등)와 함수 $f(x)$를 정의한다.
   - a, b : 구간 값
   - $f(x)$: 함수는 미리 정의하거나 정의되어 있어야 한다.
   - n : 사용하는 계산점의 수

   t_i와 w_i 필요하면 정의하고 데이터를 입력한다.
2. t_i를 이용하여 x_i를 계산한다.

$$x_i = \frac{(b-a)t_i + a + b}{2} \qquad (11.48)$$

3. 적분값을 구한다.

$$I = \frac{(b-a)}{2}\sum_{i=1}^{n} w_i f(x_i)$$

❖ $f(x_i) = F(t_i)$

보충설명(MATLAB 내장함수 사용)

MATLAB에서 수치적으로 적분하는 내장함수의 대표적인 것은 trapz와 quad이다. 데이터가 주어졌을 때, 합성사다리꼴 공식을 사용하여 수치 적분하는 내장함수가 **trapz**이고, 대표적인 사용법은 다음과 같다.

```
I = trapz(X,Y)
```

여기서 X와 Y는 주어진 데이터이고 벡터형태이다. 예제 11.1을 다음과 같이 구할 수 있다.

```
>> X=[1  1.2  1.4  1.6  1.8  2  2.2  2.4  2.6  2.8  3];
>> Y=[2.000 2.272 3.216 5.024 7.888 12.000 17.552 24.736 33.744
44.768 58.000];
>> I = trapz(X,Y)
I =
   36.2400
```

예제 11.1에서 구한 결과와 동일하다는 것을 알 수 있다. 위와 같이 데이터로 주어졌을 때 Simpson법을 사용한 내장함수를 MATLAB에서는 제공하지 않는다.

함수가 주어진 경우 적분을 구하는 내장함수는 **quad**이고 대표적인 사용법은 다음과 같다.

```
I = quad(fun,a,b)
```

여기서 fun은 적분할 함수이고 a와 b는 적분구간을 나타낸다. 기본적으로 quad는 Simpson법을 사용하나, 구간 수를 점차 늘려가면서 반복 계산하는 적응 Simpson법(adaptive Simpson method)를 사용한다. 예제 11.10을 quad를 사용하여 다시 다음과 같이 구할 수 있다.

```
>> fun = @(x) exp(x).*sin(x);
>> I = quad(fun, 0.2, 1.6)
I =
    3.0250
```

위에서 $e^x \sin x$를 MATLAB에서 exp(x)*sin(x) 대신에 exp(x).*sin(x)를 사용해야 한다. 내장함수 quad를 구할 때, x를 벡터로 취급하여 적분을 구하기 때문이다. 이외에 적분을 구하는 다른 내장함수로, **quadl**과 **quadgk** 등이 있고, 2중적분을 구하는 내장함수로 **quad2d**가 있다. 이들의 사용법은 MATLAB help을 참조하기 바란다.

연습문제

11.1 다음과 같은 실험 데이터가 있다. 전체 구간에서의 적분값을 합성사다리꼴 공식을 사용하여 구하라.

x	1	1.2	1.4	1.6	1.8	2	2.2
y	1	0.83	0.71	0.63	0.56	0.50	0.45

11.2 연습문제 11.1의 실험 데이터가 있다. 전체 구간에서의 적분값을 합성 Simpson 1/3 공식을 사용하여 구하라.

11.3 연습문제 11.1의 실험 데이터가 있다. 전체 구간에서의 적분값을 합성 Simpson 3/8 공식을 사용하여 구하라.

11.4 적분 구간을 4등분하여 합성 Simpson 1/3 공식 이용하여 다음 적분을 구하라.

$$I=\int_0^1 xe^{-x^2}dx$$

11.5 적분 구간을 3등분하여 Simpson 3/8 공식 이용하여 다음 적분을 구하라.

$$I=\int_0^1 xe^{-x^2}dx$$

11.6 Romberg 적분표의 R_{33}을 이용하여 다음 적분을 구하라.

$$I=\int_0^1 xe^{-x^2}dx$$

11.7 다음 적분을 Gauss 적분법을 사용하여 구하라. 4점을 사용하여 구하라.

$$I = \int_{-1}^{1} e^{-x^2} dx$$

11.8 다음 적분을 Gauss 적분법을 사용하여 구하라. 4점을 사용하여 구하라.

$$I = \int_{1}^{2} x e^{-x^2} dx$$

11.9 실린더에서 피스톤이 팽창할 때 하는 일은 $W = \int_{1}^{2} p dV$로 나타낼 수 있다. 압력과 부피가 다음의 관계가 있을 때, 피스톤이 한 일을 합성 Simpson 1/3 공식을 이용하여 구하라.

p(kPa)	200	155	125	104	88	76	66
V(m^3)	1	1.2	1.4	1.6	1.8	2	2.2

프로그래밍 실습문제

※ 프로그래밍 실습문제의 번호 옆에 프로그램 이름을 나타내었다. 교육의 목적으로, 이들 프로그램은 학생들에게는 제공하지 않고, 강의를 담당하는 교수에게만 제공한다.

C11.1 ⇨ Simpson.c

합성 Simpson 1/3 공식을 이용하여 $I=\int_a^b f(x)\,dx$를 구하는 프로그램을 C로 작성하라. 함수의 적분이 다음과 같을 때, $n=4$인 경우 적분값을 출력하라. 또한 동일한 프로그램을 다시 돌려 $n=8$인 경우 적분값을 출력하라.

$$I=\int_0^1 xe^{-x^2}\,dx$$

C11.2 ⇨ Romberg.c

$I=\int_a^b f(x)\,dx$를 구하기 위한 Romberg 적분표를 R_{nn}까지 구하는 C 프로그램을 작성하고, 적분이 다음과 같을 때 R_{55}까지 구하여 출력하라.

$$I=\int_0^1 xe^{-x^2}\,dx$$

C11.3 ⇨ GaussInt.c

4점을 사용한 Gauss 적분법을 사용하여 $I=\int_a^b f(x)\,dx$를 구하는 C 프로그램을 작성하라. 적분이 다음과 같을 때 적분값을 출력하라.

$$I=\int_0^1 xe^{-x^2}\,dx$$

M11.1 ⇨ Simpson.m

합성 Simpson 1/3 공식을 이용하여 $I=\int_a^b f(x)\,dx$를 구하는 프로그램을 MATLAB으로 작성하라. 함수의 적분이 다음과 같을 때 $n=4$인 경우 적분값을 출력하라. 또한 동일한 프로그램을 다시 돌려 $n=8$인 경우 적분값을 출력하라.

$$I=\int_0^1 xe^{-x^2}dx$$

M11.2 ⇨ Romberg.m

$I=\int_a^b f(x)\,dx$를 구하기 위한 Romberg 적분표를 R_{nn}까지 구하는 MATLAB 프로그램을 작성하고, 적분이 다음과 같을 때 R_{55}까지 구하여 출력하라.

$$I=\int_0^1 xe^{-x^2}dx$$

M11.3 ⇨ GaussInt.m

4점을 사용한 Gauss 적분법을 사용하여 $I=\int_a^b f(x)\,dx$를 구하는 MATLAB 프로그램을 작성하라. 적분이 다음과 같을 때 적분값을 출력하라.

$$I=\int_0^1 xe^{-x^2}dx$$

CHAPTER 12

상미분방정식의 수치해-초기값 문제

다음과 같은 1계 상미분방정식을 고려하자.

$$a\frac{dy}{dx} + by = f(x)$$

이 방정식의 해를 구하면(즉, 적분하면) 일반해는 보통 다음과 같은 형태가 된다.

$$y = F(x) + C$$

적분상수 C를 구하기 위해 다음과 같은 조건이 필요하게 된다.

$$x = x_0 \ ; \ y = y_0$$

보통 위의 조건은 x의 처음 값에서 주어지므로 초기조건(initial condition)이라고 한다. 미분방정식이 x가 아닌 시간 t에 대한 식이라고 생각하면 초기조건이라는 것을 이해하기 쉬울 것이다. 미분방정식에서 초기조건이 주어지는 경우 **초기값 문제(initial value problem)**라고 한다. 다음과 같은 2계 상미분방정식을 생각해보자.

$$a\frac{d^2y}{dx^2} + b\frac{dy}{dx} + cy = 0$$

이 방정식의 해를 구하면 일반해는 일반적으로 다음과 같은 형태가 된다.

$$y = C_1F_1(x) + C_2F_2(x)$$

두 개의 적분상수 C_1과 C_2를 구하기 위해 보통 다음과 같이 두 개의 조건이 필요하게 된다.

$$x = x_0 \ ; \ y = y_0$$

$$x = x_1 \ ; \ y = y_1$$

꼭 그런 것은 아니지만 보통 위의 조건은 x의 양 경계에서 함수값 또는 다른 조건이 주어지므로 경계조건(boundary condition)이라고 한다. 이와 같이 경계조건이 주어지는 경우 **경계값 문제(boundary value problem)**라고 한다.

만약 두 조건이 다음처럼 x의 처음 값에서 모두 주어졌다면 이는 초기값 문제가 된다.

$$x = x_0 \ ; \ y = y_0$$

$$x = x_0 \ ; \ \frac{dy}{dx} = A$$

12.1 Euler법

다음과 같은 상미분방정식과 초기조건을 고려하자.

$$\frac{dy}{dx} = f(x) \tag{12.1}$$

$$x = x_0 \ ; \ y = y_0 \tag{12.2}$$

상미분방정식을 수치적으로 구하는 것은 어떤 위치에서의 함수값과 기울기를 이용하여 그 다음 위치 또는 시간에서 함수의 값을 구하고자 하는 것이다. 앞에서 언급한 Taylor 급수를 고려하면

$$y(x_0 + h) = y(x_0) + hy'(x_0) + \frac{y''(x_0)}{2}h^2 + \frac{y'''(x_0)}{3!}h^3 + \cdots \tag{12.3}$$

와 같고, 여기서 Taylor 급수에서 처음 두 항만을 사용하면 다음과 같다. 즉,

$$y(x_0 + h) \approx y(x_0) + hy'(x_0) \tag{12.4}$$

$$x_1 = x_0 + h$$

라 하고 x_0, x_1에서의 y를 각각 y_0, y_1이라 하면 위 식은 다음과 같이 표시된다.

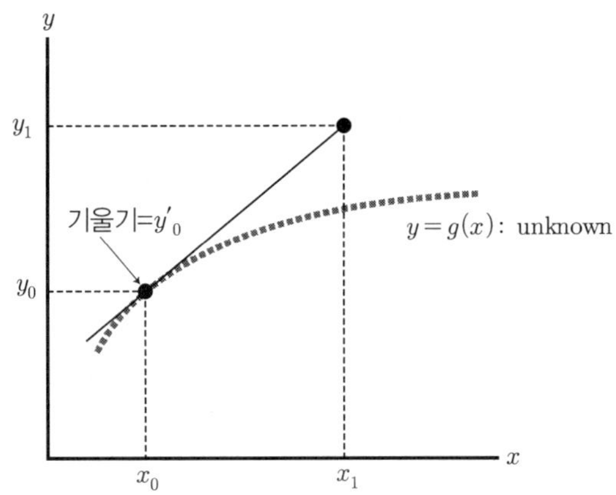

⊃ 그림 12.1 Euler법

$$y_1 = y_0 + hy'_0 \tag{12.5}$$

여기서 y'_0는 $y'(x_0)$를 의미하며 x_0에서의 기울기를 나타낸다. 따라서 y_0는 초기값으로 주어져 있고, x_0를 식 (12.1)에 대입하면 y'_0를 구할 수 있기 때문에 식 (12.5)에서 y_1을 구할 수 있다.

이제 보다 일반적인 경우의 1계 상미분방정식이 주어진 경우를 고려하자.

$$\frac{dy}{dx} = f(x,y) \tag{12.6}$$

이 경우 역시

$$y_1 = y_0 + hy'_0$$

로 표시될 수 있고, y'_0는 $y'(x_0, y_0)$를 의미하며 $f(x_0, y_0)$로 나타낼 수 있고 그림 12.1에서 점 (x_0, y_0)에서의 기울기를 나타낸다. 따라서 y_1은 다음처럼 나타낼 수 있다.

$$y_1 = y_0 + hf(x_0, y_0) \tag{12.7}$$

역시 y_0는 초기값으로 주어져 있고, x_0, y_0를 식 (12.6)에 대입하면 $y'_0 = f(x_0, y_0)$를 구할 수 있기 때문에 식 (12.7)에서 y_1을 구할 수 있다.

같은 방법으로 $x_1 = x_0 + h$와 y_1을 이용하여 다음 값인 y_2를 구할 수 있으며, 그

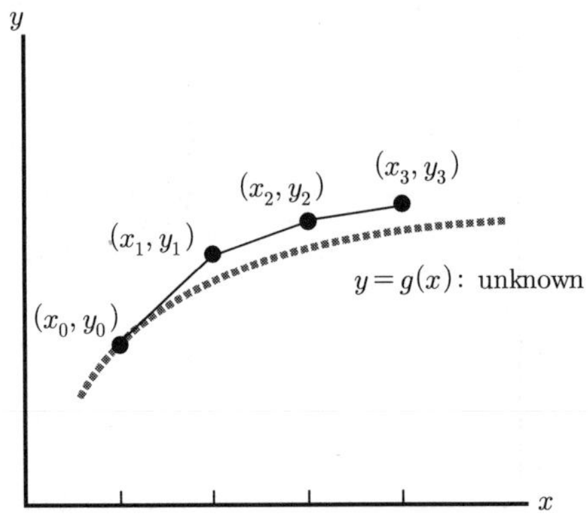

그림 12.2 Euler법으로 해를 구하기

림 12.2와 같이 계속 반복하면 다음의 값들을 계산할 수 있다. 이와 같이 계속 반복하여 해를 구하는 방법을 **Euler법**이라 한다. 그림 12.2와 같은 반복적인 과정을 알고리듬으로 표시하면 다음과 같다.

Euler법 알고리듬

1. 기울기를 계산한다.

$$y'_i = f(x_i, y_i) \tag{12.8}$$

2. 다음 값을 계산한다.

$$x_{i+1} = x_i + h$$

$$y_{i+1} = y_i + hy'_i \tag{12.9}$$

3. 단계 1부터 반복한다.

예제 12.1

다음과 같은 미분방정식과 초기조건이 있다.

$$\frac{dy}{dx} = -(0.1x + 0.5)y \tag{1}$$

$$x = 0\ ;\ y = 2 \tag{2}$$

$h = 0.2$를 사용하여 Euler법으로 $x = 0.6$일 때 y를 구하라.

풀이

$x_1 = 0.2$;

$$y'_0 = f(x_0, y_0) = -(0.1 \times 0 + 0.5)(2) = -1$$
$$y_1 = y_0 + hf(x_0, y_0) = 2 + (0.2)(-1) = 1.8$$

$x_2 = 0.4$;

$$y'_1 = f(x_1, y_1) = -(0.1 \times 0.2 + 0.5)(1.8) = -0.936$$
$$y_2 = y_1 + hf(x_1, y_1) = 1.8 + (0.2)(-0.936) = 1.6128$$

$x_3 = 0.6$;

$$y'_2 = f(x_2, y_2) = -(0.1 \times 0.4 + 0.5)(1.6128) = -0.870912$$
$$y_3 = y_2 + hf(x_2, y_2) = 1.6128 + (0.2)(-0.870912) = 1.4386176$$

♦ 보충설명

위의 미분방정식을 해석적으로 구하면, $y = 2e^{-0.05x^2 - 0.5x}$ 이다. $x = 1$까지 계산한 결과와 엄밀해를 비교하여 오차를 구하면 다음과 같다.

i	x	y (엄밀해)	y(Euler법)	오차	상대오차
0	0				
1	0.2	1.806059	1.8	0.006059	0.34%
2	0.4	1.624414	1.6128	0.011614	0.71%
3	0.6	1.455206	1.438618	0.016588	1.14%
4	0.8	1.298419	1.277492	0.020926	1.61%
5	1	1.1539	1.129303	0.024596	2.13%

$x = 0.6$일 때 Euler법으로 구한 y값은 1.438618이고, 엄밀해는 1.455206이다. 따라서 오차는 0.16588이고 상대오차는 1.14%이다. 각 단계에서의 오차는 점차 누적되어 계산이 진행될수록 오차 및 상대오차가 증가한다는 것을 알 수 있으며 이것은 일반적인 현상이다. 오차를 줄이기 위해서는 h를 작게 하면 된다.

예제 12.2 ⇨ Euler.c

다음과 같은 미분방정식과 초기조건이 있다.

$$\frac{dy}{dx} = f(x, y) \quad (1)$$

$$x = x_0 \ ; \ y = y_0 \quad (2)$$

Euler법으로 $y = g(x)$를 구하는 프로그램을 C로 작성하라. 함수 $f(x,y) = -(0.1x+0.5)y$이고, $h = 0.1$, $x_0 = 0$, $y_0 = 2$일 때 10회 계산하라.

풀이

Euler법을 사용하여 상미분방정식을 구하는 C 프로그램은 Euler.c이고, 프로그램을 실행하면 다음과 같다.

```
입력:
 x0, y0, h  = 0    2   0.1
n = 10
출력:
   i          x(i)            y(i)
   0      0.000000        2.000000
   1      0.100000        1.900000
   2      0.200000        1.803100
   3      0.300000        1.709339
   4      0.400000        1.618744
   5      0.500000        1.531332
   6      0.600000        1.447108
   7      0.700000        1.366070
   8      0.800000        1.288204
   9      0.900000        1.213488
  10      1.000000        1.141893
```

보충설명

위의 미분방정식을 해석적으로 구하면 $y = 2e^{-0.05x^2 - 0.5x}$ 이다. 이를 이용하여 $x = 1$일 때의 y를 구하면, 1.1539이고 수치적으로 구한 값과 비교하면 약간의 차이가 있다. 위에서 구한 1.141893은 오차를 포함하고 있다. 오차를 줄이기 위해 $h = 0.01$로 하여 다시 프로그램을 실행하여 $x = 1$일 때의 값을 계산하면 1.152724를 얻을 수 있어 오차가 상당히 줄어들었음을 알 수 있다.

Euler.c

```
#include <stdio.h>
#include <math.h>
#define f(x,y) ( -(0.1*x+0.5)*y )
#define nd 1000
```

```
void main()
{
    double x0, y0, h;
    double x[nd],y[nd];
    int n, i;
    printf("\n  x0,  y0, h  = ");
    scanf("%lf  %lf  %lf", &x0, &y0, &h);
    printf("\n n=");
    scanf("%d", &n);
    printf("\n  i     x(i)            y(i)" );
    x[0]=x0;  y[0]=y0;
    for(i=1; i<=n; i++)
    {
        x[i]=x[i-1]+h;
        y[i]=y[i-1]+h*f(x[i-1],y[i-1]) ;
    }
    for(i=1; i<=n; i++)
    {
        printf("\n  %d  \t%f  \t%f", i, x[i],  y[i] );
    }
}
```

예제 12.3 ⇨ **Ex12_3.m, Euler.m**

다음과 같은 미분방정식과 초기조건이 있다.

$$\frac{dy}{dx} = f(x,y) \tag{1}$$

$$x = x_0 \ ; \ y = y_0 \tag{2}$$

Euler법으로 $y = g(x)$를 구하는 프로그램을 MATLAB으로 작성하라. 함수 $f(x,y) = -(0.1x + 0.5)y$이고, $h = 0.1$, $x_0 = 0$, $y_0 = 2$일 때 10회 계산하라.

풀이

Euler법을 사용하여 상미분방정식을 구하는 서브루틴은 Euler.m이고 메인 프로그램은 Ex12_3.m이다.

```
>> Ex12_3
   i                    x(i)                              y(i)
```

0	0.000000	2.000000
1	0.100000	1.900000
2	0.200000	1.803100
3	0.300000	1.709339
4	0.400000	1.618744
5	0.500000	1.531332
6	0.600000	1.447108
7	0.700000	1.366070
8	0.800000	1.288204
9	0.900000	1.213488
10	1.000000	1.141893

보충설명

위의 미분방정식을 해석적으로 구하면 $y=2e^{-0.05x^2-0.5x}$ 이다. 이를 이용하여 $x=1$ 일 때의 y 를 구하면 1.1539이고, Ex12_3.m을 실행하여 구한 1.141893과 비교하면 약간의 차이가 있다. 위에서 구한 1.141893은 오차를 포함하고 있다. 오차를 줄이기 위해 $h=0.01$ 로 하여 다시 프로그램을 실행하여 $x=1$ 일 때 값을 계산하면 1.152724를 얻을 수 있어 오차가 상당히 줄어들었음을 알 수 있다.

Ex12_3.m

```
%예제 12.3
% function f(x) should be defined here
x0=0;  y0=2; h=0.1 ; n=10;
f=inline(' -( 0.1*x+0.5)*y');
Euler(x0, y0, h,n,f);
```

Euler.m

```
% Euler
% function f(x) should be defined beforehand
function Euler(x0,y0,h,n,f)
x(1)=x0+h;
y(1)=y0+h*f(x0,y0) ;
i=0;
fprintf('\n  i   \t x(i)  \t    y(i)');
```

```
fprintf('\n %d \t%f \t%f', i, x0, y0);
for i = 2:n
   x(i)=x(i-1)+h;
   y(i)=y(i-1)+h*f(x(i-1),y(i-1)) ;
end
for i = 1:n
   fprintf('\n %d \t%f \t%f', i, x(i), y(i) );
end
```

12.2 수정 Euler법 (Euler 예측-수정 방법)

수정 Euler법은 앞에서 설명한 Euler법을 개선한 것이다. 그림 12.3에서 보면 알 수 있듯이 Euler법에서 사용한 기울기 y'_0보다 y'_0와 y'_1를 평균한 평균기울기를 사용하여 y_1을 구하는 것이 더욱 좋은 값을 구할 수 있을 것이다. 즉, 다음과 같은 식을 사용하면 보다 좋은 결과를 얻을 수 있을 것이다.

$$y_1 = y_0 + h\frac{y'_0 + y'_1}{2}$$

또는

$$y_1 = y_0 + h\frac{f(x_0,\, y_0) + f(x_1,\, y_1)}{2}$$

로 나타낼 수 있다. 그러나 아직 이 단계에서는 y_1을 모르기 때문에 y'_1, 즉 $f(x_1,y_1)$을 구할 수가 없다. 따라서 앞의 Euler법에서 구한 y_1을 y_{1p}라고 표시한 후 다음과 같이 변형된 식을 사용한다.

$$y_{1p} = y_0 + hy'_0$$

$$y_1 = y_0 + h\frac{y'_0 + y'_{1p}}{2}$$

여기서 y'_{1p}는 $f(x_1,y_{1p})$를 의미하고 점(x_1,y_{1p})에서 계산한 기울기를 나타내며 그림 12.3에 표시되어 있다. 여기서 y'_{av}를 평균기울기를 의미한다. 즉,

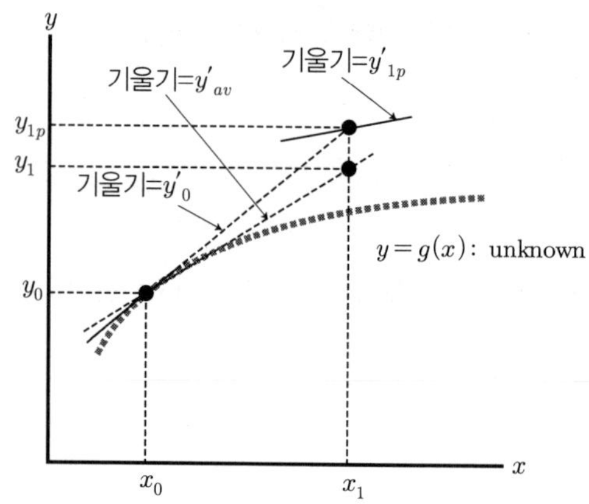

그림 12.3 수정 Euler법

$$y'_{av} = \frac{y'_0 + y'_{1p}}{2}$$

라고 정의하면,

$$y_1 = y_0 + hy'_{av}$$

로 나타낼 수 있다. 즉, 평균기울기를 구할 때 (x_1, y_1)에서의 기울기 대신에 (x_1, y_{1p})에서의 기울기를 사용하는 방법이다.

이 과정을 다시 요약한 수정 Euler법의 알고리듬은 다음과 같다.

수정 Euler법의 알고리듬

1. 예측값을 계산한다(앞의 Euler법).

$$y'_i = f(x_i,\ y_i) \tag{12.10}$$

$$y_{i+1,p} = y_i + hy'_i \tag{12.11}$$

2. 평균 기울기 계산한다.

$$y'_{i+1,p} = f(x_{i+1},\ y_{i+1,p}) \tag{12.12}$$

$$y'_{av} = \frac{y'_i + y'_{i+1,p}}{2} \tag{12.13}$$

3. 수정값 계산한다.

$$x_{i+1} = x_i + h$$

$$y_{i+1} = y_i + hy'_{av} \qquad (12.14)$$

4. 단계 1부터 반복한다.

예제 12.4

수정 Euler법으로 예제 12.1을 다시 하라.

풀이

$x_1 = 0.2$;

먼저 예측값을 계산한다.

$$y'_0 = f(x_0, y_0) = -(0.1 \times 0 + 0.5)(2) = -1$$

$$y_{1p} = y_0 + hf(x_0, y_0) = 2 + (0.2)(-1) = 1.8$$

예측값을 이용하여 평균기울기를 계산한다.

$$y'_{1p} = f(x_1, y_{1p}) = -(0.1 \times 0.2 + 0.5)(1.8) = -0.936$$

$$y'_{av} = \frac{y'_0 + y'_{1p}}{2} = \frac{(-1) + (-0.936)}{2} = -0.968$$

평균기울기를 이용하여 다음 단계의 값을 계산한다.

$$y_1 = y_0 + hy'_{av} = 2 + (0.2)(-0.968) = 1.8064$$

$x_2 = 0.4$;

먼저 예측값을 계산한다.

$$y'_1 = f(x_1, y_1) = -(0.1 \times 0.2 + 0.5)(1.8064) = -0.939328$$

$$y_{2p} = y_1 + hf(x_1, y_1) = 1.8064 + (0.2)(-0.939328) = 1.6185344$$

예측값을 이용하여 평균기울기를 계산한다.

$$y'_{2p} = f(x_2, y_{2p}) = -(0.1 \times 0.4 + 0.5)(1.6185344) = -0.874008576$$

$$y'_{av} = \frac{y'_1 + y'_{2p}}{2} = \frac{(-0.939328) + (-0.874008576)}{2} = -0.9066683$$

평균기울기를 이용하여 다음 단계의 값을 계산한다.

$$y_2 = y_1 + hy'_{av} = 1.8064 + (0.2)(-0.9066683) = 1.6250663$$

이제 이 값을 이용하여 $x_3 = 0.6$일 때도 동일한 방법으로 구할 수 있고, 계속 반복 계산하면, $x = 0.6$일 때 구한 y값은 1.456137450이다.

보충설명

예제 12.1과 마찬가지로 $x=1$까지 계산한 결과와 엄밀해를 비교하여 오차를 구하면 다음과 같다.

i	x	y (엄밀해)	y(수정Euler법)	오차	상대오차
0	0	2			
1	0.2	1.806059	1.8064	−0.000341	−0.02%
2	0.4	1.624414	1.625066	−0.000652	−0.04%
3	0.6	1.455206	1.456137	−0.000931	−0.06%
4	0.8	1.298419	1.299597	−0.001178	−0.09%
5	1	1.1539	1.155290	−0.00139	−0.12%

$x=0.6$일 때 수정 Euler법으로 구한 y값은 1.456137이어서, 이때의 상대오차 크기가 0.06%로, Euler법을 사용하였을 때의 상대오차 1.14%보다 훨씬 작다는 것을 확인할 수 있다.

12.3 Runge-Kutta법

Euler법에서 하나의 기울기를 사용하였으며, 수정 Euler법에서는 예측된 점을 이용하여 두 개의 평균기울기를 사용하였다. 보다 많은 기울기의 평균값을 사용하면 더욱 정확한 값을 구할 수 있으며, 이와 같은 방법을 **Runge-Kutta법**이라고 한다. Runge-Kutta법 중에서도 가장 많이 사용되는 방식인 4차 Runge-Kutta법에 대해 설명한다. 간단히 말하면, 수정 Euler법에서 두 개의 기울기를 이용하여 평균기울기를 구하였으나, 4차 Runge-Kutta법에서는 4개의 점(하나의 주어진 점과 예측된 3개의 점)에서 가중치를 고려한 평균기울기를 사용하여 값을 구하는 방법이다. 평균기울기는 다음과 같다.

$$y'_{av} = \frac{y'_1 + 2y'_2 + 2y'_3 + y'_4}{6} \tag{12.15}$$

이 평균기울기를 이용하여 다음 단계의 값을 구한다.

$$y_{i+1} = y_i + hy'_{av} \tag{12.16}$$

또는

$$y_{i+1} = y_i + h\frac{y'_1 + 2y'_2 + 2y'_3 + y'_4}{6} \tag{12.17}$$

로 나타낼 수 있다. 여기서 y'_1, y'_2, y'_3, y'_4는 각각 그림 12.4의 P_1, P_2, P_3, P_4 네 점에서의 기울기를 나타낸다. 즉, 가운데 두 점들의 기울기에 가중치를 2배로 한 평균기울기를 사용한 것이다. 그리고 $k_i = hy'_i$라고 하면 위 식은 일반적인 형태로 다음과 같이 표시된다.

$$y_{i+1} = y_i + \frac{k_1 + 2k_2 + 2k_3 + k_4}{6} \tag{12.18}$$

$$k_1 = hy'_1 = hf(x_i,\ y_i) \tag{12.19}$$

$$k_2 = hy'_2 = hf(x_i + \frac{1}{2}h,\ y_i + \frac{1}{2}k_1) \tag{12.20}$$

$$k_3 = hy'_3 = hf(x_i + \frac{1}{2}h,\ y_i + \frac{1}{2}k_2) \tag{12.21}$$

$$k_4 = hy'_4 = hf(x_i + h,\ y_i + k_3) \tag{12.22}$$

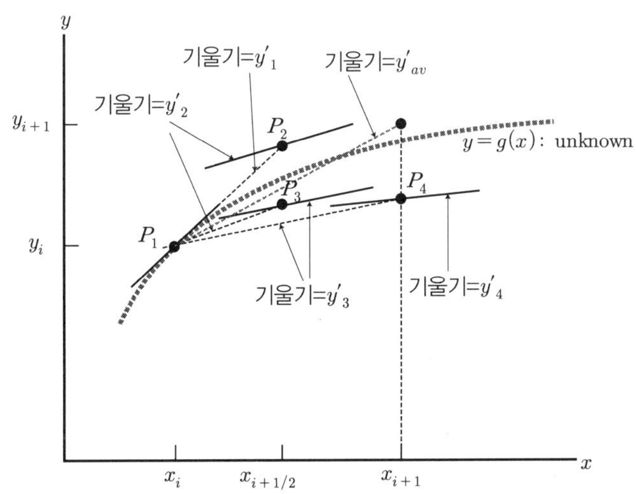

그림 12.4 4차 Runge–Kutta 법

4차 Runge-Kutta법의 알고리듬은 다음과 같고 또한 가상코드도 다음에 나타내고 있다.

Runge-Kutta(4차)법 알고리듬

1. k값을 계산한다.

$$k_1 = hy'_1 = hf(x_i, y_i) \tag{12.19}$$

$$k_2 = hy'_2 = hf(x_i + \frac{1}{2}h, y_i + \frac{1}{2}k_1) \tag{12.20}$$

$$k_3 = hy'_3 = hf(x_i + \frac{1}{2}h, y_i + \frac{1}{2}k_2) \tag{12.21}$$

$$k_4 = hy'_4 = hf(x_i + h, y_i + k_3) \tag{12.22}$$

2. 다음 값을 계산한다.

$$x_{i+1} = x_i + h$$

$$y_{i+1} = y_i + \frac{k_1 + 2k_2 + 2k_3 + k_4}{6} \tag{12.18}$$

3. 단계 1부터 반복한다.

4차 Runge-Kutta법 가상코드

```
x : 변수 x
y : 변수 y
h : x의 증분, h
n : 구하는 y값의 개수
x, y, h, n, y_prime, k1, k2, k3, k4, f(x,y)를 정의한다.
h, n값을 입력한다.
x, y의 초기값을 입력한다.
   For i=0, n, 1
       y_prime=f(x,y)
       k1=h*y_prime
       k2=h*f(x+0.5*h, y+0.5*k1)
       k3=h*f(x+0.5*h, y+0.5*k2)
       k4=h*f(x+h, y+k3)
       x=x+h
       y=y+(k1+2*k2+2*k3+k4)/6.
       Output x, y
   End For i
```

예제 12.5

4차 Runge-Kutta법으로 예제 12.1을 다시 하라.

풀이

$x_1 = 0.2;$

$$k_1 = hy'_1 = hf(x_0,\ y_0) = (0.2)(-0.1\times 0 - 0.5)(2) = -0.2$$

$$k_2 = hy'_2 = hf(x_0 + \frac{1}{2}h,\ y_0 + \frac{1}{2}k_1)$$
$$= 0.2(-0.1\times 0.1 - 0.5)(2 + \frac{-0.2}{2}) = -0.1938$$

$$k_3 = hy'_3 = hf(x_0 + \frac{1}{2}h,\ y_0 + \frac{1}{2}k_2)$$
$$= 0.2(-0.1\times 0.1 - 0.5)(2 + \frac{-0.1938}{2}) = -0.194116$$

$$k_4 = hy'_4 = hf(x_0 + h,\ y_0 + k_3)$$
$$= 0.2(-0.1\times 0.2 - 0.5)(2 - 0.19412) = -0.187812$$

$$y_1 = y_0 + \frac{k_1 + 2k_2 + 2k_3 + k_4}{6}$$
$$= 2 + \frac{-0.2 + 2(-0.1938) + 2(-0.194116) - 0.187812}{6} = 1.806059$$

이와 같이 반복 계산하면, 다음 표와 같이 $x = 0.6$일 때 구한 y값은 1.455206이다.

x	y	k1	k2	k3	k4
0.2	1.806059	−0.2	−0.1938	−0.194116	−0.187812
0.4	1.624414	−0.18783	−0.181487	−0.181823	−0.175417
0.6	1.455206	−0.175437	−0.169037	−0.169389	−0.162963

보충설명

예제 12.1과 마찬가지로 $x = 1$까지 계산한 결과와 엄밀해를 비교하여 오차를 구하면 다음과 같다.

i	x	y (엄밀해)	y(4차 RK법)	오차	상대오차%
0	0	2			
1	0.2	1.806059	1.806059	1.03E−07	5.72E−06%
2	0.4	1.624414	1.624414	7.34E−08	4.52E−06%
3	0.6	1.455206	1.455206	−4.23E−07	−2.91E−05%
4	0.8	1.298419	1.298419	−2.47E−07	−1.90E−05%
5	1	1.1539	1.153900	−3.79E−07	−3.29E−05%

$x=0.6$일 때 4차 Runge-Kutta법으로 구한 y값은 1.455206으로, 이때의 상대오차 크기가 2.91×10^{-5}%로, 아주 정확한 값을 구할 수 있다는 것을 확인할 수 있다. 앞에서 언급하였듯이 이러한 이유로 4차 Runge-Kutta법이 가장 많이 사용되는 방법이다.

12.4 고계상미분방정식 - 초기값 문제

다음과 같은 2계 미분방정식과 초기조건을 고려하자.

$$\frac{d^2y}{dx^2}=f(x,y,\frac{dy}{dx}) \tag{12.23}$$

$$x=x_0 \ ; \ y=y_0 \tag{12.24}$$

$$x=x_0 \ ; \ \frac{dy}{dx}=y'_0 \tag{12.25}$$

위의 문제는 기본적으로 초기에 조건이 모두 주어진 초기값 문제이다. 다음과 같이 변수를 치환한다.

$$z=\frac{dy}{dx}$$

그러면, 식 (12.23)은 다음과 같이 표현된다.

$$\frac{dz}{dx}=f(x,y,z)$$

그러면 원래의 미분방정식과 초기조건은 다음처럼 다시 정리할 수 있다.

$$\frac{dy}{dx}=z \tag{12.26}$$

$$x=x_0 \ ; \ y=y_0 \tag{12.27}$$

$$\frac{dz}{dx}=f(x,y,z) \tag{12.28}$$

$$x=x_0 \ ; \quad z=z_0\equiv y'_0 \tag{12.29}$$

앞의 식들을 살펴보면 $x = x_0$일 때 y, z의 값이 주어져 있고, y와 z는 x에 대한 1계 상미분방정식 형태로 주어져 있으며 연립방정식이다. 따라서 연립미분방정식을 풀면 해를 구할 수 있으며 y와 z를 번갈아 가면서 계산하여 해를 구하면 된다.

예제 12.6

상미분방정식이 다음과 같을 때, $h = 0.1$를 사용하여 Euler법으로 $x = 0.3$일 때 y를 구하라.

$$\frac{d^2y}{dx^2} + \frac{dy}{dx} - 2y = -4x + 2$$

$$x = 0 \ ; \ y = 2$$

$$x = 0 \ ; \ \frac{dy}{dx} = 1$$

풀이

$\frac{dy}{dx} = z$라고 두면 원래의 미분방정식은 다음과 같은 두 개의 연립미분방정식이 된다.

$$\frac{dy}{dx} = z$$

$$x = x_0 \ ; \ y = 2$$

$$\frac{dz}{dx} = -4x + 2y - z + 2 = f(x,y,z)$$

$$x = x_0 \ ; \ z = 1$$

이제 Euler법을 사용하여 y와 z를 번갈아 가면서 계산하여 해를 구하면 된다.

$x_1 = 0.1;$

$$z_0 = y'_0 = 1$$

$$y_1 = y_0 + hy'_0 = 2 + (0.1)(1) = 2.1$$

$$z'_0 = f(x_0, y_0, z_0) = f(0,2,1) = -4 \times 0 + 2 \times (2) - 1 + 2 = 5$$

$$z_1 = z_0 + hz'_0 = 1 + (0.1)(5) = 1.5$$

$x_2 = 0.2;$

$$z_1 = y'_1 = 1.5$$

$$y_2 = y_1 + hy'_1 = 2.1 + (0.1)(1.5) = 2.25$$

$$z'_1 = f(x_1, y_1, z_1) = f(0.1, 2.1, 1.5) = -4 \times 0.1 + 2 \times (2.1) - 1.5 + 2 = 4.3$$

$$z_2 = z_1 + hz'_1 = 1.5 + (0.1)(4.3) = 1.93$$

$x_2 = 0.3$;

$$z_2 = y'_2 = 1.93$$

$$y_3 = y_2 + hy'_2 = 2.25 + (0.1)(1.93) = 2.443$$

따라서 $x_2 = 0.3$일 때 $y = 2.443$을 구할 수 있다.

♦ 보충설명

이 경우 쉽지는 않겠지만 위의 미분방정식을 해석적으로 구하면 엄밀해는 $y = e^x + e^{-2x} + 2x$이다. 해를 원래의 방정식과 초기 조건에 대입하여 확인하는 것은 쉬운 일이다. 해를 구하는 과정은 학생들이 해보기를 바란다. 이를 이용하여 $x = 0.7$까지 계산한 결과와 엄밀해를 비교하여 오차를 구하면 다음과 같다.

i	x	y (엄밀해)	y(Euler법)	오차	상대오차%
0	0				
1	0.1	2.123902	2.1	0.023902	1.13%
2	0.2	2.291723	2.25	0.041723	1.82%
3	0.3	2.498670	2.443	0.055670	2.23%
4	0.4	2.741154	2.6737	0.067454	2.46%
5	0.5	3.016601	2.93819	0.078411	2.60%
6	0.6	3.323313	3.233705	0.089608	2.70%
7	0.7	3.660350	3.558432	0.101917	2.78%

$x = 0.3$일 때 Euler법으로 구한 결과 상대오차는 2.23%로 비교적 오차가 크다는 것을 알 수 있다. Euler법을 사용하려면 h를 더 작게 하여 계산하면 된다. 예를 들어, $h = 0.01$을 사용하여 Euler법으로 $x = 0.3$일 때 y를 구하면 2.493333를 얻을 수 있고 상대오차는 0.21%가 된다.

보충설명(MATLAB 내장함수 사용)

MATLAB에서 상미분방정식의 초기값 문제를 구하는 대표적인 내장함수는 **ode45**이고, 4차 및 5차 Runge–Kutta법을 동시에 사용하여 해를 구하는 방식이다. 내장함수 ode45의 대표적인 사용법은 다음과 같다.

```
[x,y] = ode45(odefun, xspan, y0)
```

여기서 odefun은 주어진 미분방정식이고, xspan은 x의 초기값과 최종값을 나타내거나 함수 값을 구하고자하는 각 점에서 x값들을 모두 나타내고, y는 x 위치에서 수치적으로 구한 y값을 나타낸다. 내장함수 ode45를 이용하여 예제 12.5를 다음과 같이 구할 수 있다.

```
>> odefun = @(x,y) -(0.1*x + 0.5)*y;
>> xspan=[0  0.2  0.4  0.6  0.8  1];
>> y0=2;
>> [x,y]=ode45(odefun, xspan, y0)
x =
         0
    0.2000
    0.4000
    0.6000
    0.8000
    1.0000
y =
    2.0000
    1.8061
    1.6244
    1.4552
    1.2984
    1.1539
```

이외에 2차 및 3차 Runge–Kutta법을 동시에 사용하는 **ode23**이 있으나 ode45를 더 많이 사용한다. 다음은 ode23을 사용한 예이고 동일한 결과를 얻을 수 있다.

```
>> [x,y]=ode23(odefun, xspan, y0)
x =
         0
    0.2000
    0.4000
    0.6000
    0.8000
```

```
    1.0000
y =
    2.0000
    1.8061
    1.6244
    1.4552
    1.2984
    1.1539
```

또 다른 내장함수로 **ode113**이 있으며 사용법은 위와 동일하다.

MATLAB에 Symbolic Math Toolbox가 설치되어 있다면, MATLAB에서도 Maple나 Mathematica처럼 기호(symbolic) 해석을 할 수가 있다. 다음처럼 **dsolve**를 이용하여 해를 해석적으로 구할 수 있다. 가장 간단한 dsolve의 사용법은 다음과 같다.

```
dsolve('eq','cond1','cond2',..., 'v')
```

여기서 eq은 상미분방정식이고 cond1, cond2 등은 초기조건 또는 경계조건을 나타내고, v는 독립변수(independent variable)를 나타낸다. 예제 12.5를 다음과 같이 구할 수 있다.

```
>> dsolve( 'Dy =-(0.1*x+0.5)*y', 'y(0)=2', 'x')
 ans =

(2*exp(5/4))/exp((x + 5)^2/20)
```

여기서 Dy는 dy/dx를 의미한다. 위에서 구한 해를 식으로 나타내면 다음과 같다.

$$y = \frac{2e^{1.25}}{e^{(x+5)^2/20}}$$

수치적으로 값을 구하기 위해서는 다음과 같이 실행하면 된다.

```
>> x=[0  0.2  0.4  0.6  0.8  1];
>> eval(ans)
ans =
    2.0000    1.8061    1.6244    1.4552    1.2984    1.1539
```

연습문제

12.1 다음과 같은 미분방정식과 초기조건이 있다.

$$\frac{dy}{dx} = -(x+y)y$$

$$x = 1 \;;\; y = 2$$

(1) $h = 0.2$를 사용하여 Euler법으로 $x = 1.4$일 때 y를 구하라.

(2) $h = 0.1$를 사용하여 Euler법으로 $x = 1.4$일 때 y를 구하라.

12.2 연습문제 12.1을 수정 Euler법으로 다시 구하라.

12.3 연습문제 12.1을 4차 Runge-Kutta법으로 다시 구하라.

12.4 다음 미분방정식에서 $h = 0.1$를 사용하여 Euler법으로 $x = 0.3$일 때 y를 구하라.

$$\frac{d^2y}{dx^2} + 2\frac{dy}{dx} - 3y = -3x + 2$$

$$x = 0 \;;\; y = 2$$

$$x = 0 \;;\; \frac{dy}{dx} = -1$$

프로그래밍 실습문제

※ 프로그래밍 실습문제의 번호 옆에 프로그램 이름을 나타내었다. 교육의 목적으로, 이들 프로그램은 학생들에게는 제공하지 않고, 강의를 담당하는 교수에게만 제공한다.

C12.1 ⇨ C12_1.c

다음과 같은 미분방정식과 초기조건이 있다.

$$\frac{dy}{dx} = f(x,y)$$

$$x = x_0 \ ; \ y = y_0$$

수정 Euler법으로 미분방정식의 해를 구하는 프로그램을 C로 작성하라. 함수 $f(x,y) = -(x+y)y$이고, $h = 0.1$, $x_0 = 1$, $y_0 = 2$일 때 20회 계산하라.

C12.2 ⇨ C12_2.c

다음과 같은 미분방정식과 초기조건이 있다.

$$\frac{dy}{dx} = f(x,y)$$

$$x = x_0 \ ; \ y = y_0$$

4차 Runge-Kutta법으로 미분방정식의 해를 구하는 프로그램을 C로 작성하라. 함수 $f(x,y) = -(x+y)y$이고, $h = 0.1$, $x_0 = 1$, $y_0 = 2$일 때 20회 계산하라.

M12.1 ⇨ M12_1.m

다음과 같은 미분방정식과 초기조건이 있다.

$$\frac{dy}{dx} = f(x,y)$$

$$x = x_0 \ ; \ y = y_0$$

수정 Euler법으로 미분방정식의 해를 구하는 프로그램을 MATLAB으로 작성하라. 함수 $f(x,y) = -(x+y)y$이고, $h = 0.1$, $x_0 = 1$, $y_0 = 2$일 때 20회 계산하라.

M12.2 ⇨ M12_2.m

다음과 같은 미분방정식과 초기조건이 있다.

$$\frac{dy}{dx} = f(x,y)$$

$$x = x_0 \ ; \ y = y_0$$

4차 Runge–Kutta법으로 미분방정식의 해를 구하는 프로그램을 MATLAB으로 작성하라. 함수 $f(x,y) = -(x+y)y$이고, $h = 0.1$, $x_0 = 1$, $y_0 = 2$일 때 20회 계산하라.

CHAPTER 13

상미분방정식의 수치해-경계값 문제

앞 장에서 초기값 문제를 다루었다. 여기서는 경계값 문제에 대해 설명하고자 한다. 편의상 다음과 같은 2계 **상미분방정식(ordinary differential equation)**을 생각해 보자.

$$a\frac{d^2y}{dx^2}+b\frac{dy}{dx}+cy=0$$

함수 y는 $x_0 \le x \le x_1$에서 정의되고, 다음과 같이 두 개의 조건이 주어진 경우를 생각하자.

$$x=x_0 \ ; \ y=y_0$$

$$x=x_1 \ ; \ y=y_1$$

이 경우, 경계에서 조건이 주어지므로 이 미분방정식은 **경계값 문제**가 된다. 경계조건으로 경계에서의 함수값이 주어질 수도 있고(Dirichlet condition), 기울기가 주어질 수도 있고(Neumann condition), 두 개의 복합형태가 주어질 수도 있다(Robin condition).

- **Dirichlet condition** : 함수값이 주어지는 경우 $x=x_0 \ ; \ y=y_0$
- **Neumann condition** : 기울기가 주어지는 경우 $x=x_0 \ ; \ y'=y_0$
- **Robin condition** : 복합적으로 주어지는 경우 $x=x_0 \ ; \ ay+by'=c$

이러한 상미분방정식의 대표적인 수치 해법으로는 사격법과 유한차분법이 있다.

13.1 사격법

사격법(shooting method)이란, 그림 13.1처럼 멀리 떨어진 목표물에 대포를 쏘는 방식과 비슷하다고 해서 생긴 이름이다. 포신의 각도(초기기울기)를 적절히 조절함으로써 목표물을 명중할 수 있다. 대포의 위치(A)와 목표물(B)의 위치는 정해져 있다. 이와 같이 양쪽 경계에서의 위치(함수값)가 정해진 경계값 문제를 한쪽 경계에서 초기기울기를 가정하여 미분방정식을 풀어 다른쪽 경계조건을 만족시키도록 하는 것이다. 이와 같이 한쪽 경계에서 초기기울기를 가정하면 경계값 문제는 상미분방정식의 초기값 문제가 된다. 앞의 상미분방정식의 초기값 문제 해법을 이용하여 전체 영역에서 해를 구할 수 있다. 운이 좋아서 이렇게 구한 결과, 다른쪽 경계에서의 값이 주어진 경계조건과 일치하면 방금 구한 것이 해가 되는 것이다. 일반적으로는 다른쪽 경계에서 경계값과 일치하지 않는다. 대포를 쏠 때 목표물에 명중하지 않은 경우 포신의 각도를 수정하여 발사하듯이, 초기기울기를 수정하여 다시 계산하는 것을 반복하면 마침내 경계조건을 만족시킬 수 있다. 사격법을 사용하여 해를 구하는 문제를 다음 예제에서 다룬다.

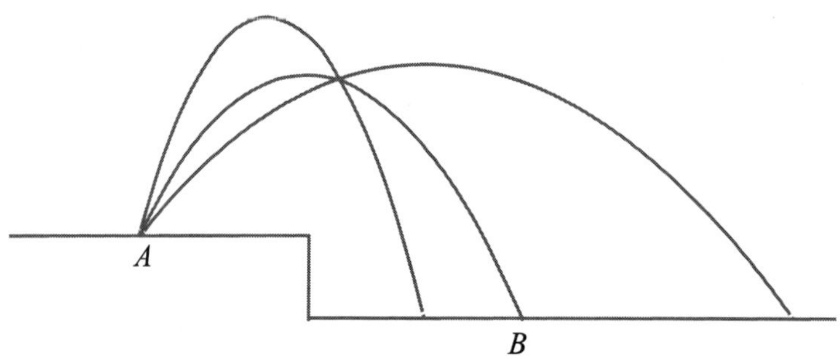

그림 13.1

예제 13.1

그림과 같은 단면적이 일정한 fin의 온도분포를 구하는 식이

$$\frac{d^2T}{dx^2} - a(T - T_\infty) = 0$$

으로 주어진다. 그림에서 화살표는 열이 전달되는 방향이다. $T_\infty = 20℃$ 이고, 경계조건으로 다음과 같다.

$$x=0 \ ; \ T=T_a=60℃$$
$$x=1 \ ; \ T=T_b=30℃$$

$a=2$일 때, 사격법을 사용하여 0.2 간격으로 온도분포를 구하라.

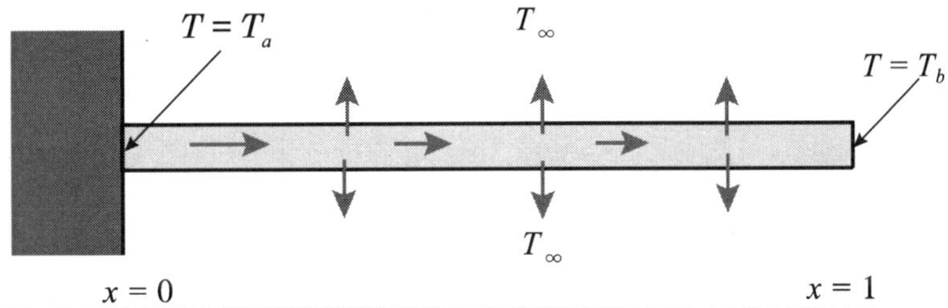

풀이

모든 열전달 문제에서 온도차이가 중요하다. 따라서 fin과 주위의 온도 차이를 $u=(T-T_\infty)$로 나타내면, 온도 차이에 대한 방정식은 다음과 같이 된다.

$$\frac{d^2u}{dx^2}-au=0$$

그리고 경계조건은 다음과 같다.

$$x=0 \ ; \ u=u_a \equiv T_a-T_\infty=40℃$$
$$x=1 \ ; \ u=u_b \equiv T_b-T_\infty=10℃$$

그러면 원래의 방정식이 비제차(non-homogeneous)방정식인데 반해 새로운 방정식은 제차(homogeneous)방정식이다. 원래의 방정식을 풀기보다 온도차이로 나타낸 이 방정식을 푸는 것이 여러모로 장점이 많다.
이제 다음 식을 사용하여 미분방정식을 변환한다.

$$\frac{du}{dx}=z$$
$$\frac{dz}{dx}=au$$

그리고 초기 u의 기울기, 즉 $z(0)$를 다음과 같이 가정한다.

$$z(0)=-50$$

그러면 앞에서의 경계조건 $u(0)=40$을 사용하면 다음과 같은 미분방정식과 초기조건을 가진 초기값 문제가 된다.

$$\frac{du}{dx}=z$$

$$\frac{dz}{dx} = au$$

$$z(0) = -50$$

$$u(0) = 40$$

이제 이 문제를 수치적으로 풀어서 여러 위치에서의 u의 값을 구할 수 있고, 또한 $x=1$에서 u의 값인 $u(1)$을 구할 수 있다. 이렇게 구한 값이 정확하게 10이 된다면 $z(0)=-50$이란 가정이 정확하게 맞고 얻어진 모든 값들은 구하고자 하는 해가 될 것이다. 다음에 위의 문제를 0.2 간격으로 Euler법을 사용하여 구한 값을 나타내고 있다.

x	0	0.2	0.4	0.6	0.8	1
u	40	30	23.2	18.8	16.256	15.216

초기기울기 −50을 사용하여 구한 $u(1)$은 15.216으로 우리가 원하는 경계값인 10이 아니다. 따라서 초기기울기 $z(0)=-60$을 사용하여 다시 구한다.

x	0	0.2	0.4	0.6	0.8	1
u	40	28	19.2	12.64	7.616	3.6032

초기기울기 −60을 사용하여 구한 $u(1)$은 3.6032로 우리가 원하는 경계값인 10이 역시 아니다. 이후 초기기울기는 앞의 두 값의 사이에 있을 것이므로 적절한 기계적인 방법으로 가정할 수 있을 것이다. 위의 두 결과를 종합하여 표로 나타내면 다음과 같다.

$z(0)$	$u(1)$
−50	15.216
	10
−60	3.6032

즉, 초기기울기 $z(0)$를 −50으로 가정하면 $x=1$에서의 u의 값을 15.216, −60일 때 3.6032를 얻었으므로 $x=1$에서 u의 값이 10이 되게 하려면, 초기기울기를 다음과 같은 선형보간식으로 구하면 편리할 것이다.

$$\frac{-50-z(0)}{-50-(-60)} = \frac{15.216-10}{15.216-3.6032}$$

즉, $z(0)=-54.49$을 사용하면 다음처럼 상당히 가까운 값을 얻을 수 있다.

x	0	0.2	0.4	0.6	0.8	1
u	40	29.102	21.404	16.03416	13.37664	10.00185

13.2 유한차분법

일반적으로 미분방정식의 수치해법으로 **유한차분법**(**FDM ; Finite Difference Method**)을 많이 사용한다. 유한차분법은 앞의 10장에서 설명한 수치미분 공식을 사용하여 미분방정식을 유한차분식(finite difference equation)으로 나타내어 수치적으로 격자점에서 해를 구하는 방식이다. 다음 예제에서 유한차분법을 사용하여 수치해를 구하는 방법에 대해 살펴보고자 한다.

예제 13.2

예제 13.1을 유한차분법으로 구하라.

풀이

풀어야 하는 미분방정식과 경계조건은 다음과 같다.

$$\frac{d^2u}{dx^2} - au = 0$$

$$x=0\ ;\ u=u_a \equiv T_a - T_\infty = 40℃$$

$$x=1\ ;\ u=u_b \equiv T_b - T_\infty = 10℃$$

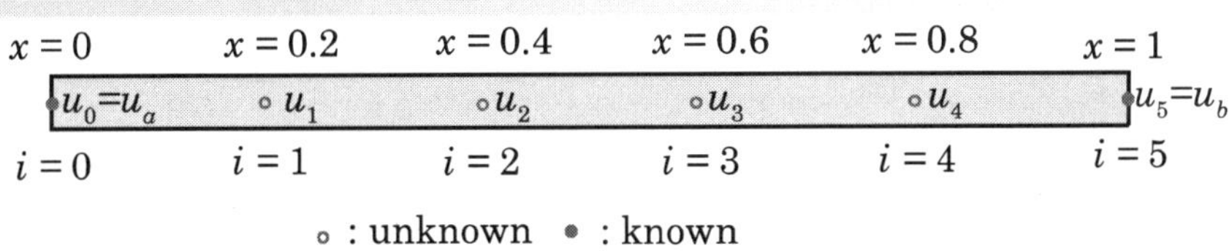

앞 장의 수치미분에서 설명한 것처럼 2계 미분에 대한 식을 사용하면 다음과 같이 표시된다.

$$\frac{d^2u}{dx^2} = \frac{u_{i-1} - 2u_i + u_{i+1}}{\Delta x^2}$$

따라서 미분방정식은 $x=x_i$에서

$$\frac{u_{i-1} - 2u_i + u_{i+1}}{\Delta x^2} - au_i = 0$$

또는

$$u_{i-1} - (a\Delta x^2 + 2)u_i + u_{i+1} = 0$$

으로 나타낼 수 있다. $x=0$에서 $x=1$까지 $\Delta x=0.2$ 간격으로 나누면 구하여야 하는 값은 u_1, u_2, u_3 및 u_4이다. 그리고 경계값은 $u_0=u_a=40$, $u_5=u_b=10$으로 주어진 값이다. x_1에서 x_4에서의 차분식은 다음처럼 표시된다.

$$i=1,\ x=x_1:\ u_0-(a\Delta x^2+2)u_1+u_2=0$$
$$i=2,\ x=x_2:\ u_1-(a\Delta x^2+2)u_2+u_3=0$$
$$i=3,\ x=x_3:\ u_2-(a\Delta x^2+2)u_3+u_4=0$$
$$i=4,\ x=x_4:\ u_3-(a\Delta x^2+2)u_4+u_5=0$$

$a\Delta x^2+2=(2)(0.2^2)+2=2.08$이므로 대입하면 다음과 같이 4개의 연립방정식을 구할 수 있다.

$$-2.08u_1+u_2=-u_0$$
$$u_1-2.08u_2+u_3=0$$
$$u_2-2.08u_3+u_4=0$$
$$u_3-2.08u_4=-u_5$$

구하여야 하는 값이 u_1부터 u_4까지 4개이고, 식이 4개이므로 앞에서의 연립방정식의 해법을 이용하면 해를 구할 수 있다. 직접법을 사용하여 해를 구할 때, 이 경우처럼 1차원인 경우의 온도분포를 구하는 문제는 계수가 3중 대각행렬이 되므로 Thomas법을 사용하는 것이 편리하다. 또는 반복법을 사용하여 해를 구할 수도 있다. Thomas법을 시용히여 해를 구하면 다음과 같다.

x	0	0.2	0.4	0.6	0.8	1
u	40	30.2078	22.83226	17.28328	13.11696	10

위의 두 예제에서 보듯이 상미분방정식의 경계값 문제를 풀 때는 사격법이나 유한차분법을 사용할 수 있으나, 유한차분법을 이용하는 것이 일반적이다.

보충설명(MATLAB 내장함수 사용)

MATLAB에 Symbolic Math Toolbox가 설치되어 있다면, 미분방정식의 경계값 문제도 **dsolve**를 이용하여 해를 해석적으로 구할 수 있다. 예제 13.2를 다음과 같이 구할 수 있다.

```
>> dsolve('D2u = 2*u', 'u(0) = 40', 'u(1)=10', 'x')
ans =
(10*exp(2^(1/2)*x)*(exp(2^(1/2)) - 4))/(exp(2*2^(1/2)) - 1) +
(10*exp(2^(1/2))*(4*exp(2^(1/2)) - 1))/(exp(2^(1/2)*x)*(exp(2*2^(1/2)) - 1))
```

D2u는 $\frac{d^2u}{dx^2}$를 의미한다. 물론 위의 식을 정리하여 간단하게 나타낼 수도 있지만 여기서는 생략한다. 예제 13.2와 같은 수치적인 결과를 구하려면 다음과 같이 원하는 x에서의 값을 계산할 수 있다.

```
>> x=[0  0.2  0.4  0.6  0.8  1];
>> u=eval(ans)
u =
   40.0000   30.1863   22.8037   17.2575   13.1012   10.0000
```

위에서 구한 값은 해석적으로 구한 것이다. 두 결과를 비교하면 예제 13.2로 구한 결과가 약간의 오차를 포함하고 있음을 알 수 있다. 예제 13.2에서 더 많은 점을 사용하면 더 정확한 결과를 얻을 수 있다. 그러나 미분방정식의 경계값 문제를 해석적으로 구하지 못하는 경우도 있다는 것을 알아야 한다.

연습문제

13.1 다음과 같은 상미분방정식과 경계조건이 주어질 때, 사격법을 사용하여 0.25 간격으로 해를 구하라.

$$\frac{d^2u}{dx^2} - 2\frac{du}{dx} + u = 0$$

$x = 0$; $u = 1$

$x = 1$; $u = 2$

13.2 다음과 같은 상미분방정식과 경계조건이 주어질 때, 유한차분법을 사용하여 0.25 간격으로 해를 구하라.

$$\frac{d^2u}{dx^2} - 2\frac{du}{dx} + u = 0$$

$x = 0$; $u = 1$

$x - 1$; $u - 2$

프로그래밍 실습문제

※ 프로그래밍 실습문제의 번호 옆에 프로그램 이름을 나타내었다. 교육의 목적으로, 이들 프로그램은 학생들에게는 제공하지 않고, 강의를 담당하는 교수에게만 제공한다.

C13.1 ⇨ C13_1.c

다음과 같은 상미분방정식과 경계조건이 주어질 때, 유한차분법을 사용하여 n등분하여 구하는 프로그램을 C로 작성하라. $a=2$, $b=4$, $u_a=0$, $u_b=5$일 때, 20등분하여 해를 구하라. Thomas법을 사용하여 구하라.

$$\frac{d^2u}{dx^2}+0.4\frac{du}{dx}+0.8u=0$$

$$x=a \ ; \ u=u_a$$

$$x=b \ ; \ u=u_b$$

C13.2 ⇨ C13_2.c

C13.1을 Gauss-Seidel법을 사용하여 작성하라. 적절한 최대 반복횟수를 사용하고 잔차를 사용한 수렴 판단을 하라.

M13.1 ⇨ M13_1.m

다음과 같은 상미분방정식과 경계조건이 주어질 때, 유한차분법을 사용하여 n등분하여 구하는 프로그램을 MATLAB으로 작성하라. $a=2$, $b=4$, $u_a=0$, $u_b=5$일 때, 20등분하여 해를 구하라. Thomas법을 사용하여 구하라.

$$\frac{d^2u}{dx^2}+0.4\frac{du}{dx}+0.8u=0$$

$$x=a \ ; \ u=u_a$$

$$x=b \ ; \ u=u_b$$

M13.2 ⇨ M13_2.m

M13.1을 Gauss-Seidel법을 사용하여 작성하라. 적절한 최대 반복횟수를 사용하고 잔차를 사용한 수렴 판단을 하라.

CHAPTER 14

편미분방정식의 수치해 - 타원형

두 개 이상의 독립변수들에 관한 미분을 포함하는 방정식을 **편미분 방정식(partial differential equation)**이라 하고, 줄여서 **편미방(PDE)**이라고 한다. 공학에서 주로 많이 사용되는 편미분방정식의 일반 형태는 다음과 같다.

$$a\frac{\partial^2 u}{\partial x^2}+b\frac{\partial^2 u}{\partial x\partial y}+c\frac{\partial^2 u}{\partial y^2}+d\frac{\partial u}{\partial x}+e\frac{\partial u}{\partial y}+fu=S(x,y) \qquad (14.1)$$

여기서, 계수 a, b, c, d, e 및 f는 상수일 수도 있고 독립변수 x, y의 함수일 수도 있다. 여기서는 편의상 상수인 경우만 생각하기로 한다. 일반적으로 계수 사이에 다음 관계에 따라 편미분방정식을 분류한다.

- $b^2-4ac<0$: 타원형(elliptic)
- $b^2-4ac=0$: 포물형(parabolic)
- $b^2-4ac>0$: 쌍곡형(hyperbolic)

타원형의 대표적인 것으로 다음과 같은 Laplace 방정식, Poisson 방정식 등이 있다.

- **Laplace 방정식**

  $\frac{\partial^2 u}{\partial x^2}+\frac{\partial^2 u}{\partial y^2}=0$: 열발생 없는 2차원 정상 열전도 방정식

- **Poisson 방정식**

$$\frac{\partial^2 u}{\partial x^2}+\frac{\partial^2 u}{\partial y^2}=f(x,y) \quad \text{또는} \quad \frac{\partial^2 u}{\partial x^2}+\frac{\partial^2 u}{\partial y^2}+S(x,y)=0$$

: 열발생 있는 2차원 정상 열전도 방정식

포물형의 대표적인 것으로 다음과 같은 비정상(unsteady) 열전도 방정식이 있다.

$$\frac{\partial u}{\partial t}=\alpha\left(\frac{\partial^2 u}{\partial x^2}+\frac{\partial^2 u}{\partial y^2}+\frac{\partial^2 u}{\partial z^2}\right)$$

쌍곡형의 대표적인 것으로 다음과 같은 파동방정식(wave equation)이 있다.

$$\frac{\partial^2 u}{\partial t^2}=c^2\frac{\partial^2 u}{\partial x^2}$$

위의 타원형 미분방정식들은 모두 평형문제(equilibrium problems)이며, 근을 구할 때 수치적인 해의 안정성 해석(stability analysis)이 필요없이 항상 수치적으로 해를 구할 수 있는 문제들이다. 대표적인 **타원형 미분방정식**인 다음과 같은 Laplace 방정식을 고려한다.

$$\frac{\partial^2 u}{\partial x^2}+\frac{\partial^2 u}{\partial y^2}=0 \tag{14.2}$$

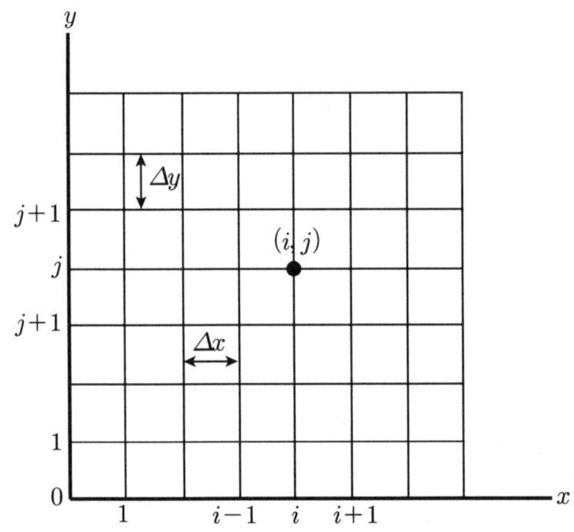

그림 14.1 유한차분법을 위한 격자

위와 같은 미분방정식을 그림 14.1에서와 같은 격자점 $(i,\ j)$에서 일반적인 유한차분방정식을 구한 다음, 모든 격자점에 대하여 연립방정식을 푸는 방법을 **유한차분법**이라 한다.

격자 사이의 간격 Δx와 Δy가 일정한 경우, $\Delta x = x_{i+1} - x_i$, $\Delta y = y_{j+1} - y_j$로 정의하면, 중앙차분을 이용한 차분식은 다음과 같이 표시된다.

$$\frac{u_{i+1,j} - 2u_{i,j} + u_{i-1,j}}{(\Delta x)^2} + \frac{u_{i,j+1} - 2u_{i,j} + u_{i,j-1}}{(\Delta y)^2} = 0 \qquad (14.3)$$

또는

$$u_{i+1,j} + u_{i-1,j} + \beta^2 (u_{i,j+1} + u_{i,j-1}) - 2(1+\beta^2) u_{i,j} = 0 \qquad (14.4)$$

이고, $\beta = \dfrac{\Delta x}{\Delta y}$ 이다. $\Delta x = \Delta y$인 경우(즉, $\beta = 1$인 경우) 다음과 같다.

$$u_{i-1,j} + u_{i+1,j} + u_{i,j-1} + u_{i,j+1} - 4u_{i,j} = 0 \qquad (14.5)$$

위의 식에서 보듯이 일반적으로 더 이상의 고차 차분식을 사용하지 않는 한 (i,j) 점에서 차분화(discretization)하면, 주위의 4점들이 식에 나타나게 된다. 이를 스텐실(stencil)로 나타내면 그림 14.2와 같다.

이와 같이 구한 차분식을 이용하여 어떻게 수치적인 해를 구하는지 다음 예제에서 설명한다.

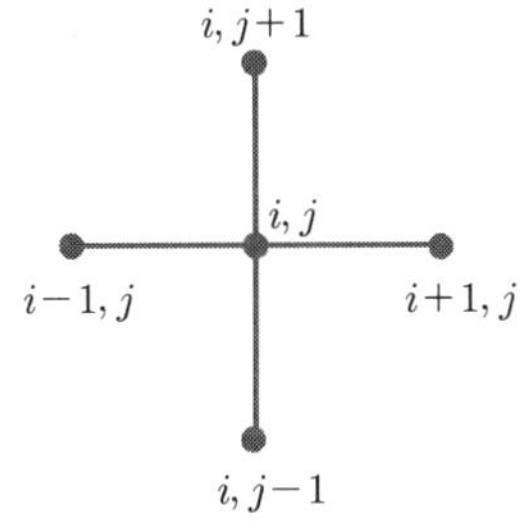

그림 14.2 식 (14.5)에 대한 스텐실(stencil)

예제 14.1

그림과 같은 평판의 네 모서리 온도가 그림에 표시된 온도로 유지되고 있다. 그림에 표시된 네 개의 내부점에 대한 온도를 구하는 식을 표시하고 온도를 구하라. 평판의 온도에 관한 지배방정식은 Laplace 방정식이다.

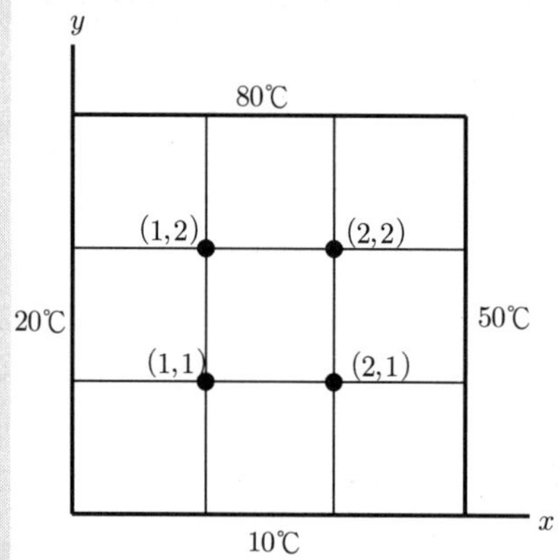

풀이

평판의 온도를 T로 표시하면 지배방정식은 다음과 같다.

$$\frac{\partial^2 T}{\partial x^2} + \frac{\partial^2 T}{\partial y^2} = 0$$

임의의 격자점 (i, j)에 대한 차분식은 식 (14.5)와 같은 형태로 표시된다.

$$T_{i-1,j} + T_{i+1,j} + T_{i,j-1} + T_{i,j+1} - 4T_{i,j} = 0 \tag{1}$$

따라서 네 점에 대해 나타내면 다음과 같다.

(1,1)점 : $20 + T_{2,1} + 10 + T_{1,2} - 4T_{1,1} = 0$

(2,1)점 : $T_{1,1} + 50 + 10 + T_{2,2} - 4T_{2,1} = 0$

(1,2)점 : $20 + T_{2,2} + T_{1,1} + 80 - 4T_{1,2} = 0$

(2,2)점 : $T_{1,2} + 50 + T_{2,1} + 80 - 4T_{2,2} = 0$

다시 정리하면 다음과 같다.

$$-4T_{1,1} + T_{1,2} + T_{2,1} = -30$$
$$T_{1,1} - 4T_{2,1} + T_{2,2} = -60$$
$$T_{1,1} - 4T_{1,2} + T_{2,2} = -100$$
$$T_{1,2} + T_{2,1} - 4T_{2,2} = -130$$

4개의 온도에 대한 4개의 연립방정식을 풀면 해를 구할 수 있다. 해를 구하는 방법은 4장의 여러 방식 중 하나를 택하여 해를 구할 수 있으며, 그 결과는 다음과 같다.

$$T_{1,1} = 27.5℃$$
$$T_{2,1} = 35.0℃$$
$$T_{1,2} = 45.0℃$$
$$T_{2,2} = 52.5℃$$

위의 예제에서는 경계조건이 온도로 주어진 경우이다. 이 경우 경계에서의 온도가 주어졌기 때문에 경계점들에서의 온도는 미지수가 아니다. 그러나 온도가 주어지지 않고 다른 조건이 주어지는 경우, 경계점들에서의 온도도 구하여야 한다. 다음 예제에서 기울기가 주어진 경우를 다룬다. 경계점들에서의 온도를 구하기 위하여 적절한 형태의 차분식을 적용하여야 한다.

예제 14.2

예제 14.1의 오른쪽 모서리의 온도가 주어진 대신에 단열$\left(\dfrac{\partial T}{\partial x} = 0\right)$인 경우 그림에 표시된 격자점에서의 온도를 구하라.

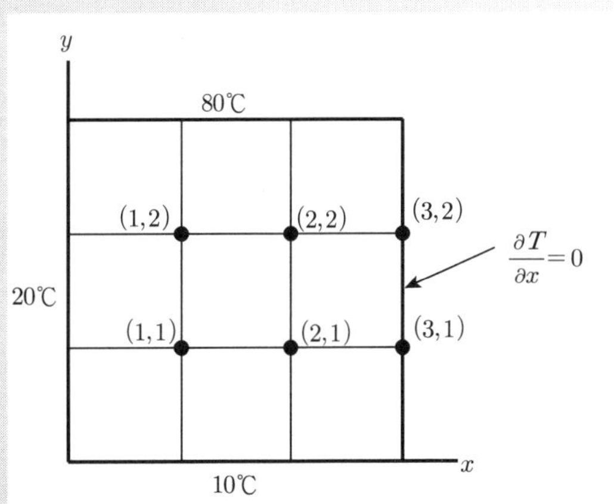

풀이

오른쪽 모서리의 온도가 주어진 대신에 단열조건 온도기울기가 0이 주어진 경우는 오른쪽 모서리에서의 온도가 미지수이므로 이 온도를 구하여야 한다. 내부의 네 점에 대해서는 예제 14.1의 식 (1)과 동일한 형태로 표시된다. 그러나 경계에 있는 두 점에 대해서는 새로운 차분식을 적용하여야 한다. 이 점에서 차분식을 구하기 위해서 단열조건 $\frac{\partial T}{\partial x}=0$ 을 적용하면 된다. 이 조건을 적용하는 방식은 유한체적법(finite volume method) 또는 에너지 평형을 고려하여 차분식을 구하는 방법 등이 있다. 대부분 열전달 교재에서 에너지 평형으로 차분식을 구하고 있으니 참조하기 바란다(예를 들어, 참고문헌 권오붕 등, 2010). 여기서는 가장 간단한 FDM 공식을 사용한다. 즉, 식 (10.13) 또는 식 (10.16)을 적용하면 된다. 식 (10.16)을 적용하면 격자점 (3,1)과 격자점 (3,2)에서는 다음의 식으로 표시된다.

$$\frac{\partial T}{\partial x}=\frac{3T_{i,j}-4T_{i-1,j}+T_{i-2,j}}{2h}=0$$

따라서 각각의 격자점에서의 차분식은 다음과 같다.

(1,1)점 : $20+T_{2,1}+10+T_{1,2}-4T_{1,1}=0$

(2,1)점 : $T_{1,1}+T_{3,1}+10+T_{2,2}-4T_{2,1}=0$

(3,1)점 : $3T_{3,1}-4T_{2,1}+T_{1,1}=0$

(1,2)점 : $20+T_{2,2}+T_{1,1}+80-4T_{1,2}=0$

(2,2)점 : $T_{1,2}+T_{3,2}+T_{2,1}+80-4T_{2,2}=0$

(3,2)점 : $3T_{3,2}-4T_{2,2}+T_{1,2}=0$

이제 여섯 개의 온도에 대한 여섯 개의 연립방정식을 풀면 해를 구할 수 있다. 앞에서와 마찬가지로 연립방정식의 해법을 이용하여 해를 구할 수 있으며 해는 다음과 같다.

$T_{1,1}=22.38℃$

$T_{2,1}=28.71℃$

$T_{3,1}=30.82℃$

$T_{1,2}=43.51℃$

$T_{2,2}=51.64℃$

$T_{3,2}=54.36℃$

◆ 보충설명

위의 여섯 개의 방정식을 행렬을 사용하여 나타내면 다음과 같다.

$$\begin{bmatrix}-4 & 1 & 0 & 1 & 0 & 0\\ 1 & -4 & 1 & 0 & 1 & 0\\ 1 & -4 & 3 & 0 & 0 & 0\\ 1 & 0 & 0 & -4 & 1 & 0\\ 0 & 1 & 0 & 1 & -4 & 1\\ 0 & 0 & 0 & 1 & -4 & 3\end{bmatrix}\begin{bmatrix}T_{1,1}\\ T_{2,1}\\ T_{3,1}\\ T_{1,2}\\ T_{2,2}\\ T_{3,2}\end{bmatrix}=\begin{bmatrix}-30\\ -10\\ 0\\ -100\\ -80\\ 0\end{bmatrix}$$

위의 계수행렬은 3중대각행렬이 아니고 성긴(sparse) 형태이다. 따라서 직접적인 방법을 사용할 때는 LU 분해법이나, Gauss 소거법 등을 사용하여야 한다. 그러나 격자수가 더 많아지면 직접법으로 풀기는 어렵다.

위의 예제에서 미분방정식을 차분화하여 연립방정식을 얻은 다음 연립방정식을 풀어서 해를 구하였다. 실제 문제에 적용할 때는 오차를 줄이기 위하여 격자점을 많이 사용한다. 격자수가 많아짐에 따라 풀어야 할 연립방정식의 수는 기하급수적으로 증가한다. 예를 들어 x, y 방향에 대해 100개씩의 격자를 사용한다면 10,000개의 연립방정식을 풀어야 하고, 3차원 해석을 한다면 100만개의 연립방정식을 풀어야 한다. 이렇게 **방정식 수가 많아지는 경우**, 계수행렬을 나타내기도 복잡할 뿐 아니라 직접법으로는 시간이 너무 많이 걸려 대부분 **Gauss-Seidel법이나 SOR법 등의 반복법을 사용**한다. 다음 예제에서 반복법을 사용하여 어떻게 프로그래밍하는지 예를 들어 설명한다. 반복법에서는 계수행렬 자체를 저장할 필요가 없다.

예제 14.3 ⇨ Ex14_3.c, Ex14_3.m

그림과 같은 평판의 네 모서리 온도가 T_A, T_B, T_C와 T_D로 유지되고 있다. 내부점에 대한 온도를 구하는 식을 표시하고 온도를 구하는 프로그램을 C 또는 MATLAB으로 작성하라. 일반적으로 길이 a와 b를 n등분하였을 때를 기준으로 작성하라. $a=2$, $b=1$이고, $T_A=0$℃, $T_B=100$℃, $T_C=0$℃, $T_D=100$℃이고, $n=10$일 때 해를 구하라. 잔차를 이용하여 수렴 판단을 하라.

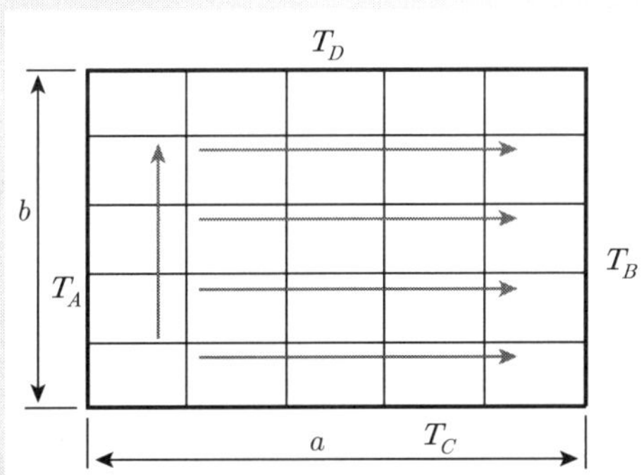

풀이

이 경우 길이 a와 b를 n등분하면, a, b가 다르므로 $\Delta x \neq \Delta y$이다. 따라서 내부 격자점에 대해 식 (14.4)를 적용한다. 경계점들에서 온도가 주어졌기 때문에 10등분을 하게 되면 $9\times9=81$개의 내부 격자점에서 온도를 구하여야 한다. 만약 해를 구할 때 직접법을 사용한다면, 계수행렬은 81×81행렬이 되어야 한다. 만약 20등분을 한다면 더욱 더 커지고 계수행렬의 데이터를 다시 구하여야 하고 행렬의 각 요소를 입력하기도 쉽지 않을 것이다. 이와 같은 경우에 거의 대부분 반복법을 사용한다. 반복법을 사용할 경우 내부점에서는 모두 같은 형태의 식이 사용되어 적용해야 하는 식은 오직 하나이다. 반복 계산하는 순서는 그림에 나타낸 것처럼 왼쪽에서 오른쪽으로, 아래에서 위쪽으로, 반복 계산하면 된다. 즉, 다음 식을 반복 계산하면 된다.

$$T_{i+1,j}+T_{i-1,j}+\beta^2(T_{i,j+1}+T_{i,j-1})-2(1+\beta^2)T_{i,j}=0$$

실제 계산에서는 다음 식을 반복하여 계산한다.

$$T_{i,j}=\left[T_{i+1,j}+T_{i-1,j}+\beta^2(T_{i,j+1}+T_{i,j-1})\right]/2(1+\beta^2)$$

그리고 수렴 판단은 잔차로 하게 되며, 잔차는 다음과 같이 정의한다.

$$res_{ij}=\left|T_{i,j}-\left[T_{i+1,j}+T_{i-1,j}+\beta^2(T_{i,j+1}+T_{i,j-1})\right]/2(1+\beta^2)\right|$$

$res_{i,j}$의 평균이 수렴기준 ϵ보다 작을 때 계산을 멈춘다.

Gauss-Seidel법을 사용하여 해를 구하는 프로그램을 C 및 MATLAB으로 작성한 것이 Ex14_3.c, Ex14_3.m이고 다음에 나타내고 있다. C 및 MATLAB 프로그램을 실행하면 다음과 같은 동일한 결과를 얻을 수 있다. 반복 계산하는데 사용된 식이 오직 하나뿐이라는 것에 주목하라.

출력 :

```
iter = 83,  resavg = 0.000099
0.0  100.0 100.0 100.0 100.0 100.0 100.0 100.0 100.0 100.0 100.0
0.0   67.0  81.7  86.5  88.6  89.9  91.0  92.4  94.3  96.8 100.0
0.0   47.1  65.8  73.6  77.4  79.8  82.0  84.6  88.3  93.6 100.0
0.0   34.3  52.6  61.7  66.6  69.8  72.8  76.5  82.0  90.0 100.0
0.0   25.6  41.8  50.9  56.2  59.9  63.4  68.1  75.1  85.8 100.0
0.0   19.2  32.7  41.0  46.2  50.0  53.8  59.0  67.3  80.8 100.0
0.0   14.2  24.9  31.9  36.6  40.1  43.8  49.1  58.2  74.4 100.0
0.0   10.0  18.0  23.4  27.2  30.2  33.4  38.3  47.4  65.7 100.0
0.0    6.4  11.7  15.4  18.0  20.2  22.6  26.4  34.2  52.9 100.0
0.0    3.2   5.7   7.6   9.0  10.1  11.4  13.5  18.3  33.0 100.0
0.0    0.0   0.0   0.0   0.0   0.0   0.0   0.0   0.0   0.0   0.0
```

♦ 보충설명

위에서 구한 데이터를 적절한 응용프로그램 또는 부록에 나타낸 MATLAB의 그래프 관련 내장함수를 이용하여 그래프로 나타낼 수 있으며, 다음에 보여주고 있는 것은 MATLAB의 contour를 사용하여 등온선을 나타낸 것이다. 구한 온도분포의 수가 더 많아지면 더욱 매끄러운 등온선을 얻을 수 있다.

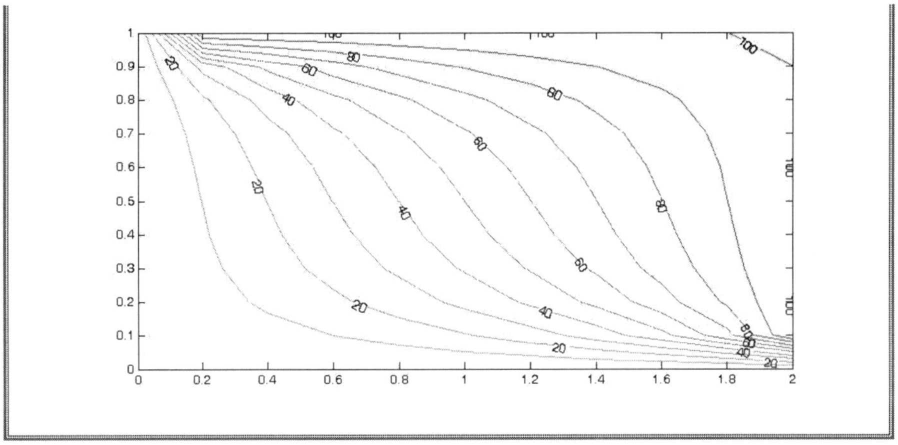

Ex14_3.c

```
#include <stdio.h>
#include <math.h>
#define nd 21
/* 예제 14.3
   TA, TB, TC, TD : 경계조건
   Ti : 초기가정값
   n : 등분 수
   imax : 최대 반복횟수, epsilon : 수렴 판단조건 */
void main()
{
   double a, b, TA, TB, TC, TD, Ti, dx, dy, beta, beta2,ressum, resavg, epsilon;
   double T[nd][nd],res[nd][nd];
   int n, i, j, iter, imax;
   imax=1000;
   n=10;
   epsilon=0.0001;
   TA=0; TB=100; TC=0; TD=100; Ti=50;
   a=2; b=1;
   dx=a/n; dy=b/n;
   beta=dx/dy;
   beta2=beta*beta;
   for(j=0; j<=n; j++)
   {
```

```
        for(i=0; i<=n; i++)
        {
            T[i][j]=Ti;
        }
    }
    for(i=0; i<=n; i++)
    {
        T[0][i]=TA;
        T[n][i]=TB;
        T[i][0]=TC;
        T[i][n]=TD;
    }
/*  계산시작 */
    for(iter=1; iter<=imax;iter++)
    {

        for(i=1; i<n; i++)
        {
            for(j=1; j<n; j++)
            {
                T[i][j]=(T[i+1][j]+T[i-1][j]
                        +beta2*( T[i][j+1]+T[i][j-1] ) )/(2*(1+beta2));
            }
        }
/*  수렴 판단 */
        ressum=0;
        for(j=1; j<n; j++)
        {
            for(i=1; i<n; i++)
            {
        res[i][j]=fabs(
            T[i][j]-(T[i+1][j]+T[i-1][j]
                    +beta2*(T[i][j+1]+T[i][j-1])) /(2*(1+beta2)));
                ressum=ressum+res[i][j];
            }
        }
        resavg=ressum/( (n-1)*(n-1));
        if (resavg < epsilon)
        break;
    }
```

```
    printf(" iter = %d,  resavg = %f \n", iter, resavg);
        for(j=n; j>=0; j--)
    {
        printf("\n");
        for (i=0;i<=n;i=i+1) printf(" %5.1f ", T[i][j]);
    }
}
```

Ex14_3.m

```
% 예제 14.3
% TA, TB, TC, TD : 경계조건
% Ti : 초기가정값
% n : 등분 수
% imax : 최대 반복횟수, epsilon : 수렴 판단조건
imax=1000;
n=10; np1=n+1;
epsilon=0.0001;
TA=0; TC=0; TB=100; TD=100; Ti=50;
a=2; b=1;
dx=a/n; dy=b/n;
beta=dx/dy;
beta2=beta*beta;
T(np1,1:np1)=TB;
T(1:np1,np1)=TD;
T(1,1:np1)=TA;
T(1:np1,1)=TC;
T(2:n,2:n)=Ti;
for iter=1:imax
   for j=2:n
      for i=2:n
         T(i,j)=(T(i+1,j)+T(i-1,j)
                +beta2*( T(i,j+1)+T(i,j-1) ) )/ (2*(1+beta2));
      end
   end
   ressum=0;
   for j=2:n
```

```
        for i=2:n
            res(i,j)=abs( T(i,j) - ( T(i+1,j)+T(i-1,j)
                            +beta2* (T(i,j+1)+T(i,j-1) ) )/(2*(1+beta2)) );
            ressum=ressum+res(i,j);
        end
    end
    resavg=ressum/( (n-1)*(n-1));
    if (resavg < epsilon)
        break
    end
end
    fprintf(' iter = %d,  resavg = %f \n', iter, resavg);
    for j=np1:-1:1
        fprintf('\n');
        for i=1:np1
            fprintf('%5.1f  ', T(i,j) );
        end
    end
```

연습문제

14.1 평판에서 열발생이 있는 경우의 지배방정식은 다음과 같은 Poisson식으로 표시된다.

$$\frac{\partial^2 T}{\partial x^2} + \frac{\partial^2 T}{\partial y^2} + S(x,y) = 0$$

1m × 1m 크기의 평판의 오른쪽 모서리는 단열$\left(\frac{\partial T}{\partial x} = 0\right)$이 되어 있고 세 모서리의 온도는 그림에 표시되어 있다. $S(x,y) = 50$인 경우 그림에 표시된 격자점에서의 온도를 구하는 차분식을 나타내어라. 단열에 대한 식을 적용할 때 다른 방법도 있지만, 식 (10.13)을 사용하라.

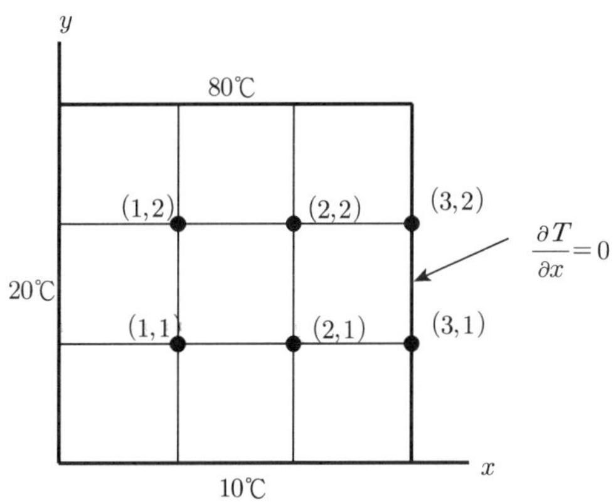

14.2 연습문제 14.1에서 단열에 대한 식을 적용할 때 식 (10.16)을 사용하여 다시 하라.

14.3 연습문제 14.1에서 평판의 크기가 2m×1m인 경우 다시 하라.

프로그래밍 실습문제

※ 프로그래밍 실습문제의 번호 옆에 프로그램 이름을 나타내었다. 교육의 목적으로, 이들 프로그램은 학생들에게는 제공하지 않고, 강의를 담당하는 교수에게만 제공한다.

C14.1 ⇨ C14_1.c

그림과 같은 평판의 네 모서리 온도가 T_A, T_B, T_C와 T_D로 유지되고 있다. 내부점에 대한 온도를 구하는 식을 표시하고 온도를 구하는 프로그램을 C로 작성하라.

(1) 일반적으로 길이 a와 b를 n등분하였을 때를 기준으로 작성하라.

(2) $a=2$, $b=1$이고, $T_A=0℃$, $T_B=100\sin\left(\frac{\pi y}{2b}\right)℃$, $T_C=0℃$, $T_D=100\sin\left(\frac{\pi x}{2a}\right)℃$ 이고, $n=10$일 때 해를 구하라.

(3) 잔차를 이용하여 수렴 판단을 하고 SOR법을 사용하라. $\omega=1.3$일 때 실행하라.

(4) 초기가정값을 50으로 하라.

(5) 수렴 판단기준은 $\epsilon=0.0001$로 하라.

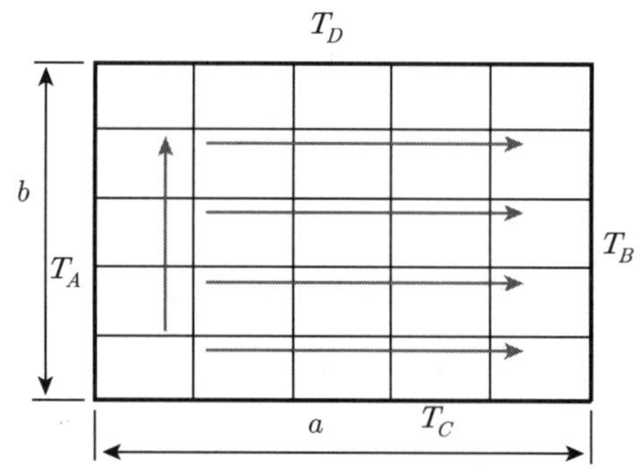

C14.2 ⇨ C14_2.c

C14.1의 그림과 같은 평판에서 열발생이 있는 경우의 지배방정식은 다음과 같은 Poisson 식으로 표시된다.

$$\frac{\partial^2 T}{\partial x^2} + \frac{\partial^2 T}{\partial y^2} + S(x,y) = 0$$

경계조건은 왼쪽 경계와 아래쪽 경계 T_A, T_C로 주어지고, 오른쪽 경계와 위쪽 경계는 각각 단열(온도기울기가 0)되어 있다. 내부점과 오른쪽 및 위쪽 경계에서의 온도를 구하는 프로그램을 C로 작성하라.

(1) 일반적으로 길이 a와 b를 n등분하였을 때를 기준으로 작성하라.

(2) $a = 2$, $b = 1$이고, $T_A = 0℃$, $T_C = 0℃$이고, $S(x,y) = 200$이고 $n = 10$일 때 해를 구하라.

(3) 잔차를 이용하여 수렴 판단을 하고 Gauss-Seidel법을 사용하라.

(4) 초기가정값을 50으로 하라.

(5) 단열에 대한 식을 적용할 때 다른 방법도 있지만, 여기서는 식 (10.16)을 사용하라.

(6) 수렴 판단기준은 $\epsilon = 0.0001$로 하라.

M14.1 ⇨ M14_1.m

C14.1의 그림과 같은 평판의 네 모서리 온도가 T_A, T_B, T_C와 T_D로 유지되고 있다. 내부점에 대한 온도를 구하는 식을 표시하고 온도를 구하는 프로그램을 MATLAB으로 작성하라.

(1) 일반적으로 길이 a와 b를 n등분하였을 때를 기준으로 작성하라.

(2) $a = 2$, $b = 1$이고, $T_A = 0℃$, $T_B = 100\sin\left(\frac{\pi y}{2b}\right)℃$, $T_C = 0℃$, $T_D = 100\sin\left(\frac{\pi x}{2a}\right)℃$이고, $n = 10$일 때 해를 구하라.

(3) 잔차를 이용하여 수렴 판단을 하고 SOR법을 사용하라.

(4) 초기가정값을 50으로 하라.

(5) $\omega = 1.3$일 때 실행하라.

(6) 수렴 판단기준은 $\epsilon = 0.0001$로 하라.

M14.2 ⇨ M14_2.m

C14.1의 그림과 같은 평판에서 열발생이 있는 경우의 지배방정식은 다음과 같은 Poisson 식으로 표시된다.

$$\frac{\partial^2 T}{\partial x^2} + \frac{\partial^2 T}{\partial y^2} + S(x,y) = 0$$

경계조건은 왼쪽 경계와 아래쪽 경계 T_A, T_C로 주어지고, 오른쪽 경계와 위쪽 경계는 각각 단열(온도기울기가 0)되어 있다. 내부점과 오른쪽 및 위쪽 경계에서의 온도를 구하는 프로그램을 MATLAB으로 작성하라.

(1) 길이 a와 b를 n등분하였을 때를 기준으로 작성하라.

(2) $a=2$, $b=1$이고, $T_A=0$℃, $T_C=0$℃이고, $S(x,y)=200$으로 일정하고 $n=10$일 때 해를 구하라.

(3) 잔차를 이용하여 수렴 판단을 하고 Gauss-Seidel법을 사용하라.

(4) 초기가정값을 50으로 하라.

(5) 단열에 대한 식을 적용할 때 다른 방법도 있지만, 여기서는 식 (10.16)을 사용하라.

(6) 수렴 판단기준은 $\epsilon=0.0001$로 하라.

CHAPTER 15

편미분방정식의 수치해 - 포물형

포물형 편미분방정식의 대표적인 것으로 다음과 같은 열 발생이 없는 경우의 비정상(unsteady) 열전도 방정식을 들 수 있다.

$$\frac{\partial u}{\partial t} = \alpha\left(\frac{\partial^2 u}{\partial x^2} + \frac{\partial^2 u}{\partial y^2} + \frac{\partial^2 u}{\partial z^2}\right) \tag{15.1}$$

위와 같은 포물형 편미분방정식을 수치적으로 해석할 때는 수치해의 안정성을 고려하여야 한다. 시간에 대해 차분식을 구할 때 양함수(explicit)법으로 구하느냐 음함수(implicit)법으로 구하느냐에 따라 안정성에 대한 해석이 달라진다. 쉽게 설명하기 위하여 다음과 같은 1차원 비정상 열전도 방정식을 먼저 고려한다.

$$\frac{\partial u}{\partial t} = \alpha\frac{\partial^2 u}{\partial x^2} \tag{15.2}$$

위의 식을 차분할 때, 현재의 시간 $t = n\Delta t$에서의 온도를 u^n이라 표시하자. Δt는 시간증분이다. 그리고 그 다음 시간 $t = (n+1)\Delta t$에서의 온도를 u^{n+1}이라고 나타내자. 시간 및 공간에 대해 차분하는 방식에 따라 여러 가지 방식으로 나눌 수 있다.

15.1 단순양함수법

먼저 **단순양함수법(simple explicit methods)**에 대해 설명한다. 편의상 등간격인 경우(Δx가 일정한 경우)에 대해 차분식을 나타내기로 한다. 식 (15.2)의 우변을 중앙차분을 이용하여 공간에 대해 차분화하면(즉, x에 대해 차분화한다)

$$\frac{\partial^2 u}{\partial x^2} = \frac{u_{i+1}^n - 2u_i^n + u_{i-1}^n}{(\Delta x)^2} \tag{15.3}$$

와 같이 나타낼 수 있다. 그리고 식 (15.2)의 좌변을 시간에 대해 전진차분을 이용하여 차분화 하면

$$\frac{\partial u}{\partial t} = \frac{u_i^{n+1} - u_i^n}{\Delta t} \tag{15.4}$$

와 같이 나타낼 수 있다. 이제 식 (15.3)과 식 (15.4)를 합하면, 식 (15.2)를 차분화한 것이 된다.

$$\frac{u_i^{n+1} - u_i^n}{\Delta t} = \alpha \frac{u_{i+1}^n - 2u_i^n + u_{i-1}^n}{(\Delta x)^2} \tag{15.5}$$

이렇게 차분하면 시간 $t=(n+1)\Delta t$에서의 온도 u^{n+1}은 시간 $t=n\Delta t$에서의 온도 u^n으로 다음처럼 나타낼 수 있다.

$$u_i^{n+1} = u_i^n + \frac{\alpha \Delta t}{(\Delta x)^2}\left(u_{i+1}^n - 2u_i^n + u_{i-1}^n\right) \tag{15.6}$$

위 식에서 u^n을 알고 있다면, u^{n+1}은 쉽게 구할 수 있다. 그림 15.1에 이에 대한 스텐실(stencil)을 보여 주고 있으며 온도와 공간좌표에 관한 스텐실을 나타내고 있다. 미지수는 오직 u_i^{n+1} 하나이기 때문에 쉽게 계산할 수 있다. $n=0$일 때의 온도 u^0는 초기조건으로 주어지므로 $n=1$일 때의 u^1을 식 (15.6)에서 쉽게 구할 수

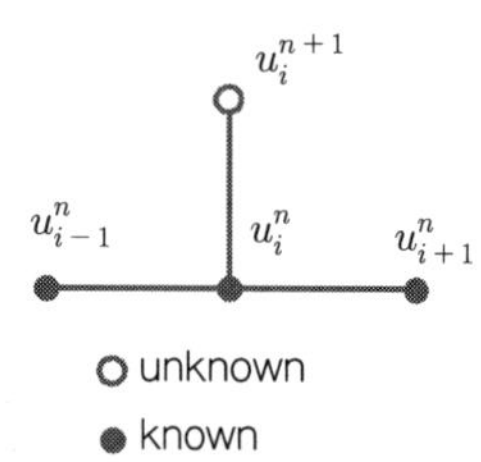

그림 15.1 식 (15.6)에 대한 스텐실(stencil)

있고, 계속하여 u^{n+1}은 u^n을 이용하여 쉽게 구할 수 있다. 이와 같이 미지수인 u^{n+1}을 알고 있는 u^n의 양함수 형태로 나타낼 수 있다고 하여 **양함수법(explicit method)**이라고 한다. 양함수 형태로 차분화할 때 해는 쉽게 구할 수 있지만 해를 구하기 위해서는 안정성 해석이 필요하다. 안정성 해석에 대해서는 이 책의 범위 밖이라고 생각되어 상세한 설명은 하지 않고 그 결과만을 나타내면 다음과 같다. 필요하면 참고문헌(Trannehill 등, 1997)을 참조하기 바란다. 식 (15.6)의 우변에 나타나는 항을

$$r = \frac{\alpha \Delta t}{\Delta x^2} \tag{15.7}$$

이라고 할 때, 해를 안정적으로 구할 수 있는 조건은 다음과 같다.

$$r \leqq \frac{1}{2} \tag{15.8}$$

따라서 시간증분 Δt를 취할 때 식 (15.8)을 만족할 만큼 충분히 작은 값을 택하여야만 해를 안정적으로 구할 수 있다. 즉,

$$\Delta t \leq \frac{1}{2}\frac{\Delta x^2}{\alpha} \tag{15.9}$$

이 되도록 시간증분 Δt를 선택하여야 한다. 그리고 위 차분방정식의 오차는 시간에 대해 $O(\Delta t)$이고 공간에 대해 $O(\Delta x^2)$이다.

예제 15.1

비정상(unsteady) 1차원 열전도 방정식은 $\frac{\partial T}{\partial t} = \alpha \frac{\partial^2 T}{\partial x^2}$ 로 나타낼 수 있다. 초기조건(initial condition)과 경계조건(boundary conditions)은 다음과 같다.

초기조건

$t = 0;\ T = 0$

경계조건

$x = 0;\ T = 100$

$x = 1;\ T = 50$

$\alpha = 0.1$일 때, 구간을 5등분하고($\Delta x = 0.2$), $\Delta t = 0.2$로 하여 단순양함수법으로 1초 후의 온도를 구하라. 모든 단위는 SI단위로 되어 있다. 또한 $\Delta t = 0.5$로 하여 구하라.

풀이

위의 미분방정식을 단순양함수법으로 차분화하면, 식 (15.6)과 같다. 물론 u 대신 T를 사용한다.

$$T_i^{n+1} = T_i^n + \frac{\alpha \Delta t}{(\Delta x)^2}\left(T_{i+1}^n - 2T_i^n + T_{i-1}^n\right) \tag{1}$$

이 식은 양함수로 표시되어 우변의 모든 값들은 이미 알고 있는 값들이다.

$\Delta t = 0.2$일 때

$$r = \frac{\alpha \Delta t}{(\Delta x)^2} = \frac{(0.1)(0.2)}{0.2^2} = 0.5$$

경계조건에 의해 $T_0^n = 100$, $T_5^n = 50$이다.

$t = \Delta t = 0.2$;

$$T_1^1 = T_1^0 + \frac{\alpha \Delta t}{(\Delta x)^2}\left(T_2^0 - 2T_1^0 + T_0^0\right) = 0 + (0.5)(0 - 2\times 0 + 100) = 50$$

$$T_2^1 = T_2^0 + \frac{\alpha \Delta t}{(\Delta x)^2}\left(T_3^0 - 2T_2^0 + T_1^0\right) = 0 + (0.5)(0 - 2\times 0 + 0) = 0$$

$$T_3^1 = T_3^0 + \frac{\alpha \Delta t}{(\Delta x)^2}\left(T_4^0 - 2T_3^0 + T_2^0\right) = 0 + (0.5)(0 - 2\times 0 + 0) = 0$$

$$T_4^1 = T_4^0 + \frac{\alpha \Delta t}{(\Delta x)^2}\left(T_5^0 - 2T_4^0 + T_3^0\right) = 0 + (0.5)(50 - 2\times 0 + 0) = 25$$

$t = 2\Delta t = 0.4$;

$$T_1^2 = T_1^1 + \frac{\alpha \Delta t}{(\Delta x)^2}\left(T_2^1 - 2T_1^1 + T_0^1\right) = 50 + (0.5)(0 - 2\times 50 + 100) = 50$$

$$T_2^2 = T_2^1 + \frac{\alpha \Delta t}{(\Delta x)^2}\left(T_3^1 - 2T_2^1 + T_1^1\right) = 0 + (0.5)(0 - 2\times 0 + 50) = 25$$

$$T_3^2 = T_3^1 + \frac{\alpha \Delta t}{(\Delta x)^2}\left(T_4^1 - 2T_3^1 + T_2^1\right) = 0 + (0.5)(25 - 2\times 0 + 0) = 12.5$$

$$T_4^2 = T_4^1 + \frac{\alpha \Delta t}{(\Delta x)^2}\left(T_5^1 - 2T_4^1 + T_3^1\right) = 25 + (0.5)(50 - 2\times 25 + 0) = 25$$

계속 계산하면 다음과 같은 결과를 얻을 수 있다.

t	T_0	T_1	T_2	T_3	T_4	T_5
0	100	0	0	0	0	50
0.2	100	50	0	0	25	50
0.4	100	50	25	12.5	25	50
0.6	100	62.5	31.25	25	31.25	50
0.8	100	65.625	43.75	31.25	37.5	50
1	100	71.875	48.438	40.625	40.625	50

$\Delta t = 0.5$일 때

$$r = \frac{\alpha \Delta t}{(\Delta x)^2} = \frac{(0.1)(0.5)}{0.2^2} = 1.25$$

$r = 1.25 > 0.5$이기 때문에 안정성의 조건을 만족시키지 못한다. 이런 경우에 단순양함수법으로 구한 식 (1)로 계산하면 다음과 같이 해를 구할 수 없고 발산하게 된다.

t	T_0	T_1	T_2	T_3	T_4	T_5
0	100	0	0	0	0	50
0.5	100	125	0	0	62.5	50
1	100	−62.5	156.25	78.125	−31.25	50
1.5	100	414.06	−214.84	39.063	207.03	50
2	100	−764.6	888.67	−68.359	−199.2	50
2.5	100	2382.8	−2374.3	964.36	275.88	50

보충설명

위의 예에서 보듯이 단순양함수법으로 차분식을 구하면 안정성을 따져야 한다. 위의 경우 $\Delta x = 0.2$일 때, $\Delta t \le 0.2$이어야 안정적으로 해를 구할 수 있다. 만약 더욱 더 정확한 수치해를 구하기 위해 격자수를 많이 할수록 Δx는 작아지고 그에 따라 Δt 역시 더욱 작게 선택할 수밖에 없다.

15.2 단순음함수법

앞에서의 단순양함수법은 안정성 조건이 필요하다. 양함수법의 안정성 조건을 만족시키려면 식 (15.8)을 만족해야 하는데, Δx가 작아지면 Δt는 Δx^2에 비례하여 작아져야 하므로 일반적으로 아주 작게 할 수밖에 없다. 따라서 격자수가 아주 많은 대형 문제에서는 경우에 따라 음함수인 방법을 사용해야 할 때가 있다. 아래에서 **단순음함수법(simple implicit method)**을 설명한다.

식 (15.2)를 차분화 할 때 시간에 대해 후진차분을 사용하면 다음과 같다.

$$\frac{\partial u}{\partial t} = \frac{u_i^n - u_i^{n-1}}{\Delta t} \tag{15.10}$$

이제 식 (15.10)과 식 (15.3)을 합하면, 식 (15.2)를 차분한 것이 된다.

$$\frac{u_i^n - u_i^{n-1}}{\Delta t} = \alpha \frac{u_{i+1}^n - 2u_i^n + u_{i-1}^n}{(\Delta x)^2} \tag{15.11}$$

양함수법과 직접 비교하기 위해 위 식에서 n 대신 $n+1$을 대입하여 나타내는 경우가 일반적이다. 즉,

$$\frac{u_i^{n+1} - u_i^n}{\Delta t} = \alpha \frac{u_{i+1}^{n+1} - 2u_i^{n+1} + u_{i-1}^{n+1}}{(\Delta x)^2} \tag{15.12}$$

로 나타내는 경우가 보다 일반적이다. 위 두 식이 같은 식이라는 것을 이해할 수 있어야 한다. 식 (15.12)를 다시 나타내면,

$$(1+2r)u_i^{n+1} - r(u_{i-1}^{n+1} + u_{i+1}^{n+1}) = u_i^n \tag{15.13}$$

이고,

$$r = \frac{\alpha \Delta t}{\Delta x^2} \tag{15.14}$$

이다. 식 (15.13)을 살펴보면, u^n을 알고 있다고 해도 u^{n+1}을 쉽게 구할 수 없다는 것을 알 수 있으며 그림 15.2의 스텐실을 보면 이해하기 쉽다. u_i^{n+1}을 구하기 위해서는 u_{i-1}^{n+1}과 u_{i+1}^{n+1}을 동시에 구하여야 한다. 즉, u^{n+1}은 연립해서 해를 구하여야 한다. $n=0$일 때의 온도 u^0가 초기조건으로 주어지더라도, $n=1$일 때의 u^1을 식 (15.13)에서 구하기 위해서는 연립방정식을 풀어야 한다. 계속하여 u^{n+1}은 u^n을 이용하여 연립방정식을 구하여야 한다. 이와 같이 미지수인 u_i^{n+1}을 구하려면 수식에 미지수인 u_{i+1}^{n+1}, u_{i-1}^{n+1} 등이 포함되어 있어 **음함수법(implicit method)**이라고 한다. 이 방법은 특별히 안정성 조건이 필요 없어 항상 안정적이다(un-

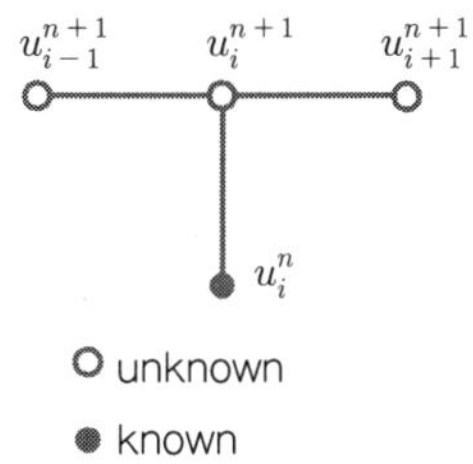

그림 15.2 식 (15.13)에 대한 스텐실(stencil)

conditionally stable). 그리고 위 차분방정식의 오차는 양함수법과 동일하게 시간에 대해 $O(\Delta t)$이고 공간에 대해 $O(\Delta x^2)$이다.

예제 15.2

예제 15.1을 단순음함수법으로 다시 고려하라.

풀이

위의 미분방정식을 단순음함수법으로 차분하면, 식 (15.12) 또는 식 (15.13)과 같다. 식 (15.13)을 사용한다.

$$(1+2r)T_i^{n+1}-r(T_{i+1}^{n+1}+T_{i-1}^{n+1})=T_i^n$$

$\Delta t=0.2$일 때

$$r=\frac{\alpha\Delta t}{(\Delta x)^2}=\frac{(0.1)(0.2)}{0.2^2}=0.5$$

경계조건에 의해 $T_0^n=100$, $T_5^n=50$이다.

$t=\Delta t=0.2$;

$$2T_1^1-0.5(T_2^1+T_0^1)=T_1^0$$
$$2T_2^1-0.5(T_3^1+T_1^1)=T_2^0$$
$$2T_3^1-0.5(T_4^1+T_2^1)=T_3^0$$
$$2T_4^1-0.5(T_5^1+T_3^1)=T_4^0$$

$t=\Delta t=0.2$일 때 온도(T_1^1, T_2^1, T_3^1, T_4^1)를 구하기 위해서는 위의 4개의 연립방정식을 풀어야 한다. 위의 식에서 T_1^0, T_2^0, T_3^0, T_4^0는 모두 초기에 주어진 온도이다. 연립방정식을 풀어 해를 구하면 다음과 같다.

$$T_1^1=27.03,\ T_2^1=8.13,\ T_3^1=5.50,\ T_4^1=13.88$$

이제 이 온도를 사용하여 T_1^2, T_2^2, T_3^2, T_4^2를 다음과 같이 구할 수 있다.

$t=2\Delta t=0.4$;

$$2T_1^2-0.5(T_2^2+T_0^2)=T_1^1$$

$$2T_2^2-0.5(T_3^2+T_1^2)=T_2^1$$

$$2T_3^2-0.5(T_4^2+T_2^2)=T_3^1$$

$$2T_4^2-0.5(T_5^2+T_3^2)=T_4^1$$

연립방정식을 풀어 해를 구하면 다음과 같다.

$$T_1^2=43.03,\ T_2^2=18.06,\ T_3^2=12.93,\ T_4^2=22.67$$

$t=1$까지 계속하면 다음 표를 얻을 수 있다.

t	T_0	T_1	T_2	T_3	T_4	T_5
0.2	100	27.03	8.13	5.50	13.88	50
0.4	100	43.03	18.06	12.93	22.67	50
0.6	100	53.40	27.53	20.59	28.98	50
0.8	100	60.66	35.87	27.75	33.93	50
1	100	66.08	42.98	34.12	37.99	50

$\Delta t=0.5$일 때

$$r=\frac{\alpha\Delta t}{(\Delta x)^2}=\frac{(0.1)(0.5)}{0.2^2}=1.25$$

위와 같은 방법으로 구하면 다음과 같다.

t	T_0	T_1	T_2	T_3	T_4	T_5
0.5	100	43.27	21.16	15.97	23.56	50
1.0	100	62.18	39.49	31.46	35.82	50
1.5	100	72.25	52.56	43.32	43.56	50
2.0	100	78.31	61.47	51.75	48.79	50
2.5	100	82.19	67.48	57.59	52.36	50

예제 15.3 ⇨ Explicit.c, Implicit.c, Explicit.m, Implicit.m

비정상(unsteady) 1차원 열전도 방정식은 $\frac{\partial T}{\partial t}=\alpha\frac{\partial^2 T}{\partial x^2}$ 로 나타낼 수 있다. 초기조건과 경계조건은 다음과 같다.

초기조건

$t=0;\ T=T_i$

경계조건

$x=0;\ T=T_A$

$x=1;\ T=T_B$

구간을 m 등분하여($\Delta x=1/m$), $t=l\Delta t$까지 단순양함수법과 단순음함수법으로 온도를 구하는 프로그램을 C 또는 MATLAB으로 작성하라. $T_i=100$, $T_A=20$, $T_B=40$, $m=10$, $\Delta t=0.1$, $l=10$, $\alpha=0.02$일 때 온도를 출력하라. 또한 $\Delta t=0.5$일 때 출력하라.

풀이

구간을 m 등분하면 미지수는 T_1^{n+1}, T_2^{n+1}, $\cdots$, T_{m-1}^{n+1}이다. $T_0^{n+1}=T_A$, $T_m^{n+1}=T_B$로 경계조건에서 주어진다.

단순양함수법일 때 사용하는 식은 예제 15.1의 식(1)이고 다음과 같다.

$$T_i^{n+1}=T_i^n+\frac{\alpha\Delta t}{(\Delta x)^2}\left(T_{i+1}^n-2T_i^n+T_{i-1}^n\right)$$

단순음함수법일 때 사용하는 식은 예제 15.2의 식이고 다음과 같다.

$$(1+2r)T_i^{n+1}-r(T_{i+1}^{n+1}+T_{i-1}^{n+1})=T_i^n$$

위 식들을 예제 15.1과 15.2와 같이 각각의 시간에서 반복계산하면 된다.

단순양함수법

단순양함수법으로 프로그램한 것이 Explicit.c와 Explicit.m이고 다음에 주어져 있다.

$\Delta t=0.1$일 때, C 또는 MATLAB 프로그램을 실행하면 다음과 같은 결과를 얻을 수 있다.

```
r=0.200000
n =  1  t=0.100000
20.00  84.00  100.00  100.00  100.00  100.00  100.00  100.00  100.00  88.00  40.00
n =  2  t=0.200000
20.00  74.40  96.80  100.00  100.00  100.00  100.00  100.00  97.60  80.80  40.00
n =  3  t=0.300000
20.00  68.00  92.96  99.36  100.00  100.00  100.00  99.52  94.72  76.00  40.00
n =  4  t=0.400000
20.00  63.39  89.25  98.21  99.87  100.00  99.90  98.66  91.94  72.54  40.00
n =  5  t=0.500000
20.00  59.88  85.87  96.75  99.56  99.96  99.67  97.56  89.40  69.91  40.00
n =  6  t=0.600000
```

```
20.00   57.10   82.85   95.14   99.08   99.82   99.31   96.35   87.14   67.83   40.00
n  =    7   t=0.700000
20.00   54.83   80.16   93.47   98.44   99.57   98.82   95.10   85.12   66.12   40.00
n  =    8   t=0.800000
20.00   52.93   77.75   91.80   97.67   99.19   98.23   93.85   83.32   64.70   40.00
n  =    9   t=0.900000
20.00   51.31   75.60   90.16   96.80   98.70   97.54   92.62   81.70   63.48   40.00
n  =   10   t=1.000000
20.00   49.91   73.65   88.58   95.85   98.09   96.79   91.42   80.24   62.43   40.00
```

<u>단순음함수법</u>

단순음함수법으로 프로그램한 것이 Implicit.c와 Implicit.m이고 다음에 주어져 있다. $\Delta t = 0.1$일 때, C 또는 MATLAB 프로그램을 실행하면 다음과 같은 결과를 얻을 수 있다.

```
r=0.200000
n = 1   t = 0.100000   iter = 6,   resavg = 0.000017
20.00   88.33   98.30   99.75   99.96   99.99   99.97   99.81   98.72   91.25   40.00
n = 2   t = 0.200000   iter = 5,   resavg = 0.000090
20.00   79.63   95.76   99.20   99.85   99.96   99.89   99.40   96.82   84.72   40.00
n = 3   t = 0.300000   iter = 5,   resavg = 0.000081
20.00   73.00   92.88   98.36   99.64   99.88   99.73   98.77   94.66   79.75   40.00
n = 4   t = 0.400000   iter = 5,   resavg = 0.000074
20.00   67.85   89.93   97.29   99.32   99.74   99.48   97.97   92.45   75.89   40.00
n = 5   t = 0.500000   iter = 5,   resavg = 0.000068
20.00   63.76   87.07   96.06   98.89   99.53   99.14   97.04   90.30   72.82   40.00
n = 6   t = 0.600000   iter = 5,   resavg = 0.000063
20.00   60.45   84.36   94.71   98.34   99.25   98.71   96.02   88.27   70.34   40.00
n = 7   t = 0.700000   iter = 5,   resavg = 0.000060
20.00   57.73   81.83   93.30   97.70   98.87   98.20   94.95   86.37   68.29   40.00
n = 8   t = 0.800000   iter = 5,   resavg = 0.000057
20.00   55.45   79.49   91.85   96.97   98.42   97.61   93.86   84.61   66.58   40.00
n = 9   t = 0.900000   iter = 5,   resavg = 0.000054
20.00   53.51   77.34   90.39   96.16   97.89   96.95   92.75   82.99   65.13   40.00
n = 10   t = 1.000000   iter = 5,   resavg = 0.000052
20.00   51.84   75.36   88.95   95.29   97.28   96.24   91.64   81.50   63.88   40.00
```

♦ 보충설명

위의 두 예에서는 $r = 0.2$이기 때문에 단순양함수법으로도 해를 구할 수 있다. 그러나 $\Delta t = 0.5$일 때 C 또는 MATLAB 프로그램을 실행하면 다음과 같은 결과를 얻을 수 있다.

<u>단순양함수법</u>

```
r=1.000000
```

```
n =  1  t=0.500000
20.00    20.00    100.00    100.00    100.00    100.00    100.00    100.00    100.00     40.00   40.00
n =  2  t=1.000000
20.00   100.00     20.00    100.00    100.00    100.00    100.00    100.00     40.00    100.00   40.00
n =  3  t=1.500000
20.00   -60.00    180.00     20.00    100.00    100.00    100.00     40.00    160.00    -20.00   40.00
n =  4  t=2.000000
20.00   260.00   -220.00    260.00     20.00    100.00     40.00    220.00   -140.00    220.00   40.00
n =  5  t=2.500000
20.00  -460.00    740.00   -460.00    340.00    -40.00    280.00   -320.00    580.00   -320.00   40.00
n =  6  t=3.000000
20.00  1220.00  -1660.00   1540.00   -840.00    660.00   -640.00   1180.00  -1220.00    940.00   40.00
n =  7  t=3.500000
20.00 -2860.00   4420.00  -4040.00   3040.00  -2140.00   2480.00  -3040.00   3340.00  -2120.00   40.00
n =  8  t=4.000000
20.00  7300.00 -11320.00  11500.00  -9220.00   7660.00  -7660.00   8860.00  -8500.00   5500.00   40.00
n =  9  t=4.500000
20.00 -18600.00  30120.00 -32040.00  28380.00 -24540.00  24180.00 -25020.00  22860.00 -13960.00  40.00
n =  10  t=5.000000
20.00 48740.00 -80760.00  90540.00 -84960.00  77100.00 -73740.00  72060.00 -61840.00  36860.00  40.00
```

<u>단순음함수법</u>

```
r=1.000000
n = 1  t = 0.500000  iter = 13,  resavg = 0.000076
20.00    69.43    88.30    95.47    98.11    98.86    98.47    96.56    91.21    77.07   40.00
n = 2  t = 1.000000  iter = 13,  resavg = 0.000052
20.00    55.73    77.77    89.27    94.57    96.32    95.52    91.78    83.26    66.78   40.00
n = 3  t = 1.500000  iter = 12,  resavg = 0.000098
20.00    48.50    69.77    83.05    90.11    92.71    91.70    86.88    77.15    61.3    40.00
n = 4  t = 2.000000  iter = 12,  resavg = 0.000082
20.00    44.08    63.74    77.38    85.33    88.51    87.50    82.27    72.45    57.92   40.00
n = 5  t = 2.500000  iter = 12,  resavg = 0.000071
20.00    41.04    59.04    72.34    80.59    84.11    83.22    78.06    68.68    55.53   40.00
n = 6  t = 3.000000  iter = 12,  resavg = 0.000063
20.00    38.76    55.23    67.88    76.07    79.75    79.06    74.22    65.53    53.69   40.00
n = 7  t = 3.500000  iter = 12,  resavg = 0.000056
20.00    36.93    52.02    63.92    71.86    75.57    75.11    70.71    62.80    52.16   40.00
n = 8  t = 4.000000  iter = 12,  resavg = 0.000051
20.00    35.40    49.27    60.38    67.96    71.65    71.43    67.51    60.39    50.85   40.00
n = 9  t = 4.500000  iter = 12,  resavg = 0.000046
20.00    34.09    46.86    57.21    64.40    68.02    68.01    64.58    58.22    49.69   40.00
n = 10  t = 5.000000  iter = 12,  resavg = 0.000042
20.00    32.93    44.72    54.36    61.14    64.67    64.86    61.90    56.25    48.65   40.00
```

> $\Delta t=0.5$일 때 $r=1>0.5$이기 때문에 단순양함수법으로는 해를 구할 수 없다. 그러나 단순음함수법으로는 안정적으로 해를 구할 수 있다. 이와 같이 프로그램하기는 음함수인 방법이 어렵고 계산시간도 더 걸리지만, Δt의 선택에 제약이 없다. 따라서 많은 공학문제에서는 실제적으로 양함수법보다 음함수법이 더 많이 사용되는 이유이다.

Explicit.c

```
#include <stdio.h>
#include <math.h>
#define nd 21
/* 예제 15.3 Explicit Method
    TA, TB : 경계조건
    Ti : 초기조건
    n : 등분 수 */
void main()
{
    double a, b, TA, TB, Ti, dx, dt, r, alpha, t;
    double T[nd], Told[nd];
    int l, m, n, i, mp1;
    m=10; l=10;
    alpha=0.02;
    dt=0.1;
    TA=20; TB=40; Ti=100;
    a=0; b=1;
    mp1=m+1;
    for(i=0; i<=mp1; i++)
    {
        Told[i]=Ti;
        T[i]=Ti;
    }
    T[1]=TA;  T[mp1]=TB;
    Told[1]=TA; Told[mp1]=TB;
    dx=(b-a)/m;
    r=alpha*dt/(dx*dx);
    printf(" \n r=%f ", r );
    t=0;
    for (n=1; n<=l; n++)
    {
```

```
        t=t+dt;
            for (i=2; i<=m; i++)
            {
                T[i]= Told[i]+ r*( Told[i+1]+Told[i-1] -2*Told[i] );
            }
        printf(" \n n = %d  t = %f   ", n, t);
        printf("\n");
        for (i=1; i<=mp1; i++)
        {
            printf("%6.2f " , T[i] );
        }
        for (i=2; i<=m; i++)
        {
        Told[i]=T[i];
        }
    }
}
```

Explicit.m

```
% 예제 15.3 Explicit
% TA, TB : 경계조건
% Ti : 초기조건
% n : 등분 수
m=10; l=20;
alpha=0.01;
dt=0.1; epsilon=0.0001;
TA=20; TB=40; Ti=100;
a=0; b=1;
mp1=m+1;
Told(1:mp1)=Ti; T(1:mp1)=Ti;
T(1)=TA;  T(mp1)=TB;
Told(1)=TA; Told(mp1)=TB;
dx=(b-a)/m;
r=alpha*dt/(dx*dx);
   fprintf(' \n r=%f ', r );
t=0;
for n=1:l
```

```
    t=t+dt;
    for i=2:m
       T(i) = Told(i) + r*( Told(i+1)+Told(i-1) - 2*Told(i)  );
    end
    fprintf(' \n n  =   %d  t=%f ', n  ,  t );
    fprintf('\n');
    for i=1:mp1
       fprintf('%6.2f  ', T(i) );
    end
    Told(2:m)=T(2:m);
end
```

Implicit.c

```
#include <stdio.h>
#include <math.h>
#define nd 21
/* 예제 15.3 Implicit Method
    TA, TB : 경계조건
    Ti : 초기조건
    n : 등분 수
    imax : 최대 반복횟수, epsilon : 수렴 판단조건 */
void main()
{
    double a, b, TA, TB, Ti, dx, dt, r, alpha, t, ressum, resavg, epsilon;
    double T[nd], Told[nd], res[nd];
    int l, m, n, i, iter, imax,mp1;
    imax=1000; m=10; l=10;
    alpha=0.02;
    dt=0.1; epsilon=0.0001;
    TA=20; TB=40; Ti=100;
    a=0; b=1;
    mp1=m+1;
    for(i=0; i<=mp1; i++)
    {
        Told[i]=Ti;
        T[i]=Ti;
    }
```

```
    T[1]=TA;  T[mp1]=TB;
    Told[1]=TA; Told[mp1]=TB;
    dx=(b-a)/m;
    r=alpha*dt/(dx*dx);
    printf(" \n r=%f ", r );
    t=0;
    for (n=1; n<=l; n++)
    {
        t=t+dt;
        for (iter=1; iter<=imax; iter++)
        {
            for (i=2; i<=m; i++)
            {
                T[i]=(  r*(T[i+1]+T[i-1]) +Told[i] )/(1+2*r) ;
            }
            ressum=0;
            for (i=2; i<=m; i++)
            {
                res[i]=fabs(T[i] - (  r*(T[i+1]+T[i-1]) +Told[i] )/
                            (1+2*r)  );
                ressum=ressum+res[i];
            }
            resavg=ressum/(m-1);
            if (resavg < epsilon)
                break;

        }
        printf(" \n n = %d  t = %f  iter = %d,  resavg = %f ", n, t, iter,
             resavg);
        printf("\n");
        for (i=1; i<=mp1; i++)
        {
            printf("%6.2f " , T[i] );
        }
        for (i=2; i<=m; i++)
        {
        Told[i]=T[i];
        }
    }
}
```

Implicit.m

```
% 예제 15.3 Implicit
% TA, TB : 경계조건
% Ti : 초기조건
% n : 등분 수
% imax : 최대 반복횟수, epsilon : 수렴 판단조건
imax=1000; m=10; l=20;
alpha=0.01;
dt=0.1; epsilon=0.0001;
TA=20; TB=40; Ti=100;
a=0; b=1;
mp1=m+1;
Told(1:mp1)=Ti;
T(1:mp1)=Ti;
T(1)=TA;  T(mp1)=TB;
Told(1)=TA; Told(mp1)=TB;
dx=(b-a)/m;
r=alpha*dt/(dx*dx);
fprintf(' \n r=%f ', r );
for n=1:l
   t=t+dt;
   for iter=1:imax
      for i=2:m
         T(i)=(  r*(T(i+1)+T(i-1)) +Told(i) )/(1+2*r) ;
      end
      ressum=0;
      for i=2:m
         res(i)=abs(  T(i) - (  r*(T(i+1)+T(i-1)) +Told(i) )/(1+2*r)  );
         ressum=ressum+res(i);
      end
      resavg=ressum/(m-1);
      if (resavg < epsilon)
         break
      end
   end
   fprintf(' \n n = %d  t = %f  iter = %d, resavg = %f ', n, t, iter, resavg);
   fprintf('\n');
   for i=1:mp1
      fprintf('%6.2f  ', T(i) );
```

```
        end
        Told(2:m)=T(2:m);
    end
```

15.3 Crank-Nicolson법

Crank–Nicolson법은 단순음함수법과 단순양함수법을 반반씩 혼합한 중간 형태이다. 즉, 식 (15.2)를 다음과 같이 차분화한다.

$$\frac{u_i^{n+1} - u_i^n}{\Delta t} = \alpha \left[\frac{1}{2} \frac{u_{i+1}^{n+1} - 2u_i^{n+1} + u_{i-1}^{n+1}}{(\Delta x)^2} + \frac{1}{2} \frac{u_{i+1}^n - 2u_i^n + u_{i-1}^n}{(\Delta x)^2} \right] \quad (15.15)$$

이 방법은 단순음함수법처럼 특별히 안정성 조건이 없고 항상 안정적이다(unconditionally stable). 그리고 위 차분방정식의 오차는 시간에 대해 $O(\Delta t^2)$이고 공간에 대해 $O(\Delta x^2)$이다. 역시 음함수법처럼 각각의 시간 단계에서 연립방정식을 풀어야 그 다음 시간 단계로 진행할 수 있다.

15.4 복합법

다음과 같은 **복합법(combined method)**도 고려할 수 있다. 이 방식은 일반적으로는 $O(\Delta t)$, $O(\Delta x^2)$의 오차를 가진다.

$$\frac{u_i^{n+1} - u_i^n}{\Delta t} = \alpha \left[\theta \frac{u_{i+1}^{n+1} - 2u_i^{n+1} + u_{i-1}^{n+1}}{(\Delta x)^2} + (1-\theta) \frac{u_{i+1}^n - 2u_i^n + u_{i-1}^n}{(\Delta x)^2} \right] \quad (15.16)$$

여기서 $0 \leq \theta \leq 1$이다. 앞에서 고려한 세 가지 방법은 다음과 같이 θ가 특별한 값을 가질 때이다.

- **단순양함수법** : $\theta = 0$
- **단순음함수법** : $\theta = 1$
- **Crank–Nicolson법** : $\theta = 1/2$

15.5 다차원 비정상 열전도

이제 2차원 비정상 열전도 문제에 대해 고려하기로 한다. 3차원인 경우는 2차원인 경우를 확대 적용하면 될 것이다. 다음과 같은 열발생이 없는 2차원 비정상 열전도 방정식을 생각하자.

$$\frac{\partial u}{\partial t} = \alpha\left(\frac{\partial^2 u}{\partial x^2} + \frac{\partial^2 u}{\partial y^2}\right) \tag{15.17}$$

이 방정식도 앞에서 언급한 여러 방법에 따라 차분화할 수 있다.

이제 격자점(i, j)에서 단순양함수법에 따라 차분하면,

$$\frac{u_{i,j}^{n+1} - u_{i,j}^{n}}{\Delta t} = \alpha\left[\frac{u_{i+1,j}^{n} - 2u_{i,j}^{n} + u_{i-1,j}^{n}}{(\Delta x)^2} + \frac{u_{i,j+1}^{n} - 2u_{i,j}^{n} + u_{i,j-1}^{n}}{(\Delta y)^2}\right]$$

으로 나타낼 수 있고, 따라서 정리하면 다음과 같이 표시된다.

$$u_{i,j}^{n+1} = (1 - 2r - 2r\beta^2)u_{i,j}^{n} + r(u_{i+1,j}^{n} + u_{i-1,j}^{n} + \beta^2 u_{i,j+1}^{n} + \beta^2 u_{i,j-1}^{n}) \tag{15.18}$$

여기서,

$$r = \frac{\alpha \Delta t}{\Delta x^2}, \qquad \beta = \frac{\Delta x}{\Delta y} \tag{15.19}$$

이다. $\Delta x = \Delta y$인 경우, 즉 $\beta = 1$인 경우 식 (15.18)은 다음과 같다.

$$u_{i,j}^{n+1} = (1 - 4r)u_{i,j}^{n} + r\left(u_{i+1,j}^{n} + u_{i-1,j}^{n} + u_{i,j+1}^{n} + u_{i,j-1}^{n}\right) \tag{15.20}$$

이 식은 양함수로 표시되어 있으므로 쉽게 해를 구할 수 있지만 역시 안정적으로 해를 구하기 위해서는 다음의 안정성 조건을 만족하여야 한다(1차원 때와 다르다).

$$r \leqq \frac{1}{4} \tag{15.21}$$

이제 격자점(i, j)에서 단순음함수법에 따라 차분화하면,

$$\frac{u_{i,j}^{n+1}-u_{i,j}^{n}}{\Delta t}=\alpha\left[\frac{u_{i+1,j}^{n+1}-2u_{i,j}^{n+1}+u_{i-1,j}^{n+1}}{(\Delta x)^2}+\frac{u_{i,j+1}^{n+1}-2u_{i,j}^{n+1}+u_{i,j-1}^{n+1}}{(\Delta y)^2}\right]$$

으로 나타낼 수 있고, 따라서 정리하면 다음과 같이 표시된다.

$$(1+2r+2r\beta^2)u_{i,j}^{n+1}-r\left(u_{i+1,j}^{n+1}+u_{i-1,j}^{n+1}+\beta^2u_{i,j+1}^{n+1}+\beta^2u_{i,j-1}^{n+1}\right)=u_{i,j}^{n} \quad (15.22)$$

여기서, r과 β는 다음과 같다.

$$r=\frac{\alpha\Delta t}{\Delta x^2}, \quad \beta=\frac{\Delta x}{\Delta y} \quad (15.23)$$

$\Delta x=\Delta y$인 경우, 즉 $\beta=1$인 경우 식 (15.21)은 다음과 같다.

$$(1+4r)u_{i,j}^{n+1}-r\left(u_{i+1,j}^{n+1}+u_{i-1,j}^{n+1}+u_{i,j+1}^{n+1}+u_{i,j-1}^{n+1}\right)=u_{i,j}^{n} \quad (15.24)$$

이 식은 음함수로 표시되어 있어 연립방정식을 풀어야 해를 구할 수 있다. 격자수가 아주 많아 Δx, Δy가 상당히 작은 경우 양함수인 방법으로는 안정성 때문에 Δt를 아주 작은 값으로 해주어야 하기 때문에 불편하더라도 양함수보다 음함수 방법을 사용하는 경우가 많다. 다음의 예제들에서 단순양함수법을 사용하여 해를 구하는 것을 다룰 것이다. 음함수법을 이용한 것은 연습문제 및 프로그램 실습문제에서 다루게 될 것이다.

예제 15.4

비정상(unsteady) 2차원 열전도방정식은 $\frac{\partial u}{\partial t}=\alpha\left(\frac{\partial^2 u}{\partial x^2}+\frac{\partial^2 u}{\partial y^2}\right)$로 나타낼 수 있다. 여기서 u는 온도를 나타낸다. 초기조건과 경계조건은 다음과 같다.

초기조건

$t=0;\ u=0$

경계조건

$x=0;\ u=20$

$x=1;\ u=50$

$y=0;\ u=10$

$y=1;\ u=80$

$\alpha=0.1$일 때, $\Delta t=0.2$로 하여 단순양함수법으로 $t=\Delta t$일 때 4개의 내부점 온도를 구하라. 모든 단위는 SI단위로 되어 있다.

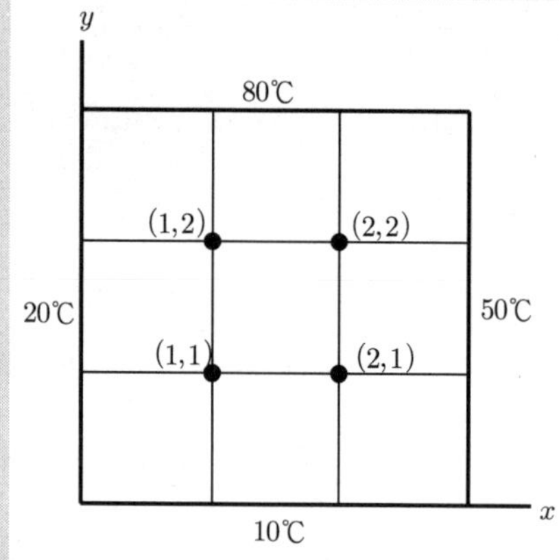

풀이

위의 미분방정식을 단순양함수법으로 차분하면, 식 (15.20)과 같다.

$$u_{i,j}^{n+1}=(1-4r)u_{i,j}^{n}+r\left(u_{i+1,j}^{n}+u_{i-1,j}^{n}+u_{i,j+1}^{n}+u_{i,j-1}^{n}\right)$$

따라서 $t=\Delta t$일 때 온도는 다음과 같이 구할 수 있다.

$$r=\frac{\alpha\Delta t}{\Delta x^2}=\frac{(0.1)(0.2)}{0.3333^2}=0.18$$

(1,1)점 : $u_{1,1}^{1}=(1-4r)u_{1,1}^{0}+r\left(u_{2,1}^{0}+u_{0,1}^{0}+u_{1,2}^{0}+u_{1,0}^{0}\right)$

$$=(1-4\times0.18)(0)+(0.18)(0+20+0+10)=5.4$$

(2,1)점 : $u_{2,1}^{1}=(1-4r)u_{2,1}^{0}+r\left(u_{3,1}^{0}+u_{1,1}^{0}+u_{2,2}^{0}+u_{2,0}^{0}\right)$

$$=(1-4\times0.18)(0)+(0.18)(50+0+0+10)=10.8$$

(1,2)점 : $u_{1,2}^{1}=(1-4r)u_{1,2}^{0}+r\left(u_{2,2}^{0}+u_{0,2}^{0}+u_{1,3}^{0}+u_{1,1}^{0}\right)$

$$=(1-4\times0.18)(0)+(0.18)(0+20+80+0)=18$$

(2,2)점 : $u_{2,2}^{1}=(1-4r)u_{2,2}^{0}+r\left(u_{3,2}^{0}+u_{1,2}^{0}+u_{2,3}^{0}+u_{2,1}^{0}\right)$

$$=(1-4\times0.18)(0)+(0.18)(50+0+80+0)=23.4$$

보충설명

위의 결과를 이용하여 $t=2\Delta t$일 때 온도를 구할 수 있으며 계속하여 시간이 증가함에 따라 온도를 쉽게 구할 수 있다. 만약 음함수법을 사용한다면, 식 (15.24)를 사용하여야 하고 4개의 연립방정식을 풀어야 $t=\Delta t$일 때의 온도를 구할 수 있다. 매 시간마다 연립방정식을 풀어야 한다.

예제 15.5 ⇨ Ex15_5.c, Ex15_5.m

그림과 같은 평판의 초기온도는 T_i이다. $t \geq 0$일 때, 네 모서리 온도를 T_A, T_B, T_C와 T_D로 유지하고 있다. 시간에 따른 내부점에 대한 온도를 단순양함수법으로 구하는 프로그램을 C 또는 MATLAB으로 작성하라. $t = n\Delta t$까지 계산하라. $a = 2$, $b = 1$이고, $T_A = 0℃$, $T_B = 100℃$, $T_C = 0℃$, $T_D = 100℃$이고, $\alpha = 0.1$이다. 일반적으로 길이 a를 $2m$ 등분 b를 m 등분하였을 때를 기준으로 작성하라. $m = 5$일 때 $n = 10$까지 해를 구하라. $\Delta t = 0.1$로 하라.

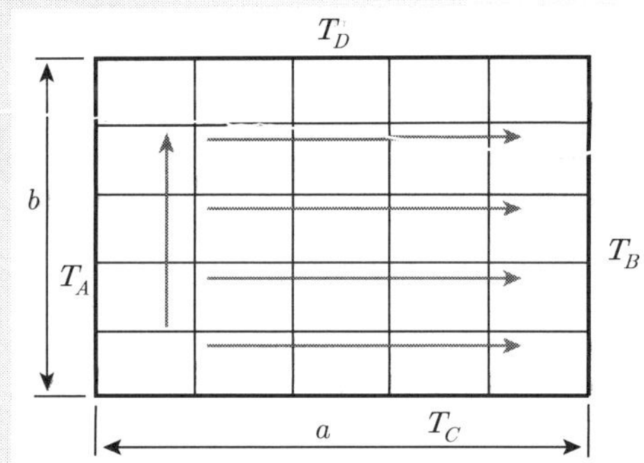

풀이

이 경우의 지배방정식은 식 (15.17)로 표시된다.

$$\frac{\partial T}{\partial t} = \alpha\left(\frac{\partial^2 T}{\partial x^2} + \frac{\partial^2 T}{\partial y^2}\right)$$

길이 a와 b를 각각 $2m$ 등분 m 등분하면 $\Delta x = \Delta y$이다. 따라서 내부격자점에 대해 식 (15.20)을 적용한다.

$$T_{i,j}^{n+1} = (1-4r)T_{i,j}^n + r\left(T_{i+1,j}^n + T_{i-1,j}^n + T_{i,j+1}^n + T_{i,j-1}^n\right)$$

경계조건이 지금처럼 온도로 주어진 경우 내부격자점에서의 온도를 구하면 되고, 사용되는 식의 형태는 오직 하나뿐이라는 것에 주목하라. 온도를 구하는 프로그램을 C 및 MATLAB으로 작성한 것이 Ex15_5.c, Ex15_5.m이고 다음에 나타내고 있다. C 및 MATLAB 프로그램을 실행하면 다음과 같은 동일한 결과를 얻을 수 있다.

```
itime = 1,  t = 0.100000
  0.0  100.0  100.0  100.0  100.0  100.0  100.0  100.0  100.0  100.0  100.0
  0.0   50.0   62.5   62.5   62.5   62.5   62.5   62.5   62.5   75.0  100.0
  0.0   37.5   50.0   50.0   50.0   50.0   50.0   50.0   50.0   62.5  100.0
  0.0   37.5   50.0   50.0   50.0   50.0   50.0   50.0   50.0   62.5  100.0
  0.0   25.0   37.5   37.5   37.5   37.5   37.5   37.5   37.5   50.0  100.0
```

```
  0.0   0.0   0.0   0.0   0.0    0.0   0.0   0.0   0.0   0.0   0.0
itime = 2,  t = 0.200000
  0.0 100.0 100.0 100.0 100.0  100.0 100.0 100.0 100.0 100.0 100.0
  0.0  50.0  65.6  68.8  68.8   68.8  68.8  68.8  71.9  81.3 100.0
  0.0  34.4  50.0  53.1  53.1   53.1  53.1  53.1  56.3  71.9 100.0
  0.0  28.1  43.8  46.9  46.9   46.9  46.9  46.9  50.0  65.6 100.0
  0.0  18.8  28.1  31.3  31.3   31.3  31.3  31.3  34.4  50.0 100.0
  0.0   0.0   0.0   0.0   0.0    0.0   0.0   0.0   0.0   0.0   0.0

itime = 3,  t = 0.300000
  0.0 100.0 100.0 100.0 100.0  100.0 100.0 100.0 100.0 100.0 100.0
  0.0  50.0  67.2  71.9  72.7   72.7  72.7 173.4  76.6  85.9 100.0
  0.0  32.0  49.2  54.7  55.5   55.5  55.5  56.3  61.7  75.8 100.0
  0.0  24.2  38.3  43.8  44.5   44.5  44.5  45.3  50.8  68.0 100.0
  0.0  14.1  23.4  26.6  27.3   27.3  27.3  28.1  32.8  50.0 100.0
  0.0   0.0   0.0   0.0   0.0    0.0   0.0   0.0   0.0   0.0   0.0

itime = 4,  t = 0.400000
  0.0 100.0 100.0 100.0 100.0  100.0 100.0 100.0 100.0 100.0 100.0
  0.0  49.8  67.8  73.6  75.0   75.2  75.4  76.4  80.3  88.1 100.0
  0.0  30.9  48.0  55.1  56.8   57.0  57.2  59.0  64.8  78.9 100.0
  0.0  21.1  35.2  41.0  42.8   43.0  43.2  44.9  52.0  69.1 100.0
  0.0  11.9  19.7  23.6  24.6   24.8  25.0  26.4  32.2  50.2 100.0
  0.0   0.0   0.0   0.0   0.0    0.0   0.0   0.0   0.0   0.0   0.0

itime = 5,  t = 0.500000
  0.0 100.0 100.0 100.0 100.0  100.0 100.0 100.0 100.0 100.0 100.0
  0.0  49.7  67.9  74.5  76.4   76.9  77.2  78.7  82.3  89.8 100.0
  0.0  29.7  47.2  54.9  57.5   58.1  58.6  60.8  67.5  80.5 100.0
  0.0  19.5  32.5  39.2  41.4   41.9  42.5  45.1  52.8  70.3 100.0
  0.0  10.2  17.7  21.3  22.8   23.1  23.6  25.5  32.1  50.3 100.0
  0.0   0.0   0.0   0.0   0.0    0.0   0.0   0.0   0.0   0.0   0.0

itime = 6,  t = 0.600000
  0.0 100.0 100.0 100.0 100.0  100.0 100.0 100.0 100.0 100.0 100.0
  0.0  49.4  67.8  74.8  77.2   77.9  78.5  80.1  84.0  90.7 100.0
  0.0  29.1  46.2  54.6  57.7   58.7  59.7  62.5  69.1  81.9 100.0
  0.0  18.1  30.9  37.5  40.3   41.3  42.3  45.4  53.8  70.9 100.0
  0.0   9.3  16.0  19.9  21.5   22.1  22.8  25.2  32.2  50.6 100.0
```

```
  0.0   0.0   0.0   0.0   0.0   0.0   0.0   0.0   0.0   0.0   0.0

itime = 7,  t = 0.700000
  0.0 100.0 100.0 100.0 100.0 100.0 100.0 100.0 100.0 100.0 100.0
  0.0  49.2  67.6  74.9  77.6  78.6  79.4  81.3  85.0  91.5 100.0
  0.0  28.4  45.6  54.1  57.7  59.1  60.5  63.6  70.5  82.7 100.0
  0.0  17.3  29.5  36.4  39.5  40.9  42.3  45.9  54.4  71.6 100.0
  0.0   8.5  15.0  18.7  20.6  21.4  22.4  25.1  32.4  50.8 100.0
  0.0   0.0   0.0   0.0   0.0   0.0   0.0   0.0   0.0   0.0   0.0

itime = 8,  t = 0.800000
  0.0 100.0 100.0 100.0 100.0 100.0 100.0 100.0 100.0 100.0 100.0
  0.0  49.0  67.4  74.8  77.8  79.0  80.1  82.0  85.8  91.9 100.0
  0.0  28.0  44.9  53.7  57.6  59.4  61.1  64.6  71.4  83.4 100.0
  0.0  16.6  28.6  35.4  38.9  40.6  42.4  46.3  55.1  72.0 100.0
  0.0   8.1  14.2  18.0  19.9  21.0  22.2  25.2  32.6  51.0 100.0
  0.0   0.0   0.0   0.0   0.0   0.0   0.0   0.0   0.0   0.0   0.0

itime = 9,  t = 0.900000
  0.0 100.0 100.0 100.0 100.0 100.0 100.0 100.0 100.0 100.0 100.0
  0.0  48.9  67.2  74.7  77.9  79.3  80.5  82.6  86.3  92.3 100.0
  0.0  27.6  44.4  53.2  57.4  59.6  61.6  65.2  72.2  83.8 100.0
  0.0  16.2  27.8  34.8  38.4  40.4  42.6  46.8  55.6  72.4 100.0
  0.0   7.7  13.7  17.4  19.5  20.7  22.1  25.3  32.8  51.1 100.0
  0.0   0.0   0.0   0.0   0.0   0.0   0.0   0.0   0.0   0.0   0.0

itime = 10,  t = 1.000000
  0.0 100.0 100.0 100.0 100.0 100.0 100.0 100.0 100.0 100.0 100.0
  0.0  48.7  67.0  74.6  77.9  79.5  80.9  83.0  86.8  92.5 100.0
  0.0  27.4  43.9  52.8  57.2  59.7  62.0  65.8  72.7  84.2 100.0
  0.0  15.8  27.3  34.2  38.0  40.3  42.8  47.2  56.1  72.6 100.0
  0.0   7.5  13.2  17.0  19.1  20.5  22.1  25.4  33.0  51.3 100.0
  0.0   0.0   0.0   0.0   0.0   0.0   0.0   0.0   0.0   0.0   0.0
```

Ex15_5.c

```
#include <stdio.h>
#include <math.h>
#define nd 21
/* 예제 15.5
   TA, TB, TC, TD : 경계조건
   Ti : 초기가정값
   m : 등분 수  , n: 시간 수  */
void main()
{
   double a, b, TA, TB, TC, TD, Ti, dx, dy, dt, t, alpha, r;
   double T[nd][nd],Told[nd][nd];
   int n, m, m2, i, j, itime;
   m=5; m2=2*m;
   n=10;
   TA=0; TC=0; TB=100; TD=100; Ti=50;
   a=2; b=1; alpha=0.1;dt=0.1;
   dx=a/m2; dy=b/m;
   t=0;
   r=alpha*dt/(dx*dx);
   for(j=0; j<=m; j++)
   {
       for(i=0; i<=m2; i++)
       {
           T[i][j]=Ti; Told[i][j]=Ti;
       }
   }
   for(j=0; j<=m; j++)
   {
       T[0][j]=TA; Told[0][j]=TA;
       T[m2][j]=TB; Told[m2][j]=TB;
   }
   for(i=0; i<=m2; i++)
   {
       T[i][0]=TC; Told[i][0]=TC;
       T[i][m]=TD; Told[i][m]=TD;
   }
/*  계산시작 */
   for(itime=1; itime<=n;itime++)
```

```
    {
        t=t+dt;
        for(i=1; i<m2; i++)
        {
            for(j=1; j<m; j++)
            {
        T[i][j]=(1-4*r)*Told[i][j]
             +r*(Told[i+1][j]+Told[i-1][j] +Told[i][j+1]+Told[i][j-1]
               ) ;
            }
        }
        printf(" itime = %d,  t = %f \n", itime, t);
        for(j=m; j>=0; j--)
        {
        printf("\n");
        for (i=0;i<=m2;i=i+1) printf(" %5.1f ", T[i][j]);
        }
        for(i=1; i<m2; i++)
        {
            for(j=1; j<m; j++)
            {
                Told[i][j]=T[i][j];
            }
        }
    }
}
```

Ex15_5.m

```
% 예제 15.5
% TA, TB, TC, TD : 경계조건
% Ti : 초기가정값
% m : 등분 수   , n: 시간 수
m=5; mp1=m+1; m2=2*m; m2p1=m2+1;
n=10;
TA=0; TC=0; TB=100; TD=100; Ti=50;
a=2; b=1; alpha=0.1;dt=0.1;
dx=a/m2; dy=b/m;
T(1:m2p1,1:mp1)=Ti;Told(1:m2p1,1:mp1)=Ti;
T(m2p1,1:mp1)=TB; T(1:m2p1,mp1)=TD;
T(1,1:mp1)=TA; T(1:m2p1,1)=TC;
Told(m2p1,1:mp1)=TB; Told(1:m2p1,mp1)=TD;
Told(1,1:mp1)=TA; Told(1:m2p1,1)=TC;
t=0;
r=alpha*dt/(dx*dx);
for itime=1:n
    t=t+dt;
    for j=2:m
        for i=2:m2
           T(i,j)=(1-4*r)*Told(i,j)
                  +r*( Told(i+1,j)+Told(i-1,j)+Told(i,j+1)+Told(i,j-1) );
        end
    end
    fprintf(' \n itime = %d,  t = %f ', itime, t);
    for j=mp1:-1:1
        fprintf('\n');
        for i=1:m2p1
            fprintf('%5.1f  ', T(i,j) );
        end
    end
    Told(2:m2,2:m)=T(2:m2,2:m)
end
```

연습문제

15.1 1차원 열전도 방정식은 $\frac{\partial T}{\partial t} = \alpha \frac{\partial^2 T}{\partial x^2}$ 로 나타낼 수 있다. 초기조건과 경계조건은 다음과 같다.

초기조건

$t = 0;\ T = 100$

경계조건

$x = 0;\ T = 20$

$x = 1;\ \frac{\partial T}{\partial x} = -50$

$\alpha = 0.1$ 일 때 구간을 5등분하고($\Delta x = 0.2$), $\Delta t = 0.2$ 로 하여 단순양함수법으로 1초 후의 온도를 구하라. 모든 단위는 SI 단위로 되어 있다. $\frac{\partial T}{\partial x}$ 에 대한 차분식은 식 (10.13)을 사용하라.

15.2 비정상 2차원 열전도 방정식은

$$\frac{\partial u}{\partial t} = \alpha\left(\frac{\partial^2 u}{\partial x^2} + \frac{\partial^2 u}{\partial y^2}\right)$$

으로 나타낼 수 있다. 여기서 u 는 온도를 나타낸다. 초기조건과 경계조건은 다음과 같다.

초기조건

$t = 0;\ u = 80$

경계조건

$x = 0;\ u = 80$

$x = 1;\ \frac{\partial u}{\partial x} = -10$

$y = 0;\ u = 0$

$y = 1;\ u = 80$

$\alpha = 0.1$일 때, $\Delta t = 0.2$로 하여 단순양함수법으로 $t = \Delta t$, $t = 2\Delta t$, 일 때 4개의 내부점과 오른쪽 경계에서의 두 온도를 구하라. 모든 단위는 SI단위로 되어 있다. $\frac{\partial u}{\partial x}$에 대한 차분식은 식 (10.13)을 사용하라.

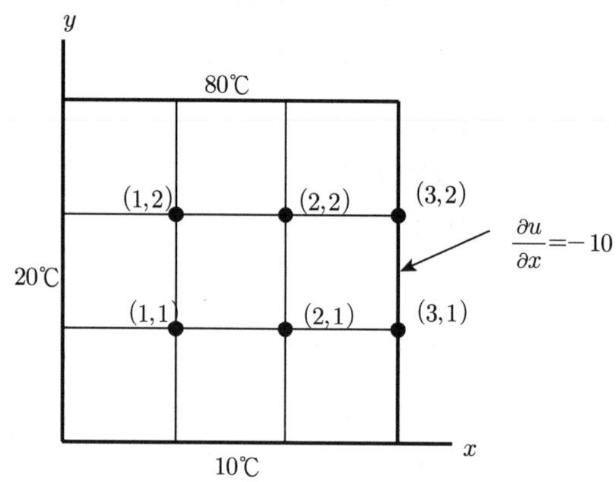

15.3 연습문제 15.2에서 $t = \Delta t$일 때 4개의 내부점과 오른쪽 경계에서의 두 온도를 단순음함수법으로 구하는 식을 나타내어라.

프로그래밍 실습문제

※ 프로그래밍 실습문제의 번호 옆에 프로그램 이름을 나타내었다. 교육의 목적으로, 이들 프로그램은 학생들에게는 제공하지 않고, 강의를 담당하는 교수에게만 제공한다.

C15.1 ⇨ C15_1.c

비정상 1차원 열전도 방정식은 $\frac{\partial T}{\partial t} = \alpha \frac{\partial^2 T}{\partial x^2}$ 로 나타낼 수 있다. 초기 조건과 경계조건은 다음과 같다.

초기조건

$$t = 0;\ T = T_i$$

경계조건

$$x = 0;\ T = T_A$$

$$x = 1;\ \frac{\partial T}{\partial x} = -50$$

구간을 m 등분하여($\Delta x = 1/m$), $t = l\Delta t$까지 단순양함수법으로 온도를 구하는 프로그램을 C로 작성하라. $T_i = 100$, $T_A = 20$, $m = 10$, $\Delta t = 0.1$, $l = 10$, $\alpha = 0.02$일 때 온도를 출력하라. $\frac{\partial T}{\partial x}$에 대한 차분식은 식 (10.13)을 사용하라.

C15.2 ⇨ C15_2.c

C15.1을 단순음함수법을 사용하여 C로 다시 프로그래밍하라.

C15.3 ⇨ C15_3.c

예제 15.5를 단순음함수법을 사용하여 C로 다시 프로그래밍하라.

M15.1 ⇨ M15_1.m

비정상 1차원 열전도 방정식은 $\frac{\partial T}{\partial t} = \alpha \frac{\partial^2 T}{\partial x^2}$ 로 나타낼 수 있다. 초기 조건과 경계조건은 다음과 같다.

초기조건

$t = 0;\ T = T_i$

경계조건

$x = 0;\ T = T_A$

$x = 1;\ \frac{\partial T}{\partial x} = -50$

구간을 m 등분하여($\Delta x = 1/m$), $t = l\Delta t$까지 단순양함수법으로 온도를 구하는 프로그램을 MATLAB으로 작성하라. $T_i = 100$, $T_A = 20$, $m = 10$, $\Delta t = 0.1$, $l = 10$, $\alpha = 0.02$일 때 온도를 출력하라. $\frac{\partial T}{\partial x}$에 대한 차분식은 식 (10.13)을 사용하라.

M15.2 ⇨ M15_2.m

M15.1을 단순음함수법을 사용하여 MATLAB으로 다시 프로그래밍하라.

M15.3 ⇨ M15_3.m

예제 15.5를 단순음함수법을 사용하여 MATLAB으로 다시 프로그래밍하라.

부록

A. C의 개요 및 연습

수치해석이라는 과목을 수강하기 전에 프로그래밍이라는 과목을 대부분 수강하기 때문에 학생들이 C에 대해 잘 알고 있다고 생각하여 수치해석을 실습하기 전에 꼭 알아야 할 사항들만 복습하는 목적으로 C의 개요에 대해 부록 A를 작성하였다. 따라서 여기서 언급하지 않은 C에 관한 여러 다른 부분에 대해서는 참고문헌들을 참조하기 바란다.

A.1 실수와 정수의 차이

프로그래밍할 때 가장 먼저 알아야 할 것이 변수를 정의(선언)하는 방식이다. 변수는 기본적으로 **실수(real number)**와 **정수(integer)**가 있다. 이 둘의 차이를 정확하게 인식하는 것은 아주 중요하다. 실수와 정수는 메모리에 저장하는 방식부터 차이가 난다. 그리고 이 저장하는 방식의 차이에 따라 계산하는 방식도 달라진다. 실수와 정수의 저장방법에 대해서는 1장에서 상세하게 다루었다. C에서는 실수를 정의할 때 **float** 또는 **double**을 사용하고, 정수를 선언할 때는 **int**를 사용한다. 앞의 1장에서도 다루었지만 다음 프로그램 A1.c에서 실수와 정수의 차이에 대해 알아본다.

A1.c

```
#include <stdio.h>
/* A1    실수와 정수의 차이 */
   void main ()
   {
       float a, b, c,d, e, f;
       int i, j, k, l;
       a=-1000;
       b=2000.0;
       c= a/b;
       d= c*b;
       e=1/2;
       f=1./2.;
       i=-1000;
       j=2000;
       k=i/j;
       l=k*j;
       printf("\n a=%f, b=%e, c=%6.2f, d=%12.3e, e=%f, f=%f",
             a,b,c,d,e,f);
       printf("\n i= %d, j = %d, k = %d, l = %d \n", i,j,k,l);
   }
```

앞에서도 설명하였듯이 실수의 선언은 float를 사용한다. 계산정도를 높이기 위해 double을 사용하기도 한다. 정수의 선언은 int를 사용한다. 따라서 위 프로그램에서 a, b, c와 d는 실수이고, i, j, k와 l은 정수이다. 위 프로그램을 실행하면 다음과 같이 출력한다.

❖
실수의 계산
1./2. ⇒ 0.5

정수의 계산
1/2 ⇒ 0

a = –1000.000000, b = 2.000000e + 003, c = –0.50, d = –1.000e+003,

e = 0.00, f = 0.50

i = –1000, j = 2000, k = 0, l = 0

상식적으로 생각하기에는 $k = 1000/2000 = 0.5$, $l = 0.5*2000 = 1000$이 나와야 정상인데, 실제로는 그렇지 못하다. 정수형은 소수점이하를 기억하지 않기 때문에 컴퓨터에서 $k = 0.5$로 기억할 수가 없고 0으로 인식한다. 따라서 l도 틀렸음은 물론이다.

이와 같이 수식을 계산할 때는 정수를 사용하여서는 절대로 안 된다. 계산할 때는 항상 실수로 지정해 주어야 한다. 정수는 횟수를 나타낼 때 사용하거나 뒤에 설명하겠지만 배열의 요소를 나타낼 때 주로 사용된다. 특히 위의 프로그램에서 e의 값과 f의 값을 비교해보라. e도 0.5가 되어야 할 것 같은데, 0으로 계산한다. 우변에서 소수점을 붙이지 않아 정수형으로 계산하면 소수점이하는 계산하지 않기 때문에 0으로 인식한다. 물론 e는 실수형이기 때문에 0.00으로 출력되지만 이미 틀린 답이다. 따라서 실수를 사용할 때는 소수점이하 숫자가 없더라도 항상 1., 5.처럼 "."을 붙이는 습관을 가지는 것이 중요하다. 위의 프로그램에서 1., 5.처럼 소수점을 붙인 f를 확인해보면 이해할 수 있을 것이다. 이처럼 소수점을 붙이지 않은 경우, 제대로 계산하지 못하는 경우가 있다. 이러한 경우 프로그램 컴파일 에러는 없지만 답은 틀리게 된다. 대부분의 경우 소수점을 붙이지 않아도 되지만 어떤 경우는 소수점을 붙여야 제대로 계산하는 경우가 있다. 프로그램이 간단한 경우 답이 틀리는 곳을 찾기가 비교적 쉽지만 프로그램이 아주 복잡한 경우 위와 같이 잘못된 경우를 찾기는 정말로 쉽지 않다(아주 사소한 잘못이므로). 따라서 실수(real, float)로 계산하는 경우 소수점이하의 숫자가 없더라도 항상 숫자의 끝에 "."을 붙여 실수임을 나타내는 것이 중요하다.

실수와 정수를 사용할 때 FORTRAN에서 별도로 지정하지 않으면 i ~ n으로 시작하는 모든 변수를 정수형으로 인식하고 나머지 문자로 시작하는 변수는 실수형으로 인식하기 때문에 다른 컴퓨터 언어로 프로그램할 때도 이와 같은 습관을 따르는 경우가 많다. 물론 FORTRAN에서도 실수와 정수를 지정할 수 있기 때문에 i ~ n으로 시작하는 변수라고 해서 모두 정수형은 아닐 수 있다.

그리고 위 프로그램에서 사용된 연산기호는 C에서는 다음과 같이 사용한다.

표 A.1 산술연산(Arithmetic operations)

연산자	설명
+	더하기
−	빼기
*	곱하기
/	나누기
%	나머지

위 프로그램과 관련하여 알아야 할 C의 기초는 다음과 같다.

- /* */사이에는 설명을 할 수 있다. 즉, 컴퓨터에서는 이 부분을 인식하지 않는다. 프로그래머가 보고 이해하기 위해 설명을 삽입할 수 있다. 설명문이 한 줄일 때는 //를 사용할 수 있다.
- { } 사이에 main program을 작성한다. 또는 서브루틴을 작성한다.
- 모든 변수는 반드시 실수(float, double) 또는 정수(int) 형태를 처음에 지정해주어야 한다.
- printf("\n a = %f, b= %f, c = %5.2f, d = %e ", a, b, c, d) : a, b, c, d값을 화면에 출력한다. " " 사이의 형식으로 출력하고 다음과 같은 형식을 지정할 수 있다.
- \n : 새 줄에서, 즉 한줄 바꾼다.
- %d : 정수로 표시, 애초 형식으로 출력
- %f : 실수로 표시, 애초 형식으로 출력
- %e : 실수를 지수형태로 표시, 애초 형식으로 출력
- %6.2f : 실수를 원하는 형식으로 출력
전체 6자리(빈자리, 부호 및 소수점 포함)
소수점이하 두 자리 수로 표시 : -0.50
- %12.3e : 실수를 지수형태로 원하는 형식으로 출력
전체 12자리(빈자리, 부호, 소수점, e 포함)
소수점이하 세 자리 수로 표시 : -1.000e+003
- 기타 코마(,) +, -, = 및 빈칸 등은 " " 사이에 있는 그대로 출력한다.

A.2 for의 사용 – 명령문의 반복 사용

프로그래밍할 때 가장 많이 사용하는 것 중의 하나가 반복하여 실행하는 것이다. C에서는 **for**와 **while**을 사용하여 반복 실행한다. 그러나 while은 조건식이 만족되는 경우에 명령문을 실행하는 비교적 단순한 형태이고, 주로 여러 가지 조건을 제어할 수 있는 for를 더 많이 사용한다. 다음 프로그램 A2.c에서 for의 사용법에 대해 실습한다.

A2.c

```
#include <stdio.h>
/* A2    for의 사용 */
void main ()
{
        int i, j, k;
    for (i=1; i<=10; i=i+2)  /* { } 사이 반복, 한 줄일 때는 { } 생략가능 */
    {
        j=i*i;
        k=i*i*i;
        printf("\n i = %d  i^2 = %d  i^3 =  %d", i,j,k);
    }
}
```

위 프로그램을 실행하면 다음과 같이 출력한다.

```
i = 1  i^2 = 1  i^3 =  1
i = 3  i^ 2 = 9  i^3 =  27
i = 5  i^2 = 25  i^3 =  125
i = 7  i^2 = 49  i^3 =  343
i = 9  i^2 = 81  i^3 =  729
```

다음에 for 문의 사용 형식을 나타낸다.

```
for (초기값; 조건식; 증감)
{
명령문1
명령문2
}
```

위의 A2.c에 사용된 for문을 이용하여 설명한다.

- for (i=1; i<=10; i=i+2) : for(초기값; 조건식; 증감)을 나타낸다.
  i=1 : i=1부터 시작한다.
  i <=10 : i가 10보다 작거나 같을 때까지
  i=i+2 : i를 2씩 증가한다.
- { } 사이를 반복 실행한다. 반복할 내용이 한 줄일 때는 { }를 생략할 수 있다.

따라서 위와 같을 때는 i = 1, 3, 5, 7, 9일 때 { }안에 있는 명령문을 실행한다.

- 위의 조건문 또는 뒤에서 설명할 if문에서 사용되는 논리연산자는 다음과 같은 것이 있다.

표 A.2 논리연산(logiacl operations)

논리연산	설명
==	equal
!=	not equal
〈	less than
〉	greater than
〈=	less than or equal
〉=	greater than or equal
&&	logical and
||	logical or
!	not

다음에 while의 형식을 나타내고 있고, for보다 단순한 형태를 가지고 조건식을 만족할 때(참일 때) 명령문을 실행하고 조건식을 만족하지 못할 때(거짓일 때) 명령문을 실행하지 않는다.

```
while 조건식
{
명령문
}
```

A.3 if의 사용

프로그래밍할 때 또한 많이 사용하는 것 중의 하나가 if이다. 다음 프로그램 A3.c에서 if의 사용법에 대해 실습한다.

A3.c

```
#include <stdio.h>
/* A3  if의 사용  */
void main ()
{
        int i;
```

```
        double x,y;
    for (i=-3; i<=3; i=i+1)
    {
        if (i>=0)
        {
            x = 5.*i;
        }
        else
        {
            x = 0;
        }
        y = 2*x;
        printf("\n i = %3d,  x = %5.1f, y= %5.1f ", i, x, y);
    }
}
```

위 프로그램을 실행하면 다음과 같이 출력한다.

```
i = -3,  x =  0.0, y=  0.0
i = -2,  x =  0.0, y=  0.0
i = -1,  x =  0.0, y=  0.0
i =  0,  x =  0.0, y=  0.0
i =  1,  x =  5.0, y= 10.0
i =  2,  x = 10.0, y= 20.0
i =  3,  x = 15.0, y= 30.0
```

보통 다음과 같은 형태로 if를 나타낼 수 있다.

```
if (조건문)
{
    실행문1 ;
    실행문2 ;
}
실행문3;
```

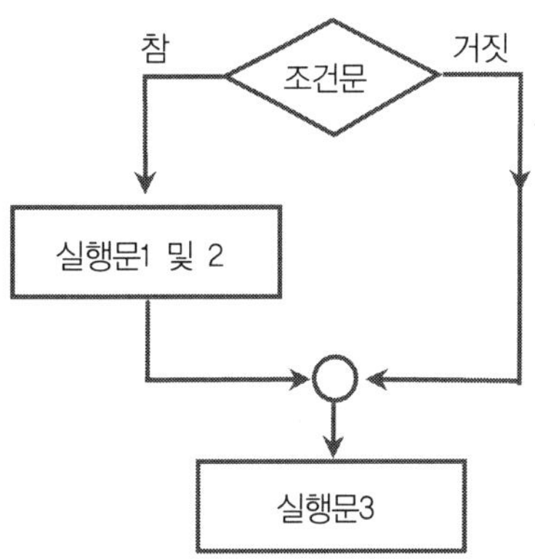

조건문을 만족하면 { } 사이에 있는 실행문1과 실행문2를 실행한다. 그리고 { } 다음으로 넘어간다. 조건을 만족하지 않으면 { } 사이의 실행문을 건너 띄어 { } 다음으로 넘어가 실행문3을 실행한다. 실행문이 하나일 때는 { } 표시하지 않고

```
if (조건문) 실행문;
```

형태로 나타낼 수도 있다. 그리고 다음과 같은 if-else 형태를 가질 수도 있다.

```
if (조건문)
{
    실행문1 ;
    실행문2 ;
}
else
{
    실행문3;
    실행문4;
}
실행문5;
```

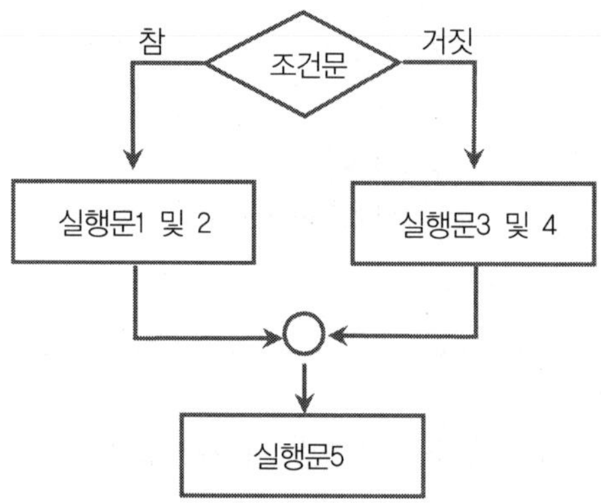

위와 같을 때는 조건문을 만족시키면 실행문1과 실행문2를 실행하고 실행문5로 넘어간다. 조건문을 만족시키지 않으면 실행문3과 실행문4를 실행하고 실행문5로 넘어간다.

그리고 다음과 같은 if-else if-else 형태도 있다.

```
if (조건문 1)
{
    실행문1; 실행문2 ;
}
else if (조건문 2)
{
    실행문3; 실행문4;
}
else
{
    실행문5; 실행문6;
}
실행문7;
```

A.4 배열의 사용

수치해석을 할 때는 **배열(array)**을 사용하는 경우가 거의 대부분이라고 해도 과언이 아니다. 배열의 사용은 프로그래밍할 때 아주 중요하다. 배열에 관하여 다음의 A4.c에서 실습한다.

A4.c

```
#include <stdio.h>
/* A4  Array의 사용  */
void    main ()
{
    double marks[5] = {60, 70, 90, 80, 95}; /*array는 5  요소는 : 0-4  */
    double sum, average; int i;
    sum=0.;
    for (i=0; i<=4; i=i+1) sum=sum+marks[i];
    average=sum/5.;
    for (i=0; i<=4; i=i+1)          printf(" %5.1f ", marks[i]);
    printf("\n 평균 = %5.2f ", average);
}
```

위 프로그램을 실행하면 다음과 같이 출력한다.

```
60.0    70.0    90.0    80.0    95.0
평균 = 79.00
```

배열은 수학에서의 벡터, 행렬 또는 표를 나타낼 때 사용한다. 데이터를 하나의 이름으로 기억하는 기억 장소의 이름을 배열명이라고 한다. 배열은 1차원, 2차원, 3차원 및 그 이상의 배열을 가질 수 있다. 먼저 1차원 배열을 살펴보면 다음과 같다. 예를 들어 Kim이라는 학생의 5과목(A, B, C, D, E)의 점수를 marks라는 1차원 배열에 입력한다고 하자.

```
float marks[5];
```

그러면 컴퓨터에서는 marks라는 이름으로 다섯 개의 메모리 공간에 다음과 같이 할당한다. 물론 과목 A, B, C, D, E라고 표시한 것은 실제로 저장되는 것은 아니다. C에서 1차원 배열을 나타낼 때, [ ] 기호로 나타낸다.

float marks[5];로 정의하면, marks[0]부터 marks[4]까지 5개의 메모리가 할당되는 것에 주목하라.

과목 A	B	C	D	E
marks[0]	marks[1]	marks[2]	marks[3]	marks[4]

가장 기본적으로 데이터를 입력하는 법은 프로그램 내에서 직접 다음과 같이 입력하는 것이다.

```
marks[0] = 60;    marks[1] = 70;    marks[2] = 90;
marks[3] = 80;    marks[4] = 95;
```

그러면 marks란 이름의 메모리에 다음과 같이 저장된다.

marks

60	70	90	80	95

또는 1차원 배열을 정의하면서 다음과 같이 초기화하여 데이터를 입력할 수 있다.

```
float marks[5] = {60, 70, 90, 80, 95};
```

그러면 역시 위와 같이 marks[0]부터 marks[4]까지 5개를 저장한다. marks[1]부터 marks[5]까지의 5개가 아니라는 것에 주의한다.

다음처럼 2차원 이상의 배열도 가능하다.

```
float a[3][5];
float b[3][5][2];
```

예를 들어 4명의 학생(가, 나, 다, 라)의 5과목(A, B, C, D, E)의 점수를 marks라는 2차원 배열에 입력한다고 하자.

```
float marks[4][5];
```

위와 같이 정의하면 다음과 같이 marks라는 이름으로 메모리를 할당한다.

	과목 A	B	C	D	E
학생 가	marks[0][0]	marks[0][1]	marks[0][2]	marks[0][3]	marks[0][4]
나	marks[1][0]	marks[1][1]	marks[1][2]	marks[1][3]	marks[1][4]
다	marks[2][0]	marks[2][1]	marks[2][2]	marks[2][3]	marks[2][4]
라	marks[3][0]	marks[3][1]	marks[3][2]	marks[3][3]	marks[3][4]

수학의 행렬은 일반적으로 1부터 시작하지만, C에서의 배열은 0부터 시작한다. 따라서 프로그래밍할 때 주의해야 한다. 2차원 배열은 다음과 같이 초기화할 수 있다.

```
float a[2][3] = {{80, 70, 90}, {70, 60, 80}};
```

그러면 a[0][0]부터 a[1][2]까지 2×3개의 요소를 저장한다. 역시 a[1][1]부터 a[2][3]까지의 2×3개의 요소가 아닌 것에 주의해야 한다. 즉, a[1][2]는 80이다.

A.5 화면에서의 데이터 입력

프로그램을 실행하기 위해서는 보통 데이터를 입력 및 출력하여야 한다. 가장 간단한 데이터 입력방법은 프로그램에서 직접 입력하는 것이지만 때로는 화면에서 입력하여야 할 때가 있다. 다음 A5.c에서 화면에서 입출력하는 방법에 대해 알아보기로 한다.

A5.c

```
#include <stdio.h>
/* A5  화면에서 입력  */
void    main ()
{
    double marks[20];
    double sum, average;
    int i, n;
/* Data 입력 - 화면에서  */
    printf(" \n 과목 수 n =  ");
    scanf(" %d", &n);

    printf(" 점수 marks(i)를 입력하시오 \n");
    printf(" marks(i)  i=1,,,n =  ");
    for (i=1;i<=n;i=i+1) scanf(" %lf", &marks[i] );
    sum=0.;
    for (i=1; i<=n; i=i+1) sum=sum+marks[i];
    average=sum/n;
    for (i=1; i<=n; i=i+1)         printf(" %5.1f ", marks[i]);
    printf("\n 평균 = %5.2f ", average);
}
```

앞 프로그램을 실행하면 다음과 같다.

```
입력 :
과목 수 n =  5
점수 marks(i)를 입력하시오
marks(i)  i=1,,,n =  60   70   90   80    95
출력 :
60.0   70.0   90.0   80.0    95.0
평균 = 79.00
```

printf를 사용하여 화면에 출력하는 법에 대해서는 앞에서 이미 다루어 잘 알고 있다. 화면에서 입력하는 법은 **scanf**를 사용하고 변수의 주소를 사용하여 입력한다. 즉, n의 값을 화면에서 입력하기 위해 &n을 사용한다. 그리고 marks[i]의 값을 화면에서 입력하기 위해 &marks[i]를 사용한다. A5.c에서는 앞에서의 A4.c와 달리 marks[1]~marks[5]에 5개의 성적이 저장되어 있다.

A.6 함수 또는 서브루틴의 이용

프로그래밍이라는 과목을 수강하였음에도 불구하고 많은 학생들이 **함수(function)** 또는 **서브루틴(subroutine)** 개념을 잘 모르거나, 전역변수(global variable)와 지역변수(local variable)의 개념을 완전하게 이해하지 못하는 경우가 많다. 수치해석을 제대로 하기 위해서는 잘 알고 있어야 할 개념이다. 함수를 사용할 때 가장 간단한 것은 내장된(built-in) **수학함수**를 사용하는 것이다.

표 A.3 표준 수학함수(Mathematical functions)

함수	설명
abs(i)	정수형 절대값, i : 정수
labs(j)	정수형 배정도 절대값, j ; long
fabs(x)	실수형 절대값 $\|x\|$
exp(x)	e^x
sqrt(x)	$\sqrt{x}$
pow(x, y)	거듭제곱(power) x^y
pow10(i)	10^i
log(x)	자연로그 $\ln(x)$
log10(x)	$\log_{10}(x)$

표 A.3 표준 수학함수(Mathematical functions)(계속)

함수	설명
ceil(x)	소수점이하를 올림, ceil(1.25) = 2
floor(x)	소수점이하를 버림, floor(1.53) = 1
cos(x)	cos(x)
sin(x)	sin(x)
tan(x)	tan(x)
acos(x)	arccos(x)
asin(x)	arcsin(x)
atan(x)	arctan(x)
cosh(x)	cosh(x)
sinh(x)	sinh(x)
tanh(x)	tanh(x)

▶ 수학함수

표 A.3에 많이 이용하는 표준 수학함수를 나타내고 있다. 내장된 수학함수를 사용하기 위해서는 프로그램의 처음 부분에서 #include 〈math.h〉와 같은 헤더(header) 파일을 삽입하여야 한다(프로그램 A6.c 참조).

주의하여야 할 점은 삼각함수 cos(x)나 sin(x) 등을 **나타낼 때 x는 degree(°)가 아니라 radian으로 나타내어야 한다**. 그리고 거듭제곱을 나타낼 때 주의가 필요한데 $x^{1/3}$ 등을 나타낼 때는 주의가 필요하다. pow(x, 1/3)로 사용하면 정수형으로 인식하고 1/3=0이 되어 $x^0 = 1$로 인식한다. 제대로 표현하려면, **pow(x, 1./3.)으로 해주어야 1./3.=0.3333333으로 인식하여 제대로 값을 계산할 수 있다**. 그 이유는 앞서 설명한 것처럼 실수를 사용해야 소수점이하를 제대로 계산할 수 있기 때문이다.

▶ 함수의 정의

모든 함수를 내장할 수는 없기 때문에 직접 함수를 정의하여 사용할 때가 있다. 함수를 정의하여 사용하는 방법에 대해서는 예제 1.6에서 이미 다루었지만 여기서 함수를 사용하는 방법에 대하여 보충 설명하고자 한다. 먼저 가장 간단한 경우는 다음처럼 **#define**을 사용하는 것이다.

A6.c

```
#include<stdio.h>
#include<math.h>
#define f1(x)  (x-exp(-x*x))  /* 함수를 정의한다  */
void main()
{
    double x, y1, y2;
    x=2.;
    y1=f1(x);
    y2=sin(x);
    printf("\n  x = %5.1f : y1 =  %f,  y2 =  %f" , x, y1, y2);
    x=3.;
    y1=f1(x);
    y2=sin(x);
    printf("\n  x = %5.1f : y1 =  %f,  y2 =  %f" , x, y1, y2);
}
```

위 프로그램을 실행하면 다음과 같다.

```
x =  2.0 : y1 =  1.981684,  y2 =  0.909297
x =  3.0 : y1 =  2.999877,  y2 =  0.141120
```

위에서처럼 #define을 사용하여 함수를 정의하는 것이 가장 간단한 방법이다. 그러나 함수가 복잡한 경우는 별도로 함수 형태로 정의하여야 한다. 다음 A7.c에서 예를 들어 설명할 것이다.

A7.c

```
#include <stdio.h>
#include <math.h>
float f1(float x);   /* f1이 함수임을 나타낸다, 아래에서 정의해야 한다 */
void    main ()
{
float x, y1, y;
    x=-2; y=0;
    y1=f1(x);
    printf( "\n main에서의 값: x=%5.1f : y1=%5.1f, y=%5.1f", x,y1, y);
```

```
    x=2;
    y1=f1(x);
    printf( "\n main에서의 값: x=%5.1f : y1=%5.1f, y=%5.1f", x,y1, y);
    /* function에서의 x의 값은 main으로 되돌려 주지 못함
      또한 function에서의 y의 값과 main에서의 y의 값은 다름 */
}
float f1(float x)    /* x and f1 : 실수형 */
{
    float y;
    if(x>=0)
    {
        y=x*x +5.;
    }
    else
    {
    y=x*x - 5.;
    }
    x=10.;
    printf( "\n  function에서의 값 x=%5.1f : y=%5.1f", x,y);
    return(y);           /* y를 f1의 함수값으로 되돌려 줌  */
}
```

위 프로그램을 실행하면 다음과 같다.

function에서의 값: x = 10.0, y = −1.0

main에서의 값: x = −2.0, y1= −1.0, y = 0.0

function에서의 값: x = 10.0, y = 9.0

main에서의 값: x = 2.0, y1= 9.0, y = 0.0

함수가 복잡할 때 위와 같이 함수를 정의한다. 위의 function은 함수 내에서 화면에 출력하는 명령을 실행하는 등 실제적으로 서브루틴(subroutine)의 기능을 한다. $y = f1(x)$는 수학적으로는 다음과 같은 함수이다.

$$y = f_1(x) = \begin{cases} x^2 - 5\,,\ x < 0 \\ x^2 + 5\,,\ x \geq 0 \end{cases}$$

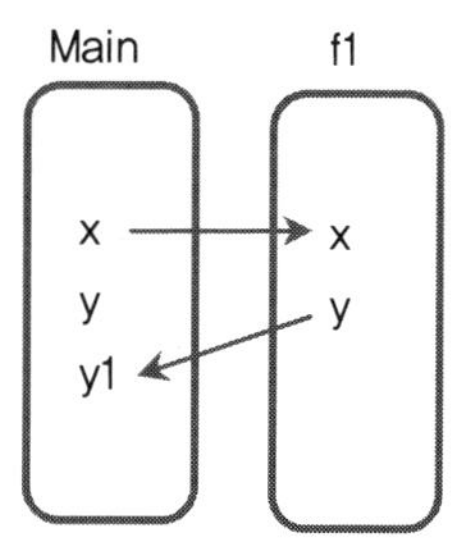

※ **지역변수**
main에서의 x, y는 f1에서의 x, y와 다르다.

위의 실행결과를 이해하기 위하여 먼저 **지역변수(local variable)**의 개념을 이해해야 한다. Main에서 정의한 x, $y1$, y는 main 프로그램에서만 적용되고 function

$f1$에서 정의된 x, y는 function $f1$에서만 적용되는 변수이다. 이런 변수를 지역변수라고 한다. 따라서 main에서의 x, y와 function $f1$에서의 x, y는 전혀 별개의 변수이다. 즉 컴퓨터에서 각각 다른 메모리를 차지한다. 그리고 main 프로그램에서 함수 $f1$으로 x의 값을 전달할 수 있어도 함수 $f1$에서 main으로 x의 값을 전달할 수는 없다.

그러나 포인터 개념을 도입하거나 뒤에서 설명하는 전역변수를 사용하면 함수에서 main 프로그램으로 전달할 수도 있다. 함수 $f1$에서의 y값은 return(y)를 통하여 main 프로그램으로 $f1(x)$의 값으로 전달한다. 이것은 일반적인 수학함수의 사용과 같은 개념이다. 위 프로그램을 실행한 결과를 보면 함수 내에서 x, y의 값과 메인프로그램에서의 x, y는 변수 이름은 같지만 서로 다른 값을 가지고 있다는 것을 알 수 있다. 그리고 함수 내에서 y의 값과 메인프로그램에서의 $y1$은 변수 이름은 다르지만 같은 값을 가지고 있다는 것을 알 수 있다.

▶ 서브루틴의 사용

C에서는 엄밀하게 말해서 함수와 서브루틴의 구별이 없다. 다만 함수가 서브루틴의 역할을 할뿐이다.

A8.c

```
#include <stdio.h>
#include <math.h>
void fun1(int i);
/* FORTRAN에서의 Subroutine   */
void main()
{
    int i;
    i=2;
    fun1(i);  /* 위의 fun1 전체를 실행한다.  */
    fun1(5);  /* 숫자를 바로 입력해도 전달됨. , 위의 fun1 전체를 실행한다. */
    fun1(10);
}
void fun1(int i)   /* Return 값이 없으므로 void이고, float는 없다   */
{
```

```
    int j;
    printf( "\n  How are you?");
    printf( "\n  My ID is %d", i);
    j=i*2;
    printf( "\n  i = %d, j = %d ", i,j);
    printf( "\n  Have a good time!   \n");
}
```

위 프로그램을 실행하면 다음과 같다.

```
How are you?
My ID is 2
i = 2, j = 4
Have a good time!
How are you?
My ID is 5
i = 5, j = 10
Have a good time!
How are you?
My ID is 10
i = 10, j = 20
Have a good time!
```

함수 fun1은 일반적으로 말하는 함수의 기능을 하는 것이 아니라 실제적으로 서브루틴 역할을 한다. 메인프로그램에서 단순히 fun(i)로 실행하였음에 주목하라. 다음 예에서는 **전역변수(global variable)**를 설명한다.

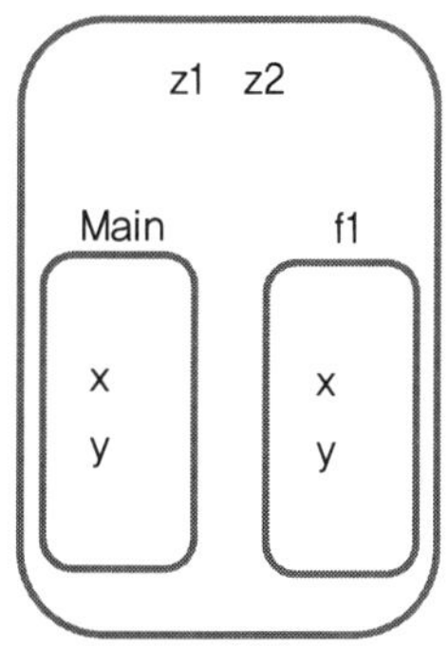

※전역변수
z1과 z2는 전역변수로서 main과 f1에서 동일하게 사용된다.

A9.c

```
#include <stdio.h>
float z1,z2;  /* 전역변수 - FORTRAN에서의 common 형태 */
void f1(float x, float y);
void main()
{
    float x,y;
    x=-2.;   y=-4.;
```

```
    f1(x,y);
    printf( "\n  main에서의 값:  x= %5.1f, y= %5.1f, z1 =%5.1f, z2 =%5.1f",
          x, y,z1,z2);
    f1(1,2);
    printf( "\n  main에서의 값:  x= %5.1f,  y= %5.1f, z1 =%5.1f,  z2
          =%5.1f", x, y,z1,z2);
}
void f1(float x, float y)
{
    z1=x*y;
    z2=x/y;
    printf( "\n function에서의 값: x= %5.1f, y= %5.1f, z1 =%5.1f, z2
          =%5.1f", x, y,z1,z2);
}
```

위 프로그램을 실행하면 다음과 같다.

```
function에서의 값 : x = -2.0,  y = -4.0,  z1 = 8.0,  z2 = 0.5
main에서의 값     : x = -2.0,  y = -4.0,  z1 = 8.0,  z2 = 0.5
function에서의 값 : x =  1.0,  y =  2.0,  z1 = 2.0,  z2 = 0.5
main에서의 값     : x = -2.0,  y = -4.0,  z1 = 2.0,  z2 = 0.5
```

위 프로그램에서 $z1$, $z2$는 메인 프로그램과 함수의 밖에서 정의된 전역변수이다. 전역변수는 main 프로그램과 함수(또는 서브루틴) 전체에 적용되는 변수이다. 함수 내에서 값이 바뀌면 메인에서도 바뀌는데, 그 이유는 메모리의 저장장소가 동일하기 때문이다. 그러나 x와 y는 지역변수이기 때문에 함수(또는 서브루틴)에서 값이 변하여도 main에서는 전혀 변화가 없다. 이것은 별도의 메모리를 차지하기 때문이다.

A.7 입출력 파일의 사용

지금까지의 프로그램에서는 데이터를 프로그램 내에서 직접 지정하거나 화면에서 입력하는 방식을 사용하였고, 출력할 때는 화면으로 출력하였다. 그러나 입력 데이터가 많거나 출력 데이터가 많을 때는 입출력 파일을 사용하는 경우가 있다. 복잡한 프로그램을 작성할 때는 꼭 필요한 방법이다. 앞에서 다룬 A2.c를 다음과 같이 수정하여 실행하여 보자.

A10.c

```
#include <stdio.h>
/* 파일로 출력 */
    void main()
{
    int i, j, k;
    FILE *fpo;    /* 파일의 포인터를 나타낸다 */
    fpo=fopen("output.txt", "w"); /* 출력 파일 output.txt를 생성하고 연다.
*/
    for (i=1; i<=10; i=i+2)
    {
         j=i*i;
         k=i*i*i;
         fprintf(fpo,"\n i = %d  i^2 = %d  i^3 =  %d", i,j,k);
                        /* 출력 파일 output.txt에 출력한다.*/
    }
    fclose(fpo);        /* 출력 파일 output.txt을 닫는다. */
}
```

위 프로그램을 실행하면 화면에는 계산결과가 출력되지 않고 output.txt 파일이 생성된다. output.txt 파일을 열어보면 앞에서의 A2.c를 실행했을 때 화면에 출력한 내용이 그대로 저장되어 있음을 알 수 있을 것이다. 파일로 출력하는 방법은 다음과 같다.

- FILE *fpo : 파일의 포인터를 나타낸다. 파일을 열기 전에 지정해 주어야 한다. 만약 서브루틴 등에서도 출력하는 경우에는 main 프로그램 밖에서 전역변수와 같은 개념으로 지정해 주어야 한다.
- fpo=fopen("output.txt", "w") : 출력 파일 output.txt를 생성하고 연다. output.txt는 파일 이름을 나타낸다. "w"는 write를 의미하고 output.txt 파일이 출력파일임을 나타낸다.
- fprintf(fpo," ... ", i, j, k) : 출력 파일 output.txt에 i, j, k를 출력한다. 파일에 출력하려면 printf 대신에 fprintf를 사용하여야 한다.
- fclose(fpo) : 출력 파일을 닫는다.

역시 복잡한 프로그램을 작성할 때는 꼭 필요한 것이 파일로부터 데이터를 읽을 수 있어야 한다. 특히 입력 데이터가 많은 경우에는 반드시 데이터 파일을 별도로 작성하여 프로그램하는 습관을 가지는 것이 중요하다.

A11.c

```
#include <stdio.h>
/* 파일로부터 입력 */
    void main()
{
    int i, j, k;
    float a, b, c;
    FILE *fpo;
    fpo=fopen("A11data.txt", "r"); /* 입력 파일 A11data.txt를 연다. */
    fscanf(fpo," %d  %d  %d", &i,&j,&k);
    fscanf(fpo," %f  %f  %f", &a,&b,&c);
    printf("\n i = %d  j = %d  k =  %d", i,j,k);
    printf("\n a = %5.2f  j = %5.2f  k =  %5.2f", a, b, c);
    fclose(fpo);
}
```

A11.c를 실행하기 전에 미리 데이터 파일을 작성해야 하며, 작성한 데이터 파일 A11data.txt는 다음과 같다.

```
 1     2     3
1.2   2.5   3.3
```

프로그램을 실행하면 다음과 같이 출력하여 파일에서 제대로 데이터를 읽었음을 알 수 있다.

```
i =1  j = 2  k = 3
a =  1.20  b=  2.50  c=  3.30
```

파일에서 데이터를 입력하는 방법은 다음과 같다. FILE *fpo와 fclose(fpo)는 파일을 출력할 때와 동일하다.

- fpo=fopen("A11data.txt", "r") : 입력파일 A11data.txt를 연다. A11data.txt는 미리 작성되어 있어야 하고, 적절한 폴더에 저장되어 있어야 한다.

- fscanf(fpo," ... ", i, j, k) : 입력파일 A11data.txt로부터 i, j, k를 읽는다. 미리 " ... " 형식에 맞게 데이터를 입력해 놓아야 한다. 화면에서 입력할 때의 scanf 대신에 fscanf를 사용하여야 한다.
- fclose(fpo) : 입력파일을 닫는다.

B. MATLAB의 개요 및 연습

수치해석이라는 과목을 수강하기 이전에 프로그래밍이라는 과목을 대부분 수강하기 때문에 학생들이 MATLAB에 대해 잘 모르더라도 다른 언어를 사용하여 프로그래밍하는 연습을 하였을 것이다. 따라서 여기서는 수치해석에 꼭 필요한 MATLAB의 기초만을 소개하는 목적으로 부록 B를 작성하였다. 따라서 여기서 언급하지 않은 MATLAB에 관한 여러 다른 부분에 대해서는 참고문헌들을 참조하기 바란다. MATLAB은 MATrix LABoratory를 의미하며 특히 행렬(matrix)을 이용하여 계산하는데 아주 유용하기에 그와 같은 이름이 붙여졌다.

B.1 변수 및 산술계산

MATLAB에서 변수(variable)는 영어 알파벳과 숫자 및 밑줄(_)을 사용하여 정의할 수 있지만 첫 글자는 반드시 알파벳으로 시작하여야 하고 대문자와 소문자는 구별하여 다른 것으로 인식한다. 다음은 모두 유용한 변수들이다

```
a, a1, ranking, a_1, Life, life, good_day1
```

위에서 Life와 life는 서로 다른 변수이다. MATLAB에서 변수의 길이는 31자까지 인식한다(MATLAB 7에서는 63자까지 가능). 앞에서도 언급하였듯이 행렬계산에 아주 유용한 것이 MATLAB이어서 다른 컴퓨터 언어와는 달리 변수를 실수형과 정수형으로 구분하지 않고 모두 실수형으로 취급한다. 따라서 프로그래밍할 때 다른 언어와는 달리 실수형과 정수형으로 구분하여 프로그래밍할 필요는 없다. 그리고 모든 변수는 배열(array)로 인식한다. 즉, 변수 a = 2.5라고 할 때, a는 스칼라(scalar)이고 1×1 배열로 인식한다. 그리고 변수는 8byte(1byte = 8bits)의 메모리를 차지한다. 실수형과 정수형으로 구분하지 않고 실수형으로만 사용하는 것이 프로그램하기에는 편한 것처럼 보여도 대형의 프로그램을 실행할 때는 메모리 사용과 계산

속도에서 불리하게 작용할 수도 있다. 표 B.1에 스칼라와 관련된 산술연산자를 나타내고 있다.

표 B.1 스칼라의 산술연산(Arithmetic operations)

연산자	설명
+	더하기, a+b
−	빼기, a−b
*	곱하기, a*b
/	오른쪽 나누기(right division), a/b = a÷b
\ (₩)	왼쪽 나누기(left division), a \ b = b÷a \ 는 때로는 ₩로 표시됨
^	거듭제곱 a^b : a^b

MATLAB에서는 명령창의 명령줄(command line 〉〉)에서 다음과 같이 직접 실행할 수 있다.

```
>> a=2; b=3;
>> c=a+b
c =
     5
>> d=a/b
d =
     0.6667
>> e=a\b
e =
     1.5000
>>f=a^b
f =
     8
>>a+b*(a+1)^2
ans =
     29
```

- 실행문의 끝에 세미콜론(;)을 붙이면 변수의 값을 보여주지 않지만 세미콜론(;)을 붙이지 않으면 변수의 값을 화면에 출력한다.
- 마지막 줄에서 보여주듯이 좌변에 변수를 지정하지 않고 식으로만 나타내면 결과

를 ans로 표시하여 보여준다.

- 나누기 기호인 /와 \는 나누기를 나타내는데 표 B.1에 나타낸 것처럼 나누는 방향이 다르다.
- 복잡한 수식에서의 계산순서는 일반적인 수학에서 계산하는 방식과 동일하다.
- 그리고 pi와 inf는 각각 π와 ∞를 나타내는 내장된 변수이다.

B.2 수학함수(Mathematical functions)

MATLAB에서 사용하는 **수학함수**는 표 B.2와 같고, 삼각함수와 쌍곡선함수를 표 B.3에 정리하여 나타내었다. 더 많은 기본 수학함수를 참고하려면 명령창에서 help elfun를 입력하여 확인할 수 있다.

다음에 몇 가지 사용 예를 보여주고 있다.

```
>> x=0.5;
>> y=exp(x)
y =
1.6487
>> z=log(x)
z =
   -0.6931>> x=0.2*pi;
>> a=sin(x)
a =
    0.5878
```

cos(x)나 sin(x)를 표시할 때 x는 degree(°)가 아니라 radian으로 표시되어야 한다.

표 B.2 수학함수(Mathematical functions)

함수	설명
abs(x)	절대값 |x|
exp(x)	e^x
sqrt(x)	$\sqrt{x}$
log(x)	자연로그 $\ln(x)$
log10(x)	$\log_{10}(x)$
ceil(x)	x 바로 위의 정수, ceil(1.4) = 2, ceil(−1.6) = −1

표 B.2 수학함수(Mathematical functions)(계속)

함수	설명
fix(x)	x보다 0에 가까운 이웃 정수, fix(1.6) = 1, fix(−1.6) = −1
floor(x)	x 바로 아래의 정수, floor(1.6) = 1, floor(−1.6) = −2
round(x)	소수점 반올림, round(1.6) = 2, round(1.4) = 1
max(x)	벡터 x의 최대값
min(x)	벡터 x의 최소값
mean(x)	벡터 x의 평균값
rem(x,y)	x를 y로 나누었을 때의 나머지, rem(5,3) = 2
sign(x)	Signum function, x의 부호, sign(−3.4) = −1

표 B.3 삼각함수 및 쌍곡선함수

함수			설명		
cos(x)	sin(x)	tan(x)	cos(x)	sin(x)	tan(x)
acos(x)	asin(x)	atan(x)	arccos(x)	arcsin(x)	arctan(x)
cosh(x)	sinh(x)	tanh(x)	cosh(x)	sinh(x)	tanh(x)

B.3 벡터(vector)와 행렬(matrix)

앞에서도 설명하였듯이 MATLAB은 MATrix LABoratory를 의미하여 특히 행렬을 이용하여 계산하는데 아주 유용하다. MATLAB에서는 벡터나 행렬을 변수로 사용할 수 있다.

- 벡터는 1차원 배열에 해당되고 행렬은 2차원 배열에 해당된다. 벡터를 나타낼 때는 행벡터와 열벡터 형태로 사용할 수 있다. a = [5 4 3 2 1] 또는 a = [5, 4, 3, 2, 1]는 행벡터를 나타내고 1×5의 배열을 가진다. [ ]를 사용하여 벡터를 표시하고 빈칸 또는 쉼표(,)로 각 요소(element)를 구분한다. 위 벡터의 요소는 a(1), a(2), a(3), a(4), a(5)로 나타낸다.
- 열벡터는 세미콜론(;)으로 구분하여 b = [5; 4; 3; 2; 1]처럼 나타낸다. 열벡터의 요소는 행벡터의 요소와 같이 b(1) ~ b(5)로 나타낸다. 벡터의 요소는 1부터 시작하고 벡터 b의 끝 요소는 b(end)로 나타내고, b가 위와 같을 때 b(end)=1이다.
- 행렬을 나타낼 때 행의 구분은 세미콜론(;)을 사용하거나 줄을 바꾸어 나타내고, 열의 구분은 빈칸 또는 쉼표(,)를 사용한다. 다음 예를 살펴보면 사용법을 알 수

있다.

```
>> A=[1  2  3  4 5; 6  7   8   9   10; 11  12   13   14  15]
A =
     1     2     3     4     5
     6     7     8     9    10
    11    12    13    14    15
>> B = [ 1    2    3
         4    5    6]
B =
     1     2     3
     4     5     6
>> A(2,3)
ans =
     8
```

- 행렬 또는 배열의 요소를 나타낼 때는 A(i,j)처럼 나타낸다. A(2,3)은 2행, 3열에 해당되는 요소를 나타내고 위의 경우 8을 나타낸다.
- 행렬의 부분을 나타낼 때는 다음처럼 콜론(:)을 사용하여 나타낼 수 있다. 그리고 콜론(:)은 전체 행이나 열을 나타내기도 한다. a(2,:)는 2행을 a(:,2)는 2열을 나타낸다.

```
>> A(1:2,2:4)
ans =
     2     3     4
     7     8     9
>> A(2,:)
ans =
     6     7     8     9    10
>> A(:,2)
ans =
     2
     7
    12
```

- 행렬의 연산에 사용되는 연산자는 기본적으로 스칼라의 연산에 사용되는 것과 비슷하고 표 B.4에 **행렬연산(matrix operations)**을 나타내고 있다.

- 배열의 각 요소별로 계산하는 **배열연산(array operations)**을 표 B.5에 나타내고 있다. 배열연산은 각 요소별로 계산한다고 하여 요소별 연산(element-by-element operations)이라고도 한다.
- A*B는 행렬의 곱으로서 요소별로 곱하는 A.*B와는 다르고 이 차이점을 이해하여야 한다.
- 요소별 연산을 할 때는 두 벡터 또는 행렬이 같은 크기라야 한다.

표 B.4 행렬연산

연산자	설명
+	더하기, A + B
−	빼기, A − B
*	곱하기, A*B = A×B
/	오른쪽 나누기(right division), A/B
₩(\)	왼쪽 나누기(left division)
	x=A₩b, 연립방정식 Ax=b의 해 x
^	거듭제곱 A^2 = A×A

표 B.5 배열연산(요소별 연산)

연산자	설명
.*	곱하기, A.*B
./	오른쪽 나누기, A./B
.₩(.\)	왼쪽 나누기, A.₩B
.^	거듭제곱 A.^B

행렬연산과 배열연산과 관련된 다음의 예를 모두 이해할 수 있어야 한다.

```
>> A=[1  2 ;  3  4], B= [ 2  1; 1  2], b=[ 2; 1]
A =
     1     2
     3     4
B =
     2     1
     1     2
b =
     2
```

```
      1
>> C=A*B
C =
     4     5
    10    11
>> D=A.*B
D =
     2     2
     3     8
>> x= A \ b
x =
   -3.0000
    2.5000
>> E=A./B
E =
    0.5000    2.0000
    3.0000    2.0000
>> F=A.\B
F =
    2.0000    0.5000
    0.3333    0.5000
>> G=A.^B
G =
     1     2
     3    16
```

- 요소별 곱 D=A.*B는 D(i,j)=A(i,j)*B(i,j)를 의미하여 D=[A(1,1)*B(1,1), A(1,2)*B(1,2); A(2,1)*B(2,1), A(2,2)*B(2,2)]를 나타내고, C=A*B와는 다르다는 것을 위의 예에서 확인할 수 있다.
- A와 B가 벡터일 때, A.*B는 벡터의 내적을 의미한다.
- 행렬 나누기는 완전히 새롭게 정의되는 연산자이다. 먼저 행렬의 왼쪽 나누기 \는 다음과 같이 정의된다. x=A\b는 연립방정식 $\boldsymbol{Ax}=\boldsymbol{b}$의 해 x를 나타낸다. A가 정방행렬일 때 MATLAB에서는 Gauss 소거법을 사용하여 \를 행한다. 행렬의 오른쪽 나누기 /는 행렬의 계산에서는 거의 사용되지 않는다. 사용법에 대해서는 참고문헌을 참조하기 바란다. 이밖에 MATLAB은 행렬과 관계되는 여러 가지 함수를 제공하고 있으며, 표 B.6에 행렬과 관계되는 여러 가지 사항을 정리하여 나타내었다. 여기에 나타내지 않은 것들에 대해서는 참고문헌을 참조하기 바

란다. 다음에 행렬과 관계되는 함수를 실행한 예를 보여주고 있다.

```
>> ones(2,3)
ans =
     1     1     1
     1     1     1
>> zeros(2,3)
ans =
     0     0     0
     0     0     0
>> eye(3)
ans =
     1     0     0
     0     1     0
     0     0     1
>> A=[1  2 ;  3  4], B= [ 2  1; 1  2], b=[ 2; 1]
A =
     1     2
     3     4
B =
     2     1
     1     2
b =
     2
     1
>> length(b)
ans =
     2
>> size(A)
ans =
     2     2
>> det(A)
ans =
    -2
>> inv(A)
ans =
   -2.0000    1.0000
    1.5000   -0.5000
>> [V, D] = eig(A)
V =
   -0.8246   -0.4160
```

```
    0.5658   -0.9094
D =
   -0.3723         0
         0    5.3723
>> norm(A)
ans =
    5.4650
```

표 B.6 행렬 관련 함수(matrix functions) 또는 명령어

함수	설명 및 사용예
cross	행렬의 외적, 즉 곱(×)
det	행렬식(Determinant), det(A)
dot	벡터의 내적, dot(a,b)
eig	고유값(eigenvalues)과 고유벡터(eigenvectors) d=eig(A), [V, D]=eig(A), 여기서 d와 D는 고유값, V는 고유벡터
eye	단위행렬(unit matrix), eye(3)
inv	역행렬(inverse matrix), inv(A)
length	벡터의 크기, length(a)
lu	LU 분해
norm	놈(norm), norm(A)=norm(A,2)= $\Vert \boldsymbol{A} \Vert_2$, norm(A,1)= $\Vert \boldsymbol{A} \Vert_1$ norm(A, inf)= $\Vert \boldsymbol{A} \Vert_\infty$, norm(A, 'fro') = $\Vert \boldsymbol{A} \Vert_F$
max	행렬의 요소 중 최대값, max(A)
min	행렬의 요소 중 최소값, min(A)
ones	행렬의 모든 요소가 1인 행렬, ones(3), ones(3,4)
poly	특성다항식(Characteristic polynomial)
prod	요소의 곱(product of elements)
qr	행렬의 QR 분해
rank	랭크(rank)
rand	균일하게 분포된 random 배열
size	행렬의 크기 [m, n]=size(A)
randn	정규분포된(normally distributed) random 배열
std	표준편차(standard deviation)
sort	크기순으로 정렬(작은 수에서 큰 수로), sort(a)
sum	배열의 합, sum(a)
trace	트레이스(trace), trace(A)
zeros	행렬의 모든 요소가 0인 행렬, zeros(3), zeros(3,4)
'	전치(transpose), A' : A^T
[ ]	행 또는 열 삭제
[A, B]	또는 [A B], 행렬 또는 배열 A와 B의 결합

```
>> A'
ans =
     1     3
     2     4
>> C = [ A b]
C =
     1     2     2
     3     4     1
>> A(2,:)=[ ]
A =
     1     2
```

B.4 스크립트 파일

다른 모든 컴퓨터 언어에서 그러하듯이 MATLAB에서도 프로그램을 작성하여 파일로 저장하여 사용할 수가 있다. 일반적으로 MATLAB에서는 이 파일을 **스크립트파일(script file)** 또는 단순히 **스크립트(script)**라고 한다. 스크립트는 파일 이름 뒤에 .m이라고 붙여서 저장한다. 파일 이름은 변수 이름을 만드는 법과 완전히 동일하여 대소문자를 구분한다. 1장에서도 다루었지만, 1부터 n까지의 합과 평균을 구하는 프로그램을 MATLAB으로 프로그래밍하여 B1.m이라는 이름으로 저장한다. 그리고 MATLAB의 실행화면에서 [...] 모양의 아이콘을 이용하여 B1.m 파일이 있는 폴더를 현재 디렉터리(current directory)로 바꾼 후, >>옆에 B1이라고 입력하면 B1.m 파일에 있는 모든 내용이 실행되고 다음과 같이 결과를 출력한다.

```
>> B1
 100 까지의 합  =  5.050e+003    Average = 50.50
```

B1.m

```
% 1 부터 n까지 합과 평균을 구하는 프로그램
n=100;
i=1:n;
s=sum(i);
avg=s/n;
disp( ' 결과 출력 ')
fprintf('\n  %d 까지의 합  = %12.3e   Average = %5.2f' , n, s, avg);
```

앞 프로그램과 관련하여 알아야 할 MATLAB의 기초는 다음과 같다.

- % 다음에는 설명할 수 있다. 즉, 컴퓨터에서는 이 부분을 인식하지 않고, 프로그래머가 보고 이해하기 위해 설명을 삽입할 수 있다.
- disp( ) : ' ' 사이에 있는 내용 또는 변수의 값을 출력한다.
- fprintf('\n %d까지의 합 = %12.3e Average = %5.2f' , n, s, avg) : n, s, avg값을 화면에 출력한다. ' ' 사이의 형식으로 출력한다.
- \n : 새 줄에서, 즉 한줄 바꾼다.
- %d : 정수형태로 출력, 애초(default) 형식으로 출력
- %f : 실수형태로 출력, 애초 형식으로 출력
- %e : 실수를 지수형태로 표시, 애초 형식으로 출력
- %7.2f : 실수를 원하는 형식으로 출력
전체 7자리(빈자리, 부호 및 소수점 포함)
소수점이하 두 자리 수로 표시 : 50.50
- %12.3e : 실수를 지수형태로 원하는 형식으로 출력
전체 12자리(빈자리, 부호, 소수점, e 포함)
소수점이하 세 자리 수로 표시 : 5.050e+003
- 기타 코마(,) +, -, = 및 빈칸 등은 ' ' 사이에 있는 그대로 출력한다.

B.5 for의 사용 – 명령문의 반복 사용

프로그래밍할 때 가장 많이 사용하는 것 중의 하나가 반복하여 실행하는 것이다. MATLAB에서는 **for**와 **while**을 사용하여 반복 실행한다. 그러나 while은 조건식이 만족되는 경우에 명령문을 실행하는 비교적 단순한 형태이고, 주로 여러 가지 조건을 제어할 수 있는 for를 더 많이 사용한다. 다음 프로그램 B2.m에서 for의 사용법에 대해 실습한다.

B2.m

```
% B2    for의 사용
  for i=1:2:10
     j=i*i;
     k=i*i*i;
     fprintf('\n i = %d  i^2 = %d  i^3 =  %d', i,j,k);
  end
```

위 프로그램을 실행하면 다음과 같이 출력한다.

```
>>B2
 i = 1  i^2 = 1  i^3 =  1
 i = 3  i^ 2 = 9  i^3 =  27
 i = 5  i^2 = 25  i^3 =  125
 i = 7  i^2 = 49  i^3 =  343
 i = 9  i^2 = 81  i^3 =  729
```

B2.m에 사용된 for의 형식은 다음과 같다.

```
for i=1:2:10
  ⋮
 end
```

위와 같을 때, i=1부터 2씩 증가하면서 10까지 반복하여 ⋮ 부분을 실행한다. 즉, i = 1, 3, 5, 7, 9일 때 ⋮ 부분의 명령문을 실행하고, 1씩 증가할 때는 생략하여 for i=1:10과 같이 나타낼 수 있다.

다음에 while의 형식을 나타내고 있으며, for보다 단순한 형태를 가지고 조건식을 만족할 때(참일 때) 명령문을 실행하고 조건식을 만족하지 못할 때(거짓일 때) 명령문을 실행하지 않는다.

```
while 조건식
명령문;
end
```

B.6 if의 사용

프로그래밍할 때 또한 많이 사용하는 것 중의 하나가 **if**이다. 다음 프로그램 B3.m에서 if의 사용법에 대해 실습한다.

B3.m

```
% B3   if의 사용
  for i=-3:3
     if (i>=0)
        x = 5.*i;
     else
        x = 0;
     end
     y = 2*x;
     fprintf('\n i = %3d,  x = %5.1f, y= %5.1f ', i, x, y);
  end
```

B3.m을 실행하면 다음과 같다.

```
>> B3
i = -3,  x =  0.0, y=  0.0
i = -2,  x =  0.0, y=  0.0
i = -1,  x =  0.0, y=  0.0
i =  0,  x =  0.0, y=  0.0
i =  1,  x =  5.0, y= 10.0
i =  2,  x = 10.0, y= 20.0
i =  3,  x = 15.0, y= 30.0
```

보통 다음과 같은 형태로 if를 나타낼 수 있다.

```
if (조건문)
     실행문1 ;
     실행문2 ;
       ⋮
end
실행문3 ;
```

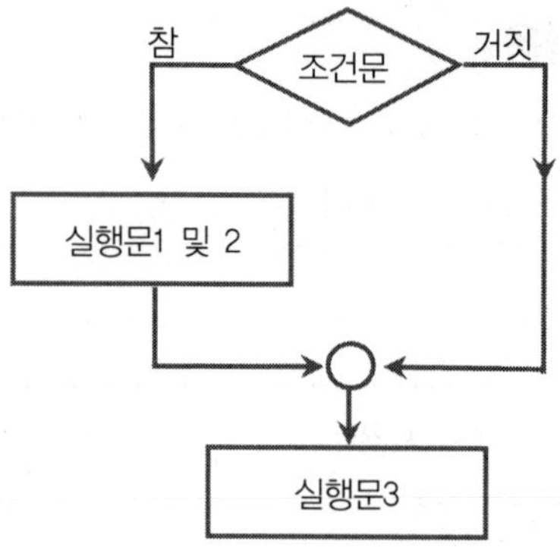

조건문을 만족하면 end까지의 실행문을 실행한다. 그리고 end 다음으로 넘어간다. 조건을 만족하지 않으면 end까지의 실행문을 건너 띄어 end 다음으로 넘어간다. 그리고 다음과 같은 if-else 형태를 가질 수도 있다.

```
if (조건문)
     실행문1;
     실행문2;
else
     실행문3;
     실행문4;
end
실행문5;
```

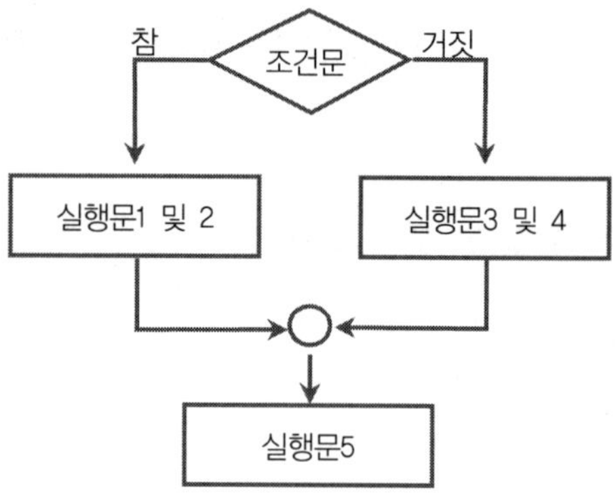

위와 같을 때는 조건문을 만족시키면 실행문1과 실행문2를 실행하고 실행문5로 넘어간다. 조건문을 만족시키지 않으면 실행문3과 실행문4를 실행하고 실행문5로 넘어간다. 그리고 다음과 같은 if-elseif-else 형태도 있으니 참고문헌을 참조하기 바란다.

```
if (조건문1)
     실행문1; 실행문2;
elseif (조건문2)
     실행문3; 실행문4;
else
     실행문5; 실행문6;
end
실행문7;
```

위의 조건문에서 사용되는 관계연산자는 표 B.7과 같다.

표 B.7 관계연산자(relational operators)

함수	설명 및 사용예
==	equal
~=	not equal
<	less than
>	greater than
<=	less than or equal
>=	greater than or equal
&	logical and
|	logical or
~	logical not

B.7 함수 파일

프로그래밍이라는 과목을 수강하였음에도 불구하고 많은 학생들이 함수(function) 또는 서브루틴(subroutine) 개념을 잘 모르거나, 전역변수(global variable)와 지역변수(local variable)의 개념을 완전하게 이해하지 못하는 경우가 많다. 수치해석을 제대로 하기 위해서는 꼭 알고 있어야 할 개념이다. 함수를 사용할 때 가장 간단한 것은 내장된(built in) 수학함수(mathematical function)를 사용하는 것이다. 그리고 함수를 정의하여 사용할 수도 있고 더 나아가 서브루틴 형태로 사용하는 수도 있다. 내장된 수학함수에 대해서는 이미 앞에서 설명하였다.

프로그래머가 직접 함수를 정의하여 사용할 때가 있다. 먼저 가장 간단하게 함수를 정의하여 사용하는 방법은 다음처럼 **inline 함수(inline functions)**나 **익명함수(anonymous functions)**를 사용하는 것이다.

B4.m

```
%B4 함수의 정의
   f1=inline('x-exp(-x*x)'); % f1(x)를 정의한다.
   g = @(x,y) x^2+y^2; % g(x, y)를 정의한다.
   x=2; y=1;
   y1=f1(x);
```

```
y2=sin(x);
y3=g(x,y);
fprintf('\n  x = %5.1f : y1 = %f,  y2 = %f,  y3 = %f' , x, y1, y2, y3);
x=3.; y=2;
y1=f1(x);
y2=sin(x);
y3=g(x,y);
fprintf('\n  x = %5.1f : y1 = %f,  y2 = %f,  y3 = %f' , x, y1, y2, y3);
```

B4.m을 실행하면 다음과 같다.

```
>> B4
 x =   2.0 : y1 =  1.981684,  y2 =  0.909297,  y3 =  5.000000
 x =   3.0 : y1 =  2.999877,  y2 =  0.141120,  y3 =  13.000000
```

위에서처럼 inline을 사용하거나 익명함수를 이용하여 함수를 정의하는 것이 가장 간단한 방법이다. 익명함수는 MATLAB 7에서 도입되었다. 익명함수는 다음과 같이 구성된다.

- fhandle = @(arglist) expr
- fhandle : 함수핸들(function handle), 함수이름, 위의 예에서 g
- @ : 함수핸들(function handle)을 만드는 MATLAB 연산자
- arglist : 인수 목록(argument list), 위의 예에서 x, y
- expr : 함수 식(expression), 위의 예에서 x^2+y^2

주의하여야 할 것은, 위의 예에서 x^2+y^2을 x와 y가 스칼라인 경우 x^2+y^2으로 나타내지만, x와 y가 벡터인 경우 배열연산을 사용하여 x.^2+y.^2으로 함수를 나타내어야 한다. 위에서 정의되는 함수는 다른 함수의 인자로 사용될 수도 있다. 위의 프로그램에서 익명함수로 함수 g(x,y)를 정의하지 않고 inline을 사용한다면 다음처럼 나타내면 된다.

```
g = inline( 'x^2 + y^2' );
```

함수가 복잡한 경우는 별도로 function 형태로 함수를 정의하여야 한다. 다음 B5.m

과 B5f.m에서 예를 들어 설명한다.

B5.m

```
% B5
    x=-2; y=0;
    y1=B5f(x);
    fprintf( '\n main에서의 값: x=%5.1f : y1=%5.1f, y=%5.1f', x,y1, y);
    x=2;
    y1=B5f(x);
    fprintf( '\n main에서의 값: x=%5.1f : y1=%5.1f, y=%5.1f', x,y1, y);
    % function에서의 x의 값은 main으로 되돌려 주지 못함
    % 또한 function에서의 y의 값과 main에서의 y의 값은 다름 */
```

B5f.m

```
%   function B5f(x)
    function y=B5f(x)
    if(x>=0)
        y=x*x +5.;
    else
        y=x*x - 5.;
    end
    x=10.;
    fprintf( '\n  function에서의 값: x=%5.1f : y=%5.1f', x,y);
```

B5.m을 실행하면 다음과 같다.

```
function에서의 값:  x = 10.0,  y =  -1.0
main에서의 값:   x = -2.0,  y1= -1.0,  y = 0.0
function에서의 값:  x = 10.0,  y =  9.0
main에서의 값:   x = 2.0,  y1= 9.0,  y = 0.0
```

함수가 복잡할 때 위와 같이 함수를 정의한다. 함수 $y = B5f(x)$는 함수이자 함수 내에서 화면에 출력하는 명령을 실행하는 등 실제적으로 서브루틴의 기능을 한다. $y = B5f(x)$는 수학적으로는 다음과 같은 함수이다.

$$y = B5f(x) = \begin{cases} x^2 - 5, & x < 0 \\ x^2 + 5, & x \geq 0 \end{cases}$$

위와 같이 복잡하게 함수를 정의하는 경우 일반 스크립트와 같이 작성하여 B5f.m으로 저장하면 다른 스크립트(예를 들어, B5.m)에서 함수로 사용할 수 있다. 두 파일은 같은 폴더에 저장되어 있어야 한다.

이와 같이 함수 기능을 하는 파일을 함수파일(function file) 또는 함수 M-file (function M-file)이라고 한다. B5.m 같은 스크립트와 B5f.m 같은 함수파일은 모두 .m으로 저장되기 때문에 모두 M-file이라고 한다. 위에서 함수파일 이름을 단순히 f.m이라 하지 않은 이유는 함수를 정의하다보면 동일한 이름으로 다른 스크립트에서 사용할 가능성이 많아 다른 스크립트에서 잘못 사용될 경우를 피하기 위해서이다.

계산 결과가 두 개 이상일 때는 스크립트와 함수파일 내의 $y = f(x)$ 형태 대신에 $[y, z] = f(x1, x2, x3)$와 같은 형태로 나타내면 된다.

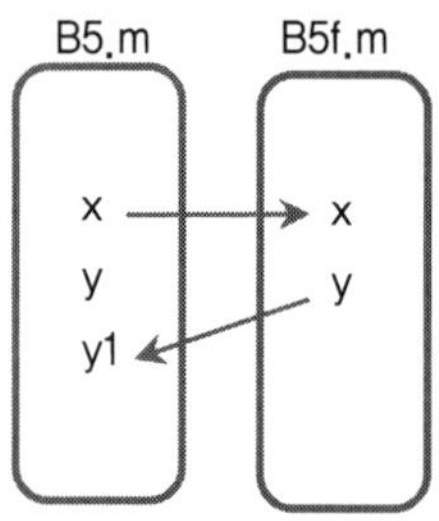

※지역변수
B5.m에서의 x, y는 B5f.m에서의 x, y와 다르다.

위의 실행 결과를 이해하기 위하여 먼저 지역변수의 개념을 이해해야 한다. 스크립트 B5.m(main)에서 정의한 x, $y1$, y는 B5.m에서만 적용되고 함수 B5f.m(function)에서 정의된 x, y는 B5f.m에서만 적용되는 변수이다. 이런 변수를 지역변수라고 한다. 따라서 B5.m에서의 x, y와 B5f.m에서의 x, y는 전혀 별개의 변수이다. 즉, 컴퓨터에서 각각 다른 메모리를 차지한다. 그리고 스크립트 B5.m에서 함수 B5f.m으로 인수 x의 값을 전달할 수 있어도 함수 B5f.m에서 스크립트 B5.m으로 인수 x의 값을 전달할 수는 없다. 그러나 B5.m에서의 $y1 = B5f(x)$와 B5f.m에서의 function $y = B5f(x)$를 통하여 함수값은 서로 전달된다. 즉, B5f.m에서의 y와 B5.m에서의 $y1$은 서로 같은 값을 가진다. 위 프로그램을 실행한 결과를 보면 함수 내에서 x, y의 값과 스크립트 B5.m에서의 x, y는 변수 이름은 같지만 서로 다른 값을 가지고 있다는 것을 알 수 있다. 그리고 함수 내에서 y의 값과 스크립트 B5.m에서 $y1$은 변수 이름은 다르지만 같은 값을 가지고 있다는 것을 알 수 있다.

전역변수를 사용하면 함수에서 스크립트로 변수의 값을 전달할 수도 있다. 전역변수에 대해서는 다음 B6.m에서 설명한다.

B6.m

```
% main B6
global z1 z2;  % 전역변수 - FORTRAN에서의 common 형태
x=-2.;  y=-4.;
B6f(x,y);
fprintf( '\n  main에서의 값: x =%5.1f, y =%5.1f, z1 =%5.1f, z2 =%5.1f', x,
        y, z1, z2);
B6f(1,2);
fprintf( '\n  main에서의 값: x =%5.1f, y =%5.1f, z1 =%5.1f, z2 =%5.1f', x,
        y, z1, z2);
```

B6f.m

```
% function B6f
function B6f(x,y)
global z1 z2;
z1=x*y;
z2=x/y;
fprintf( '\n  function에서의 값:  x =%5.1f, y =%5.1f, z1 =%5.1f, z2
        =%5.1f', x, y, z1, z2);
```

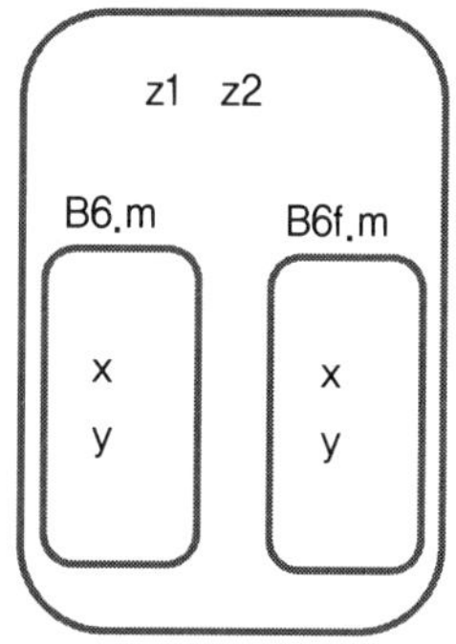

※전역변수
z1과 z2는 전역변수로서 B6.m과 B6f.m에서 동일하게 사용된다.
x, y는 지역변수로 B6.m과 B6f.m에서 서로 다른 값을 가진다.

위 프로그램을 실행하면 다음과 같다.

function에서의 값: x = −2.0, y = −4.0, z1 = 8.0, z2 = 0.5
main에서의 값: x = −2.0, y = −4.0, z1 = 8.0, z2 = 0.5
function에서의 값: x = 1.0, y = 2.0, z1 = 2.0, z2 = 0.5
main에서의 값: x = −2.0, y = −4.0, z1 = 2.0, z2 = 0.5

위 프로그램에서 $z1$, $z2$는 전역변수이다. 전역변수는 스크립트 B6.m과 함수(또는 서브루틴) 전체에 적용되는 변수이다. 함수 내에서 값이 바뀌면 메인 스크립트에서도 바뀌는데, 그 이유는 메모리의 저장 장소가 동일하기 때문이다. 그러나 x와 y는 지역변수이기 때문에 함수(또는 서브루틴)에서 값이 변하여도 스크립트(또는 main 프로그램)에서는 전혀 변화가 없다. 이것은 별도의 메모리를 차지하기 때문이다. 함수 B6f.m과 같이, 함수값을 돌려주는 $y=f(x)$ 형태가 아닌 함수를 서브루틴이라고도 한다.

B.8 그래프

MATLAB이 가지는 또 하나의 강점은 그래프 기능이다. 그래프를 그려주는 주요 명령어로는 plot, fplot, ezplot, mesh, surf, contour 등이 있다.

▶ plot

2차원 그래프를 그리는 가장 간단한 명령어는 plot이고, plot(x, y)는 벡터 x와 벡터 y를 그래프로 그려준다. 다음의 명령들을 실행하면 아래의 그림을 그린다. 애초에 설정된 것은 파란색 실선으로 데이터 점들을 연결한 선을 그리고 데이터 점들은 나타내지 않는다.

```
>> x=[ 0, 0.2, 0.4, 0.6, 0.8, 1];
>> y=[ 0, 0.04, 0.16, 0.36, 0.64, 1];
>> plot(x,y)
```

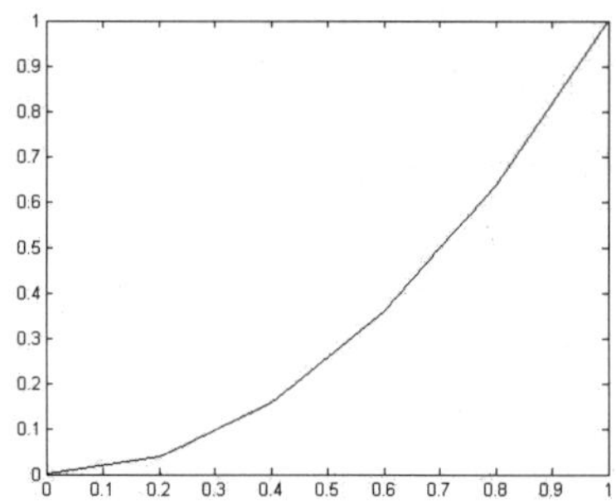

- plot은 여러 가지 선택사항(options)을 가지고 있으며, 다음과 같은 여러 가지 형식으로 사용할 수 있으며 MATLAB help에서 찾아보면 여러 가지 사항을 알 수 있다.
- plot(x, y, LineSpec, ...)
- plot(x, y, ..., 'PropertyName', PropertyValue, ...)
- x, y : 데이터 벡터를 나타낸다.
- LineSpec : 선의 형태와 표지(標識, marker)의 형태 및 색을 지정한다. 선의 종류와 표지 형태 및 색의 종류는 표와 같다.

표 B.8 선의 형태

선 지정	설명
-	실선(Solid line) : default
--	대시(Dashed line)
:	점선(Dotted line)
-.	일점쇄선(Dash-dot line)

표 B.9 표지의 형태

표지 지정	표지 설명
+	+, Plus sign
o	o, Circle
*	∗, Asterisk
.	., Point
x	x, Cross
s	□, Square
d	◇, Diamond
^	△, Upward-pointing triangle
v	▽, Downward-pointing triangle
〉	▷, Right-pointing triangle
〈	◁, Left-pointing triangle
p	☆, Five-pointed star(pentagram)
h	✶, Six-pointed star(hexagram)

표 B.10 색의 종류

색 지정	설명
r	빨강(Red)
g	녹색(Green)
b	파랑(Blue) : default
c	청록색(Cyan)
m	짙은 분홍색(Magenta)
y	노랑(Yellow)
k	검은색(Black)
w	흰색 (White)

- PropertyName은 속성이름, PropertyValue는 속성값을 나타낸다. 여기에 해당되는 것으로 linewdth, markersize 등이 있으며 이를 이용하면 선의 두께, 표지의 크기 등을 정할 수 있다.

- 이외에 loglog, semilogx 및 semilogy, subplot, axis, xlabel, grid 등 여러 가지 명령어가 있다. 자세한 사항 및 다른 그래프와 관련된 여러 사항은 참고문헌을 참조하기 바란다.

다음을 실행하면 아래에서 보여주고 있는 것과 같은 그래프를 출력한다. hold on은 동일한 창에 그래프를 계속 그리게 하며 hold off는 이를 해제한다.

```
>> x = 0:pi/20:2*pi;
>> plot(x, sin(x), '-gp')
>> hold on
>> plot(x, cos(x),'--ko')
>> hold off
```

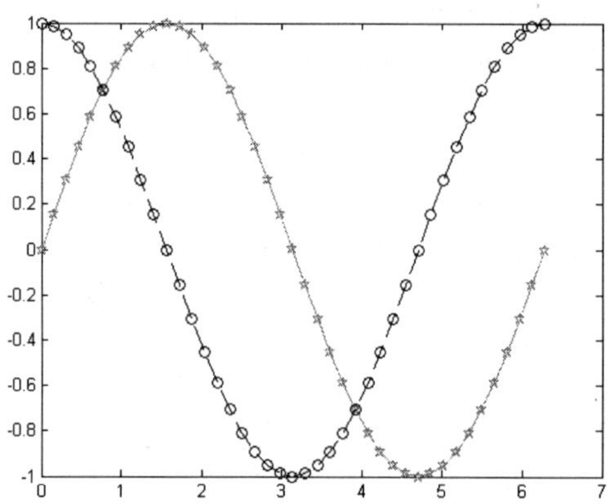

▶ fplot, ezplot

plot이 벡터 x와 y를 그래프로 그려주는 것인데 반해, x와 함수 $f(x)$를 그래프로 그려주는 것이 fplot이고 다음과 같은 여러 가지 형태 중 하나를 사용한다.

```
fplot(fun,limits)
fplot(fun,limits,LineSpec)
fplot(fun,limits,tol)
fplot(fun,limits,tol,LineSpec)
```

- fun : 함수 $f(x)$를 나타낸다. fun은 M-file 함수 이름이거나, sin(x)와 같은 내장 함수, 함수핸들 또는 익명함수이어야 한다.
- LineSpec : 선의 형태와 표지(標識, marker)의 형태 및 색을 지정하는 것으로 plot에서 설명한 것과 동일하다.
- limits : 독립변수 x의 범위, 즉 정의역을 나타낸다. 또는 x와 $y=f(x)$의 범위이다.

가장 간단한 형태는 fplot(fun, limits) 형식이다. 다음과 같이 실행하면 아래의 그래프를 출력한다.

```
>> fun = 'x*exp(-x)';
>> fplot(fun,[0 2])
```

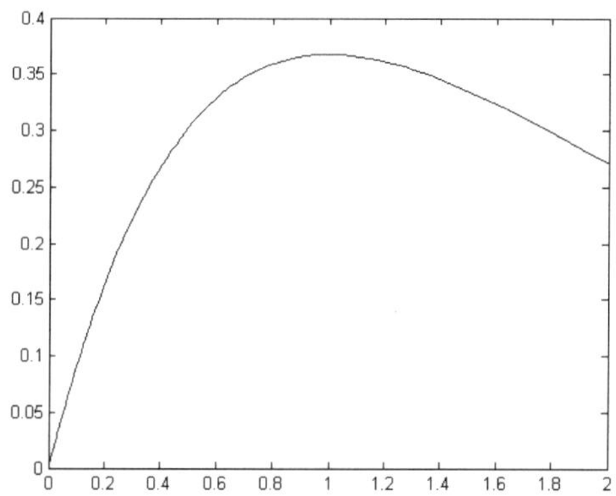

MATLAB에서 fplot과 비슷한 기능을 가진 **ezplot**도 있으니 MATLAB의 help을 참조하기 바란다.

▶ mesh와 surf

3차원 그래프를 그리는 명령어로는 plot3, surf, mesh 등이 있으나, 진정한 의미의 3차원 관계식 $z=f(x,y)$를 그래프로 보여주는 것은 surf와 mesh이다. mesh는 망(mesh)의 형태로 보여주는 것이고 surf는 표면을 보여주는 것이다. mesh와 surf는 다음과 같은 여러 가지 형태 중 하나를 사용한다.

```
mesh(X,Y,Z), surf(X,Y,Z),
mesh(X,Y,Z,C), surf(X,Y,Z,C)
mesh(...,'PropertyName',PropertyValue)
surf(...,'PropertyName',PropertyValue)
```

- X, Y, Z는 일반적으로는 행렬을 나타낸다. 벡터 x, y로부터 meshgrid를 이용하여 mesh라는 명령어에 사용될 행렬 X, Y를 만들어 준다.

```
>> x=1:3
x =
     1     2     3
>> y=1:3
y =
     1     2     3
>> [X,Y]=meshgrid(x,y)
X =
     1     2     3
     1     2     3
     1     2     3
Y =
     1     1     1
     2     2     2
     3     3     3
```

다음과 같이 mesh를 사용하여 실행하여 그래프를 그린다.

```
>> x=-1:0.1:1;
>> y=-1:0.1:1;
>> [X,Y]=meshgrid(x,y);
>> Z=(X.^2 - Y.^2);
>> mesh(X,Y,Z);
```

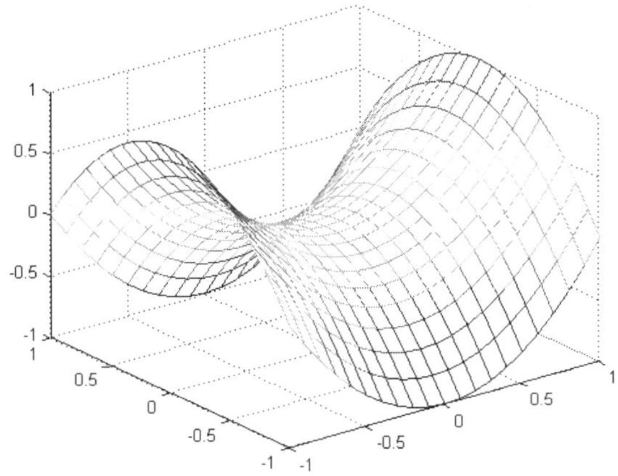

이제 mesh 대신에 surf를 사용하면 다음과 같다.

```
>> surf(X,Y,Z);
```

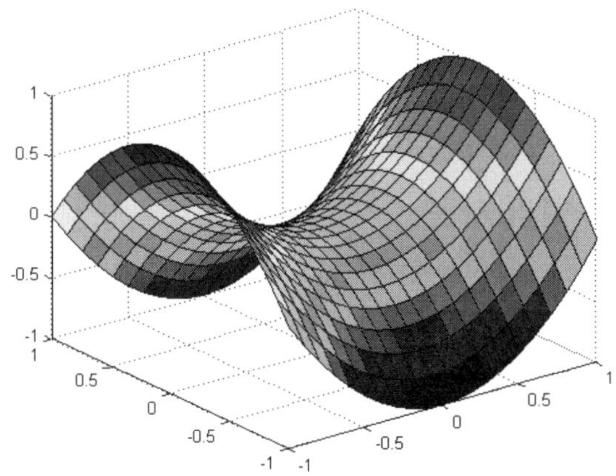

역시 PropertyName과 PropertyValue 등의 기능을 사용하여 여러 가지 다양한 형태로 변경할 수 있다. 기타 여러 가지 다양한 그래프 기능이 있으니 참고문헌을 참조하기 바란다.

▶ contour

3차원 데이터를 이용하여 등고선(contour) 형태로 그래프를 그리는 명령어로 contour가 있으며 다음과 같은 여러 가지 형태 중 하나를 사용한다.

```
contour(X, Y, Z)
```

```
contour(X, Y, Z, n)
contour(X,Y,Z, ..., LineSpec)
```

LineSpec은 앞과 동일하고 n은 등고선의 개수를 나타낸다. 위의 surf 실행에 이어 계속하여 다음과 같이 contour를 실행하면 다음의 그래프를 그린다.

```
>>contour(X,Y,Z)
```

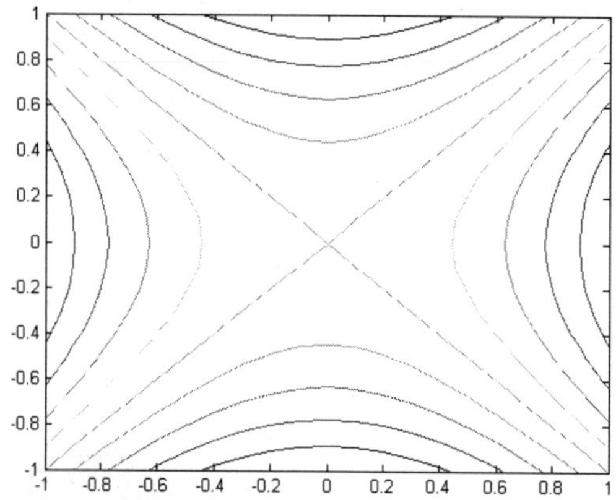

B.9 입출력 파일의 사용

스크립트의 변수에 데이터를 할당하는 방법은 스크립트에서 직접 입력하거나 명령 창의 명령줄(command line)에서 입력하는 두 가지 방식이 가장 간단하며 지금까지 많이 사용해 왔다. 때에 따라 스크립트를 실행하여 화면에서 변수의 값을 입력할 필요가 있을 때 **input**을 사용한다. 다음의 프로그램을 실행하여 input의 사용법에 대해 알아본다. B7.m은 다음과 같고 실행한 결과를 다음에 보여준다.

B7.m

```
% B7
a1 = input('a1의 값을 입력 a1 = ' );
x = input('vector  x의 값을 입력 x =  ');
Y = input('행렬 Y = ' );
a1
x
Y
```

```
>> B7
a1의 값을 입력 a1 = 1
vector  x의 값을 입력 x =  [1   2   3   4]
행렬 Y = [1   2   3   4; 5   6   7   8]
a1 =
     1
x =
     1     2     3     4
Y =
     1     2     3     4
     5     6     7     8
```

프로그램 실행 중에 화면에서 입력하는 명령어 input의 사용법은 간단하다.

```
변수명 = input('화면으로 출력하는 설명' );
```

변수는 스칼라, 벡터, 행렬일 수 있으며 입력하는 방법은 위의 예와 같다. 그리고 변수를 입력하는 또 다른 방법은 load를 이용하는 것이다. 변수의 값이 많을 때 데이터 파일을 미리 만들어 놓고 변수의 값을 입력하는 방법이다. 다음의 프로그램을 실행하여 **load**의 사용법에 대해 알아본다. B8.m은 다음과 같고 실행한 결과를 다음에 보여준다.

B8.m

```
% B8
A=load('B8_A.txt')
x=load('B8_x.txt')
```

```
>> B8
A =
    1.2000    2.3000    4.1000    5.4000
   -1.1000    2.0000    3.4000    2.5000
    3.2000    2.3000    3.5000    1.8000
x =
    1.2000    2.3000    4.1000    5.4000    4.6000    2.3000
```

load는 다음과 같은 형식을 사용하는 것이 편하다. 여기서 var은 변수이름, filename는 텍스트파일 이름이다.

```
var=load('filename')
```

B8.m을 실행하기 전에 다음과 같은 데이터 파일 B8_A.txt과 B8_x.txt는 미리 만들어져 있어야 한다.

B8_A.txt

```
1.2   2.3   4.1  5.4
-1.1  2.0   3.4  2.5
3.2   2.3   3.5  1.8
```

B8_x.txt

```
1.2   2.3   4.1  5.4  4.6  2.3
```

B8_A.txt와 B8_x.txt는 텍스트 파일이므로 일반적인 텍스트 에디터를 사용하여 작성해도 된다.

데이터를 출력할 때 지금까지는 화면으로 출력하였다. 그러나 출력 데이터가 많을 때는 출력파일을 사용하는 경우가 있다. 단순히 어떤 변수의 값만을 저장하려고 하면 다음과 같이 **save**를 사용할 수 있다. 다음의 프로그램을 실행하여 save의 사용법에 대해 알아본다. B9.m은 다음과 같다.

B9.m

```
 % B9
a1 = 1;
x = [1,2 3];
Y= [ 1  2  3  4; 5  6  7   8  ];
save B9data.txt -ascii a1 x Y ;
```

B9.m을 실행하면 화면에는 아무 것도 출력하지 않고 B9data.txt라는 파일을 생성하고 B9data.txt 파일을 열어보면 다음과 같이 변수들의 값만을 저장한다.

```
1.0000000e+000
1.0000000e+000  2.0000000e+000  3.0000000e+000
1.0000000e+000  2.0000000e+000  3.0000000e+000  4.0000000e+000
5.0000000e+000  6.0000000e+000  7.0000000e+000  8.0000000e+000
```

명령어 save의 형식은 다음과 같다.

```
save filename -ascii var1 var2 var3;
```

여기서 filename은 변수를 저장할 파일 이름, var1, var2, var3 등은 저장할 변수이름을 나타내고 -ascii는 ASCII 형태(텍스트 파일 형태)로 출력하라는 선택사항이고 생략하면 MATLAB 파일 형식으로 저장한다.

위의 save는 오직 변수의 값만을 저장하기 때문에 복잡하고 다양한 출력이 필요한 경우는 부적합하다. 여러 가지 계산 결과를 저장하려면 다음의 방법을 사용한다. 복잡한 프로그램을 작성할 때는 꼭 필요한 방법이다. 앞에서 다룬 B2.m을 다음과 같이 수정하여 실행하여 보자.

B10.m

```
% B10
fid=fopen('B10.txt', 'w');
   for i=1:2:10
      j=i*i;
      k=i*i*i;
      fprintf(fid,'\n i = %d  i^2 = %d  i^3 =  %d', i,j,k);
   end
fclose(fid);
```

위 프로그램을 실행하면 화면에는 계산결과가 출력되지 않고 B10.txt 파일이 생성된다. B10.txt 파일을 열어보면 앞에서의 B2.m을 실행했을 때, 화면에 출력한 내용이 그대로 저장되어 있음을 알 수 있을 것이다. 파일로 출력하는 방법은 다음과 같다.

- fid=fopen('filename', 'w') : 출력파일 filename를 생성하고 연다. 위의 스크립트 B10.m에서 B10.txt가 파일 이름을 나타낸다. 'w'는 write를 의미하고 filename 파일이 출력파일임을 나타낸다. 여기서 fid는 파일 인지자(file identifier)로서 fopen 명령이 실행되면 출력파일을 인지하는 번호가 fid에 할당된다. 다음에 출력파일로 출력할 때 이 fid는 fopen으로 지정된 출력파일, filename을 인지하는데 사용된다.

- fprintf(fid, ' ... ', i, j, k) : fid로 인지된 출력파일(지금은 B10.txt)에 i, j, k를 출력한다.

- fclose(fid) : 출력파일 filename을 닫는다.

B.10 수치해석 관련 명령어

지금까지 설명한 명령어 이외에도 MATLAB은 수치해석과 관련된 여러 가지 수학 관련 명령어를 제공하고 있으며 표 B.11에 요약하여 나타내고 있다.

B.11 수치해석 관련 명령어

함수	설명
bvp4c	상미방-경계값 문제의 해를 구한다.
diff	미분한다(symbolic).
dsolve	상미방의 해를 구한다(symbolic).
factor	인수분해한다(symbolic).
fmin	1변수 함수를 최소화 한다.
fmins	다변수 함수를 최소화 한다.
fzero	1변수 함수의 근을 구한다.
interp1	보간법을 구한다.
ode23, ode45	상미방 초기값 문제의 해를 구한다.
poly	주어진 근을 가지는 다항식을 구한다.
polyfit	최소제곱법을 사용한 곡선 접합(curve fitting)을 구한다.
polyval	다항식의 값을 구한다.
quad	수치적분을 한다.
roots	다항식의 근을 구한다.
solve	방정식의 근을 구한다(symbolic).
spline	3차 스플라인
taylor	Taylor 급수를 구한다(symbolic).
trapz	사다리꼴 적분공식을 사용하여 적분을 구한다.

▶ polyval

다항식의 값을 계산한다. polyval(p, x)는 계수의 값들이 벡터 p에 저장되어 있는 다항식에서, x에서의 값을 계산한다. p=[p_1, p_2, p_3, …, p_n]일 때

$$\text{polyval(p, x)} = p_1x^{n-1} + p_2x^{n-2} + \cdots + p_{n-1}x + p_n$$

를 나타낸다. 예를 들어, p=[1 2 3 0 2 4]일 때

$$\text{polyval(p, 2)} = 2^5 + 2\times2^4 + 3\times2^3 + 0 + 2\times2^1 + 4 = 96$$

이다. x가 벡터나 행렬이면 각 원소에서의 값들을 계산한다.

▶ polyfit

최소제곱법에 의한 다항식 곡선 접합(polynomial curve fitting)을 구한다. 여러 가지 형태가 사용될 수 있으나 대표적인 것은 다음과 같다.

$$\text{p=polyfit(x, y, n)}$$

여기서 x, y는 주어진 데이터들이다. p는 최소제곱법에 의해 구해지는 n차 다항식의 계수 p를 나타내는 행벡터이고 다항식의 내림차순으로 저장한다. 예제 8.1에 사용된 다음 데이터를 이용하여 다음과 같은 다섯 개의 실험 데이터를 가장 잘 만족시키는 직선 $y = a_1x + a_0$를 구해보자.

x	1	2	3	4	5
y	4.9	6.8	9.1	11.2	13.0

```
>> x=[1  2  3  4   5];
>> y=[4.9   6.8   9.1   11.2   13.0];
>> p = polyfit(x,y,1)
p =
    2.0600     2.8200
```

다항식의 내림차순으로 p가 구성되어 있으므로 구한 직선은

$$y = 2.06x + 2.82$$

이다.

▶ roots

다항식의 근을 구할 때 **roots**를 사용하고 형식은 다음과 같다.

```
r = roots(p)
```

여기서 p는 polyfit나 polyval에서와 마찬가지로 다항식의 계수 p를 나타내는 행벡터이고 다항식의 내림차순으로 저장한다. 즉 $p=[p_1,\ p_2,\ p_3,\ \cdots,\ p_n]$일 때, $p_1x^{n-1}+p_2x^{n-2}+\cdots+p_{n-1}x+p_n=0$의 근을 구하여 열벡터 r에 저장한다. 다음의 예에서 확인할 수 있다. 다항식 $x^3-6x^2+11x-6=0$의 근을 다음과 같이 구할 수 있다.

```
>> p=[1   -6   11   -6]
p =
     1    -6    11    -6
>> r=roots(p)
r =
    3.0000
    2.0000
    1.0000
```

▶ poly

roots와 반대로 근을 이용하여 다항식의 계수를 구한다. 형식은 다음과 같다.

```
p = poly(r)
```

여기서 r은 근을 나타내는 행벡터 또는 열벡터이고, p는 다항식의 계수 p를 나타내는 행벡터이고 다항식의 내림차순으로 저장한다. 다음의 예에서 확인할 수 있다.

```
>> r=[1  2   3];
>> p=poly(r)
p =
     1    -6    11    -6
```

▶ fzero

방정식의 근을 구한다. 사용 형식은 여러 가지가 있을 수 있으나 대표적인 것은 다음과 같다.

```
x = fzero(fun,x0)
```

여기서 fun은 함수(M-file 함수, inline 함수 또는 익명함수)이다. x0는 스칼라일 수도 있고, 두 개의 요소(element)를 가지는 벡터일 수도 있다. x0가 스칼라(초기 가정값)이면 x0 부근의 근을 구하고 x0의 요소가 2개인 벡터(구간값)이면, 둘 사이의 근을 구한다. fzero는 앞에서 설명한 근을 구하는 구간법과 반복법을 적절히 혼합하여 사용한다. $f(x)=x^3-x-1.344=0$의 근을 구해보자.

```
>> f1=inline('x*x*x -x-1.344');
>> x = fzero(f1,1)
x =
    1.4000
```

위에서 함수를 다음과 같은 익명함수를 사용할 수도 있다.

```
>> f1= @(x) x*x*x -x-1.344;
```

또는 다음과 같이 x0가 벡터일 때도 계산이 가능하다.

```
>> x0=[1  2];
>> x = fzero(f1,x0)
x =
    1.4000
```

▶ interp1

1차원 데이터의 보간법. 사용 형식은 다음의 여러 가지가 있으며 이 중 하나를 사용하면 된다.

```
yi = interp1(x,Y,xi)
yi = interp1(Y,xi)
yi = interp1(x,Y,xi,method)
yi = interp1(x,Y,xi,method,'extrap')
yi = interp1(x,Y,xi,method,extrapval)
pp = interp1(x,Y,method,'pp')
```

여기서 x, Y는 주어진 데이터이고, 보간법으로 다항식을 구한 후 xi에서의 함수값

yi를 구하는 것이고 xi와 yi는 각각 스칼라 또는 벡터일 수 있다. 그리고 method는 다음과 같은 방법을 나타내며, 기타 자세한 사항은 MATAB help를 참조하기 바란다.

```
'nearest' : Nearest neighbor interpolation
'linear' : Linear interpolation (default)
'spline' : Cubic spline interpolation
'pchip' : Piecewise cubic Hermite interpolation
'cubic' :  'pchip'과 동일
```

다음의 예에서 interp1의 사용을 확인할 수 있다.

```
>> x=[1  2  3  4   5];
>> Y=[4.9    6.8    9.1    11.2    13.0];
>> y1=interp1(x,Y, 2.5)
y1 =
    7.9500
```

▶ **diff**

미분을 구한다(symbolic). 지금까지의 다른 명령어와는 달리 수치적으로 계산하지 않고 기호를 사용하여 이론적으로 푸는 것과 같은 방법으로 연산을 수행하는 것이다. 기호 해석을 하기 위해서는 Symbilic Math Toolbox가 설치되어 있어야 한다. 기호 해석을 하기 위해서는 먼저 기호 변수를 syms를 사용하여 정의하여야 한다. 다음의 예를 살펴보자.

```
>> syms x
>> f=exp(x)*sin(x);
>> diff(f)
ans =
exp(x)*sin(x)+exp(x)*cos(x)
```

위의 명령들을 실행하면 마치 손으로 푸는 것처럼 f(x) = f=exp(x)*sin(x)를 x에 대해 미분한 식, exp(x)*sin(x)+exp(x)*cos(x)를 보여주고 있다.

표 B.11에 나타내었지만 여기서 설명하지 않은 함수들은 MATLAB help를 참조하기 바란다.

B.11 기타 명령어

지금까지 설명한 명령어 이외에도 MATLAB은 다음과 같은 명령어를 제공하고 있어 적절히 사용할 수 있다.

▶ clc

MATLAB의 명령창(command window)의 내용을 모두 지우는 명령어가 **clc**이다. 명령창 화면에서 작업을 한참하다 보면 출력 결과들이 명령창에 많이 나타나 있어 깨끗하게 처음으로 지울 때 사용한다.

▶ clear

메모리에 저장되어 있은 모든 변수들을 지울 때 사용하는 명령이 **clear**이다. 명령창에서 작업을 하거나 프로그램을 실행하면, 이때 사용한 모든 변수들이 메모리에 저장되어 있다. 또 다른 프로그램을 실행할 때도 이미 사용함 변수들이 메모리를 차지하고 있어 깨끗하게 메모리를 지울 때 사용한다.

▶ format

화면에 변수들의 값을 출력할 때, 자리수를 짧게 하거나 길게 하여 나타낼 수 있으며 **format**을 사용하면 된다. 여러 가지 형태가 있으나 가장 간단한 형태는 foramt long과 format short이 있다. 자세한 사용법은 MATLAB help를 참조하면 된다.

연습문제 정답

※ 연습문제 중 선택된 문제에 대해 답만을 나타내었다. 풀이 과정은 교육의 목적으로, 학생들에게는 제공하지 않고, 강의를 담당하는 교수에게만 제공한다.

1.1 (1) 120.4 − 20.26 = 100.14 ⇨ 100.1

(2) 50.2 × 0.02012 = 1.010024 ⇨ 1.01

(3) 50.2 ÷ 2.50 = 20.08 ⇨ 20.1

1.2 $e = 10.0 - 10.5 = -0.5\ \mathrm{g}$

$$\epsilon = \frac{-0.5}{10.0} = -0.05 = -5\%$$

1.3 4항 : 0.479425533

5항 : = 0.479425539

$e_a = 6 \times 10^{-9}$

1.4 (1) $(10110)_2 = 22$

(2) $(B1A)_{16} = 2842$

(3) $(0.1011)_2 = 0.6875$

(4) $(0.1B)_{16} = 0.10546875$

1.5 (1) $(1111011)_2$, $(7B)_{16}$

(2) $(0.00110\cdots)_2$, $(0.33B64\cdots)_{16}$

2.1 (1) [16 14
12 13]

(2) [5
4
4]

2.2 ***AB*** = [4 5
8 10]

$$\boldsymbol{BA} = \begin{bmatrix} 10 & 5 \\ 8 & 4 \end{bmatrix}$$

2.3 12

2.4 $x_1 = 1,\ x_2 = -0.444444,\ x_3 = -0.111111$

2.5 (1) $\boldsymbol{A}^{-1} = \begin{bmatrix} -0.3333 & 0.6667 \\ 0.6667 & -0.3333 \end{bmatrix}$

(2) $\boldsymbol{B}^{-1} = \begin{bmatrix} 0.4 & 0 & 0.1 \\ -0.04 & 0.2 & -0.06 \\ -0.2 & 0 & 0.2 \end{bmatrix}$

2.6 $x_1 = 1,\ x_2 = 2,\ x_3 = 0$

2.7 $\boldsymbol{A}^T = \begin{bmatrix} 2 & 4 \\ 1 & 2 \\ 3 & 1 \end{bmatrix}$

$\boldsymbol{B}^T = \begin{bmatrix} 1 & 2 & 4 \\ 2 & 1 & 3 \end{bmatrix}$

$\boldsymbol{AB} = \begin{bmatrix} 16 & 14 \\ 12 & 13 \end{bmatrix}$

$(\boldsymbol{AB})^T = \begin{bmatrix} 16 & 12 \\ 14 & 13 \end{bmatrix}$

$\boldsymbol{B}^T\boldsymbol{A}^T = \begin{bmatrix} 16 & 12 \\ 14 & 13 \end{bmatrix}$

따라서 동일하다.

2.8 $\| \boldsymbol{a} \|_1 = 17$

$\| \boldsymbol{a} \|_2 = 8.5440$

$\| \boldsymbol{a} \|_\infty = 6$

2.9 $\| A \|_1 = 9$

$\| A \|_\infty = 12$

$\| A \|_F = 9.2736$

3.1 xc f(xc) : 1.000000, -0.632121
xc f(xc) : 0.500000, 0.106531
xc f(xc) : 0.750000, -0.277633
xc f(xc) : 0.625000, -0.089739
xc f(xc) : 0.562500, 0.007283
xc f(xc) : 0.593750, -0.041498

3.4 x f(x) 0.553225, 0.440818
x f(x) 0.567108, 0.021868
x f(x) 0.567143, 0.000055
x f(x) 0.567143, 0.000000

4.1 $x_1 = 1,\ x_2 = 0,\ x_3 = 2$

4.2 $x_1 = -2.923077,\ x_2 = 2.692308,\ x_3 = 3.846154$

4.3
```
L = [ 3.0000        0        0
      1.0000   7.3333        0
      3.0000  -1.0000   6.6818 ]
U = [ 1.0000  -0.3333  -0.6667
           0   1.0000  -0.3182
           0        0   1.0000 ]
```

4.4 $x_1 = 1,\ x_2 = 0,\ x_3 = 2$

4.5
```
A^-1 =[  0.2424   0.3788  -0.1364
         0.3030  -0.1515   0.4545
        -0.6061   0.3030   0.0909 ]
```

4.6 $x_1 = 0,\ x_2 = 1,\ x_3 = -1,\ x_4 = 2$

5.1 5회 반복하면 다음과 같다.
```
x =[ 1.0582
     1.6083
     3.9718 ]
```

5.2 5회 반복하면 다음과 같다.

$\boldsymbol{x}$ =[0.9215
1.9120
3.9374]

5.3 5회 반복하면 다음과 같다.

$\omega = 1.1$

$\boldsymbol{x}$ =[0.9618
1.9636
3.9777]

$\omega = 1.2$

$\boldsymbol{x}$ =[0.9951
1.9975
3.9998]

$\omega = 1.4$

$\boldsymbol{x}$ =[1.0545
2.0020
4.0011]

6.1 x = 3.5 ; y = 16.0375
x = 5 ; y = 46.6

6.2 x = 3.5 ; y = 16.0375

6.3 x = 3.5 ; y = 16.44375

6.4 x = 3.5 ; y = 16.44375

6.5 x = 3.5 ; y = 15.7223, x = 5 ; y = 49.2522

7.1 $f(x) = \frac{8}{\pi}\left\{\sin(x) + \frac{1}{3}\sin(3x) + \frac{1}{5}\sin(5x) + \cdots\right\}$

7.2 $f(x) = \frac{8}{\pi}\left\{\cos(x) - \frac{1}{3}\cos(3x) + \frac{1}{5}\cos(5x) - \cdots\right\}$

7.3 $f(x) = 1 + \frac{4}{\pi}\left\{\sin(x) + \frac{1}{3}\sin(3x) + \frac{1}{5}\sin(5x) + \cdots\right\}$

7.5 $f(x) = -\frac{16}{\pi}\left\{\sin\left(\frac{\pi x}{2}\right) + \frac{1}{3}\sin\left(\frac{3\pi x}{2}\right) + \frac{1}{5}\sin\left(\frac{5\pi x}{2}\right) + \cdots\right\}$

7.6 (1) $f(x) = \frac{-4}{\pi}\sum_{n=1}^{\infty}\frac{1}{n}[\cos(n\pi) - \cos(\frac{n\pi}{2})]\sin(\frac{n\pi x}{2})$

(2) $f(x) = 1 - \frac{4}{\pi}\sum_{n=1}^{\infty}\frac{1}{n}\sin(\frac{n\pi}{2})\cos(\frac{n\pi x}{2})$

8.1 a0 = 3.6800, a1 = 2.1600

상관계수 R= 0.996843

8.2 a = 2.009, b = 1.9936

x = 0.5 : y = 5.44365

8.3 $y = 2.994717x^{-1.98434}$

x = 1.5 : y = 1.339462

9.1 고유값 = 1, 5, 2

$x_{(1)} = \begin{bmatrix} 1 \\ -1 \\ 0 \end{bmatrix}$, 또는 $\begin{bmatrix} -1 \\ 1 \\ 0 \end{bmatrix}$, 또는 $\begin{bmatrix} -0.7071 \\ 0.7071 \\ 0 \end{bmatrix}$

$x_{(2)} = \begin{bmatrix} -\frac{2}{3} \\ -1 \\ 1 \end{bmatrix}$, 또는 $\begin{bmatrix} -1 \\ -1.5 \\ 1.5 \end{bmatrix}$, 또는 $\begin{bmatrix} -0.4264 \\ -0.6396 \\ 0.6396 \end{bmatrix}$

$x_{(3)} = \begin{bmatrix} -1 \\ -3 \\ 0 \end{bmatrix}$, 또는 $\begin{bmatrix} -0.3162 \\ -0.9487 \\ 0 \end{bmatrix}$

9.2 3회 반복 계산하면 다음과 같다.

$\lambda = 9.1345$

x =[0.4138
0.6345
0.6529]

9.3 3회 반복 계산하면 다음과 같다.

$\lambda = 1.71537$

x =[0.74117
-0.640354
0.20153]

10.1 전진차분 : $f_5' = 17.42$: $\varepsilon = -6.48\%$
후진차분 : $f_5' = 15.34$: $\varepsilon = 6.23\%$
중앙차분 : $f_5' = 16.38$: $\varepsilon = -0.12\%$

10.2 0.5, 0.483333

11.1 0.791

11.2 0.7886667

11.3 0.78825

11.4 I = 0.3163

11.5 I = 0.3181

11.6 R_{33} = 0.3160

11.7 I = 1.4933

11.8 I = 0.1748

11.9 135.5KJ

12.1 (1) $h = 0.2$ x= 1.4 : y= 0.480000
(2) $h = 0.1$ x= 1.4 : y= 0.641744

12.2 (1) $h = 0.2$ x= 1.4 : y= 0.808250
(2) $h = 0.1$ x= 1.4 : y= 0.765148

12.3 (1) $h = 0.2$ x= 1.4 : y= 0.753482
(2) $h = 0.1$ x= 1.4 : y= 0.752884

12.4 x = 0.3 : y = 1.974

13.1

x	0	0.25	0.5	0.75	1
u	1	1.1935	1.4213	1.6883	2

13.2

x	0	0.25	0.5	0.75	1
u	1	1.1988	1.4304	1.6970	2

14.1 (1,1)점 : $20 + T_{2,1} + 10 + T_{1,2} - 4T_{1,1} + 5.5555556 = 0$

(2,1)점 : $T_{1,1} + T_{3,1} + 10 + T_{2,2} - 4T_{2,1} + 5.5555556 = 0$

(3,1)점 : $T_{3,1} - T_{2,1} = 0$

(1,2)점 : $20 + T_{2,2} + T_{1,1} + 80 - 4T_{1,2} + 5.5555556 = 0$

(2,2)점 : $T_{1,2} + T_{3,2} + T_{2,1} + 80 - 4T_{2,2} + 5.5555556 = 0$

(3,2)점 : $T_{3,2} - T_{2,2} = 0$

15.1 $t = 1$일 때 온도분포는 다음과 같다.

20.00 44.38 68.13 76.88 80.63 70.63

15.2 계산결과는 다음과 같다(계산할 때 자리 수에 따라 약간은 달라질 수 있음).

$u_{1,1}^1 =$ 56.6 $u_{1,1}^2 =$ 45.8
$u_{2,1}^1 =$ 67.4 $u_{2,1}^2 =$ 56.8
$u_{3,1}^1 =$ 64.1 $u_{3,1}^2 =$ 53.5
$u_{1,2}^1 =$ 69.2 $u_{1,2}^2 =$ 62.0
$u_{2,2}^1 =$ 80.0 $u_{2,2}^2 =$ 75.2
$u_{3,2}^1 =$ 76.7 $u_{3,2}^2 =$ 71.9

참고문헌

권오붕 외 4인 공역, 응용수치해석, 홍릉과학출판사, 2003.

권오붕 외 8인 공역, 쉽게배우는 열전달, McGraw-Hill Korea, 2010.

Gary J. Bronson, Program Development and Design using C++, Thompson/Course Technology, 2006.

Rizwan Butt, Introduction to Numerical Anslysis using MATLAB, Infinity Science Press, 2008.

Steven C. Chapra and Raymond P. Canale, Numerical Methods for Engineers, McGraw-Hill, 2002.

Ward Cheney and David Kincaid, Numerical Mathematics and Computing, 5th edition, Brooks/Cole, 2004.

Neal Dale and Chip Weems, Programming and Problem Solving with C++, 5th ed., Jones and Bartlett Publisher, 2010.

James F. Epperson, An Introduction to Numerical Methods and Analysis, John Wiley & sons, Inc, 2002.

Curtis F. Gerald and Patrick O. Wheatley, Applied Numerical Analysis, Addison-Wesley, 1999.

Amos Gilat, MATLAB : an Introduction with Applications, Wiley, 2008.

Brian R. Hunt et.al., A Guide to MATLAB : for beginners and experienced users, Cambridge University Press, 2006.

Erwin Kreyszig, Advanced Engineering Mathematics, 9th ed. John Wiley & sons, Inc, 2006.

William H. Press, et. al., Numerical Recipies, Cambridge University Press, 1990.

Robert J. Schilling and Sandra L. Harris, Applied Numerical Methods for Engineers, Brooks/Cole, 2000.

David M. Smith, Engineering Computation wth MATLAB, Addison Wesley, 2008.

Bjarne Stroustrup, The C++ Programming Language, Addison Wesley, 2000.

John C Trannehill, Dale A. Anderson and Richard H. Pletcher, Computational Fluid Mechanics and Heat Transfer, 2nd edition, Taylor & Francis, 1997.

찾아보기

A

anti-symmetric matrix 35
array 373
array operations 390
Augmented matrix 92

B

backward difference 241
bisection method 61

C

central difference 241
characteristic determinant 225
characteristic equation 225
characteristic polynomial 225
clear 419
clc 419
cofactor 39
column vector 24
combined method 351
Cramer 법칙 44
Crank-Nicolson법 351
cubic spline 174

D

determinant 37
diagonal matrix 33
diff 418
double 365

E

eigenvalue 221, 225
eigenvector 221, 225
Euler법 288

F

False Position Method 70
FDM ; Finite Difference Method 313
fixed point iteration 73
float 365
floating point 9
format 419
forward difference 241
For문 369, 396
Fourier cosine 급수 196
Fourier sine 급수 195
Fourier 급수 190
fzero 416

G

Gauss 소거법 89, 90
Gauss 적분법 272
Gauss-Seidel법 144
global variable 381

I

identity matrix 34
inner product 25
input 410
int 365
interp1 417
inv 117
inverse matrix 47
inverse power method 232

J

Jacobi법 131

L

Lagrange n차 다항식 160
Laplace 방정식 319
least square method 206
load 411
local variable 379
lower triangular matrix 37
LU 분해법 103

M

matrix 23
minor 38

N

Newton-Raphson법 78
Newton의 보간 다항식 163
nonsingular matrix 42
norm 50

O

orthogonal matrix 36, 42

P

partial differential equation 319
Poisson 방정식 320
poly 416
polyfit 415
polyval 404, 406, 407, 409, 415, 419
power method 228
pseudocode 12

R

real number, float 9
Regula Falsi Method 70
Rombeg법 263
Romberg 적분표 266
roots 416
row vector 24
Runge-Kutta법 296

S

save 412
scanf 376
script 394
simple explicit methods 335
simple implicit method 340
Simpson 1/3 공식 258
Simpson 3/8 공식 261
singular matrix 42
skew-symmetric matrix 35
square matrix 33
symmetric matrix 35

T

Thomas법 118
trace 36
transpose matrix 34
tridiagonal matrix 117

U

unit vector 25
upper triangular matrix 37

V

vector 24

W

While 370, 396

ㄱ

가상위치법 70, 76
가상코드 12
거듭제곱법 228
경계값 문제 309
고유값 221, 225
고유벡터 221, 225
고정점 반복법 73
곡선 맞춤 157
교대행렬 35

ㄴ

놂 50

ㄷ

단순양함수법 335
단순음함수법 340
단위벡터 25
단위행렬 34
대각행렬 33
대칭행렬 35

ㅂ

반대칭행렬 35
반올림오차 3
배열 373
배열연산 390
벡터 24
벡터의 내적 25
보간법 157
복합방법 351
부동소수점 9
비정칙행렬 42

ㅅ

사격법 310
사다리꼴 공식 251
삼각행렬 37
삼중대각행렬 117
상관계수 208
상대오차 2
상삼각행렬 37
소행렬식 38
수정 Euler법 293
수학함수 376, 387
스크립트 394
스플라인 171
실수 9
3차 스플라인 174

ㅇ

알고리듬 12
양함수(explicit)법 337
여인수 39

역거듭제곱법 232
역행렬 47
열벡터 24
오차 2
유한차분법 313
음함수(implicit)법 340
이분법 61

ㅈ

전역변수 380
전진차분 241
전치행렬 34
절단오차 3
정방행렬 33
정칙행렬 42
중앙차분 241
지역변수 379
직교행렬 36, 42

ㅊ

최소제곱법 206

ㅌ

타원형 미분방정식 320
트레이스 36
특성다항식 225
특성방정식 225
특성행렬식 225

ㅍ

편미분 방정식 319
포물형 편미분방정식 335

ㅎ

하삼각행렬 37
합성사다리꼴 공식 253
행렬 23
행렬식 37
행렬연산 389
행벡터 24
확장행렬 92
후진차분 241

[저자약력]

권오봉

- 공 학 사 : 서울대학교 공과대학
- 공학석사 : 서울대학교 대학원
- 공학박사 : University of Illinois at Urbana-Champaign
- 현) 부경대학교 기계공학과 교수

정가 25,000원

공학수치해석

2012년 1월 25일 초판 인쇄
2012년 1월 30일 초판 발행
2013년 7월 30일 2판 발행
2020년 7월 30일 수정판 발행
2022년 8월 12일 수정판 2쇄

저자와의 협의하에 인지생략

저 자 : 권 오 봉
발행자 : 우 명 찬 · 송 준
발행처 : 홍릉과학출판사

주 소 : ㊥142-885 서울시 강북구 인수봉로 50길 10

등 록 : 1976년 10월 21일 제5-66호

전 화 : 999-2274~5, 903-7037
팩 스 : 905-6729

ISBN : 978-89-7283-978-1

hongpub@hongpub.co.kr
www.hongpub.co.kr